Una teoría crítica
de la inteligencia artificial

DANIEL INNERARITY

Una teoría crítica de la inteligencia artificial

III Premio de Ensayo Eugenio Trías

Galaxia Gutenberg

CEFET
Centro de Estudios Filosóficos
Eugenio Trías

Con la colaboración de la Fundación "la Caixa".

Un jurado presidido por Victoria Camps e integrado por Marina Garcés, Antonio Monegal, Miguel Trías, Joan Tarrida y David Trías concedió a esta obra el 26 de noviembre de 2024 el III Premio de Ensayo Eugenio Trías, que convoca Galaxia Gutenberg junto con el Centro de Estudios Filosóficos Eugenio Trías (CEFET) de la Universidad Pompeu Fabra

Publicado por
Galaxia Gutenberg, S.L.
Av. Diagonal, 361, 2.º 1.ª
08037-Barcelona
info@galaxiagutenberg.com
www.galaxiagutenberg.com

Primera edición: marzo de 2025
Segunda edición: abril de 2025
Tercera edición (primera en este formato): febrero de 2026

© Daniel Innerarity, 2025
© Galaxia Gutenberg, S.L., 2025

Preimpresión: Fotocomposición gama, sl
Impresión y encuadernación: Sagrafic
Depósito legal: B 3350-2026
ISBN: 979-13-88019-68-5

A Jürgen Habermas,
por su magisterio y amistad

He escrito la mayor parte de este libro en estos últimos cuatro años, como titular de la Cátedra de Inteligencia Artificial y Democracia del Instituto Universitario Europeo de Florencia. Quisiera agradecer aquí a los miembros de su Consejo asesor internacional (Amparo Alonso Betanzos, Piergiorgio Donatelli, Emilia Gómez, Stephan Lessenich, Sofia Näsström y Helen Margetts) así como a los investigadores de la Cátedra (Lucía Bosoer, Marta Cantero, Ioannis Galariotis, Stefania Milan, Helga Nowotny y Júlia Pareto). Lo he terminado en el Institut für Sozialforschung, sede de la que fue la célebre Escuela de Fráncfort, de cuyo Consejo formo parte. En el que fue el despacho de Adorno he pensado muchas veces qué teoría crítica habría escrito él de haber conocido el actual despliegue de la inteligencia artificial.

Fráncfort, noviembre de 2024

Índice

SEGUNDA PARTE
Pragmática de la razón algorítmica

TERCERA PARTE
Filosofía política de la razón algorítmica

Introducción

Crítica de la razón algorítmica

La tecnología es, actualmente, filosofía encubierta; la cuestión es hacerla abiertamente filosófica.

PHILIP AGRE 1997, 240

La organización política de las sociedades ha tenido siempre una pretensión de automaticidad. En cuanto se supera la simpleza de la familia o la tribu, las organizaciones humanas necesitan datos y procedimientos que permitan gestionar la incipiente complejidad. Hay política propiamente hablando desde el momento en que las sociedades no se pueden divisar con un solo golpe de vista, en cuanto se quiebra la homogeneidad y aparecen intereses contrapuestos, cuando falla la evidencia y debe tenerse en cuenta una dimensión que supera lo inmediato, cuando hay que calcular y organizar, allí donde no basta con la simple espontaneidad adaptativa. Desde este punto de vista, la política no sólo no desaparece cuando se complican los procedimientos para la toma de decisiones colectivas, sino que es allí donde propiamente comienza. Nos preguntamos hoy si la política sobrevivirá a la informática, si es posible la política en un entorno de creciente complejidad, cuando lo cierto es, más bien, el punto de vista contrario: fue la administración política de las sociedades la que originó la disciplina del cálculo y la protocolización.

El historiador Jon Agar (2003) argumenta que las raíces históricas del ordenador están en la administración pública, frente a la suposición inversa de que la administración hace suyo, ahora, un procedimiento que le sería completamente ajeno. Las prácticas políticas son operaciones que miden, planifican y establecen procesos para la toma de decisiones conforme a cierto orden. Por eso se ha podido afirmar que, en el fondo, las operaciones algorítmicas son «prácticas arcanas» (Mau 2017, 206). El Estado fue definido por Thomas Hobbes como un «*automaton*», como un «hombre artificial» (1969, 9). Hobbes es conocido como «el abuelo de la inteligencia artificial» (Haugeland 1985, 23) por dos razones: porque inventó la idea de razonamiento como computación y porque elaboró la idea de una persona artificial para la política. Su filosofía refleja, como pocas, el universo conceptual de la modernidad: el creciente deseo de calcular y la conciencia de la artificialidad de sus construcciones, como la idea de la representación, la del pueblo o la del soberano, que no se corresponden con ningún personaje real y concreto, sino que constituyen un ideal regulativo.

Desde esta perspectiva, la racionalidad algorítmica, más que representar una ruptura absoluta con el pasado, puede ser analizada de acuerdo con continuidades históricas o posibilidades comparativas. Hay quien ha trazado precedentes interesantes con el cálculo en el imperio de Babilonia (Innis 1986), es decir, siempre que ha habido que establecer un orden en un entorno de complejidad y heterogeneidad. Muchas de las prácticas de control algorítmico por parte de los estados o los actores económicos estaban ya planteadas en el imperio babilónico, en los comienzos del Estado moderno y el primer capitalismo. Encontramos precedentes interesantes en las reglamentaciones de la manufactura francesa o en la Inglaterra victoriana. Así pues, la actual digitalización podría entenderse como una continuación intensiva de prácticas de burocratización y racionalización de siglos anteriores, tal como fueron estudiadas por Sombart y Weber.

El actual fenómeno de la gobernanza algorítmica forma parte de una tendencia más amplia hacia la matematización y la mecanización de la gobernanza que viene de antiguo. Parecen dar la razón a Tocqueville cuando, en sus *Consideraciones sobre la Revolución,* afirmaba que «toda la política se reduce a una cuestión aritmética» (2004, 492). Gracias a excelentes estudios, conocemos muy bien la relación entre la formación del Estado moderno, la estadística, la probabilidad y los datos (Porter 1986; Hacking 1990; Desrosières 1998). Destaca, especialmente, ese periodo entre 1820 y 1840 calificado como una «avalancha de números impresos» (Hacking 2015), cuando los Estados comenzaron a contar y clasificar intensivamente (Porter 1986, 11). Los *big data* (macrodatos) pueden situarse en la larga historia de la estadística social.

Diversos sociólogos han subrayado, desde los tiempos de Max Weber, que la organización burocrática del Estado está impulsada por la misma tendencia modernizadora que las empresas industriales. La actual algoritmización de la sociedad podría entenderse como continuidad con el cálculo moderno, con sus estadísticas y sistemas de lógica formal. Las organizaciones de la moderna administración se enfrentaron a la contingencia del mundo numerizando y formalizando el caos de la realidad. A quien se encuentra frente a un mundo lleno de contingencias, el enfoque probabilístico le ofrece la posibilidad de transformar la contingencia en calculabilidad formalizada. Entonces y ahora, los procedimientos de cálculo y algoritmización prometen neutralizar los prejuicios subjetivos mediante procedimientos exactos de decisión. La mecanización del gobierno comenzó a finales del siglo XVIII, cuando la administración pública del Reino Unido, con el objetivo de dirigir un imperio global, invirtió en recoger y procesar información de todo el mundo. Hay que retrotraerse, no obstante, hasta los años cuarenta del siglo pasado para encontrar, en la joven disciplina de la cibernética, los primeros intentos de pensar un gobierno y una administración automatizados. En cualquier caso, desde las primeras formas elementales de gobierno, organizar políticamente la sociedad equivale a poner en marcha un conjunto de procesos, dispositivos y procedimientos que constituyen la tecnología administrativa de la burocracia.

Como la burocracia para el Estado moderno, la inteligencia artificial parece llamada a ser la lógica de legitimación de las organizaciones y los gobiernos en las sociedades digitales. Los tres elementos que modificarán la política de este siglo son los sistemas cada vez más inteligentes, una tecnología más integrada y una sociedad más cuantificada. Si la política a lo largo del siglo XX giró en torno al debate acerca de cómo equilibrar Estado y mercado (cuánto poder debía conferírsele al Estado y cuánta libertad debería dejarse en manos del mercado), la gran cuestión hoy es decidir si nuestras vidas deben estar regidas por procedimientos algorítmicos y en qué medida, cómo articular los beneficios de la robotización, automatización y digitalización con aquellos principios de autogobierno que constituyen el núcleo normativo de la organización democrática de las sociedades. El modo en que configuremos la gobernanza de estas tecnologías va a ser decisivo para el futuro de la democracia; puede implicar su destrucción o su fortalecimiento. El hecho de que pueda identificarse una continuidad entre las primeras formas de organización política de la complejidad y la actual razón algorítmica no significa que la era digital no represente una dimensión cualitativamente diferente e incluso cierta ruptura respecto de la clásica racionalidad burocrática. El objetivo de generar datos estadísticamente analizables es central en la formación de los Estados (Spittler 1980; Vormbusch 2012), pero las sociedades digitalizadas se diferencian cualitativamente de las anteriores por el hecho de que esas autoobservaciones utilizan tecnologías digitales que las registran de forma binaria, archivable, enlazable y combinable (Baecker 2018). La datificación no es sólo un continuo crecimiento del volumen de los datos sociales sino un cambio cualitativo del proceso de constitución de la realidad social.

Si se examinan desde una perspectiva histórica, lo específico de los *big data* no es la gran acumulación de datos, aunque esta cantidad sea un elemento considerable de ese hilo genealógico. Lo decisivo es el modo en el que el concepto de *big data* ha acumulado poder comercial, organizativo y económico. Deberíamos centrarnos, más bien, en el análisis de los métodos y los modos de pensar que acompañan a esta manera de concebir la realidad, en la idea que tenemos de los datos, en cómo los concebimos y presentamos, y no tanto en la infraestructura tecnológica. Con el incremento de la complejidad social aumenta el número de las tareas que es necesario confiar a procedimientos de cálculo, pero la actual automatización no es un aumento cuantitativo sino que implica –en una medida que deberemos analizar– un salto cualitativo; la algoritmización de tantas decisiones políticas no obedece a una lógica instrumental (humanos que emplean instrumentos) sino, hasta cierto punto, a una lógica de remplazo (humanos que renuncian a decidir) y autonomización (máquinas capaces de decidir por sí mismas). Este salto implica un rediseño institucional de la sociedad, una enorme promesa y una no menos inquietante amenaza. Ciertas decisiones –quién sabe si demasiadas o tal vez todas, en el futuro– no son adoptadas sólo por los seres humanos sino confiadas en todo o en parte a sistemas que procesan datos y dan lugar a un resultado que no es plenamente pronosticable. La paradoja es que los artefactos que inventamos para hacer calculable el mundo nos introducen, al mismo tiempo, en otro tipo de imprevisibilidad.

Así pues, la sociedad digital no se caracteriza tanto porque haya simplemente más datos que en las tradicionales; la explosión de los datos exige que dirijamos nuestra atención a las herramientas de elaboración de esos datos, que no podemos considerar como meros artefactos técnicos, sino también como métodos para adquirir conocimiento y orientar nuestras decisiones y que, por tanto, debemos examinar de forma crítica. El modelo utópico de las élites digitales se traduce en una sociedad en la que cualquier desafío puede resolverse en el marco del modelo de negocio digital, como si todas las crisis fueran traducibles en problemas técnicos cuya solución simplemente requiere procedimientos matemáticos. El supuesto implícito es que la realidad social es plenamente calculable: «regular lo que es regulable y hacer regulable lo que no se puede regular», según la célebre formulación cibernética (Schmitt 1941, 41). Con las palabras que abren la *Dialéctica de la Ilustración*: «hacer el mundo calculable» (Horkheimer / Adorno 2002, 4). Debido a su eficacia en el manejo de la complejidad y a su incompatibilidad con nuestra intervención reflexiva, la tecnología algorítmica parece haber abandonado completamente una época en la que era posible la crítica, es decir, la capacidad de cuestionar la construcción social de las categorías mediante las cuales percibimos y evaluamos el mundo (Rouvroy 2020).

Los humanos siempre hemos aspirado a que algún procedimiento mecánico nos haga menos dependientes de la voluntad de los otros. La racionalidad algorítmica parece prometerlo, pero ¿es realmente así? ¿Cómo interactúan y convergen la digitalidad y los modos de gobierno? Al confiar en los procedimientos algorítmicos combatimos la arbitrariedad y el subjetivismo, pero ¿cómo hacerlo sin renunciar a ese «derecho a una decisión humana» (Huq 2020) que corresponde a nuestro deseo de libre autodeterminación y que, al mismo tiempo, es la causa de tanta dominación? ¿Es posible promover la intervención de procedimientos de decisión algorítmicos sin sacrificar nuestro poder a una nueva forma de dominación?

El problema fundamental de la inteligencia artificial es la creciente externalización de decisiones humanas en ella. La automatización generalizada plantea el problema de qué lugar corresponde a la decisión humana, si se trata simplemente de un suplemento, de una modificación o un remplazo. Decía el historiador Agar que los ordenadores vendrían a ser un «sistema nervioso periférico» de las organizaciones del gobierno (2003); la pregunta que deberíamos hacernos es si pueden y deben llegar a ser su sistema central, hasta qué punto las decisiones humanas pueden ser sustituidas por procesos informáticos controlados por algoritmos, de manera que *government machine* sea algo más que una metáfora. El hecho de que automaticemos ciertas decisiones individuales o colectivas implica grandes beneficios en términos de efectividad. Sin embargo, este potencial puede constituir una amenaza si implica una rendición absoluta de nuestra soberanía. Determinar el tipo de poder que tenemos los humanos cuando automatizamos y después de automatizar procesos es una cuestión que requiere que contemplemos hasta qué punto es deseable tener el poder de decidir o si puede ser ventajoso no necesitar hacerlo, qué tipo de toma de decisiones es un algoritmo y si el trabajo crítico de los algoritmos puede entenderse como una recuperación de nuestra capacidad de decidir. La respuesta a todas estas cuestiones permitiría convertir la informática en una disciplina política (Reichl / Welzer 2020, 48). En definitiva, ¿quién decide cuando, aparentemente, nadie decide?

Hay tres respuestas posibles a este conjunto de problemas planteados por el creciente protagonismo de la razón algorítmica debido a la delegación de decisiones en la inteligencia artificial: la moratoria, la ética y la crítica política; es decir, la propuesta de que la tecnología sea detenida, al menos por un tiempo, sometida a códigos éticos o examinada de acuerdo con una perspectiva de crítica política. Cada una de ellas presupone un tipo diferente de relación entre los humanos y la tecnología o, si se prefiere, de «humanización»; debemos examinar ahora sus aportaciones y sus limitaciones.

1. Una moratoria artificial

En el año 2023, al estupor, el entusiasmo o el pánico provocados por el ChatGPT y sus fabulosas prestaciones los siguió una *Carta abierta* en la que científicos y empresarios de la industria tecnológica pedían una moratoria digital, con tan buenas razones como confusos procedimientos. Quienes tienen una gran responsabilidad en la creación y desarrollo de la inteligencia artificial dibujaban un escenario apocalíptico con una autoridad en materia de prospectiva que no tiene por qué ir asociada a sus éxitos tecnológicos. Continuó con la prohibición del Chat en Italia, por posibles vulneraciones de la ley de protección de datos. Las peticiones de control y regulación también han aumentado en Estados Unidos ante la Comisión Federal de Comercio, que apelan a la legislación comercial, la seguridad pública y la privacidad. Es evidente que cuanto más sofisticada es una tecnología, mayores son sus prestaciones pero también sus riesgos. Los seres humanos exploramos ese territorio en parte desconocido mediante la reflexión, que es una forma de pausar los procesos y adelantarse a los posibles problemas antes de que se produzcan. En el contexto de los actuales progresos de la inteligencia artificial se están haciendo presentes ciertos peligros como la discriminación, la pérdida de control, la precariedad laboral o la desinformación, todos ellos de tal envergadura que parecen hacer aconsejable pausar el desarrollo tecnológico todo lo que se pueda, con el fin de disponer de un enfoque regulador, ponernos de acuerdo sobre los criterios éticos y políticos, y establecer autoridades de supervisión y certificación. Suponiendo que la tecnología no iba a esperar, los autores de aquella *Carta abierta* exigían una moratoria de seis meses, lo que, de entrada, suscita la sospecha de que pueda ser, a la vez, demasiado tiempo y demasiado poco, que haya otros intereses en la petición, que no sea factible o que implique otro tipo de riesgos.

Semejante parón tecnológico se reclama en favor de la humanidad en su conjunto, pero a nadie se le oculta que implicaría ganancias y perjuicios desigualmente repartidos. Podemos sospechar que se trata de una alianza de los perdedores, que sacarían alguna ventaja de frenar la carrera tecnológica, pero también es cierto que tal moratoria concedería ventajas a quienes ya disponen de los grandes modelos de lenguaje (*Large Language Models*, LLM). Algo tan drástico como detener sectores tecnológicos dinámicos y competitivos plantea muchas dudas en cuanto a su viabilidad, tanto en lo referido a los Estados como en el sector privado. En la actual configuración geoestratégica del mundo, tan fragmentada, y donde la carrera tecnológica se ha convertido en uno de los principales escenarios de competencia, es inimaginable una regulación vinculante y de obligado cumplimiento. Tampoco hay ningún motivo para que las empresas dominantes asuman voluntariamente un freno que podría poner en peligro su posición. Revela mucha ingenuidad creer que todos los programadores van a cerrar sus computadoras y que gobiernos del mundo entero se sentarán durante seis meses con el objetivo de aprobar unas normas vinculantes para todos.

Pero el principal argumento en contra de una moratoria artificial es que con la pretensión de evitar ciertos riesgos acentúe otros. ¿Estamos tan seguros de que no mejorar los modelos de procesamiento durante un tiempo es menos arriesgado que seguir mejorándolos? Es cierto que los actuales sistemas plantean muchos riesgos, pero también es peligroso retrasar la aparición de sistemas más inteligentes. Uno de esos posibles efectos indeseados sería la pérdida de transparencia. Si se decidiera esa moratoria, nadie podría asegurar que el trabajo de formación de tales modelos no continuara de forma encubierta. Esto plantearía el peligro de que su desarrollo –que con anterioridad había sido, en gran medida, abierto y transparente– se volviera más inaccesible y opaco. Además, ¿qué es exactamente lo que habría que parar: la investigación o su aplicación? y ¿qué campos, si es que no son todos? La inteligencia artificial en medicina, por ejemplo, es una gran oportunidad de salvar más vidas o de reducir el sufrimiento, como también de promover el ahorro energético y luchar contra un cambio climático que no se detiene, por lo que sería un grave error interrumpir la investigación en estas y otras áreas. ¿Cómo establecer una distinción entre lo que habría o no que parar, teniendo en cuenta, además, que hay muchas investigaciones básicas que son útiles en distintas áreas?

La idea de la moratoria evidencia una falta de comprensión acerca de la naturaleza de la tecnología, de su articulación con los humanos y, concretamente, de las potencialidades de la inteligencia artificial en relación con la inteligencia humana, a mi juicio, menos amenazada de lo que suponen quienes temen al supremacismo digital. Por supuesto que nos encontramos con un desfase cada vez más inquietante entre la rapidez de la tecnología y la lentitud de su regulación. Los debates políticos o la legislación son, sobre todo, reactivos. Una moratoria tendría la ventaja de que el marco regulatorio podría adoptarse de forma proactiva antes de que la investigación siga avanzando. Pero las cosas no funcionan así, menos aún con este tipo de tecnologías tan sofisticadas. La petición de moratoria describe un mundo ficticio porque, por un lado, considera posible la victoria de la inteligencia artificial sobre la humana, y por otro, sugiere que la inteligencia artificial sólo necesitaría algunas actualizaciones técnicas durante seis meses de congelación de su desarrollo. ¿En qué quedamos? ¿Cómo es que la amenaza es tan grave y al mismo tiempo bastan seis meses de moratoria para neutralizarla?

Si pasamos de la política ficción a la política real nos encontramos un escenario bien distinto. La Unión Europea es el ámbito político en el que todo esto se está regulando con mayor eficacia y rapidez. Pues bien, la propuesta *Artificial Intelligence Act* de la Comisión Europea tardó cuatro años en aprobarse y estableció un periodo de otros dos para su implementación en los Estados de la Unión Europea. Más que una prueba de irresponsabilidad o lentitud injustificada es una confirmación de la complejidad del asunto, de que no es posible acelerar los procesos de regulación y detener el desarrollo tecnológico cuando hay que poner de acuerdo a muchos actores, incluidos los propios sectores tecnológicos que se pretende regular. En el mundo real, las moratorias son difíciles, parciales y de dudosa eficacia; las cosas suelen arreglarse de otra manera. El filósofo austríaco Otto Neurath sugería la metáfora de arreglar el barco en alta mar, en medio de la travesía y sin poder llevarlo a puerto para las reparaciones. Era una crítica a la analogía fundacionalista de Descartes, para quien el modelo del conocimiento era, más bien, la demolición de un edificio y su completa reconstrucción. Dada la actual sofisticación de las tecnologías y el hecho de que su desarrollo se lleva a cabo en un entorno con muy diversos actores, es poco realista pensar que la evolución de la tecnología puede obedecer a un plan, lo cual no nos debería eximir del esfuerzo por hacer compatible este desarrollo con cierta anticipación y la mejor regulación posible. Tenemos que aprender a utilizar los sistemas de inteligencia artificial con más cuidado en vez de frenar la investigación. La teoría crítica de la razón algorítmica hay que hacerla al mismo tiempo que el desarrollo tecnológico y en diálogo con sus protagonistas.

La idea de una moratoria alimenta malentendidos y falsas percepciones sobre la inteligencia artificial. Sugiere capacidades completamente exageradas y la presenta como una herramienta más poderosa de lo que en realidad es. De este modo, contribuye a distraer la atención de los problemas realmente existentes, sobre los que tenemos que reflexionar ahora y no en un hipotético futuro. Los escenarios apocalípticos nos están distrayendo de los problemas que nos plantea una inteligencia artificial todavía no general ahora mismo y no en un futuro que podría irrumpir. El énfasis constante en los grandes riesgos sirve para generar atención, ya que los mensajes extremos son siempre más interesantes que las propuestas parciales y provisionales. Anticipar como inexorable un determinado futuro no es científico e impide que se tomen medidas concretas que son importantes en el presente para adaptar y regular los sistemas de inteligencia artificial. No hace falta que la inteligencia artificial nos supere para que nos plantee problemas y desafíos que es necesario abordar.

La principal aportación de las peticiones de una moratoria es concienciar a segmentos amplios de la población de que, en efecto, hay cuestiones relevantes en juego. Lo más valioso de estos llamamientos es su mensaje performativo, a saber, que subrayan la gravedad de lo que tienen entre manos la ciencia, la tecnología, la economía, la política, las instituciones educativas y el público en general, y la petición de que se forjen las alianzas necesarias. Son actos retórico-performativos para llamar la atención sobre un problema extremadamente urgente e importante. El problema no es que la inteligencia artificial sea –ahora o en el futuro– demasiado inteligente, sino que lo será demasiado poco mientras no hayamos resuelto su integración equilibrada y justa en el mundo humano y en el entorno natural. Y eso no se conseguirá parando nada sino con más reflexión, investigación, inteligencia colectiva, debate democrático, supervisión ética y regulación.

2. EL COMPLEMENTO ÉTICO

Otro recurso para tratar de condicionar el desarrollo tecnológico es la apelación a los criterios éticos. En este caso no se trataría de frenar el desarrollo sino de orientarlo en un determinado sentido. Así lo ha pretendido la multitud de instituciones que han lanzado sus exhortaciones en los últimos años en un número creciente que es inversamente proporcional a la novedad de las propuestas. Cuanto más rotundos e incondicionales son los llamamientos a la humanización de la tecnología, más se parecen entre sí y menos aportan a la comprensión del significado profundo de la tecnología. Si bien la referencia al horizonte normativo es muy necesaria, esta apelación no agota todas las posibilidades de la crítica. Si la moratoria frenaba demasiado, podríamos decir que la ética frena demasiado poco y puede terminar convirtiéndose en un inofensivo acompañamiento del desarrollo tecnológico irreflexivo.

No podemos esperar la solución al problema de la articulación entre la inteligencia artificial y la democracia a partir de la actual proliferación de códigos éticos porque, aunque persigan proteger los valores esenciales de la democracia, no desarrollan conceptualmente el problema de hasta qué punto la automatización generalizada modifica la condición democrática. La intención normativa requiere rigor analítico. Hay que examinar en qué medida estas innovaciones tecnológicas interactúan con nuestras expectativas de autogobierno e igualdad. No es sólo que la ética pueda servir para evitar intervenciones regulatorias o que sea inútil si se despliega sin una rendición de cuentas o un método acreditado para traducir los principios en la práctica (Mittelstadt 2019). Antes que normativo, el desafío al que nos enfrentamos es conceptual. Sólo una lectura política de la constelación digital nos permitirá examinar la calidad democrática de la digitalización. Con esto no quiero continuar la letanía de lamentos por la utilización interesada de la ética –el tantas veces denunciado *ethics washing*– para que las cosas continúen como hasta ahora. Precisamente, ese lavado de cara ético forma parte del problema, porque apela a un «uso» que deja todo como estaba, que hace depender el sentido de la tecnología del modo en que es utilizada, como si no hubiera un condicionamiento estructural, y que parece desconocer la complejidad tecnológica.

Es cuestionable que una perspectiva meramente ética, en el sentido de los códigos de conducta, sea capaz de hacerse cargo de todas las implicaciones sociales relevantes y problematizar el modo en el que operan los sistemas de decisión basados en la analítica de datos. Para lograr esto último es necesario incluir una aproximación política en el examen crítico de estas tecnologías. Pensemos en el caso de los buscadores digitales. De acuerdo con los criterios éticos, una búsqueda transparente y no discriminatoria sería éticamente irreprochable, pero dejaríamos fuera de la consideración crítica la valoración política que merece tal concentración de poder, es decir, el hecho de que una empresa privada controle tanto la accesibilidad pública de la información digital.

Hay dos problemas que están impidiendo que este juicio político se lleve a cabo con la necesaria radicalidad. El primero es que la ética abarca demasiadas cosas, hasta el punto de considerar la política como una parte de ella. Pensar que la política carece de autonomía frente a la ética, o que no es más que ética aplicada (Gyulai / Ajlaki 2021, 31), nos priva de una perspectiva adicional a aquella con la que la ética observa el mundo y lo juzga. El otro problema procede de un dualismo que parece haber repartido el territorio tecnológico entre lo fáctico y lo normativo. La ética tiene un sesgo, como todas las perspectivas, y el eje bien-mal no cubre todas las posibilidades de análisis de la realidad. Aplicado inmoderadamente, tiende a simplificarla. Con frecuencia, quienes se dedican a lo normativo tienen dificultades en la comprensión de la realidad (tecnológica, en este caso) y quienes se dedican a la realidad tecnológica prescinden con demasiada ligereza de las consideraciones normativas. Sólo una articulación de ambas perspectivas nos permitirá hacer avances significativos en la comprensión y regulación de las tecnologías de la inteligencia artificial.

No disponemos de un marco teórico para explicar la significación democrática de los actuales procesos de automatización de las decisiones políticas. En la literatura existente hay un vacío en relación con este asunto debido al énfasis axiológico reduccionista y a que no se ha tematizado lo suficiente el posible condicionamiento que la propia tecnología ejerce sobre nuestras prácticas políticas. La crítica de la razón algorítmica que planteo se opone tanto al determinismo tecnológico como a la simplificación moralizante y trata de indagar en la lógica de esta particular tecnología sin neutralizar su complejidad. La inteligencia artificial es tan fascinante porque revela la complejidad del mundo y la función que los humanos ejercemos en su configuración.

3. La perspectiva de la teoría crítica

La teoría crítica es algo muy distinto de la ética de la inteligencia artificial; la crítica comienza precisamente allí donde terminan los llamamientos a desarrollar una inteligencia artificial responsable y humanista. La crítica no es una exhortación a hacerlo bien, sino una indagación de las condiciones estructurales que posibilitan o impiden hacerlo bien. ¿Qué aporta la perspectiva de la crítica filosófica sobre el tema de la racionalidad algorítmica? En esencia, una interrogación casi nunca plenamente satisfecha sobre los supuestos que tendemos a dar por acreditados. Los filósofos no damos por supuesto casi nada; de entrada, no damos por supuesto que la inteligencia artificial es inteligente ni artificial, e interrogamos acerca de la pertinencia y alcance de esos calificativos para esta clase de artefactos; nos intriga más la naturaleza de la automatización que su regulación; no estamos tan interesados en cómo regular sino en qué tipo de legitimidad tiene la regulación; no proporcionamos soluciones para asegurar la transparencia sino que nos preguntamos qué significa la transparencia. Y en lo relativo a las implicaciones democráticas de la inteligencia artificial, también estamos obligados a no dar nada por garantizado, a aprovechar esta cuestión para volver a examinar nuestro concepto de democracia, antes de sentenciar precipitadamente que la digitalización constituye la muerte o la revitalización de la democracia. Para la filosofía, cualquier circunstancia es una invitación a revisar nuestros conceptos y no puedo imaginarme una más excitante que esta nueva encrucijada tecnológica para poner a prueba una noción de democracia que está llena de rutinas, ideas cuestionables e incluso malentendidos.

La primera tarea de la crítica es la de facilitar una revelación, que se muestre una dimensión de la realidad que no es manifiesta. Las teorías críticas se han desarrollado tratando de desvelar algo no demasiado visible –o intencionalmente escondido– que denominaban «ideología». ¿Cuál sería la ideología de la era digital? A mi juicio, la ideología de la razón algorítmica no es tanto ocultación deliberada como irreflexividad. Su naturalización consiste en dejar de preguntarnos acerca de a qué clase de racionalidad responde la racionalidad algorítmica, pensar que no hay racionalidad alternativa o, al menos, una diversidad de posibilidades acerca de qué hacer con esa racionalidad. La crítica de la ideología ha tenido siempre una pretensión pragmática; el desvelamiento no era un mero ejercicio intelectual sino que estaba motivado por la convicción de que entender qué tipo de poder o autoridad se establece en una determinada constelación permite indagar en las condiciones de posibilidad de configuraciones alternativas.

Hay cierto determinismo en la expresión «impacto» o «disrupción» a la hora de referirse al modo en que la tecnología aparece o se nos impone, cuando lo más correcto sería considerar la digitalización como un espejo que nos informa acerca de los cambios estructurales de nuestra sociedad. La crítica como desocultación –tanto de las relaciones de poder como de las diversas posibilidades de configuración– presupone un concepto de realidad (también de la realidad tecnológica) más indeterminado y contingente de lo que presuponen las euforias y los horrores digitales. «La teoría crítica declara: no tiene por qué ser así» (Horkheimer 1980, 279). Con esta frase resumía Horkheimer el tipo de resistencia intelectual y política que habría de caracterizar a la tarea de la crítica.

Me permito añadir que, para que una crítica sea efectiva y no una mera exhortación moralizante, debe comprender y respetar la complejidad de lo que se critica, en este caso, la complejidad de la racionalidad algorítmica. Ese respeto comienza por hacerse cargo de todo lo implicado en una tecnología que siempre –y más en este caso– es algo más que tecnología. Respetando todas las dimensiones y actores que intervienen en su configuración y desarrollo, la crítica gana en incisividad. Quienes sostienen una concepción puramente tecnológica de la tecnología, por muy expertos que se consideren, la conocen peor que quienes toman en cuenta todos los elementos de su constelación. A este respecto, la crítica ejercida desde las ciencias humanas y sociales no es un punto de vista foráneo, una intromisión desde el extranjero sino que puede entenderse como una visión más integral de la tecnología que el «nacionalismo tecnológico». La crítica consiste, aquí, en dar cuenta de por qué no es suficiente una solución tecnológica a un problema sociotecnológico.

No basta con aplicar una tecnología legal a una tecnología informática si no entendemos la naturaleza de lo que tenemos entre manos. Nos encontramos en un nuevo entorno que no es sólo tecnológico o infraestructural sino ontológico. La algoritmización requiere pensar muchas categorías socioculturales, como sujeto, acción, responsabilidad, conocimiento o trabajo. Lo que en este libro me planteo es qué quiere decir «autogobierno democrático» y qué sentido tiene la libre decisión política en esta nueva constelación. Mi objetivo es desarrollar una teoría de la decisión democrática en un entorno mediado por la inteligencia artificial, elaborar una teoría crítica de la razón automática y algorítmica. Necesitamos una filosofía política de la inteligencia artificial, una aproximación que no puede ser cubierta ni por la reflexión tecnológica ni por los códigos éticos. El interrogante fundamental es qué lugar ocupa la decisión política en una democracia algorítmica. La democracia es libre decisión, voluntad popular, autogobierno. ¿Hasta qué punto es esto posible y tiene sentido en los entornos hiperautomatizados, algorítmicos, que anuncia la inteligencia artificial? La democracia representativa es un modo de articular el poder político, que lo atribuye a un órgano determinado y de acuerdo con una cadena de responsabilidad y legitimidad, en la que se verifica el principio de que todo el poder procede del pueblo. Desde esta perspectiva, la introducción de procedimientos algorítmicos aparece como algo problemático. Este problema se agudiza en los sistemas que aprenden, ya que la función que procesa los datos cambia en la fase de aprendizaje. El sistema trabaja adaptativamente y no conforme a reglas preprogramadas (Unger 2019) con lo que la cadena de legitimidad y responsabilidad –sin la que no hay democracia– resulta más difícil de identificar. Tenemos, de entrada, un problema de ininteligibilidad, debido a que no está claro quién decide y es responsable en un entorno cada vez más automatizado.

El objetivo de este libro es pensar una idea de control que, al mismo tiempo, cumpla las expectativas de gobernabilidad del mundo digital, un mundo que no podemos dejar fuera de cualquier comprensión, escala y orientación humanas, pero sobre el que tampoco deberíamos ejercer una forma de sujeción que arruine su performatividad. Se trataría de ir más allá de la ilusión del control y de la renuncia al control (Nowotny 2024). Todavía no hemos encontrado el equilibrio adecuado entre el control humano y los beneficios de la automatización, pero esta dificultad nos habla, también, del carácter abierto, explorador e inventivo de la historia humana, no tanto de un fracaso definitivo. Reconforta considerar que, en otros momentos de la historia, los seres humanos tampoco hemos acertado a la primera cuando se trataba de acotar los riesgos de una tecnología desconocida. Recordemos aquella «Red Flag Act», proclamada en Inglaterra en 1865 con el fin de evitar accidentes ante el aumento del número de coches, a los que imponía una velocidad máxima de cuatro millas por hora en el campo y dos en pueblos y ciudades (seis y tres kilómetros por hora, respectivamente). Además, cada vehículo debía estar precedido por una persona a pie con una bandera roja, para advertir a la población. El acompasamiento de los humanos y las máquinas era posible a semejante velocidad, algo impensable hoy en día, teniendo en cuenta la velocidad a la que nos desplazamos, e innecesario, a medida que hemos ido produciendo coches más seguros y mejores normas. Hicieron falta unos cuantos años para que fuéramos conscientes de la naturaleza de los riesgos y de las ventajas de los desplazamientos rápidos y, sobre todo, de que el control humano de los vehículos no dependía de la limitación de la velocidad a los parámetros del caminar. Es posible que lo que hagamos ahora con la inteligencia artificial nos parezca, en el futuro, excesivo o insuficiente, pero lo que nos distingue como humanos no es el éxito de lo que hacemos sino el empeño con que lo hacemos.

PRIMERA PARTE

Teoría de la razón algorítmica

I

La inteligencia de la inteligencia artificial

El mundo del futuro será una lucha cada vez más exigente contra las limitaciones de nuestra inteligencia, no una confortable hamaca en la que podamos tumbarnos para que nos atiendan nuestros robots esclavos.

WIENER 1964, 69

El juicio es la capacidad de integrar una vasta amalgama de datos en constante cambio, multicolores, evanescentes, que se superponen perpetuamente, demasiados, demasiado rápidos, demasiado entremezclados para ser descubiertos y atrapados, y etiquetados como tantas mariposas individuales.

BERLIN 1996, 46

Cualquier artefacto que parece realizar mejor ciertas tareas que hacemos los humanos comienza suscitando temores o entusiasmos, ambos, por lo general, desmesurados, amenaza con sustituirnos o promete liberarnos y termina situándonos ante el desafío de pensar qué es lo específicamente humano de aquellas tareas. ¿Es posible tener una relación menos histérica con el mundo digital? Si la llamada inteligencia artificial hiciera lo que hace el cerebro humano, habría motivos para exultar o para inquietarse, pero lo cierto es que son dos potencias que, pese a su nombre, se parecen bastante poco y colaboran, más que competir. Un nuevo ciclo de vida de la inteligencia artificial parece inaugurarse con esa forma de inteligencia artificial generativa de los modelos fundacionales actuales, como los grandes modelos de lenguaje (LLM). La actual encrucijada de la inteligencia artificial pasa por examinar hasta qué punto es inteligente, qué tipo de inteligencia tiene, cómo se relaciona con la inteligencia humana y, en consecuencia, a qué tipo de reconceptualización de nuestra inteligencia nos están obligando sus espectaculares desarrollos.

1. Historia de dos inteligencias

Los avances de la inteligencia artificial reavivan los ensueños de la inteligencia artificial general (AGI), la «singularidad» (Von Neumann 1966), la «superinteligencia» (Bostrom 2014) o el «supremacismo digital» (Balkin 2017), es decir, la verosimilitud de que las máquinas puedan un día igualar e incluso superar a la inteligencia humana. Se ha hablado, a este respecto, de un «desalineamiento», un posible escenario en el que las máquinas inteligentes persigan objetivos que vayan contra nosotros sin que podamos detenerlas. Sobre la base de que los sistemas de inteligencia artificial son cada vez más inteligentes, se supone que llegará un momento en el que alcancen y superen el nivel de la inteligencia humana. La capacidad de autoaprendizaje de la inteligencia artificial les permitiría una optimización para la que no necesitarían ya la intervención del programador humano. En la opinión pública parece estar cumpliéndose aquel vaticinio de que «cuanto más se dice que es inteligente, más gente se convence de que es más inteligente que ellos» (Mark Riedl).

A esto se añade, últimamente, el revuelo generado en torno al ChatGPT y su extraordinaria capacidad de llevar a cabo tareas como la generación de textos y la simulación de una conversación. Es un claro avance de esa inteligencia artificial generativa que tiene como objetivo emular la lógica del pensamiento humano en su forma comunicativa y creativa. En este juego de imitación de las facultades humanas, el algoritmo obtiene su poder de la digestión de lo que está disponible en internet: los millones de textos producidos por los humanos son combinados para adaptarse al diálogo establecido con el usuario. Se presenta como una mejora sustancial de las técnicas de procesamiento del lenguaje natural, en la medida en que es capaz de suministrar información procesada y contextualizada, lo que, de ser así, supondría un nuevo capítulo en la historia de la razón algorítmica. Da la impresión de que acabamos de descubrir que una máquina puede llevar a cabo no sólo actividades mecánicas sino también tareas de contenido intelectual sustancial. Pero ¿es realmente así?

La cuestión no es saber cuándo se producirá la anunciada superación y en virtud de qué principio puede hacerse tal predicción, ni siquiera si se trata de algo deseable, sino de qué tipo de inteligencia estamos hablando, porque tal vez haya un equívoco desde el comienzo. Puede ocurrir que no haya rivalidad, competencia o amenaza de sustitución porque, en última instancia, se trata de dos inteligencias diferentes. La inteligencia artificial únicamente simula algunos aspectos concretos de la inteligencia humana, pero no lleva a cabo todas las tareas de la inteligencia humana, que no incluyen sólo cálculo y rapidez, sino también comprensión y reflexión. Los anunciadores del futuro *sorpasso* no están hablando de la inteligencia integral sino de las capacidades analíticas de la inteligencia instrumental, desde una epistemología estrechamente empírica, calculadora y que ignora el contexto histórico de la vida humana.

La inteligencia humana supuestamente desafiada por la inteligencia artificial no es sólo implementación o eficacia en relación con la consecución de unos objetivos determinados, sino aquella reflexión que identifica los objetivos que es deseable conseguir. Se equivoca Bostrom, uno de los profetas de la superación, cuando reduce el concepto de inteligencia a su dimensión instrumental, al considerar que el nivel de inteligencia es independiente de los fines que persigue (Bostrom 2014, 130). Si alguien es inteligente, lo será por los medios y por los fines que se propone. Nuestro concepto de inteligencia va más allá de la función instrumental; no es tanto la consecución de objetivos como su elección de un modo significativo y equilibrado en un mundo de gran complejidad, en el que hay que sopesar objetivos en conflicto. Por otro lado, ¿dónde están los aspectos emocionales, sociales o morales que consideramos constitutivos de nuestra inteligencia? No parece que una inteligencia reducida a algunas de sus prestaciones instrumentales o de cálculo pueda equipararse a la de los humanos. Si estrechamos el concepto de inteligencia en este sentido (para quedarnos en un ámbito donde es cierto que las máquinas nos ganan en muchos aspectos), la «superinteligencia», en el caso de que llegue a existir, será bastante estúpida.

Una de las críticas que se hace a los grandes modelos de lenguaje (LLM) consiste en llamar la atención sobre sus limitaciones en la medida en que utilizan datos no suficientemente actualizados y sobre el hecho de que serían más precisos si estuvieran entrenados con los datos más recientes. Ahora bien, esta misma inevitabilidad de operar con la información existente pone de manifiesto cuáles son sus límites insuperables. Por muy actualizados que estén los datos con los que se entrenan y aunque pudiéramos personalizarlos en ámbitos específicos, se alimentarán siempre de algo que ya existe y no tendrán esa capacidad de generar novedad, que entendemos como una propiedad de la verdadera inteligencia. El ChatGPT es potentísimo a la hora de procesar una gran cantidad de datos preexistentes, pero no en la producción de nuevas visiones y conocimiento o en las recomendaciones acerca de fenómenos nuevos sobre los que se carece de datos o información.

Los grandes modelos de lenguaje (LLM) tienen una extraordinaria capacidad de llevar a cabo diversas tareas, pero no deberíamos perder de vista que eso se debe a que han encontrado esa información y conocimiento en los datos con los que se han entrenado. Por supuesto que no son «loros estocásticos» (Bender *et al.* 2021), pero su «generatividad» no significa que generen propiamente saber nuevo sino que resumen y presentan conocimiento existente. Lo que consideran verdadero es lo que encuentran que es considerado con mayor frecuencia como verdadero. La verdad es, para estos modelos, un subproducto de los patrones estadísticos y no una propiedad intrínseca de las afirmaciones. Junto con sus enormes prestaciones, sus limitaciones estructurales proceden del hecho de que aprenden mirando hacia atrás e imitativamente.

Los errores de estos dispositivos no son debidos a la falta de datos sino a una deficiente comprensión del mundo, lo cual es lógico si tenemos en cuenta la naturaleza de sus operaciones. El poder computacional es cálculo veloz y procesamiento de una gran cantidad de datos, pero no inteligencia. En la inteligencia artificial y en el análisis de datos hay mucha fuerza bruta computacional, pero no una comprensión del contexto mundano. Una red neuronal ni siquiera sabe que las palabras representan cosas. Los algoritmos producen resultados sin ninguna comprensión de lo que están haciendo. No puede haber inteligencia en sentido estricto donde no se comprende la configuración de la realidad, su sentido y significación. Como ya advirtió el filósofo John Searle (1980), una cosa es que nos imiten con extraordinaria precisión y otra que comprendan la realidad. Si la llamada inteligencia artificial puede ser calificada como inteligente es porque simula serlo y lo simula muy bien. Por eso hay quien ha propuesto utilizar el concepto «simulación de una tarea humana» en vez de inteligencia artificial (Larson 2021). El ChatGPT y otros artefactos que lo sucederán son productos increíblemente capaces de procesar información y lenguaje sin saber de qué va, es decir, serían inteligentes hasta el límite en el que comienza la comprensión del mundo. Buena parte del debate sobre el alcance de la inteligencia artificial tiene una concepción que podríamos denominar «computacionista» del conocimiento; en otras palabras, considera que la realidad es calculable y puede ser agotada por el cálculo; es una forma de reduccionismo instrumental y despolitización a través de la tecnología.

Una propiedad de la inteligencia humana es su capacidad de habérselas con la novedad en sus diversas formas: la innovación, el cuestionamiento y la ruptura de lo existente, la capacidad crítica, la gestión de la incertidumbre o la aportación de ideas nuevas. En todos estos campos, los dispositivos de la inteligencia artificial pueden sernos de gran ayuda, pero chocan siempre con un límite insuperable. Seguramente, ese límite es menos fijo de lo que solemos creer y el uso que, por lo general, hacemos de nuestra inteligencia apenas logra traspasarlo. Sin embargo, como decía Wittgenstein, que un límite sea impreciso no significa que no exista. En vez de atemorizarse con que la «superinteligencia» termine anulando la nuestra, haríamos bien en preguntarnos qué es lo específico e insuperable de nuestra inteligencia, y dedicarnos a cultivarlo, de modo análogo a cómo la mecanización del trabajo impulsó los oficios más creativos. Tenemos que utilizar nuestro cerebro más que nunca, no a pesar de la innovación tecnológica sino en virtud de ella (Gigerenzer 2022). A medida que la inteligencia artificial sea más sagaz, estaremos más obligados a redefinir el concepto de inteligencia. Buena parte del progreso humano se debe a que hemos concentrado nuestras fuerzas en tareas que exigían mayor talento y hemos mecanizado cuanto era posible. El peligro de los grandes modelos de lenguaje (LLM) no es que superen a nuestra inteligencia, sino que cometamos la estupidez de competir con ellos. Lo haríamos si pensáramos que la inteligencia es acumulación de información o que la creatividad se reduce a la respuesta más probable. La solución no está siempre en la red, sino que muchas veces hay que inventársela. Una sedicente inteligencia que emula a los humanos no lo será realmente mientras no se haga cargo comprensivamente del mundo y no sea capaz de generar novedad. Por eso, cuando a Weizenbaum le preguntaron en 1976 acerca de la existencia de formas de inteligencia por encima y más allá de la lógica codificada en los programas, respondió: «¿Por qué hay todavía poetas?» (1976, 247).

Así pues, más que ante un nuevo capítulo de la inteligencia artificial, estaríamos ante un nuevo desafío para la inteligencia *humana*. La primera pregunta que esto nos plantea no es tanto cuáles son los límites de la inteligencia artificial sino en qué consiste propiamente la inteligencia de los humanos. Desde el punto de vista epistemológico, la gran cuestión no es si la inteligencia artificial es una mera prótesis cognitiva, una obnubilación de la razón o una habilidad irreflexiva; lo más interesante es que se trata de un conjunto de tecnologías que nos están obligando a redefinir qué significa conocimiento en este nuevo contexto. Aquí nos topamos con el célebre teorema de Tesler o «la maldición de la inteligencia artificial»: cada vez que la inteligencia artificial hace algo inédito, decimos que eso no es propiamente humano, sino sólo cálculo, quizá porque sabemos que la inteligencia humana no es algo específico, una función definida, mecánica o biológica, ni siquiera el conjunto de nuestras capacidades. La capacidad aritmética fue considerada un signo eminente de inteligencia humana y dejó de serlo cuando las primeras calculadoras empezaron a realizar las principales operaciones aritméticas de forma mecánica. Si esta provocadora afirmación es interesante es porque no sólo nos obliga a redefinir constantemente la inteligencia artificial, sino que nos apremia a redefinirnos a nosotros mismos (Hofstadter 1980).

2. La actual encrucijada de la inteligencia artificial

Las grandes discusiones del siglo pasado acerca de cuál es la significación histórica de la inteligencia artificial enfrentaron a quienes imaginaban máquinas capaces de remplazar a los humanos (McCarthy), para bien o para mal, y quienes sostenían que se trataba de un mero aumento de la inteligencia humana (Licklider, Engelbart), como en el famoso debate de los años sesenta en Stanford, a saber, el proyecto de construir máquinas inteligentes sustitutorias frente a quienes sólo aspiraban a aumentar la inteligencia humana. Las posiciones de estos enfáticos debates fueron cristalizando en la contraposición entre una «inteligencia artificial general» (AGI) y una «inteligencia artificial restringida» (ANI). Si la primera tiene como objetivo emular a la inteligencia humana, la segunda, simplemente, la simularía.

La discusión continúa, después, en otros términos. Kurzweil (2001) polemiza con Kapor a comienzos de este siglo y asegura que la inteligencia artificial «superará a la inteligencia humana nativa» en 2029. Otra manera de decirlo es decretar el final de la teoría (Anderson 2008) y declarar, así, obsoleto el método científico tradicional, demasiado antropocéntrico. Hay quien asegura que la inteligencia natural es un caso especial de la inteligencia artificial y no al revés (Wilczek 2019, 68). En el otro extremo, algunos prefieren denominarla «inteligencia aumentada» para desdramatizar, así, su novedad hasta el punto de afirmar que «la inteligencia artificial no existe» (Julia 2019). Para los minimalistas, Deep Blue es sólo una supercalculadora y no tiene nada de verdaderamente inteligente. Según estos, las inteligencias artificiales son y seguirán siendo limitadas, hasta el punto de que tal vez en el futuro desistamos de calificarlas como inteligentes. Según Sadin, modelizar la inteligencia computacional sobre la nuestra sería un error, ya que no tienen ninguna relación de similitud (Sadin 2018, 28). Para otros, finalmente, «si las máquinas "piensan" importa muy poco. La cuestión es que funcionan» (Dotzler 2018, 106).

Resulta cuando menos curioso que las expectativas grandilocuentes se combinen aquí con un claro reduccionismo. Hay quien ha llamado la atención sobre otra singular coincidencia: la de arrogarse una exactitud predictiva y propiedades misteriosas e inexplicables, que proporcionarían al *deep learning* (aprendizaje profundo) capacidades sobrehumanas en lo que podría llamarse un «determinismo encantado» (Campolo / Crawford 2020). Esta vendría a ser una nueva versión de aquel retorno de la alquimia en la era de la inteligencia artificial que señalaba Dreyfus hace ya años: metáforas simplistas y problemáticas sobre la inteligencia humana entendida como un simple ordenador (Dreyfus 1965, 85). Casi todo lo que se afirma acerca del futuro de la inteligencia artificial predice una apoteosis final que sólo puede explicarse mediante algo así como una metamorfosis mágica, sin ninguna causalidad explicable. Y casi nadie advierte del poco rigor que implica que unos humanos se crean en condiciones de anticipar una situación suprahumana.

Una salida plausible a este debate es constatar la paradoja de que la actual inteligencia artificial sería muy inteligente y muy estúpida a la vez; su estupidez consiste en que, cuando toma una decisión inteligente, no tiene modo de saberlo (Dessalles 2019). Lo que tendríamos entonces son «sabios digitales idiotas» (Domingos 2015; Carr 2014). Esta controversia sólo puede resolverse si abandonamos la grandilocuencia y entramos a examinar cómo funcionan, de hecho, las dos inteligencias, qué tipo de relación se ha establecido entre ellas y si podemos modificar esa relación, de modo que mejore la inteligencia que somos y la que tenemos a nuestra disposición. Puede que, en última instancia, la idea misma de quién es más inteligente, si los humanos o las máquinas, carezca de sentido, entre otras cosas porque la inteligencia no tiene una única dimensión y depende del tipo de operaciones intelectuales de las que estemos hablando.

La *singularidad* parece no contemplar la idea de que la inteligencia artificial puede ser extraordinariamente potente sin necesidad de superar a la inteligencia humana ni tener forma humana: puede excederla sin llegar a resolver todos los problemas que esta resuelve. La idea de que la inteligencia artificial vaya a superar a la inteligencia humana y volverse contra sus creadores no es realista y nos distrae de los verdaderos problemas que ya se nos plantean. De estos, el principal es que tenemos muchos sistemas que resuelven todo tipo de problemas, sistemas muy especializados pero que no tienen nada que ver con la inteligencia humana y a los que confiamos el juicio sobre los seres humanos, la conducción de automóviles o las decisiones comerciales. Se trata de casos en los cuales deseamos que quien decida sea algo parecido a la inteligencia humana, pero diferente de los humanos en la medida en que resuelve esas tareas sin quejarse de las condiciones salariales, sin cansarse o sin dejarse llevar por los prejuicios (aparentemente). Es cierto que los sistemas automáticos son más fiables que los humanos porque no consumen drogas, no tienen problemas familiares ni se aburren de hacer siempre las mismas tareas, de modo que, para muchas de ellas, resultan más confiables que los humanos, pero también es verdad lo contrario, ya que carecen de sentido común y pueden magnificar los errores humanos.

Los temores en relación con una posible superación de los humanos por la inteligencia artificial sólo tienen sentido cuando las pensamos como dos inteligencias iguales o similares que, por eso mismo, podrían competir. ¿Por qué el *telos* de las máquinas ha de ser el pensamiento humano? (Ernst 2019, 144). ¿Tiene sentido desarrollar una inteligencia artificial que sea inteligente de la misma manera que la nuestra? (Brachman / Levesque 2022). Quién sabe si la palabra «inteligencia» vaya a tener la misma evolución que la idea de volar y la inteligencia artificial sea considerada a un tiempo genuina inteligencia y distinta de la nuestra, del mismo modo que nadie considera impropio el vuelo de los aviones, es decir, que hablamos de volar tanto cuando se trata de un animal liviano que mueve las alas como cuando hablamos de aviones pesados que no las mueven. ¿Por qué la ligereza y el movimiento de las alas han de ser el único y ejemplar modo de volar? El intento de volar tuvo éxito cuando los hermanos Wright dejaron de intentar imitar a los pájaros y empezaron a aprender aerodinámica. La inteligencia artificial puede desarrollarse sin necesidad de hacerlo del mismo modo que la humana, sin las mismas propiedades y, por tanto, sin que ese desarrollo sugiera una futura sustitución, del mismo modo que no ha dejado de haber aves porque haya aviones. Los automóviles no son caballos más rápidos, ni los aviones aves más sofisticadas.

En vez de pensar en términos de igualdad y competencia entre los humanos y las máquinas, habría que diseñar las condiciones para hacer posible su complementariedad. Una máquina no trabaja como un cerebro y no tiene sentido exigírselo. ¿Queremos que un ordenador necesite tanto tiempo como nosotros para aprender un idioma? ¿O que cometa tantos fallos de cálculo como nosotros, que hemos empleado muchos años en aprender matemáticas? ¿Acaso no necesitamos las máquinas para que hagan lo que nosotros no podemos hacer especialmente bien? Las máquinas son mejores en el descubrimiento de patrones, matematización y razonamiento estadístico, análisis de datos masivos y manejo de casos rutinarios; los humanos estableceríamos los objetivos y formularíamos juicios de valor, resolveríamos la información ambigua y discerniríamos en casos difíciles. Lo que mejor hacen los ordenadores es calcular y reconocer patrones; lo que mejor hacen los humanos es comprender, contextualizar y decidir reflexivamente. Sobre la base de esta distinción podría concluirse que la inteligencia artificial es inteligente, pero no sabia: «ser inteligente significa ser más listo que los demás para no ser superado por ellos. Es sinónimo de eficacia, de cumplir objetivos predeterminados» (Nowotny 2021, 114). El parecido con el conocimiento humano no es un buen criterio para la inteligencia artificial; mejor buscar la complementariedad.

A menudo se recurre al ejemplo del ajedrez por ordenador para ilustrar este punto (Brynjolfsson / McAfee 2014; Thompson 2013). Los ordenadores empezaron a superar en habilidad a la élite humana a finales de la década de 1990, pero eso no dejó obsoletos a los humanos. En gran parte, esto se debe a que el ajedrez es sólo un juego y una prueba de la habilidad humana, no de la de las máquinas; pero también se debe a que los humanos empezaron a formar parejas con los ordenadores, estableciendo equipos de ajedrez humano-ordenador, lo cual ha tenido un resultado interesante. El mejor ajedrez que se juega hoy en día no lo juegan ni los ordenadores ni los humanos, sino estos equipos humano-ordenador. Parece que, al asociarse con ordenadores, los humanos han mejorado la calidad de su ajedrez.

Desde la Antigüedad, el cerebro ha sido equiparado con la tecnología más avanzada. Se comparó con los acueductos romanos, por los que discurría el agua; con los tubos del órgano, que hacen circular el aire; con una central telefónica y, finalmente, con un ordenador, cuyo programa vendría a ser el espíritu. Hay cierta plausibilidad en todo ello, pero cuanto mejor entendemos el cerebro, más conscientes somos de los límites de la comparación. Frente a quienes están preocupados por que el avance de la inteligencia artificial nos marginalice o sustituya, la realidad es que sus límites son muy persistentes. La idea de una rebelión de las máquinas (*AI takeover*) se ha tomado demasiado en serio la fase inflacionaria en la que estamos hoy día. La creación de una inteligencia capaz de entender lo que un niño de seis años comprende inmediatamente no se conseguirá aumentando la potencia de las técnicas actuales. Los límites de la inteligencia artificial no son una cuestión de potencia de cálculo o de tamaño de memoria –algo que podría ser resuelto con el mero «darwinismo de los datos» (Malik 2013)– sino de carencia de ciertos mecanismos de los que está dotado el ser humano, como la comprensión general, algo que se pone de manifiesto en que la traducción automática, por muy perfeccionada que esté, no *lee* propiamente el texto, sino que trata y considera los símbolos como algo desconectado de la experiencia del mundo (Hofstadter 1980). Puede estar ocurriendo que muchos límites para el avance de la inteligencia artificial tengan que ver con que la concepción dominante de lo que es inteligencia sea reduccionista y no preste atención a las dimensiones cualitativas, contextuales, intuitivas, inexactas, artesanales y corporales del conocimiento. «La actual inteligencia artificial es estrecha; funciona para las tareas particulares para las que está programada, siempre y cuando lo que encuentre no sea muy diferente de lo que ha experimentado antes» (Marcus / Davis 2019, 13-14). Incluso las máquinas semánticas desmontan la semántica en regularidades cuyo sentido desconocen; en última instancia, trabajan sólo para lo que fueron concebidas, también en aquellos casos en los que consiguen objetivos que no habían sido previamente concebidos (Nassehi 2019, 260). Lo que le falta es inteligencia amplia. Es hábil al encontrarse con situaciones específicas para las cuales hay una gran cantidad de datos, pero no para problemas nuevos o situaciones inéditas.

3. LA ESPECIFICIDAD DEL CONOCIMIENTO HUMANO

Todas las tecnologías han tenido como consecuencia cierta «periferización» de los humanos del ámbito de las decisiones (eso es, en última instancia, la automatización), pero ninguna había sido tan disruptiva, hasta el punto de que la epistemología antropocéntrica parezca completamente inadecuada frente a las nuevas autoridades epistémicas automatizadas. El horizonte de automatización general parece situar a los humanos «fuera del universo epistemológico» (Humphrey 2019, 23). ¿Es cierto que el razonamiento se está disociando de las capacidades cognitivas humanas? ¿Puede llegar el conocimiento como tal, no sólo sus instrumentos, a convertirse en algo automático, como asegura Stiegler (2017)? No podremos responder a estas preguntas si no caracterizamos con precisión la naturaleza del conocimiento humano y las propiedades de la inteligencia artificial, de manera que podamos señalar los límites de esta última, tanto para saber qué es y qué no es sustituible, como para proponer nuevos horizontes de desarrollo de la inteligencia artificial.

¿Cuál es esa especificidad de la inteligencia humana que supone una frontera para la inteligencia artificial, pero de la que, de algún modo, debería hacerse cargo si es que quiere realizar avances significativos? Esta especificidad de la inteligencia humana es un conjunto de propiedades que cabe agrupar en sentido común, reflexividad, conocimiento implícito, inexactitud, aprendizaje y economía, todo ello resumible en un tipo de inteligencia corporal.

a. Sentido común

La primera especificidad de la inteligencia humana, tal vez la más básica y la más difícil de definir, es lo que llamamos «sentido común», una especie de comprensión nada sofisticada, una capacidad natural de hacerse con el contexto de una situación, sea en el mundo físico o en el de la comunicación; es una destreza para entender, intuitivamente, las situaciones cotidianas, lo que parece una habilidad simple, pero que requiere un amplio conocimiento de cómo funciona el mundo físico y social. Puede que el sentido común no sea el último recurso, pero es un excelente primer recurso (Brachman / Levesque 2022).

Es muy significativo que en el test de Turing (mediante el que se trataba de distinguir a un humano de una máquina), las máquinas no fallan en preguntas complejas de lógica, sino en aquellas que requieren sentido común y comprensión del contexto (Moor 2001). Lo más intrigante del sentido común es por qué resulta tan trivial para los humanos y tan difícil para las máquinas (Choi 2022, 139). «La gran ironía del sentido común es que se trata de algo que todo el mundo conoce, pero nadie parece saber qué es exactamente o cómo construir máquinas que lo tengan» (Marcus / Davis 2019, 150). La inteligencia humana es capaz de determinar si algo es relevante incluso en aquellas situaciones, contextos y entornos que no se han previsto o para los que no existen precedentes. Identificar una afirmación irónica, por ejemplo, no suele suponer ninguna dificultad para una inteligencia humana, pero para una inteligencia basada en algoritmos es un reto irresoluble.

La inteligencia artificial puede traducir textos, realizar diagnósticos médicos e imitar patrones de conducta humana, pero sin comprender realmente nada de ello. Esto es lo que Searle quiso mostrar con su experimento de la habitación china: que alguien puede no saber chino, pero ser capaz de traducirlo, de dar la respuesta correcta a un problema sin saber de qué va. Se trata de alguien que está rodeado de símbolos chinos y tiene una regla en un lenguaje que entiende y gracias al cual puede traducirlos sin saber una palabra de chino. Algo parecido le pasa a la inteligencia artificial, que puede traducir sin comprender o jugar al ajedrez sin saber lo que hace. Los ordenadores trabajan con reglas que dicen lo que debe hacerse en cada caso, sin necesidad de entender su significado. Para ello se necesitaría lo que un ordenador no tiene: experiencias, sentimientos, conciencia y cuerpo. Searle consiguió explicar, así, que la manipulación simbólica no es equivalente a entender, algo que se comprueba en las interfaces mediante voz (*voice interfaces*), que no entienden el lenguaje y, simplemente, lanzan respuestas computarizadas en respuesta a secuencias sónicas.

El sentido común de las máquinas es un problema todavía no resuelto y tal vez irresoluble (Gunning 2018). Los sistemas de inteligencia artificial exhiben un conocimiento experto, no sentido común. Lo que hace a los sistemas de inteligencia artificial tan difíciles de parangonar con los términos humanos es que son capaces de adquirir un impresionante nivel de conocimiento experto sin haber adquirido antes un sentido común rudimentario. Esto es lo más extraño de la inteligencia artificial cuando la comparamos con la nuestra: que recorren exactamente el camino contrario, que hacen lo más sofisticado sin necesidad de haber hecho antes lo más sencillo.

La mayor parte de los progresos que ha hecho la inteligencia artificial, como el reconocimiento de objetos, tienen muy poco que ver con lo que significa la comprensión (*understanding*). Es cierto que, frente a los clásicos modelos deductivos lineales, «las redes neuronales sólo utilizan grandes vectores de actividad, matrices de gran peso y escalas no lineales para realizar el tipo de inferencia rápida "intuitiva" que sustenta el razonamiento sin esfuerzo con sentido común» (LeCun *et al.* 2015, 438). Pero se trata de una intuición que todavía dista mucho de la propia de los humanos. Ya Turing subrayó que los algoritmos nunca remplazarían completamente la intuición; siempre habrá un lugar para «juicios espontáneos que no son el resultado de razonamientos conscientes» (Copeland 2017).

Veamos un ejemplo de ello. Una de las dificultades a la hora de identificar las preferencias de los humanos procede del hecho de que hacemos muchas cosas irracionales. Russell pone el ejemplo de un error cometido en una partida de ajedrez, por el que se pierde la partida. Un robot podría deducir que uno prefería perder (Russell 2020, 335). Esto se debe a que los robots no entienden el fondo del asunto. Hacen tareas singulares, pero son muy incompetentes a la hora de predecir futuros posibles y decidir en situaciones cambiantes. O pensemos en las dificultades del *deep learning* con el lenguaje, que provienen de la sutileza de nuestro lenguaje y para cuya comprensión necesitamos no sólo gestionar los datos sino también entender el contexto. Hay una capacidad para la relevancia que caracteriza el conocimiento humano y que los dispositivos artificiales no parecen, hoy por hoy, ser capaces de reproducir del todo. Cálculo y juicio son dos cosas diversas, como podemos comprobar escuchando algunas respuestas que los asistentes artificiales dan a ciertas demandas. El descubrimiento del sentido es un verdadero problema para los ordenadores, aunque tengan acceso a una cantidad gigantesca de textos digitalizados. Una máquina que no sabe nada de entrada puede descubrir el sentido de las palabras a base de analizar las frases que las contienen a través del procedimiento de la concurrencia, pero todavía está por ver que, calculando una proximidad de sentido entre las palabras, pueda determinarse el verdadero sentido del lenguaje, que los humanos identificamos con facilidad, pese a los errores y equívocos en los que solemos incurrir. Y es que la comprensión del mundo pasa, también y sobre todo, por la comprensión del contexto o del marco en que nos encontramos, e implica una capacidad de juzgar la relevancia de las situaciones.

Tomemos un ejemplo muy ilustrativo de nuestra capacidad de hacernos cargo de contextos relativamente complejos y la perplejidad de los programas de visión por ordenador (Karpathy 2012). Hay en esta foto un montón de cosas que los humanos captamos con facilidad pero que escapan al entendimiento de los mejores programas actuales de visión por ordenador. Enseguida nos damos cuenta de lo insólito de que haya tantas personas en un vestuario, donde hay muchos espejos en los que estas se reflejan. También nos damos cuenta de que una persona se está pesando en una balanza y que Obama apoya ligeramente su pie para que aumente el peso

de quien está sobre ella. De manera intuitiva, nos hacemos cargo de que se trata de una broma, aprovechando que quien está sobre la báscula no puede darse cuenta de ello porque, como sabemos, no tiene ojos en la nuca y no va a sentir la ligera presión del pie de Obama sobre la balanza. Intuimos, también, que el hombre no se sentirá especialmente feliz cuando la báscula muestre que su peso es superior al que pensaba. Todo esto implica una gran complejidad que procede de un contexto donde hay más sobreentendidos que datos expresos, ambigüedad y falta de nitidez visual, lo que obligaría al ordenador a un especial esfuerzo interpretativo –fracasando, tal vez, en buena parte del intento–, pero que a nosotros apenas nos cuesta reconocer.

Pongamos otro ejemplo práctico. Los humanos tenemos una idea de lo que significa ser bueno. Aunque podamos discutir acerca de ello e incluso tener dificultades para hacer lo correcto, somos capaces de entender qué significa que alguien se esté comportando conforme a ese valor. Un sistema de inteligencia artificial, por el contrario, no tiene ninguna idea de lo bueno. Podemos entrenarlo para reconocer lo que puede ser caracterizado como bueno en una determinada secuencia de acciones e incorporar la regla de que una buena persona se detiene ante un semáforo en rojo, pero sólo reconoce esa acepción de lo bueno; calificaría como malo a quien se saltara un semáforo en rojo para salvar la vida de otro, por ejemplo. Podría, a su vez, aprender a reconocer ese caso tras el correspondiente entrenamiento, pero los humanos nos hacemos cargo inmediatamente de la bondad de quien se salta esa regla para salvar a otro, sin necesidad de que nos lo expliquen demasiado ni que alguien nos programe para ello. Entendemos intuitivamente el significado de lo bueno y lo diferenciamos de otros valores que se le parecen. Una cosa es que algo sea popular, es decir, repetido, exitoso, halagador, medible y fácil de aceptar, y otra que sea bueno. Los humanos podemos entender la diferencia entre ambos conceptos; una máquina entrenada para rastrear la aceptabilidad, no. Los buscadores están programados para primar lo popular sobre cualquier otra consideración. Los seres humanos percibimos que el impacto, el rendimiento o la fama no siempre están justificados. Aunque no seamos capaces de formular en qué consiste esa diferencia, a pesar de que no dejemos de discutir sobre ello y aunque nos dejemos seducir fácilmente por las primeras impresiones, somos capaces de entender que existe esa diferencia.

La cuestión no es si las máquinas pueden pensar sino si son capaces de entender relaciones de sentido. «Sentido» es algo que no se obtiene bajo la forma de un patrón, porque incluye ambivalencias, zonas grises y paradojas. Este tipo de comprensión del sentido sólo se puede reconstruir en la práctica, es decir, con atributos como la empatía, la corporalidad y la instalación en el mundo. Aunque muchos seres humanos tengan algunas deficiencias en estas capacidades y aunque no hay en las máquinas límites fijos y absolutos en cuanto a su potencia de cálculo, nada indica que las tecnologías puedan implementar tales propiedades.

b. Reflexividad

Estrechamente relacionada con el sentido común y como su requisito, la reflexividad es esa forma elemental de metaconocimiento en virtud de la cual sabemos que sabemos o que ignoramos, conocemos el grado de seguridad de lo que sabemos o somos conscientes de nuestras dudas, pese a nuestra tendencia al automatismo, el autoengaño o el fanatismo. La cuestión primordial a este respecto es si se puede saber sin saber que se sabe; si, pese a que hay muchas cosas que sabemos sin saber que las sabemos, el conocimiento en su sentido más profundo ha de estar abierto o no a la conciencia de que se conoce.

La reflexividad es un distintivo de nuestro conocimiento por comparación con el de la inteligencia artificial. Los algoritmos, por mucho que aprendan, no tienen una idea propia de lo que han aprendido. El algoritmo inteligente no *sabe* que un elemento pertenece a una categoría («esto es una casa»), sino que sólo puede calcular la probabilidad de que un determinado objeto pertenezca a una categoría previamente definida. La inteligencia artificial es un conjunto de técnicas geniales para aprenderse el mundo de memoria. Aunque sobrepase la potencia calculatoria del ser humano, la inteligencia artificial es incapaz de dar una significación a sus propios cálculos. Programas como IBM Watson, más que resolver problemas lo que hacen es buscar la solución en la red. Su principal inteligencia no consiste en comprender la estructura del problema sino en adivinar, entre todas las respuestas recogidas, cuál es la que tiene más posibilidades de ser la buena.

Aquí se pone de manifiesto uno de los límites del test de Turing: gracias a él, sabemos que alguien sabe, pero no sabemos si sabe que lo sabe. Esa propiedad no comparece en el test por el que identificamos a nuestro interlocutor como inteligente por demostrar unas capacidades lingüísticas sin necesidad de que haya una comprensión. Los bots dirigidos por algoritmos están en condiciones de mantener una conversación y aprobar el test sin hacerse cargo del sentido o reflexionar sobre él. Es más, la falta de reflexión constituye una ventaja para la eficiencia en el manejo de grandes datos.

Los sistemas inteligentes actuales dan la impresión de no comprender lo que hacen. Pensemos en el siguiente ejemplo: Un cliente entra en un banco y apuñala al cajero. Lo llevan a urgencias. ¿A quién llevan a urgencias? Un humano entiende de inmediato de quién se trata, disuelve intuitivamente la ambigüedad en relación con la persona que es llevada a urgencias, ya que la comprensión del contexto le hace entender que sólo tiene sentido llevar a urgencias a quien ha sido apuñalado, en este caso, al cajero. Para un ordenador, que no tiene una verdadera comprensión del mundo, la cuestión sigue siendo inevitablemente ambigua (Carr 2015, 121).

Alguien podría objetar que esta falta de reflexividad importa poco si las máquinas dan con las soluciones adecuadas. El problema es que los humanos tenemos necesidad de comprender los problemas para resolverlos. ¿Qué quiere decir aquí «comprender»? Frente a la idea de que las máquinas no son capaces de estar a la altura de la reflexividad humana, hay al menos dos posibles objeciones: que no les hace falta o que son capaces de desarrollar esa capacidad por sí mismas.

La primera opinión es sostenida por Remo Bodei (2019), para quien, en el fondo, no habría tanta diferencia entre los humanos y las máquinas. A medida que estas realizan prestaciones más eficaces, el individuo contemporáneo ya no sería el único depositario de una racionalidad ligada de manera indisoluble a un cuerpo viviente y a una inteligencia consciente. Bodei recuerda una aportación de Leibniz que podría ser especialmente valiosa para este asunto: la idea de que existen «pensamientos ciegos» (*cogitationes cecae*) (Leibniz 1950, 4, 35, cit. por Bodei 2019, 309), que se caracterizarían por su naturaleza inconsciente, por ser irrepresentables en el nivel de la conciencia. Su existencia refuta la identificación del *cogito* cartesiano con la conciencia. Se puede pensar sin tener conciencia de los significados y los contenidos pensados, como es el caso de los símbolos algebraicos o, en el cálculo, cuando la mente adiestrada procede por automatismos. Existiría, entonces, un tipo de automatismo en la inteligencia humana que puede ser objetivado e inserto en las máquinas calculadoras que operan análogamente a estos pensamientos ciegos. En este sentido, se podría afirmar que los dispositivos dotados de inteligencia artificial *piensan*, aunque de manera ciega, porque no necesitan conciencia, según defiende, también, Copeland (1993, 33).

La otra posible objeción a su falta de reflexividad consiste en suponer que la inteligencia artificial es una inteligencia capaz de evolucionar y conseguir esa reflexividad de la que actualmente carece. Es lo defendido por la teoría de los algoritmos genéticos, capaces de proponer soluciones a problemas mal planteados (Dessalles 1996). ¿Cómo pueden los ordenadores elevar su nivel de inteligencia por sí mismos, sin ayuda exterior, evolucionando en el sentido darwiniano del término? El problema es que, a diferencia de los seres vivos, los sistemas inteligentes sólo pueden innovar en el interior de un marco estrictamente delimitado. Cada instrucción ejecutada por un programa debe estar cargada con anterioridad en el procesador por otra instrucción. La diferencia fundamental es que el genoma de los seres vivos contiene instrucciones que, indirectamente, permiten al ADN interpretarse a sí mismo. Para los actores inteligentes y morales, reflexividad significa que hay una capacidad de problematizar las reglas y programas establecidos. La inteligencia artificial está, de momento, muy lejos de esto, y no parece capaz de evolucionar fuera de los estrechos límites fijados en el punto de partida. Esto no impide que los programas adquieran un gran poder, hasta el punto, por ejemplo, de controlar las finanzas mundiales o la manera de pensar de comunidades enteras en las redes sociales, pero la limitación de sus posibilidades no hace de la inteligencia artificial un sistema incontrolado.

La cuestión crucial podría quedar formulada así: ¿se puede ser inteligente sin saberlo, como un zombi que fuera capaz de realizar tareas inteligentes propias de un ser humano, pero sólo de manera refleja? La inteligencia artificial es, hoy por hoy, un sistema supuestamente inteligente; se contenta con aprender una función, pero no reflexiona. Tiene inteligencia refleja, no reflexiva. Y esto no corresponde a la noción que tenemos de inteligencia. «Hay un contraste entre lo que las máquinas hacen bien ahora –clasificar cosas en categorías– y el tipo de razonamiento y comprensión del mundo que se requeriría para capturar esta capacidad mundana pero crítica» (Marcus / Davis 2019, 74).

c. Conocimiento implícito

Una de las propiedades más exclusivas de la inteligencia humana es el saber implícito y es, también, lo que más nos distingue de las máquinas, que todo lo tienen explícito. Nuestro sentido común es una facultad de lo implícito. La diferencia entre la inteligencia humana y la artificial no es tanto de resultados como de procedimientos. Los humanos aprendemos las operaciones de cálculo y deducción lógica paso a paso y con esfuerzo, de manera que sabemos explicar su proceso, pero la mayor parte del conocimiento humano discurre inconscientemente. Lo que nos define como humanos es que somos seres de lo implícito.

Con el estado actual de la técnica, el único modo para que una máquina disponga de sentido común es dárselo de manera explícita; sería algo tan paradójico como darle explícitamente la capacidad de hacerse cargo de lo implícito. Los sistemas inteligentes no son sólo mudos, incapaces de explicar sus decisiones, sino que tampoco pueden percibir elementos imprevistos en su construcción. Los límites de las máquinas son los del saber explícito: los sistemas de la inteligencia artificial no disponen más que de conocimientos explícitos que ninguna información implícita puede modificar. Por eso no identifican bien las incoherencias, las imposibilidades o el juego de simulaciones y engaños que forma parte de la comunicación humana. Los avances significativos en esta dirección requieren una inteligencia artificial más fenomenológica y hermenéutica que cartesiana. La inteligencia artificial todavía dominante es heredera de la epistemología de la modernidad y necesita completar el giro interpretativo que la teoría del conocimiento llevó a cabo a mediados del siglo xx de la mano, principalmente, de Heidegger (1967) y Wittgenstein (1971).

La equiparación de ambas inteligencias únicamente tendría sentido desde una concepción atomista y espiritualista del conocimiento. La modernidad puso en circulación la idea del hombre que piensa y actúa como un sujeto desinteresado, descomprometido y distanciado de su mundo, sin cuerpo ni contexto, que, en última instancia, no está afectado por cultura o forma de vida alguna, ni implicado en un mundo de relaciones. Esta concepción es la que está vigente en los modelos informáticos de una conciencia «sin cuerpo» que se apropia de pedazos (bits) de información de su entorno y los «procesa» de una determinada manera. En esta construcción pervive la tradición de una neutralidad sin sujetos y relativa a hechos, que intenta despojar de relevancia interpretativa al *input* de información y degradarlo al nivel de mero registro de datos. La comprensibilidad es dada por supuesta y no necesita ningún contexto de interpretación que la posibilite. Se parte de que los pedazos de información son concebidos como tales desde el principio y que las operaciones posteriores no hacen más que desarrollar esa información, reelaborándola de forma mecánica.

Para el atomismo de la moderna teoría del conocimiento, la impresión aislada contiene una información autosuficiente, no requiere una hermenéutica. En la concepción de Locke, por ejemplo, las ideas simples se comportan como materiales de construcción (1984, 2.2.2.). Las condiciones de comprensión están insertas en los elementos y los procesos como propiedades internas. La poderosa influencia que esta concepción neutralista y objetivante ejerce sobre nuestro pensamiento y nuestra cultura tiene mucho que ver con el predominio de instituciones y prácticas que exigen una actitud carente de compromiso, una desconsideración de las condiciones morales de nuestro mundo de la vida (*Lebenswelt*): en la ciencia y en la técnica, en los modos racionalizados de producción, en la administración burocrática, etcétera. Y es la concepción epistemológica todavía dominante en la inteligencia artificial.

Traer a colación lo implícito como propiedad específica del conocimiento humano implica entendernos como seres con trasfondo, como sujetos que se mueven en el mundo de la vida. Este mundo de la vida es recuperado por Heidegger y Wittgenstein, y ocupa el lugar de «aquello más allá de lo cual no es posible ir» (*das Unhintergehbare*): en Heidegger, bajo la forma del «proyecto arrojado» del ser-en-el-mundo y, en Wittgenstein, como aquellas formas de vida que configuran el trasfondo de los juegos del lenguaje, en los que siempre nos movemos. De acuerdo con esta premisa, lingüística e históricamente condicionada, no nos es posible retroceder al punto cero de un pensamiento libre de prejuicios, sin elementos implícitos, a un lugar en el que la realidad se nos ofrezca sin necesidad de interpretación. En vez de una pretensión de fundamentación trascendental última, estos filósofos nos remiten a la facticidad de que no podemos dejar de dar como ciertos determinados presupuestos de la argumentación y de la praxis de la vida. Esta dimensión implícita guarda un estrecho parecido con el «principio de latencia» (Parsons 1966, 26) en la vida cotidiana (muchas cosas deben pasar sin tematizar para que funcionen) o con el principio de incompletitud de Gödel (que haya siempre algo indemostrable en nuestra apropiación cognoscitiva del mundo).

La revolución hermenéutica del siglo XX consistió en vincular el conocimiento y la vida, el saber explícito con ese sentido de lo implícito que se posee en virtud de nuestro ser en el mundo. La información no es algo dado y objetivo, como pensaron los modernos, sino parte de un universo de significado y práctica. Desde esta perspectiva se obtiene una explicación de por qué ciertos desarrollos de la inteligencia artificial tienen tantas limitaciones y a qué obedece la expectativa de que pueda ser tan inteligente como nosotros. Solamente cuando se degrada el conocimiento humano a un registro de objetividades tiene sentido pensar que las máquinas lo pueden hacer mejor. Un avance significativo de la inteligencia artificial requeriría algo similar a un giro interpretativo, el descubrimiento del trasfondo de todo conocimiento, que las máquinas desarrollaran un equivalente funcional a nuestro saber implícito. El problema consiste en que las máquinas no tienen conocimiento implícito y no podemos dárselo. Minsky se equivocó al creer que los programadores podían resolver este problema de los marcos (*frame problem*) proporcionando a las máquinas una lista de las situaciones típicas en las que podrían encontrarse. Pero no podemos inventariar todas las situaciones existenciales posibles de tal modo que nada quede implícito y sea innecesaria la capacidad de improvisar ante situaciones inéditas. Los límites de esta operación se deben a que no podemos traducir todas las situaciones cotidianas por las que vamos pasando en sentencias «si... entonces» (Dreyfus 1972). ¿Cómo proporcionar explícitamente al ordenador un saber del que, en buena medida, ni siquiera nosotros somos conscientes? Para que una máquina fuera realmente inteligente habría que suministrarle no sólo una enorme cantidad de conocimiento contextual sino la capacidad de entender qué significa la misma idea de contexto, es decir, la capacidad de hacerse cargo de lo implícito.

Los seres humanos somos capaces de gestionar situaciones cambiantes de un modo que no responde a un repertorio o esquematismo previsto. No es fácil pensar cómo puede programarse un ordenador con todo el cúmulo de detalles que le permitirían hacerse cargo de todos los puntos de vista relevantes de una situación inédita. No es que la tecnología no pueda avanzar en el inventario de respuestas para el mayor número de situaciones posibles, sino que ni siquiera la capacidad humana de enjuiciamiento puede reducirse a unas reglas fijas, como ya mostró Wittgenstein (1971). Si el principio de que no hay reglas para aplicar las reglas (lo que supondría una regresión al infinito) vale para los humanos, si los humanos rompemos esa regresión con la inventiva, la intuición, la apuesta o la improvisación, no tiene sentido pensar que pueda proveerse a las máquinas de esa capacidad.

Es esta capacidad de entender los contextos implícitos lo que nos hace tan diferentes de la potencia de cálculo de las máquinas, la propiedad que nos abre a nuevos horizontes de comprensión. La máquina no descubre nada para cuya revelación no estuviera, en cierto modo, preparada. El potencial de descubrimiento, sorpresa, imprevisibilidad es incomparablemente mayor en los humanos. Para que la máquina pudiera hacer descubrimientos significativos habría que, por así decirlo, diseñarla para ello, lo cual es contradictorio. Si la capacidad humana de sorpresa es debida a la indeterminación de los contextos en los que podemos desenvolvernos, la máquina tendría que estar determinada para ello. Tendríamos que hacer algo que es imposible y contradictorio: etiquetar todo aquello que el mundo contiene y explicárselo minuciosamente al ordenador, entrenar o codificar un sistema y describírselo hasta el menor detalle (Bengio 2016, 14). Dado que esto no es posible, casi todo el aprendizaje de la inteligencia artificial deberá ser no supervisado, pero nadie ha encontrado hasta ahora los tipos de algoritmos necesarios para que ese aprendizaje tenga éxito.

En última instancia, el sentido de lo implícito está vinculado a nuestra condición corporal. La inteligencia es corporal, contextual y situacional; incluye el entorno, a los otros humanos y la cultura (Larson 2021, 416). Puede que la diferencia entre las máquinas y los humanos no esté tanto en las operaciones cognitivas sino en el medio en que tienen lugar, la exactitud de la matemática formal en un caso y la existencia humana corporalmente situada en el otro. En definitiva, lo que nos distingue de las máquinas no es la inteligencia sino la vida (Nassehi 2019, 262). La diferencia última entre la inteligencia natural y la artificial es la corporalidad. La complejidad del cerebro tiene que ver con una capacidad neuronal de recombinación que es muy superior a la de cualquier ordenador. Apenas somos conscientes de la actividad de nuestra conciencia y de la plasticidad que ello nos proporciona; somos muy intransparentes a nosotros mismos. «Nuestra conciencia es sólo la punta del iceberg del procesamiento no consciente. Por debajo de nuestro nivel de conciencia está el cerebro no consciente, muy ocupado y trabajando duro» (Gazzaniga 2011, 68). Esa corporalidad y finitud, estas formas de lo implícito que la inteligencia artificial tiene tantas dificultades para reproducir es lo que más nos singulariza frente a las máquinas.

d. Inexactitud

Hemos vinculado el término «creatividad» a la expresión artística, pero propongo que lo examinemos en un ámbito semántico más banal y cotidiano, como una propiedad en virtud de la cual los humanos, por así decirlo, «completamos» un mundo que se nos ofrece de manera parcial, incompleta, aproximada o ambigua. He agrupado bajo el término «inexactitud» un conjunto de propiedades que caracterizan nuestra inteligencia y cuya diferencia con las de las máquinas es muy significativa. Me refiero al hecho de que los humanos estamos continuamente pensando en aproximaciones y gestionando situaciones imprecisas; no somos inteligentes porque apliquemos fielmente reglas establecidas, sino que tenemos una especial capacidad para atender a lo singular y a la excepción, todo lo cual nos inclina, a su vez, a cometer cierto tipo de errores (que también nos distinguen de las máquinas). «El pensamiento en el mundo real depende de la detección sensible de la anormalidad, o excepciones» (Larson 2021, 1936). Las reglas de la prudencia, cuando se trata de tomar decisiones, son muy poco concretas, pero eso no es ningún fallo sino una virtud. Los ordenadores no saben qué hacer cuando se encuentran ante circunstancias borrosas o ambiguas. La precisión es un valor, pero en muchos casos –en política, ética o derecho– la falta de rotundidad no es una carencia sino una posibilidad para realizar las ponderaciones necesarias. Las faltas de claridad las compensamos con aquello que nos hace más humanos: conciencia, empatía, intuición, afecto.

Muchos de los sesgos de los algoritmos tienen que ver con la naturaleza misma de los datos; por ejemplo, que el machismo o el racismo están presentes en los textos que se analizan. Este problema podría corregirse, al menos parcialmente, reequilibrando los sesgos. La cuestión de fondo tiene, no obstante, un carácter estructural. El problema del aprendizaje de los sistemas inteligentes es que son incapaces de ver cada caso como un caso particular; están concebidos para construir estereotipos a través de una gran cantidad de datos. Su fortaleza consiste en que extraen las características que se repiten, dejando al margen las propiedades raras, variables y contingentes. No es sólo que se apoyen en los estereotipos, sino que están calculados para maximizar la conformidad con los estereotipos, hasta tal punto que no reparan en la diferencia y la novedad. «Si los algoritmos de aprendizaje automático de la IA parecen funcionar bien a veces para predecir las acciones humanas es porque los estereotipos suelen ser ciertos» (Alexander 2019, 45). El sistema no nos ve sino a través de las propiedades por las que no somos un caso único; es incapaz de hacerse cargo de la «economía de las singularidades» (Karpik 2007). Aunque los seres humanos estamos continuamente aplicando reglas, no nos limitamos a ello. La inteligencia humana no consiste en actuar conforme a reglas (Innerarity 2011). Como ya enseñó Kant, hay inteligencia cuando no hay un comportamiento mecánico, cuando se es capaz de gestionar accidentes que no están inscritos en reglas. Una inteligencia consistente en aplicar reglas sería bastante limitada. La lógica desempeña un papel mucho más marginal en la razón de lo que solemos suponer (Mercier / Sperber 2017). Sin embargo, la perspectiva dominante en la investigación sobre inteligencia artificial ha sido que el razonamiento humano se efectúa en un marco de lógica formal. De ahí que buena parte de la comunidad investigadora se haya volcado en los últimos años, por contraste, en el análisis de las redes neuronales, que funcionan de otra manera.

Turing tenía una concepción simplificada de la inteligencia, que se transmitió a toda una generación de científicos de la inteligencia artificial, una idea de la inteligencia como resolución de problemas (*problem-solving*). Esa concepción falla al no entender una peculiaridad de nuestro conocimiento: su versatilidad o inespecificidad. AlphaGo es el mejor jugador de Go del mundo pero no sabe jugar a nada más; un traductor de Google puede traducir una novela en su literalidad menos creativa, pero no puede hacer su crítica literaria porque no sabe si le gusta o no. Los humanos tenemos una inteligencia versátil, poco específica, que puede especializarse, pero que es capaz de hacer diversas cosas, por lo que la realidad es, para nosotros, pluridimensional.

La inteligencia artificial tiene la vocación de resolver problemas, algo que, para los humanos, no es más que una misión secundaria y, además, hay una gran diferencia en cuanto al tipo de problemas que unos y otros somos capaces de resolver. Los algoritmos cumplen una función cuando los criterios están bien definidos y son cuantificables, sujetos a reglas estrictas, matematizables, que se pueden elaborar con criterios lógicos y estadísticos, pero tienen muchas dificultades a la hora de «lidiar con la ambigüedad, con los medios tonos y las insinuaciones que impregnan la conversación humana, las sonrisas o los silencios que son señales de comunicación no verbal que significan cosas distintas en contextos culturales diferentes» (Nowotny 2021, 115). De hecho la inteligencia artificial «se limita a problemas que consisten en mapear *inputs* bien definidos en relación con *outputs* bien definidos, en ámbitos en los que se dispone de un conjunto de entrenamientos gigantescos, en donde la medida del éxito es inmediata y precisa y en donde no es necesario ningún razonamiento gradual, jerárquico o abstracto» (Pinker 2019, 110). Los juegos como el ajedrez o el Go tienen unas recompensas sencillas, unos tipos de jugadas limitados, no hay nada oculto y los límites están claros. Pero las situaciones reales en el mundo no tienen límites, no se sabe qué hay dentro ni fuera de la situación (Hofstadter). El mundo real no es el mundo de los juegos, por muy complicados que estos sean.

Las limitaciones cognoscitivas de la inteligencia artificial se deben al hecho de que es un conjunto de técnicas inapropiadas para un mundo abierto (*open-ended world*), técnicas que funcionan para problemas muy específicos donde las reglas no cambian y cuando disponemos de todos los datos que queramos. La inteligencia artificial resuelve cierto tipo de problemas que la inteligencia humana no es capaz de resolver porque esta no puede examinar los datos necesarios o a la velocidad que se requeriría. La superioridad de las máquinas es clara cuando se trata de cálculos, como la orientación con referencia a los correspondientes satélites o los juegos que no se basan en la ruptura de reglas sino en su correcta aplicación; pero hacer un chiste, entender un pensamiento sencillo o combinar metafóricamente ámbitos semánticos diferentes son operaciones que requieren otras capacidades diferentes de la lógica de predicados de segundo orden. Una crítica de la razón algorítmica se apoyaría en esta limitación del campo de validez de lo calculable.

Los científicos de datos suelen distinguir, a este respecto, entre problemas graduales (*path problems*) y problemas de conjunto (*insight problems*) (Roitblat 2020). Estos últimos no se pueden resolver por un procedimiento «paso a paso», sino que obligan a reestructurar el enfoque y descubrir cuál es la naturaleza propia del problema. A veces no es fácil saber si se ha hecho algún progreso hasta que no está, esencialmente, resuelto. Las ciencias de la computación han prestado gran atención a los problemas graduales pero apenas a los de conjunto. Los ordenadores son cada vez más rápidos pero el mayor progreso es debido a un mejor entendimiento de los problemas que el ordenador tiene que resolver. Los humanos tenemos, comparativamente hablando, una gran capacidad de resolver lo que se ha podido llamar «problemas salvajes» (Roberts 2022); estamos mejor dotados para manejar problemas poco o mal estructurados. Resolver problemas bien estructurados es seleccionar alternativas de un menú de opciones disponibles. Juegos como el ajedrez o el Go son complejos, pero están bien definidos por sus reglas y por la posición de las piezas durante el juego. Puede haber una gran cantidad de movimientos posibles, pero los válidos son fáciles de identificar.

La inteligencia computacional ha sido cada vez más hábil para resolver problemas complejos, pero no tiene la capacidad de enfrentarse a algo radicalmente nuevo, lo que requeriría una inteligencia diferente de la optimización en un espacio conocido. Aunque las redes neuronales están siendo capaces de manejar problemas menos formales que los sistemas expertos, sigue habiendo aquí un límite para la computación, en virtud del cual se podría decir que fijarse en problemas bien estructurados (o tratar de reducirlos todos a esa categoría) es como buscar las llaves donde hay más luz y no donde suponemos que se han caído. Los humanos, por contraste, tenemos una inteligencia más flexible y podemos sacar conclusiones basadas en muy poca evidencia. Desde un punto de vista lógico, la inteligencia natural toma atajos; eso es fuente de muchas debilidades y errores, pero es, también, lo que nos permite responder ante un mundo cambiante sin perder la razón. La inteligencia natural no se ocupa de encontrar la solución óptima a los problemas sino que es, más bien, la capacidad de llegar a conclusiones que no pueden ser «demostradas» en el sentido estricto de la expresión. La inteligencia natural es heurística, puede llegar a conclusiones de un modo que tal vez no sea plenamente justificable, pero que es valioso. La conclusión no se puede probar del todo pero cuesta poco esfuerzo alcanzarla y es lo suficientemente exacta desde un punto de vista práctico.

La versatilidad humana no es tanto la capacidad de enfrentarse a una gran variedad de situaciones como la capacidad de hacerse cargo de la novedad, de una situación que no figura en ningún repertorio, que no encaja plenamente en la experiencia del sujeto, de lo que hasta el momento haya aprendido o, en el caso de la inteligencia artificial, en el conjunto de tareas que el diseñador haya previsto (Andler 2023, 308). El algoritmo resuelve únicamente todos los casos de un problema general, mientras que la versatilidad de la inteligencia humana sería la capacidad de resolver toda clase de problemas de naturaleza diferente. Si juntáramos todos los sistemas existentes de inteligencia artificial en uno solo que estuviera dotado de un indicador que orientara la demanda hacia el algoritmo correspondiente al problema planteado, sin ayuda exterior, ¿tendríamos entonces una superinteligencia? Pues no, aunque sólo sea por el hecho de que, a veces, nos encontramos ante problemas que no están en ninguno de los repertorios disponibles. Ese es, precisamente, el problema que la inteligencia artificial es, hoy día, incapaz de resolver: identificar la naturaleza del problema. La dificultad no reside en pasar de un problema a otro según las necesidades del momento, sino en que la inteligencia artificial disponga de la capacidad de hacerse cargo de problemas inéditos.

Un espacio de acreditación de esta versatilidad es la comunicación, donde tienen lugar tantas situaciones imprevistas y expresiones que no sólo están fuera de las reglas previstas, sino que deben su potencia comunicativa a esa desviación. Los sistemas supuestamente inteligentes sólo reconocen elementos individuales inequívocos, pero tienen grandes dificultades para hacerse cargo de nada que sea ambiguo, sorprendente, vago o que tenga una textura atmosférica. La relación entre el primer plano y el fondo, el objeto y el contexto, no existe para ellos. Por eso tienen que rendirse cuando se trata de entender metáforas, ironía o sarcasmo, expresiones que son incomprensibles desde una interpretación literal de las palabras. Hay quien se ha preguntado por el sentido del humor de los asistentes digitales para verificar su grado de inteligencia y en el fondo resulta que «producen» chistes y simulan el humor (lo cual no los distingue de muchos humanos, es cierto), pero el juego con los contextos que caracteriza el sentido del humor y la risa es una de las propiedades más específicamente humanas y más difíciles de aprender para una máquina, por muy inteligente que sea (Koetsier 2018). Comprender un chiste o combinar cosas aparentemente no relacionadas de forma significativa para llegar a nuevos conocimientos requiere una semántica diferente de la que sería compatible con la lógica de predicados de segundo orden o la lógica multivalente. Quien piensa en esta lógica tiende a considerar que una lengua puede traducirse a otra sin pérdida, remontándolas a una estructura formal lógica que ambas supuestamente comparten. Sin embargo, esta comprensión del lenguaje es extremadamente reduccionista, porque las ambigüedades, los contextos de uso y los estilos específicos –especialmente en textos literarios o situaciones del habla cotidiana– son imposibles de formalizar.

Y es que la comunicación humana discurre, en buena medida, entre ambigüedades y plurivocidades. No es posible flirtear sin sugerir, la publicidad sin exageración, una sátira sin contexto, no hay humor sin plurivocidad. Hacemos más justicia al concepto de inteligencia cuando lo retrotraemos a esta dimensión originaria y no a la identificación de causalidades y prescripciones estrictas. Deberíamos prestar más atención al *inter-legere*, a leer entre líneas que a las reglas de la argumentación. La inteligencia artificial, la algorítmica, la de los robots, está especializada en encontrar soluciones a problemas específicos, es precisa, reproducible y universal, pero carece de flexibilidad y particularidad. Los robots se parecen demasiado entre sí, en contraste con los humanos y con las soluciones que proponemos. Esta es la causa de que sea tan difícil para los humanos ponerse de acuerdo y que se necesite tanto tiempo para deliberar y negociar, que da origen a nuestro pluralismo, pero, también, a muchos de nuestros conflictos.

Otra propiedad que nos caracteriza es el tipo de errores que cometemos y el modo en el que gestionamos nuestros errores y, por así decirlo, los errores de las cosas, es decir, la falta de nitidez de la realidad, su equivocidad. Comencemos por los errores propios. ¿Qué lugar ocupa el error en la inteligencia de los humanos y en qué sentido podemos afirmar que nuestros errores son muy diferentes de los de las máquinas e incluso lo que nos singulariza frente a ellas? El factor humano es otra manera de denominar el error humano. Se podría afirmar que un peculiar privilegio del ser humano es que se le pueden imputar errores y perdonar por ellos, mientras que los errores de las máquinas no les son ni imputables ni perdonables (Nassehi 2019, 261). Alan Turing formuló, en los años cuarenta del siglo pasado, una idea de máquina de la que no se podía esperar la infalibilidad, porque el malentendido o el error forma parte de la inteligencia humana. Ahora bien, ¿es esa falibilidad computacional la misma que caracteriza a la condición humana? Es verdad que los sistemas pueden detectar anomalías, pero sólo lo hacen de manera estadística y si saben antes qué fenómenos deben vigilar, mientras que los seres humanos son capaces de registrar una anomalía a partir de un solo caso. Esto no lo pueden hacer unos sistemas cuyo funcionamiento se basa en la explotación estadística de datos y para los cuales no hay nada extraño, en el sentido lógico del término.

En esta gestión de lo que podríamos llamar «los errores de las cosas» nos distinguimos radicalmente. Sabemos que se puede engañar a cualquier tecnología que haya aprendido a reconocer imágenes. Podría fallar incluso en lo que mejor sabe hacer: la clasificación. Para un sistema de *deep learning* no es fácil implementar un modelo de inferencia causal; debería conocer cómo funciona el mundo de un modo más complejo. Esta es la razón por la cual también una red neuronal es presa fácil de sabotajes minúsculos (*adversarial attacks*), como introducir un pequeño objeto insignificante que distorsione una imagen para confundir en la interpretación automatizada. Cambios superficiales en las fotos, un ligero desenfoque, una mancha o una pequeña rotación de los objetos pueden llevar a las redes neuronales convolucionales (las ConvNet, que se encargan de la más avanzada visión por ordenador) a cometer errores significativos, mientras que esas mismas perturbaciones no afectan al reconocimiento de los objetos por parte de los humanos. Alguien podría objetar que también los humanos caemos en tales trampas e incluso nos engañamos solos. El problema es hasta qué punto podemos calificar como inteligente a una máquina que comete errores en los que no caería un niño. Nos parecemos en el hecho de equivocarnos, pero nos distinguimos en el modo en que nos equivocamos.

Se podría sintetizar nuestra condición inteligente afirmando que la fuerza de la inteligencia humana reside «en su imprevisible ambigüedad e imperfección» (Bodei 2019, 317). La inteligencia artificial, en cambio, posee más capacidad de cálculo, pero muy escasa capacidad de desviación (Nassehi 2019, 258). La gran decisión que las sociedades deben tomar en relación con la inteligencia artificial es cuánta uniformidad y claridad ha de concederse a los procesos de automatización y cuánta desviación debe quedar en manos de la praxis social.

e. Aprendizaje

Una de las propiedades más asombrosas de las tecnologías de la inteligencia artificial es su capacidad de aprendizaje. Ahora bien, cabría preguntarse si se trata del mismo tipo de aprendizaje o si estamos empleando este término de manera más bien metafórica cuando hablamos de máquinas que aprenden.

Empecemos recordando la paradoja de Moravec (que no es propiamente una paradoja, aunque se haya denominado así): comparativamente, es fácil conseguir que las computadoras muestren capacidades similares a las de un humano adulto en los test de inteligencia, pero es difícil o imposible lograr que posean las habilidades perceptivas y motrices de un bebé de un año (Moravec 1988). Esta observación se apoya en aquella máxima de Marvin Minsky de que lo fácil es difícil.

Este contraste entre lo sencillo y lo complejo es muy significativo epistemológicamente. Todos los humanos somos expertos en la vida cotidiana –pasar el aspirador, encender la chimenea, atarse los zapatos...–, pero invertimos un montón de años de formación en adquirir una especialidad, como hacer un diagnóstico médico, tocar el piano o arreglar un coche. Para los sistemas de inteligencia artificial es justo al revés; es relativamente fácil proporcionarles un saber experto, pero es casi imposible hacerlos razonar sobre aquello que a nosotros nos parece evidente. Se podría formular esto de una manera más radical: es más fácil que una máquina adquiera capacidades sobrehumanas en nuevos ámbitos que igualar a los humanos en aquellas que estos hacen ordinariamente. Si se mapea la inteligencia humana, tiene poco sentido pensar que hay altas funciones mentales y otras más sencillas y distribuirlas entre los humanos y las máquinas, suponiendo que a nosotros nos corresponden las más complicadas, cuando en realidad sería todo lo contrario. Algunos han explicado esta dualidad, remitiendo a nuestra historia evolutiva (Brooks 1990; Kirsh 1991). Por ejemplo, el movimiento ha requerido cientos de años de evolución, mientras que el lenguaje humano evolucionó en mucho menos tiempo. El lenguaje es un problema más sencillo una vez que se ha solucionado la capacidad de moverse en un entorno dinámico, capacidad sobre la que la evolución se concentró la mayor parte del tiempo.

Teniendo en cuenta lo anterior, ¿en qué consiste el aprendizaje en el nuevo entorno digital? ¿Qué alteración de nuestro sistema de aprendizaje supondrán las tecnologías de procesamiento lingüístico como el ChatGPT? ¿Sigue teniendo sentido la pretensión educativa cuando la información está no sólo accesible al momento (gracias a los tradicionales buscadores) sino coherentemente elaborada? ¿Cómo distinguir entre una función subsidiaria y un horizonte de remplazo de nuestra inteligencia? ¿De qué modo trazamos la frontera entre los humanos y las máquinas cuando se trata de evaluar –es decir, de acreditar– que un texto responde a una producción personal y no a un hallazgo en la web?

Hay dos dimensiones del aprendizaje, lo que podríamos denominar sus dos extremos, que se ven afectadas por la inteligencia artificial: el pensamiento más personal y el más mecánico. En ambos casos parece razonable ponderar hasta qué punto deberíamos limitar el uso de tales instrumentos. Si, en virtud de la navegación GPS o los teléfonos inteligentes, nos apoyamos excesivamente en la tecnología (hasta el punto de debilitar nuestro sentido de la orientación en el espacio o de olvidar datos y números), el ChatGPT puede contribuir a que nos conformemos con la información proporcionada por esta tecnología y dejemos de considerar que ordenar esa información, exponerla y darle sentido es una tarea personal para la que no somos plenamente remplazables. Una cosa es facilitar la búsqueda de datos y otra abandonarse a la presentación narrativa que de ellos nos ofrece el ChatGPT; una cosa es perder la memoria de los datos por la accesibilidad facilitada por la tecnología y otra perder la capacidad de organizarlos de manera personal.

Deberíamos también ponderar hasta qué punto tiene sentido minusvalorar el aprendizaje de ciertos procesos cognitivos por el hecho de que la inteligencia artificial pueda hacerlos. Internet no ha hecho que la gente ya no necesite saber nada porque todo se pueda encontrar a través de Google, aunque sólo sea porque, por así decirlo, hay que saber antes lo que se quiere saber. ¿Quién enseña a buscar y cómo saber que se ha encontrado lo que realmente se buscaba? Sólo se puede entender la información de Wikipedia si se tienen conocimientos previos; usar bien los traductores automatizados requiere cierto conocimiento de las lenguas entre las que se traduce; los pilotos también deben ser capaces de aterrizar un avión manualmente si falla la tecnología; la existencia de calculadoras no ha hecho innecesario que la gente aprenda a calcular. En este caso, es imprescindible tener una idea de las operaciones aritméticas para interpretar los resultados. Con independencia de la ayuda que pueda prestarnos, deberíamos ser capaces de escribir textos de forma autónoma y sin la inteligencia artificial. Hay que haber sido capaz de hacer ciertas cosas que ya no tiene sentido hacer. Por supuesto que habrá cambios en los objetivos de aprendizaje: es de suponer que, en el futuro, no habrá que conocer en todas sus sutilezas y casos especiales las competencias básicas que pueden ser asumidas por los aparatos a nuestra disposición. Sin embargo, cualquiera que tema o exija que las personas ya no necesiten aprender a formular textos de forma independiente debido a la existencia de herramientas cognitivas como ChatGPT no ha comprendido que, por lo general, las herramientas cognitivas sólo pueden ser utilizadas de forma significativa por las personas si estas tienen una idea de los procesos cognitivos de los que las libera.

La libertad que nos proporciona la exoneración de ciertos procesos de aprendizaje gracias a la tecnología no está exenta de paradojas. La actual exaltación de las habilidades de los nativos digitales tiene algo que la hace sospechosa. Sólo por el hecho de que un niño haya crecido en un entorno digital no lo convierte en alguien que se desenvuelva necesariamente mejor con las nuevas tecnologías que los inmigrantes digitales (*digital immigrants*). Quien haya pensado un poco sobre la historia de la tecnología sabe que el manejo reflexivo de las nuevas tecnologías tiene lugar más bien allí donde todavía está vivo el recuerdo de las antiguas técnicas superadas.

f. Economía

Una de las propiedades más asombrosas de la inteligencia humana es su economía, es decir, la poca energía que requiere para funcionar óptimamente. Se trata de una sobriedad desde el punto de vista ecológico y epistémico. De lo primero da buena prueba la comparación entre el pequeño consumo de energía del pensamiento y el almacenamiento insostenible de los datos en la nueva economía de los *big data*, muchos de cuyos centros se construyen ya cerca de centrales de alta producción de energía y que, tarde o temprano, plantearán problemas de sostenibilidad (Cubitt 2014; Parikka 2015; Gabrys 2016; Thylstrup 2019). La primera característica de esta economía es la sobriedad cerebral, donde sólo un dos por ciento de las neuronas están activas en cualquier momento. El enorme consumo de energía de una supercomputadora es incomparable a los aproximadamente veinte vatios del cerebro. A principios de los años ochenta, Michel Hofman calculó que el gasto energético del cerebro es el de una bombilla pequeña de unos veinte vatios o 0,02 kWh. Al precio de coste actual de 0,08 euros por kWh, esto supone unos 1.200 euros para un periodo de ochenta años (o unos 5.000 euros si se incluyen impuestos, transporte, etcétera) (Hofman 1983).

La segunda dimensión de esta economía es de naturaleza epistémica. El *deep learning* requiere, generalmente, una inmensa cantidad de datos. Deep Blue tuvo que procesar doscientos millones de posiciones por segundo para generar todas las soluciones potenciales en una partida de ajedrez. AlphaGo necesitó treinta millones de partidas para superar al hombre, muchas más que los juegos que un humano podría jugar en toda su vida. Los humanos, en cambio, no tenemos necesidad de contar con muchos datos para aprender y generalizar. Los humanos, especialmente los niños, son excelentes aprendices de manera instantánea, a partir de uno o dos ejemplos. Hay una gran diferencia entre nuestro aprendizaje y el de las redes neuronales. Se podría afirmar que una de las propiedades más específicamente humanas y de nuestra inteligencia es justo esta de pensar y decidir sobre asuntos y en situaciones para las que nunca habrá suficientes datos. Los humanos somos expertos en detectar estructuras porque podemos simplificar, llevar a cabo una compresión de la información: «*compression is comprehension*» (Chaitin 2004). La compresión estadística que puede hacer una máquina implica una pérdida, en la medida en que cierta información detallada es ignorada. Los humanos sabemos comprimir sin pérdida y lo hacemos gracias a la identificación de estructuras. Este mecanismo de aprendizaje es el que ponemos en marcha en las analogías y las visiones de conjunto. Simplificar identificando estructuras implica una reflexión que va más allá de la clasificación refleja y aquí estriba una divergencia fundamental entre la inteligencia artificial y la nuestra.

Esta ecología mental puede tener un valor especial en momentos en los que los datos no son la solución sino, en cierto sentido, el problema. Es verdad que sin datos no hay información ni conocimiento, pero buena parte de la actual perplejidad epistémica procede del hecho de que, a partir de una determinada cantidad de ellos, lo que al inicio era un problema de carencia de información se transforma en una desorientación debida al exceso. Resulta especialmente valioso el aprendizaje de la «economía del informarse» (Downs 1957), un trato selectivo con los datos, superficial, podríamos decir, una suerte de «tacañería cognitiva» (Wirth / Matthes 2006) gracias a la cual los seres humanos desarrollamos una «racionalidad de baja información» (Popkin 1991, 7). Esta economía tiene también su dimensión en la práctica; sabemos que quienes deciden con más información no son necesariamente los que toman mejores decisiones (Kahneman 2003, 1469). Más aún: algunos autores aseguran que, bajo determinadas condiciones, pueden beneficiarse de una información escasa y decidir mejor (Gigerenzer / Goldstein 1996, 652).

Esta propiedad de la inteligencia es muy importante en entornos poblados de datos masivos, que abruman sin orientar, algo tan propio del actual ecosistema informativo, caracterizado por la insostenibilidad epistémica del exceso. No hay ninguna función de las máquinas que emule a los humanos en esta economía de la atención y la decisión; más bien al contrario: aquellas se caracterizan por necesitar incomparablemente más datos e informaciones que nosotros para obtener el mismo resultado. ¿Sería capaz la inteligencia artificial, basada en la disposición de datos ilimitados, de desarrollar una capacidad semejante a esa simplificación con sentido que a los humanos nos resulta relativamente fácil?

g. *Inteligencia corporal*

Mientras esperamos mejores resultados, lo que hoy tenemos es una excitación con los *big data*, que nos ha distraído de los problemas que requieren una comprensión más profunda del mundo. La actual inteligencia artificial vale para entornos en los que rige el principio de que cuantos más datos, mejor. Esto tiene muy poco que ver con la lógica humana. Estamos sobrevalorando los progresos de la inteligencia artificial e infravalorando la complejidad de la comprensión humana del mundo. Si quiere atravesar nuevas fronteras, la inteligencia artificial tiene que aprender más de cómo piensa la gente realmente: de nuestra comprensión, rapidez y adaptación, de nuestra capacidad de actuar con información incompleta e incluso inconsistente, consumiendo poca energía, sin muchos datos, de manera aproximada. El reduccionismo de la inteligencia a la gestión de datos y al cálculo es lo que explica que estemos cediendo poder a unas máquinas que no son muy fiables, especialmente en lo que se refiere a los valores humanos, al sentido y a la visión de conjunto, o a su inserción en una sociedad política con sus prioridades y sus objetivos de equilibrio, sostenibilidad o igualdad. El cambio de paradigma de la futura inteligencia artificial debe ser su «humanización» en el sentido de que incorpore, en la medida en que sea posible, estas dimensiones de sentido, comprensión y equilibrio que, hasta la fecha, no ha sido capaz de desarrollar.

En sus comienzos, la computación era una operación de cálculo que podríamos definir como solipsista: no requería que las máquinas tuviesen un conocimiento sofisticado de ser en el mundo, de estar en nuestro mundo real, complejo y dinámico, emergente, múltiple, impreciso y contingente, un mundo que requiere esa conciencia que los humanos producimos de manera intuitiva e implícita. Nuestra realidad es contextual e histórica. Para estar a la altura de los humanos, las máquinas deben desarrollar algo así como una conciencia de estar en el mundo. Y deberán poder hacerlo ellas mismas, porque nosotros no podemos preprogramar la complejidad de todos los eventos y todas las condiciones emergentes de un contexto, como tampoco podemos traducir en reglas formalizadas aquel conocimiento con el que actuamos en el mundo, un conocimiento que es, en buena medida, informal, inconsciente e implícito.

La facción dominante de la comunidad de la inteligencia artificial ha tenido una concepción cartesiana del conocimiento, y ha reproducido el típico dualismo de unos cerebros descorporalizados que producen conocimiento con independencia de sus creadores, de las infraestructuras y del mundo en el que se inscriben, pero también se han oído voces que reclamaban un giro en el modo de entender nuestra relación con la realidad. Contra Turing o Minsky, la tradición filosófica que va desde Heidegger y Merleau-Ponty hasta Dreyfus defiende que pensamos corporalmente y que, como consecuencia de ello, la conciencia es una función de todo el cuerpo y no del cerebro aislado. La crítica de Dreyfus a la «razón artificial» puede interpretarse como una crítica a un modo lineal y mecanicista de entender el conocimiento, planteando una alternativa que podría denominarse «inteligencia artificial heideggeriana» (Dreyfus 2007). En esta dirección va, también, el cuestionamiento de Searle a las ambiciones desmesuradas de la inteligencia artificial, en particular, a su pretensión de poder reproducir la conciencia en un ordenador, sin referencia a las estructuras materiales que la producen. Jeff Hawkins lleva a cabo una crítica similar al afirmar que los únicos ejemplos que tenemos de sistemas inteligentes son los sistemas biológicos. En términos de Hilary Putnam, la cuestión es saber cuánto de lo que llamamos inteligencia presupone todo aquello que llamamos naturaleza humana. Esa sería la razón última por la que no parece plausible que la inteligencia artificial vaya a hacer lo que hacen los cerebros (Putnam 1992, 13). Una inteligencia artificial llegará hasta donde pueda llegar una inteligencia sin cuerpo.

Una crítica de la razón algorítmica debería ser una crítica de la razón incorpórea. Frente al «mundo posbiológico», en el que Moravec presagiaba el dominio de unas máquinas pensantes, cada vez se hace más evidente que el conocimiento humano sólo es posible en un medio corporal, en contextos biológicos capaces de generar una conciencia como fenómeno emergente, algo que ningún sistema mecánico puede hacer (Hayles 2009, 66). Un sistema verdaderamente inteligente necesita un cuerpo. Tener un cuerpo quiere decir relacionarse de forma activa con un entorno dinámico, tanto físico como cultural y social. La subjetividad no es un conjunto de operaciones mentales, como si el conocimiento fuera algo inmaterial e incorporal. Si tomamos en cuenta, por el contrario, las lecciones de la ciencia cognitiva contemporánea, todo verdadero conocimiento es conocimiento encarnado (*embodied*) (Varela *et al.* 1991), o, como diría Haugeland, integrado y encarnado («*embedded and embodied*») (1998). Nuestro pensamiento y experiencia dependen de nuestro cuerpo, que desempeña un papel activo en los procesos cognitivos. Poner esto de manifiesto es, en buena medida, el objetivo de esa rama de la ciencia cognitiva que es la experiencia corporizada. La inteligencia humana no es pensable sin todos esos procesos cerebrales y corporales que incluyen conciencia de sí, afectividad e intuición. Cabe citar, a este respecto, el experimento mental (*thought-experiment*) del «cerebro en una cubeta», en el que se sacaría el cerebro de una persona de su cuerpo para introducirlo en una cubeta que lo mantuviera vivo y conectar sus neuronas a una supercomputadora que le proporcionaría unos impulsos similares a los que recibe un cerebro en condiciones normales. De acuerdo con Putnam, ese experimento carece de sentido porque un cerebro descorporizado, aislado, no podría obtener criterios consistentes para la verdad, la realidad y la significación (Putnam 1981).

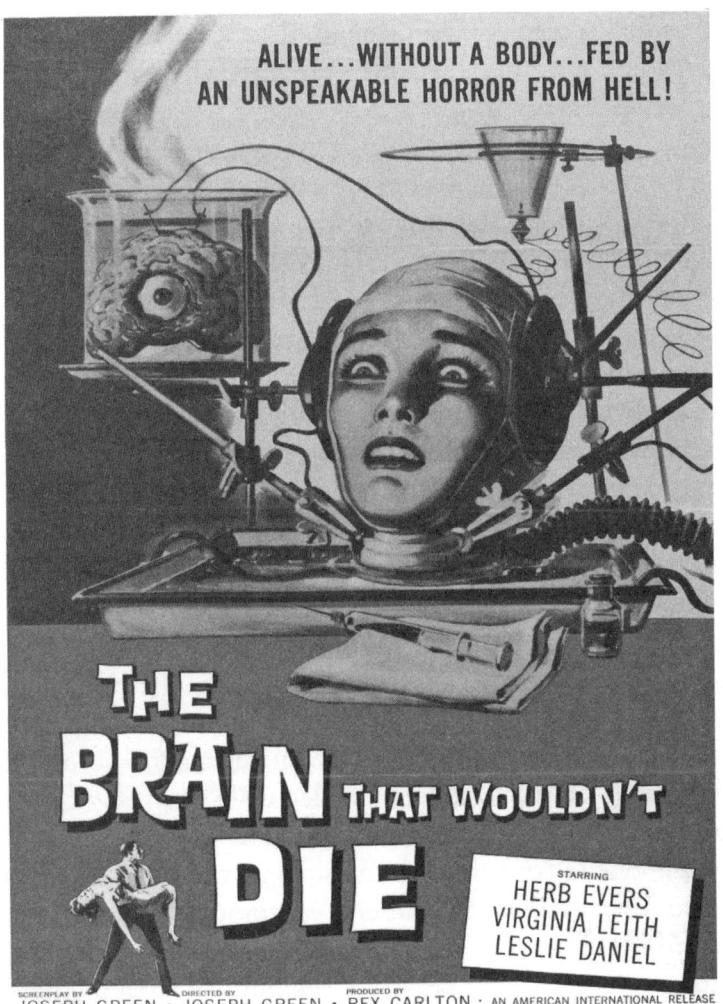

ALIVE...WITHOUT A BODY...FED BY AN UNSPEAKABLE HORROR FROM HELL!

THE BRAIN THAT WOULDN'T DIE

STARRING HERB EVERS VIRGINIA LEITH LESLIE DANIEL

SCREENPLAY BY JOSEPH GREEN · DIRECTED BY JOSEPH GREEN · PRODUCED BY REX CARLTON · AN AMERICAN INTERNATIONAL RELEASE

Seguramente, nadie ha expresado con más fuerza poética esta corporalidad de nuestro conocimiento que Nietzsche: «no somos ranas pensantes, ni aparatos sin entrañas, registradores de la objetividad; debemos dar constantemente a nuestros pensamientos, desde nuestro dolor y maternalmente, todo lo que tenemos en nosotros de sangre, corazón, fuego, deseo, pasión, agonía, conciencia, destino, catástrofe» (Nietzsche 1988, 349).

4. TECHIES & FUZZIES

Nuestro paisaje epistemológico es mucho más rico que el definido por las famosas «dos culturas científicas» (Snow 1959) y establecer rangos y primacías es una empresa que carece de interés. Ahora bien, la organización del saber y, sobre todo, la configuración de modelos y aspiraciones siguen siendo muy parasitarias de esa contraposición y de la jerarquía implícita que rige en las categorías de lo científicamente acreditado. El modelo dominante de inteligencia artificial sigue debiéndole mucho a la entronización de un rigor técnico-científico cuya exactitud y sofisticación es muy cuestionable.

En este contexto, las ciencias humanas y sociales –en concreto, la filosofía– tienen que desempeñar un papel muy importante; ya no es algo subsidiario o complementario, sino que atañe al núcleo de la empresa epistemológica, de lo que debemos entender por inteligencia y que puede contribuir decisivamente a dilucidar el futuro de la inteligencia artificial. Si, como señalaba al inicio, la inteligencia artificial sólo avanzará de manera contundente (y sólo percibirá sus límites) en la medida en que consiga parecerse más a la inteligencia humana, los saberes que tienen que ver con el dar sentido (*sense-*

making) pueden aclarar en qué consiste propiamente esta capacidad que el modelo vigente de inteligencia tiende a descuidar, seducido por la impresionante cantidad de los datos disponibles o por la rapidez del cálculo. No se trata de invertir las jerarquías actuales ni de reivindicar la primacía de ninguna ciencia u oficio, sino de consolidar la cooperación entre *techies* y *fuzzies*, para abordar juntos un problema que requiere integrar todas las dimensiones de la inteligencia. Hay ya muchas voces que reclaman un papel para las ciencias humanas y sociales en el abordaje de esta cuestión (Bradshaw 2014; Madsbjerg 2017; Hartley 2017; Manovich 2018; Marcus / Davis 2019). La intuición de que este camino es más provechoso para el futuro de la inteligencia artificial que dejar que las inteligencias mutiladas continúen sus caminos paralelos es, por el momento, una línea de investigación tan prometedora como poco desarrollada.

Quisiera despojar esta afirmación de toda posible connotación de superioridad o ventaja competitiva, pero las ciencias humanas y sociales pueden proporcionarnos, en un momento en que esto es más necesario que nunca, una visión más holística de la realidad (Madsbjerg 2017, 57). Las tecnologías de la automatización y la inteligencia artificial resultarán incomprensibles si continúan siendo «socialmente inexactas», si no las entendemos como una totalidad que incluye, también, el modo en el que configuran las realidades sociales o modifican nuestro comportamiento (Hartley 2017, 128).

Puede que los *fuzzies* estemos especialmente entrenados en el tipo de cuestiones que permiten identificar los sesgos y otras circunstancias que afectan a los procesos de configuración y procesamiento de datos. Esta aptitud se debe a que somos capaces de poner los datos en el contexto social en el que se recogieron, porque podemos presentarlos con claridad y en una narrativa coherente, y hacerlos públicamente accesibles, algo de lo que no es muy capaz el actual *techie*. Y me atrevo a asegurar que el trabajo de los «interrogadores inteligentes» (Floridi 2014, 129) puede resultar más útil para el futuro de la inteligencia artificial que el de los funcionarios de la respuesta. Toda la dificultad del asunto consiste en cómo hacer que la automatización no se haga a costa del sentido, que la precisión sea compatible con la visión general. Retomando el debate al que hacía referencia al principio, la gran paradoja de la inteligencia artificial es que sólo será general si reconoce sus límites y que únicamente podría sustituirnos si renuncia a hacerlo y opta por parecerse a nosotros.

2

Arte. El sueño de la máquina creativa

Los programas de inteligencia artificial celebran éxitos espectaculares no sólo en el dominio del cálculo, la predicción analítica o los diagnósticos, sino también en la composición musical, la modelación creativa de procesos visuales, las series televisivas, el diseño arquitectónico o la escritura de historias. Son, propiamente, obras generadas por la inteligencia artificial aquellas que no están asistidas, sino que son producidas por entero por ella, aunque estos programas hayan sido diseñados por humanos. Estos avances en la inteligencia artificial han llevado a muchos a especular con la idea de que los seres humanos seremos pronto remplazados en muchos ámbitos, incluido el de la creatividad. Como muestra de la sacudida que todo esto produce, tenemos, por un lado, el programa Sora de OpenAI, que genera vídeos realistas a partir de descripciones textuales y, por otro, los guionistas de Hollywood, que se declaran en huelga: avances que parecen poner la creatividad al alcance de cualquiera y el temor de que buena parte del sector de la cultura sea remplazado por las máquinas. La cuestión de si la inteligencia artificial puede producir arte suscita fascinación e inseguridad al mismo tiempo. Las tecnologías computacionales empleadas para crear artefactos considerados obras de arte son vistas como una amenaza para el mundo del arte tradicional o como una apertura de nuevas formas de expresión. El arte generado por inteligencia artificial (*AI-generated art*) podría hacerse cargo de nuestra creatividad artística, podríamos automatizar o mecanizar la creatividad (Musser 2019), como se predice también para el ámbito del trabajo o la democracia. Si la creatividad artística era uno de los últimos dominios de la distinción entre los humanos y las computadoras, uno de los «baluartes del excepcionalismo humano» (Gunkel 2021, 385), el pináculo donde defender nuestras capacidades específicas frente al avance imparable de la inteligencia artificial (Arielli 2021, 7), también este bastión parece ahora haber sido derribado y estaríamos entrando en una era de creaciones sin autores humanos. La indistinción entre máquinas y humanos proclamada por Descartes hace cuatrocientos años (1978, 321) sería también real en el ámbito de la creatividad, que dejaría de ser algo exclusivo de los humanos.

Quienes saludan con entusiasmo esta posibilidad suelen argumentar que nadie es capaz de distinguir una obra de arte generada por una máquina de la que tiene por autor a un ser humano, lo cual equivale a pensar en la estrecha lógica del test de Turing: la inteligencia consistiría en imitar a los humanos en una determinada propiedad sin preguntarse por la naturaleza de esa propiedad (Boden 2010). Que una *performance* llevada a cabo por una inteligencia artificial sea indistinguible de lo que hacemos los humanos se refiere a la pericia de parecérsenos y a la dificultad de realizar una distinción, pero no aporta nada a la definición de esa propiedad que consideramos característica del ser humano. Estaríamos confundiendo el ser con el parecer, con el «hacerse pasar exitosamente por»; la creatividad artística de la inteligencia artificial sería una forma de pericia que perfecciona tecnológicamente el parecido. De hecho, se dice que hay que tener grandes conocimientos musicales para distinguir el producto de una máquina del que procede del ingenio humano (que generalmente es muy limitado, salvo en el caso de los grandes creadores, y, a veces, inferior al de las máquinas). También es verdad que buena parte de la música actualmente se hace así, lo que no revela tanto una especial habilidad de los programas como la simpleza de nuestro gusto musical.

Y ya no digamos si la admiración procede del hecho de que tales obras hayan sido vendidas en alguna subasta por un altísimo precio –como el célebre *Portrait of Edmond de Belamy*, vendido en Christie's en 2018 por más de 400.000 dólares–, que muestra que lo que se considera importante es el efecto generado en el mercado, más que su valor artístico en sí. No resolveremos este asunto de si podemos calificar como arte este tipo de obras si antes no nos preguntamos por la verdadera naturaleza del arte y la comparamos con la manera de proceder de ese uso de la inteligencia artificial que, de modo poco riguroso, calificamos como creativo.

1. NATURALEZA Y LÍMITES DE LA CREATIVIDAD HUMANA

La cuestión acerca de si las máquinas son creativas como nosotros requiere que nos aclaremos acerca de hasta qué punto los humanos lo somos (Innerarity 2011, 185; Innerarity 2022, 159). Tal vez la pregunta no sea si la inteligencia artificial es creativa sino si lo somos realmente nosotros. Frente a la idea romántica del creador *ex nihilo* –sobre la que se basaría un sentido fuerte de la propiedad intelectual, por ejemplo–, se podría afirmar que casi nada es absolutamente original. Entendemos por creatividad la capacidad de dar origen a algo nuevo, pero también sabemos que la condición humana es inexplicable sin la imitación y la rutina, o que, incluso cuando creemos ser máximamente creativos, apenas hemos hecho otra cosa que una recombinación de elementos que ya existían. «Si es tan fácil descomponer en código informático el estilo de algunos de los compositores más originales del mundo, eso significa que algunos de los mejores artistas humanos se parecen más a las máquinas de lo que nos gustaría pensar» (Zylinska 2020, 52). Podemos estar luchando por que se reconozca el estatuto del artista y para que los algoritmos no destruyan ese trabajo creativo, pero ¿estamos tan seguros de que cuando producimos algo con la pretensión de crear una obra de arte esta no es reducible, en alguna medida, a estereotipos, lugares comunes o versiones más o menos actualizadas de algo ya hecho? ¿Acaso no son muchos de nuestros productos culturales más de lo mismo, un *remake* actualizado de lo que en su momento supuso una disrupción cultural y que ya no estremece ni conmueve?

Las creaciones humanas no salen de la nada, ni las obras de arte, ni las explicaciones científicas. Todas presuponen, en mayor o menor medida, elementos que ya existen. Con esto no quiero minusvalorar la creatividad humana sino mostrar sus límites. Recombinar es una actividad que exige no poco ingenio. Generalmente, una recombinación es una creación porque expresa la capacidad individual de relacionar elementos que nadie había relacionado hasta entonces, o no de ese modo. El ejemplo más claro de esta limitación de nuestra capacidad de innovar es que, cuando inventamos nuevos monstruos que se parecen demasiado a criaturas conocidas (como puede comprobarse en el universo cinematográfico, poblado de extraños que, en el fondo, nos resultan muy familiares). Los monstruos son demasiado humanos. Es normal que así suceda porque algo absolutamente extraño no sería reconocible como tal. Si algo fuera completamente inaudito no podríamos oírlo. La creatividad generalmente no existe más que como modesta variación, pese al tono inaugural con que suele presentarse.

Con esto no estoy defendiendo a quien copia para hacer un negocio o aprobar un examen, por supuesto, sino que llamo la atención sobre el hecho de que no hay creación sin recombinación, ni autenticidad sin cierta imitación, ni agencia que no sea, de algún modo, distribuida. Si la creatividad fuera el resultado proteico de una individualidad, resultaría incomunicable (y en esto limita con la lírica o con lo místico, como diría Wittgenstein); en la medida en que es recombinación, nos permite comunicar, remitiendo a lo que todos, de alguna manera, ya sabían. Una vez que algo ha sido creado se encuentra a disposición de cualquiera en orden a una futura recombinación y creación, es decir, para dar lugar a ulteriores novedades. Por eso, en vez de preguntarnos por el «quién» o el «qué» de la creatividad, tal vez sería mejor preguntarse por el «dónde», como una forma de autoría más relacional y distribuida de lo que solemos creer (Celis Bueno *et al.* 2024).

Pensemos en cuál es la razón que nos lleva a compartir nuestras creaciones con otros, a hacerlas públicas y comunicarlas. Quien ha creado algo generalmente suele estar interesado en darlo a conocer, y la digitalización ha posibilitado esa difusión de una manera fácil, instantánea y con un crecimiento exponencial. Esto no justifica ciertas formas de apropiación, como el plagio, pero sí pone de manifiesto que la creatividad resulta posible porque hay tradiciones o comunidades de aprendizaje, y la obra de arte está para ser compartida. La frontera entre la apropiación indebida y la variación creadora será siempre una cuestión disputada y que habrá que volver a trazar, también, en función de las nuevas posibilidades tecnológicas.

2. NATURALEZA Y LÍMITES DE LA CREATIVIDAD ARTIFICIAL

Visto lo anterior, podemos abordar la cuestión de la creatividad artificial sin ningún género de supremacismo humano, conscientes de que, si nuestra creatividad tiene un alcance y unos límites, algo similar puede decirse de la creatividad artificial, siempre que advirtamos que se trata de dos propiedades distintas, que no somos creativos respecto de las mismas cosas y del mismo modo, sino en un sentido distinto y con unas virtualidades también diferentes, por lo que tendrá poco sentido pensar que son creatividades que compiten o se remplazan.

Cuando nos preguntamos si la inteligencia artificial puede producir arte, debemos examinar qué queremos decir con la idea de «poder», algo que depende, a su vez, de qué idea de arte tenemos. ¿Estamos hablando de la capacidad de reproducir cierta destreza y ofrecer ilimitadas variaciones? ¿Se trata de que la inteligencia artificial sea capaz de suministrarnos productos comparables a aquellos que ya tienen el estatuto de arte?

El examen atento de lo que en realidad hacen estas producciones tecnológicas arroja un resultado muy significativo. La «creación artificial» se realiza a partir del análisis del material histórico disponible, extrayendo, de las obras del pasado, patrones que podrían recombinarse para producir otras más. Los programadores se miden con las obras del pasado, que tratan de imitar, para aumentar las pinturas de Rembrandt, para producir nuevos cuartetos de Brahms, más cuadros que podría haber pintado Bacon, para completar la sinfonía inacabada de Schubert o componer la décima sinfonía de Beethoven. Bach es muy apropiado para jugar con la relación entre regla y creatividad porque estaba más cerca de la composición basada en reglas que otros músicos. A los programas podemos pedirles un nuevo álbum de los Beatles, una pintura realizada con el estilo de Chagall y Monet o un relato que podría haber escrito Henry James. De este modo, se consigue que haya en el presente más de lo que hubo en el pasado, pero no, propiamente, algo distinto. Los algoritmos pueden extraer reglas de configuración a partir de las bases de datos, pero la creatividad no está en esa formalización sino en los datos en los que se ha basado. Lo que parece creativo en la tecnología digital son las invenciones humanas del pasado, que las máquinas abstraen y emulan.

Las obras de arte así generadas se realizan sobre los patrones del pasado, no sólo porque parten de fotografías, imágenes, textos o piezas musicales ya existentes, sino también porque sus experimentos están pensados, en última instancia, para complacer las preferencias humanas, especialmente el gozo de identificar algo que ya conocíamos. Los programas reproducen lo que es accesible y reconocible por el gusto del consumidor, al que no distorsiona o sacude con ningún descubrimiento inesperado. Que haya muchas obras de arte exitosas en términos de aceptación pública producidas mediante la inteligencia artificial no habla tanto en favor de esta tecnología como en contra del gusto público, tan fácil de satisfacer con productos que no suponen ninguna aportación genuina en términos de creatividad, que se limitan a agradar y responder a las expectativas de entretenimiento. Si, como parece, buena parte del arte en el futuro será producido por robots, dado que los robots conocen mejor lo que nos gusta que los creadores, es previsible una degradación del gusto estético. Se echarán de menos creadores que nos hagan descubrir cosas que no nos gustaban anteriormente, que contradigan, de algún modo, nuestros gustos. A este respecto la pregunta más pertinente sería: «¿Por qué estamos intentando replicar algo que ya tenemos?» (Darling 2021, 15).

El «arte artificial» modeliza el momento creador como producto de ciertas funciones estocásticas. En muchos proyectos arquitectónicos, diseños, guiones y series televisivas lo que hay es idiosincrasias estilísticas, coloraciones típicas, fraseologías particulares o figuras compositivas propias de autores del pasado. Se trata de propiedades que no corresponden a otra cosa que al cliché. Aunque se refieran a obras de arte humanas, no ofrecen más que un catálogo de signos etiquetados, reducido a lo que en principio es cuantificable y traducible en parámetros matemáticos (Mersch 2020). Esto es mimetismo; es lo que hace un artista como aprendiz: copiar y perfeccionar el estilo de otros en lugar de trabajar con una voz auténtica y original. El ejemplo más claro de ello es el algoritmo DeepArt, que convierte cualquier fotografía en una obra de arte con el estilo de Van Gogh o Matisse, asumiendo con gran credibilidad, así, el trabajo del copista. Una cosa es producir algo que resulta de la digestión de miles de obras de arte similares y otra, dar lugar a algo que merezca ser considerado como original. En sentido estricto, la creatividad humana no puede ni imitarse ni repetirse; implica, siempre, aunque sea mínimamente, cierta trasgresión que no es reducible a reglas o agregaciones estadísticas, cierta irregularidad. En cambio, lo que en la computación tiene la apariencia de libres asociaciones, sigue estando algorítmicamente determinado; no ha roto con nada, ni aporta ninguna novedad radical, es decir, se trata de creatividad sólo en sentido genérico e impropio.

Las innovaciones tecnológicas del llamado «arte generado por la inteligencia artificial» no constituyen, necesariamente, una innovación artística. Los ordenadores tienen una forma débil de creatividad que les permite reproducir patrones de habla, sonido o formas, pero nada más. De un ordenador no puede esperarse que produzca algo radicalmente imprevisible, nada similar a lo que suponen la vanguardia o los creadores disruptivos en la historia de las artes. Veámoslo con el experimento que se llevó a cabo en el Rijkmuseum, en Ámsterdam, para enseñar a una máquina a pintar como Rembrandt. El algoritmo fue entrenado con trazos seleccionados de sus cuadros. El resultado fue una extrapolación de su estilo a partir de las diferentes fases de su carrera. Por supuesto, el Rembrandt generado por la inteligencia artificial no era realmente una predicción de la creatividad de Rembrandt sino una muestra representativa bastante arbitraria de sus diversas etapas (Langmead 2019). La producción de un «retrato medio» (Ajani 2019, 11) de Rembrandt que resulta de la computación cuantitativa de los trazos empleados por el artista no puede calificarse como expresión original. Es más fácil que un programa haga cuadros con el estilo de Vermeer o composiciones musicales con el estilo de Mozart que crear nuevos estilos de pintura o música. Además, el problema es que toda obra de un gran artista está hecha de rupturas y discontinuidades; la creatividad surge cuando irrumpe algo impredecible. La inteligencia artificial no puede ser creativa porque es incapaz de predecir una discontinuidad: ningún programa que sepa componer como Beethoven habría podido componer las obras de su estilo tardío, que suponen una impredecible y asombrosa ruptura con su evolución; podrían imitar su estilo en lo que tiene de previsible, pero no en lo sorprendente (Adorno 1982; Innerarity 1996). Aunque no compartamos la idea romántica del artista como un genio creador con una inspiración desconocida, la praxis creadora no tiene lugar en un proceso automatizado sino que aspira a quebrar las reglas y producir resultados imprevisibles. Las circunstancias a partir de las cuales surgen las obras de arte se pueden explicar pero no predeterminar.

El ingenio humano es incomparable a la capacidad innovadora computacional. La creatividad no puede más que ser imitada algorítmicamente mediante la probabilística, la aleatorización, la recombinación genética y el análisis de datos. ¿Acaso tiene algún sentido la idea de una «imitación de la creatividad»? Las máquinas llevan a cabo un tipo de creatividad limitada. Se mueven en un ámbito en el que las normas están prefiguradas y son capaces de aprender a jugar en el seno de esas limitaciones. En esto no son completamente distintas de nosotros, pues buena parte de lo que los humanos hacemos –también cuando creamos obras artísticas– se inscribe dentro de reglas que no cuestiona ni modifica, pero, en general, la cultura y la existencia humanas son tan interesantes porque tenemos la capacidad de cambiar ocasionalmente esas reglas y es eso, precisamente, lo que, en sentido estricto, llamamos creatividad.

3. LA OBRA DE ARTE EN LA ÉPOCA DE SU GENERATIVIDAD ARTIFICIAL

¿En qué puede consistir, entonces, la aportación de la inteligencia artificial al arte? ¿Qué podría decir hoy Walter Benjamin si modificara su célebre escrito acerca de la obra de arte en la era de su reproductibilidad técnica (1939)? A mi juicio, las máquinas creativas realizan dos grandes aportaciones: una banal y otra más singular; una que tiene que ver con su función auxiliar y otra, con su función reveladora del núcleo creativo del arte.

Al hablar de su auxiliaridad me estoy refiriendo a aquellos programas que funcionan como asistentes del artista y que, en el caso de la música, por ejemplo, llevan a cabo las tediosas transposiciones de notas, instrumentan y orquestan, de manera que pueda uno elegir entre distintas posibilidades, al uso de los sintetizadores, o a los cantantes que modifican su voz mediante el Auto-Tune, desde Cher ya en 1998 y diversos raperos en la actualidad. Esta interacción entre arte y tecnología ya se dio cuando los pintores se sirvieron de la fotografía como estudio preliminar de la figura o el paisaje, en el que luego se inspiraban libremente en sus cuadros. Delacroix, por ejemplo, utilizó la fotografía para explorar composiciones y puntos de vista que lo ayudarían luego en su creación pictórica. Los artistas que trabajan así con la inteligencia artificial no están pensando que un programa produzca obras de arte, sino que la interacción con la máquina los descargue de ciertas tareas poco creativas y les abra nuevas posibilidades. Este tipo de programas ha «democratizado» la creatividad, la ha hecho más accesible (probablemente, porque es menos enfática). Una de las mayores aportaciones de los generadores de imágenes con inteligencia artificial es que ha aumentado el número de personas capaces de experimentar con el arte en sus diversas formas, a quienes les va a resultar más fácil pintar, componer o escribir. Incluso aquellos que no están especialmente dotados para el arte pueden usar esas herramientas y generar resultados, en cierta medida, creativos. Es posible que el impacto de un *software* como DALL-E y otros similares sea muy parecido al que tuvieron los teléfonos inteligentes sobre la fotografía: facilitar la creatividad visual sin remplazar a los profesionales.

Un caso especial de este apoyo en la inteligencia artificial para la creación musical son programas como los que desarrolla IRCAM, que permite a muchos músicos ejercitarse en la coimprovisación con la máquina (Lubart 2005). Esta estrategia de dialogar con una máquina para componer tiene ya una larga tradición y podríamos mencionar, a este respecto, algunos precedentes en la composición a través del azar. Su invención suele atribuirse a Johann Philipp Kirnberger, aunque quien hizo célebre esta composición por medio del juego de dados («*Musikalisches Würfelspiel*») fue Mozart, con una composición escrita de este modo (Edwards 2011). En una línea similar, John Cage, Pierre Boulez y Iannis Xenakis compusieron obras con procedimientos estocásticos, en los que la máquina es parte del proceso de composición, aunque no sustituye el acto intencional de los creadores.

La segunda aportación de las máquinas creativas es, indirectamente, ponernos frente al fenómeno de la creatividad en su dimensión más radical. Al mismo tiempo que se descargan las funciones menos creativas y se pone al alcance de cualquiera el arte en sentido propio, los creadores, en su dimensión más estricta, pueden dedicarse a lo que los caracteriza como tales. Mientras las máquinas imitan a los creadores, estos pueden desafiar las fronteras de lo inimitable. Frente al pesimismo que diagnostica la maquinización del ser humano como el final de la creatividad, tal vez pueda sostenerse exactamente lo contrario. «Cuanto más se maquiniza el ser humano más consoladora resulta la idea de que las máquinas pueden entender algo de arte» (Rauterberg 2021, 195). ¿Y si fuera justo al revés, que el intento imposible de generar arte mediante las máquinas nos estuviera revelando qué es aquello que estas no son capaces de generar? «Nunca en la historia del arte había sido posible ver con tanta claridad qué aportaba la creatividad humana al arte» (Warnke 2014, 282). Por eso tiene todo el sentido augurar que «los robots no sustituyen al artista ni al arte, sino que nos invitan a preguntarnos qué es una obra de arte y qué es un artista» (Bertrand Dorléac / Neutres 2018, 59). Lo específico de la creatividad humana se revela en cuanto las máquinas son capaces de hacer algo que se le parece pero que no lo es.

Lo más importante de todo este fenómeno no es el virtuosismo imitador sino el hecho de que su limitada capacidad esté revelando el verdadero núcleo creativo del arte. Desde esta perspectiva, el arte de los ordenadores lleva a cabo una forma de virtuosidad que el arte superó hace tiempo. En su afán de imitarnos y aprobar el test de Turing, la inteligencia artificial puede que esté haciendo algo parecido a la fotografía del siglo XIX, que seguía empeñada en competir o recuperar la clásica pintura paisajística en vez de dedicarse a explorar su propio mundo. Cuando nace la fotografía se despliega un intenso debate acerca de su naturaleza y su relación con las artes, especialmente con la pintura. El cuestionamiento de la autoría tuvo como consecuencia que su carácter de arte fuera controvertido. Al igual que ocurre hoy con el arte generado por la inteligencia artificial, no estaba claro entonces si la fotografía implicaba suficiente creatividad para acogerse a las leyes de la propiedad intelectual. Los artistas reaccionaron de muy diversa manera. Baudelaire la entendió como el intento de replicar la naturaleza y suplantar al arte, y la despreció como «un refugio de todos los pintores fracasados» (1976, 618). Es cierto que, en un primer momento, el daguerrotipo y sus demás variantes parecían entrar en una competencia con la miniatura pintada. Con una frase que se hizo célebre, el pintor Paul Delaroche declaraba muerta la pintura, en una demostración del daguerrotipo, en 1839. Ahora, como entonces, hace falta cierto tiempo para entender que lo que parece rivalizar con las técnicas existentes en realidad tiene un espacio y una lógica diferentes.

Si en lugar de entender que los humanos y las máquinas hacemos lo mismo pensáramos en lo que cada uno hace mejor, entonces podríamos reajustar nuestra idea de creatividad tal como lo hicimos con nuestra concepción de los problemas difíciles cuando Deep Blue ganó al campeón de ajedrez Garry Kasparov en 1997. Puede que el arte hecho con inteligencia artificial esté modificando al arte, como la fotografía lo hizo con la pintura, que dio lugar al impresionismo, al interesarse a partir de entonces más por la expresión que por la representación. Dejó de tener sentido que la pintura describiera la realidad cuando eso ya lo hacía la fotografía. Desde que la fotografía se convirtió en un tipo de arte con valor propio, la pintura se dirigió hacia la abstracción, la fantasía y el experimento. En las cartas a su hermano, Van Gogh describía esta ruptura al aconsejarle que exagerara al pintar, porque la reproducción exacta ya no era lo esencial del arte. Si las obras del virtuosismo realista perdieron entonces valor, bien podría ocurrir que los cuadros de Mondrian o de Rothko se desvaloricen porque con la inteligencia artificial, la simple novedad compositiva sea menos apreciada (Kalyanaraman 2018). La cuestión no es si los ordenadores harán mejor arte que nosotros sino pensar qué podemos hacer únicamente nosotros cuando los ordenadores han alcanzado tal nivel de sofisticación.

La inteligencia artificial no parece saber lo que es el arte, aunque en esto tampoco se diferencia mucho de nosotros, que discutimos este concepto como si no hubiéramos encontrado una definición satisfactoria e incontrovertible. El concepto de arte es un concepto crónicamente borroso. En buena medida, para los humanos el arte es, también, un cuestionamiento de las fronteras de lo artístico. Lo que nos diferencia de las máquinas no es tanto el desconocimiento que compartimos con ellas acerca de la naturaleza del arte sino el hecho de que nos planteemos, una y otra vez, esa pregunta que a ellas no parece inquietarles demasiado.

3

Datos. La sociedad de los *big data*

Cualquier organización –educativa, económica, política o social– necesita datos y su abundancia en la era digital va a tener enormes repercusiones en su manera de gobernarse. Se trata de una tecnología que no sólo va a modificar la eficiencia en la provisión de servicios públicos o la precisión de la planificación estratégica, sino también las relaciones entre la ciudadanía y el poder público, así como entre los políticos y el sistema administrativo. Naciones Unidas ha hablado de una «revolución de los datos», gracias a la cual se generaría un conocimiento objetivo, neutral e irrefutable, del que resultaría una acción de gobierno más racional y desideologizada, un servicio público que no especule con meras hipótesis ni sea esclavo de la ideología. Pasaríamos, así, de una evidencia definida por la política a una política basada en la evidencia.

Vivimos en espacios monitorizados, automatizados o regulados a través de infraestructuras y tecnologías *data-enabled* (optimizadas a través del uso de datos), como el tráfico, la seguridad, las bases de datos de los gobiernos, las cadenas logísticas, la publicidad o los sistemas de pago. Tenemos un análisis de datos que posibilita atender a las necesidades personalizadas, tanto en el sector privado como en el público, pero que también entraña el riesgo de que se refuercen los prejuicios, los estereotipos y los sesgos ideológicos. Esto sólo supondría el final de la política si entendiéramos que el análisis de datos conduce a una única elección racional y que las evidencias en las que decimos basar nuestras decisiones hicieran innecesario el debate político.

La actual euforia ante el potencial del análisis de datos debería madurar hacia una comprensión equilibrada de sus fortalezas y limitaciones. Unas y otras requieren una reflexión sobre la naturaleza de los datos y su estatuto epistemológico. El problema de la actual ciencia de datos es que, a menudo, tiene detrás métodos que se basan en epistemologías simples –una analítica de datos «agnóstica»– que se desentienden de la naturaleza compleja y contextual de los humanos y sus interacciones, que no se interrogan críticamente por los supuestos del conocimiento. Todo el discurso dominante sobre los datos soslaya la pregunta acerca de qué es un dato y para quién. Los números, los gráficos y los indicadores no son tan inocentes como se nos presentan.

Hace falta más reflexión acerca de la ontología de los datos de lo que la ingeniería y los negocios reconocen, si no queremos acabar manejando unos datos desprovistos de reflexividad y crítica, donde nuestro comportamiento es entendido desde un modelo estadístico. La revisión de ciertas promesas –como las asociadas a la cantidad y la neutralidad, la necesidad de interpretación o su capacidad predictiva– nos permitirá calibrar el alcance de tales promesas. Los *big data* reeditan algunos de los viejos dilemas de la filosofía y las ciencias sociales, como la cuestión de la relevancia, la validez y la generalización de determinados hallazgos.

1. Datos para la política

Gobernar ha sido siempre una tarea necesitada de datos. No es posible decidir correctamente sin conocer la realidad –menos aún si esa realidad es algo tan complejo y enigmático como una sociedad– y buena parte de ese conocimiento lo proporcionan los datos que sobre ella podemos obtener. Las burocracias de los Estados se han apoyado siempre en estadísticas e información numérica (Cohen 2005). El Estado es el primer generador y usuario de datos, especialmente ese Estado moderno que se ve obligado a generar modos burocráticos de gobernar a la población y de prestarle servicios. La recolección de datos, como los censos, ha tenido por objeto a las personas y nos han constituido como ciudadanos. Crisis y pandemias vuelven a recordarnos lo importantes que son los datos para adoptar las decisiones adecuadas y poder hacer las mejores previsiones.

Los *big data* se inscriben en esta vieja práctica pero representan una ruptura significativa, no sólo desde el punto de vista técnico sino, también, social y político. El «Estado informacional» (Braman 2009) estaría remplazando al Estado burocrático del bienestar y esa transformación se verifica, de entrada, en la naturaleza misma de los datos. Por lo general, las administraciones han generado datos de carácter unidimensional, cartografiando la sociedad con el propósito de ejercer más efectivamente la autoridad, sobre todo, a efectos fiscales. Pero, ahora, los datos no son tanto ordenados por la autoridad como producidos por la sociedad, a través de sus interacciones, la movilidad o el consumo. Los oráculos de antaño y otras prácticas adivinatorias estaban centralizadas y servían al poder dominante, pero los *big data* surgen de variadas y dispersas fuentes. Nuevas posibilidades tecnológicas prometen mejorar los antiguos métodos en no pocos aspectos. Mientras el análisis de los datos era, en otros tiempos, costoso y lento, ahora es barato y rápido; donde antes había que resignarse a tomar algunos casos como ejemplo, la actual computación de la sociedad hace posible obtener datos de poblaciones enteras; mientras que, en el pasado, cualquier medición estaba condicionada por los sesgos humanos, unos algoritmos agnósticos garantizan, ahora, una visión imparcial; donde antes era necesaria una teoría, el volumen inmenso de los datos hace que estos hablen por sí mismos. A estas novedades parece añadirse otra, de grandes consecuencias políticas: los viejos procedimientos eran una estrategia en manos del soberano y de los expertos, mientras que la actual mecanización de los sistemas de decisión parece compatible con un escrutinio público de las rutinas técnicas, en principio, objetivas e impersonales (Porter 1995, 146). Con la obtención de masivas cantidades de datos y con el examen de las correlaciones, más que de las causas, el análisis de datos pretende reducir la necesidad de la teoría, de los modelos y del saber experto. Habría, por tanto, más democracia allí donde las decisiones se pueden justificar apelando a una objetividad que cualquiera puede comprobar, sin trampas ideológicas ni autoridades indiscutibles.

No es extraño que se hayan disparado, así, unas expectativas de democratización que se presentan como superadoras de la vieja política, ideologizada, subjetivista y arbitraria. Hay quien sugiere que los *big data* han arrojado a pensadores como Adam Smith o Karl Marx al basurero de la historia, ya que los mercados y las clases son agregados, «*averages*» (promedios), como cualquier fenómeno social, hechos de millones de pequeñas transacciones entre individuos (Pentland 2012).

¿Y si las grandes categorías de la política no fueran sino construcciones que tienen muy poco que ver con el comportamiento real de las sociedades, palabras que ocultan, en vez de revelar, lo que de verdad somos? En torno a esta sospecha se genera la nueva expectativa de objetividad que los datos ofrecen a una política cuyo desprestigio obedece, en parte, a una sensación de estar desconectada de la realidad. La promesa de los *big data* es una doble reconciliación con el principio de realidad: en el análisis y en la efectividad, con el trasfondo de una desideologización como procedimiento metodológico.

Con la recogida de datos, su medición, el análisis algorítmico, el reconocimiento de patrones, las decisiones basadas en *scores* (calificación a partir de los datos) y la analítica predictiva se satisface el deseo de reducir la inseguridad y la incertidumbre (Nowotny *et al.* 2001). Un sistema político erosionado por la creciente desconfianza y desconcertado por la incertidumbre parece encontrar, así, un modo de enfrentarse a la nueva complejidad. No es casual que la Comisión Europea se haya constituido como una de las instituciones más partidarias de la cuantificación política. En diversos documentos, la Comisión viene exigiendo «datos para la política» (European Commission - EC 2015a; 2015c), a los que califica como «el nuevo petróleo de la era digital» (EC 2012), la siguiente «revolución industrial» (EC 2014), un «activo clave» que cambia las reglas del juego (EC 2015b) para la creación de valor, el incremento de la productividad y el impulso al crecimiento.

La disponibilidad de un mayor número de datos promete por fin «hacer legible la sociedad» (Scott 1998, 2). Los datos parecen ofrecer control frente a la volatilidad y la creciente complejidad, facilitan gobernar el presente y prever mejor el futuro, transformando la incertidumbre en riesgo controlable. Hasta aquí, las promesas, pero el panorama estaría incompleto si no advirtiéramos los límites epistémicos y políticos de esta tecnología social. Nadie cuestiona que la información acerca de los datos y sus correlaciones puede ayudar al avance del conocimiento sobre el cual deben apoyarse nuestras decisiones. Sin embargo, para desarrollar todo su potencial es muy importante conocer, también, sus límites.

La disposición de datos es un procedimiento indiscutible para mejorar la acción de gobierno; más cuestionable es el entusiasmo extremo que esta nueva posibilidad provoca en lo que podría llamarse el «dataísmo» («*dataism*») (Van Dijck 2014), una creencia secular en las cualidades de los datos que conduciría a una ideología más allá de cualquier ideología, y cuyo paradigma sería «*no politics, just data*» («sin política; sólo datos»). Considerados como objetividades, de los datos se espera un sentido de la justicia y una imparcialidad, un modo de decidir sin tener que decidir, una gran oportunidad para una legislación despolitizada. Quienes se adhieren a unos números supuestamente imparciales se protegen, así, de cualquier crítica pública.

La primera cuestión que habría que plantearse es si nos encontramos ante una despolitización en el mejor o en el peor sentido del término; es decir, si disminuye el poder como imposición o simplemente se metamorfosea. ¿Cuáles serían las nuevas relaciones de poder que genera el análisis de datos? Los *big data* son parte de un amplio proceso de transformación digital de la economía y la política, que modifica las relaciones entre lo público y lo privado, así como las relaciones entre los sujetos. Está siendo un factor clave en la metamorfosis del mundo y sus relaciones de poder. Como las grandes cantidades de datos exceden la capacidad humana de analizarlos, cada vez se han de emplear más algoritmos automatizados para identificar los patrones y apoyar la toma de decisiones, lo que incrementa nuestra dependencia de dichas tecnologías e intensifica las asimetrías de poder.

Toda la apelación a la importancia de los datos puede estar funcionando como un mantra que nos hace inconscientes de la necesidad de llevar a cabo unas políticas de datos justas y sostenibles. El discurso acerca de los datos no puede reducirse a necesidades industriales y administrativas sino que tiene que estar abierto a las cuestiones de conveniencia social y política. Y no deberíamos caer en la ilusión de pensar que bastaría tener la información correcta para que todos los problemas pudieran solucionarse sin necesidad de recurrir a decisiones, juicios y valores políticos.

Los tecnófilos dirán que estamos entrando en una maravillosa época, con grandes oportunidades comerciales y científicas, mientras que los tecnófobos nos advertirán de la pérdida de privacidad y las posibilidades insólitas de represión. La cuestión podría replantearse agnósticamente si, al hablar del análisis de grandes datos, nos preguntamos cuáles son sus fines más apropiados y para qué objetivos puede ser utilizado (Sætnan 2018, 22). En este debate, la mirada desde la filosofía y las ciencias sociales puede contribuir a desmontar la ilusión naturalista de los datos brutos y la ingenuidad de un cálculo sin teoría. Los procesos de cuantificación tienden a suprimir el juicio humano, a ignorar la complejidad de las situaciones y los contextos específicos. Este es el primer punto que deberíamos examinar, la calidad epistémica de los datos, si queremos que su análisis contribuya, efectivamente, a configurar unas mejores sociedades democráticas.

Los *big data* prometen una gran variedad de formas innovadoras para el análisis, reducción de la incertidumbre, prevención de riesgos, identificación de tendencias y apoyo en la toma de decisiones. La idea del análisis de datos es muy seductora como herramienta para enfrentarse a la complejidad, predecir el futuro y aprender acerca de lo desconocido. Una de las razones que explican por qué la sociedad está inclinada a creer en la tecnología como solucionadora de problemas es que proporciona un nivel adicional de abstracción que crea cierta distancia frente a los problemas y conflictos, de modo que estos aparecen, en cierta medida, como menos amenazantes. Un efecto similar de los *big data* es que refuerzan el sesgo de automatización, es decir, la tendencia de los humanos a aceptar acríticamente las soluciones generadas por un ordenador. Existe «cierta neutralidad superficial» de los datos estadísticos (Hacking 1991, 184), que les confiere el halo de autoridad que hace de ellos algo difícilmente discutible. Sin embargo, la complejidad aumenta con la cantidad de datos, lo que, unido a una creciente automatización, puede provocar no sólo mayores incertidumbres sino consecuencias sociales indeseadas.

2. Datos que no nos representan

El análisis de datos y su creciente sofisticación parece satisfacer una demanda de exactitud presente en muchos sectores de la sociedad, especialmente en tiempos de complejidad y confusión. Tras una grave crisis de representación, la reconfortante promesa de los *big data* consiste en recuperar la capacidad de observar el mundo y hacerse una imagen precisa de él. Los políticos desean una estadística fiable, los medios buscan hechos objetivos, los jueces aspiran a identificar causalidades irrefutables y la gente añora la certeza de los números. ¿Estamos en condiciones de satisfacer esa demanda a través de las tecnologías de los *big data*? Para contestar a esta pregunta, hemos de tener en cuenta la naturaleza de los datos y analizar críticamente sus promesas y limitaciones.

a. Naturaleza general de los datos

Un examen acerca de su naturaleza revela diversos problemas en relación con las promesas de que los datos sean la nueva representación exacta del mundo. O, si se prefiere, puede ser que nos estén dando una representación «precisamente inexacta de la realidad» (McFarland / McFarland 2015). Por un lado, los datos no son una mera representación sino que tienen una dimensión constitutiva, y su generación, análisis e interpretación tienen consecuencias. El mundo no es reflejado sino reconfigurado y cambiado a través de ellos. Los datos no sólo están «cocinados» de algún modo, sino abiertos a lo inesperado y accidental; son un material complejo, temporalmente emergente, que no siempre sigue la receta algorítmica predefinida (Boellstorff 2013). ¿Cuál es la diferencia entre los datos y los hechos; es decir, entre lo que está meramente dado y lo que es producido como tal? La palabra «hecho» recoge esa ambigüedad (lo existente y lo producido). Los datos no son algo «hecho» sino construcciones epistémicas (generalmente, a partir de algo dado). Los datos remiten siempre a su descripción, a una atribución activa de significado. Toda cuantificación implica una previa cualificación, en otras palabras, una interpretación acerca de qué cuenta como dato. Los eventos y sucesos no se convierten en datos hasta que no han sido interpretados como tales.

Recuerdo esto porque, en relación con los datos, se ha desarrollado una epistemología banal que confiere generosamente objetividad y verdad a los procesos que los elaboran. Detrás de la idea de datificación hay una ontología positivista ingenua que ve los datos como si fueran una especie de componentes atómicos del mundo, y deja de ver hasta qué punto están determinados por procesos de selección y valoración. No deben tomarse decisiones a partir de los datos sin prestar una consideración suficiente a su proceso de producción, es decir, sin preguntarse cómo están hechos.

A pesar de su nombre, los datos no son algo dado sino hecho. Las tecnologías de análisis de datos determinan lo que puede ser recogido como dato y cómo se convierte en algo analizable. «Los datos tienen que ser *imaginados como* datos para existir y funcionar como tales» (Gitelman / Jackson 2013, 3). Ocurre lo mismo con las bases de datos y sus infraestructuras: no son medios técnicos neutrales que recogen y comparten datos, sino que su diseño y configuración establecen ciertos tipos de datos y posibilitan ciertos tipos de análisis; el modo en el que están estructurados tiene profundas consecuencias en qué clase de preguntas y análisis pueden ser llevados a cabo. Las bases de datos son creadas por actores con determinados objetivos y que trabajan en determinadas comunidades de aprendizaje, y expresan ciertas relaciones de poder que, a su vez, reproducen. Los datos no son independientes del sistema de pensamiento y de los instrumentos en los que se basa su producción (Bowker / Star 1999).

Por otro lado, en muchas ocasiones, el análisis de datos no hace otra cosa que reflejar los prejuicios asentados. En este sentido, cabría decir que, desgraciadamente, los datos representan muy bien el mundo en el que vivimos. Cuando estamos examinando las relaciones entre datos y política, hemos de tener en cuenta, por una parte, que necesitamos una representación de la sociedad más precisa que la ofrecida por estas tecnologías de análisis y, por otra, que la política tiene, entre sus funciones más características, la de formular proyectos de ruptura con esa realidad tan insatisfactoria desde muchos puntos de vista.

Es curioso que la crisis de representación política, que han invocado muchas protestas en los últimos años, haya dado paso a una aceptación acrítica de la capacidad de los datos para representarnos. ¿No nos representaban nuestros representantes políticos y en cambio sí lo hacen nuestros datos? Si el mandato político de representación es cuestionado, monitorizado y revocado, la pretensión de representar a través de los datos lo que realmente somos y queremos debería ir acompañada por una reflexión acerca del cumplimiento de esa promesa, de sus límites epistémicos y sus condicionantes políticos y económicos. Por mucho que particularice de forma granular la realidad, por ejemplo, el análisis de datos reduce las formas de vida heterogéneas a espacios homogéneos de cálculo (Amoore / Piotukh 2015, 28). Para entender el valor de los datos es necesario conocer las normas y prácticas sociales que estructuran el contexto en el que son generados. A partir de este momento, ciertas pretensiones de veracidad y objetividad podrían no estar garantizadas e incluso ser rotundamente desmentidas.

Entre las pretensiones que hay que examinar críticamente está la idea de que la correlación es suficiente, que la minería de datos encuentra relaciones y patrones (*pat-*

terns) que no estaba buscando, que tiene una mayor capacidad de revelar lo desconocido, que las explicaciones no son necesarias, que se trata más de predecir que de entender el mundo (Siegel 2013, 90). Según este «conocer sin entender» (Andrejevic 2013, 26), no harían falta teorías, ni modelos, ni hipótesis. ¿Pero es realmente así?

Hay cierta beatería en relación con los bancos de datos, una «confianza en los datos» (Rieder / Simon 2016) que se asemeja demasiado a la delegación de soberanía que sostenía los regímenes predemocráticos. Dos cuestiones deben ser examinadas a este respecto con atención: la epistémica y la política. La primera debe serlo de acuerdo con la aspiración de que no nos encontramos ante una tecnología más sino ante una que ofrece una forma de inteligencia y conocimiento más elevada y capaz de generar percepciones que eran previamente imposibles (Boyd / Crawford 2012). Así pues, deberíamos juzgar si esa aspiración se ajusta, epistémica y políticamente, a lo que promete.

Los *big data*, además de una tecnología, son una mitología doble: una veneración por la cantidad y una creencia injustificada en su objetiva neutralidad. La cantidad y la imparcialidad parecen permitirnos prescindir de la interpretación, siempre tan subjetiva e inexacta, realizar el gran tránsito desde la semántica a la sintaxis. Para conocer el alcance político del análisis de datos es necesario interrogarse previamente por la fiabilidad de estas promesas.

b. El mito de la cantidad

Comencemos por el entusiasmo ante la mera cantidad. Hay quien piensa que la inexactitud en la que vivimos, la incertidumbre teórica y los errores prácticos pueden ser eliminados por completo con la suficiente cantidad de datos. La datificación (*datafication*) es presentada como un procedimiento que nos permite descubrir lo que realmente pensamos, sentimos y queremos. En lugar de extrapolar a partir de una opinión o una circunstancia particular, el sueño computacional consiste en que si *n* = *all* (n = todo), las bases de datos nos proporcionarían la verosimilitud de una correspondencia exacta entre la representación y lo representado. No habría muestras ni modelización sino poblaciones enteras. No necesitamos muestras cuando tenemos todos los datos. Habríamos superado la incertidumbre que se generaba al saltar de una muestra a la población total. La verdad dependería de que hubiera una suficiente cantidad de datos (Mayer-Schönberger / Cukier 2013, 30). Todavía menos necesarias serían las teorías, ya que «con datos suficientes, los números hablan por sí mismos» (Anderson 2008). No se trata de una mera hipótesis, sino de la convicción de que, si conseguimos suficientes datos, su resolución granulada nos revelará en alta definición todas las verdades ocultas del mundo. De ahí esa imagen de que la información es algo que está oculto dentro de los datos y que sólo tiene que ser extraído (como ilustran las metáforas de la «minería», «materia prima» o «recurso»).

En este contexto, resulta muy seductora la idea de que la naturaleza exhaustiva de los datos removería los sesgos del muestreo. Cuando había pocos datos, el proceso de muestreo producía un conjunto de datos representativo a partir de la totalidad de los datos posibles. Los *big data*, por el contrario, prometen hacerse cargo de toda la población o, al menos, de unas magnitudes de muestreo mucho mayores de lo que podía llevarse a cabo anteriormente.

Pero no es cierto que las cantidades hablen por sí mismas, que los números lo digan todo. Los datos no nos retrotraen a un estado de naturaleza puro, sin intervención humana. Los datos, más bien, están mediados por los mecanismos, plataformas e instrumentos científicos que los han generado, configurados de acuerdo con el modo en el que han sido recogidos, clasificados y analizados. La cantidad no nos permite desembarazarnos de la cuestión de la calidad de los datos, es decir, de su contexto, alcance y limitaciones. La acumulación raramente resuelve los problemas de interpretación. Hay muchos descubrimientos científicos que se realizan gracias a la disposición de datos, pero no todos están basados en datos, no todos son *data-driven*. Desde el punto de vista práctico, los *big data* proporcionan información extraordinariamente útil para tomar decisiones informadas, pero generan, también, algunas complicaciones, como por ejemplo, el riesgo de sobrestimar el significado de las cantidades y de las probabilidades, de manera que sólo cuente lo que es calculable, mientras que otros aspectos de la realidad son infravalorados o incluso inadvertidos.

Un problema de los datos es su mala calidad. Debido a que son recogidos de modo automatizado, no sólo contienen informaciones sino que también están llenos de ruido (Silver 2012). La gran cantidad de datos disuade de buscar de forma manual las inconsistencias y los errores. Los patrones encontrados en los datos no son inherentemente significativos: las correlaciones entre las variables pueden ser asociaciones causales o casuales. El peligro de confundir lo uno con lo otro aumenta en la medida en que se supone que los datos hablan por sí mismos y no requieren un esfuerzo por interpretarlos, cuando se soslayan las cuestiones más relevantes: por qué aparecen determinados patrones y no otros, quién es responsable de ello o cuáles son sus consecuencias sociales. El análisis de datos convencional debe ser complementado siempre con otras interrogaciones. La interpretación es necesaria porque los datos son dinámicos, relacionados, no estructurados y, en ocasiones, generados no como respuesta a una pregunta sino como subproducto de otra actividad. La validez de las relaciones potencialmente identificadas mediante el reconocimiento de patrones se acredita si se tratan como hipótesis que deben ser explicadas. La correlación no anula la causación; ambas son la base de una investigación adicional para establecer si pueden ser consideradas como causalidades y sólo entonces sabremos hasta qué punto es significativa esa correlación.

La cantidad es un recurso importante, pero no la solución. La interacción humanos-máquinas se enfrenta al desafío de diseñar interfaces que faciliten el tratamiento de datos complejos (y su correspondiente interpretación), sin reducir excesivamente la información. Hemos de formularnos preguntas acerca de las fuentes de esos datos, la intención con la que fueron recogidos, el propósito del análisis, la información adicional que se necesitaría, los límites de sus resultados, preguntas que proporcionan información muy relevante, sin incrementar drásticamente la complejidad.

c. El mito de la neutralidad

El otro gran mito del análisis de datos es el de la neutralidad. Se introduce como innovación y ruptura con las prácticas, epistemologías y métodos anteriores, aunque, en buena medida, es una combinación de distintos elementos ya conocidos. Su principal novedad es que los números se presentan con un *ethos* de neutralidad y certidumbre, vinculado a una objetividad mecánica (Rieder / Simon 2016, 4). Los términos comúnmente usados para explicar lo que se hace con los datos sugieren procesos técnicos neutros o benignos: recoger, almacenar, procesar, extraer (Gitelman / Jackson 2013). Es sólo el uso de los datos lo que sería político. Cuanto más automatizado esté un proceso, menos peligro habría de caer en esa inexactitud debida a la percepción subjetiva. El análisis de datos promete ampliar el alcance de la recolección y el análisis, reduciendo, así, la necesidad de teorías y modelos. Vivimos como si los hechos y los datos fueran realidades naturales, obvias e incontestables. La «promesa de neutralidad» (Gillespie 2014, 181), con su «brillo de veracidad» (Daston / Galison 1992, 111) proporciona credibilidad a la acción política y permite justificar más fácilmente sus decisiones. Esta concepción reduccionista y funcionalista ignora el efecto de los contextos políticos y sociales, y reproduce, así, el mismo tipo de limitaciones que provocaron las ciencias sociales positivistas a mediados del siglo xx (Kitchin 2014, 5).

El proceso de definición ontológica de los datos no es un asunto técnico neutral sino normativo, ético y político. Defender que la política debe sostenerse con datos es compatible, no obstante, con reconocer el carácter contingente y las limitaciones de esos datos. Lo que este reconocimiento implica es que los datos no pueden ser utilizados como parapeto que haga innecesaria la deliberación en torno a las decisiones y las proteja de toda crítica. Los datos son construcciones contingentes, contextuales, dependientes y, en buena parte, arbitrarias. Agrupar las sensaciones o diferenciar los consumos, identificar un movimiento o asignar una cualidad, todo eso que hacen quienes se ocupan de los datos, requiere muchas decisiones previas acerca de qué propiedad define qué categoría, cuáles son las unidades de medida, qué es relevante para qué, convenciones que son, en mayor o menor medida, arbitrarias y modificables. Con esto no quiero decir que los datos sean ficciones inútiles o erróneas, sino tan sólo que podrían ser de otra manera.

Llamar la atención sobre el carácter contingente de los datos no equivale a rendirse al relativismo, sino considerar que su relatividad es el punto de partida que justifica la indagación crítica sobre ellos. El mito de la neutralidad parece desconocer que los datos dependen de las organizaciones e instituciones que los producen. El dato es siempre algo «cocinado» (Bowker 2013). El «conocimiento» derivado de los datos no es propiamente conocimiento sino, más bien, la expresión disimulada de contextos y precondiciones. Por eso, los *big data* no son sólo la búsqueda de algo en una enorme base de datos, sino que los datos mismos nos dicen lo que hay que buscar. Lo ilustraba muy bien el economista Ronald Coase en aquella célebre frase con la que afirmaba que si torturas a los datos el tiempo suficiente, acabarán confesando lo que quieres.

Los métodos analíticos muy formalizados producen interpretaciones desde «lugares específicos» (*specific somewheres*) más que «una vista desde ninguna parte» (*a view from nowhere*) (Nagel 1986). Se ve desde un sitio: no hay posiciones panópticas sino oligópticas (Kitchin 2014, 133), visiones desde ciertos puntos aventajados. Los datos no hablan por sí mismos sino desde una posición particular. Los datos no son algo preexistente a su generación, no vienen de ninguna parte. Cómo los concebimos, cómo los medimos y qué uso hacemos de ellos condiciona su naturaleza. Los mismos fenómenos pueden ser medidos, registrados e interpretados de distintos modos. Los datos no son algo inevitable sino vinculado a protocolos, procesos, categorías, escalas y criterios sobre los que se discute y negocia continuamente. Es importante no perder esto de vista, en un mundo en el que los números y su tratamiento matemático se consideran el núcleo incuestionado e incuestionable de las decisiones. Esta confianza ciega corre el riesgo de subvertir los fundamentos de la democracia deliberativa. Una exagerada fe en la neutralidad e imparcialidad de los bancos de datos puede hacernos olvidar los intereses que están en el origen de determinados diseños de los sistemas analíticos, desincentivar la investigación de las discriminaciones que estos puedan estar generando y omitir los debates acerca de las posibles formas alternativas de negocio y gobernanza.

d. La necesidad de interpretación

Los datos son construcciones sociomateriales; son identificados como tales y recogidos con una determinada intención, que puede hacerlos equívocos en un nuevo contexto. Los datos son un conjunto de números, caracteres y signos. Como tales, sin interpretación, no revelan si son válidos o verdaderos en un determinado contexto. El dato no vale por sí mismo sino en relación con un contexto. Los datos nos informan, a condición de que conozcamos el contexto de la pregunta o el marco experimental del proceso en el cual han surgido. No se trata de formas sublimes de inteligencia, sino de modelizaciones estadísticas complejas que contienen información extremadamente detallada acerca de patrones, pero que carecen del contexto social e histórico. Nuestra enorme capacidad de recoger, conectar y analizar datos digitalizados no debería marginalizar como innecesarias otras formas de describir y evaluar las realidades sociales que no estén basadas en prácticas de datificación. Es necesario recordar la necesidad de interpretarlos, la importancia de la semántica. Al tiempo que mejoramos nuestras prácticas cuantitativas, hemos de fortalecer los requisitos de calidad de los datos y su interpretación. El factor humano desempeña aquí un papel insustituible, en la medida en que somos quienes han de interpretarlos correctamente, descubrir sus fallos y poner los resultados en contextos aplicables.

La tecnología de los *big data* se basa en el reconocimiento de patrones y en el cálculo de probabilidades. ¿Estamos prescindiendo de la semántica en beneficio de la sintaxis, como sostiene Boellstorff (2013)? Hay una tendencia a cuantificar los fenómenos del mundo para hacerlos estadísticamente calculables, pero, entonces, los fenómenos complejos tienen que ser normalizados y estandarizados, porque no todo fenómeno es reducible a números calculables sin violentarlo. Parecemos estar olvidando que el movimiento de los datos a las conclusiones raramente se da en un solo paso; la inducción debe combinarse con la deducción y el hecho de que haya una gran cantidad de datos disponibles no nos ahorra decisiones metodológicas.

Un ejemplo que ilustra la importancia de la interpretación lo encontramos en la traducción automatizada. Las herramientas de traducción buscan en los enormes bancos de datos patrones, términos, frases y sintaxis. Dependiendo de la complejidad del texto, los resultados no proporcionan una traducción exacta pero dan indicaciones útiles. La información que nos dan los datos debe ser correctamente interpretada. Quien usa bien esas sugerencias de traducción sabe algo que los datos muchas veces no saben: interpretar, es decir, situar esas sugerencias en contextos adecuados.

La carencia de interpretación es muy problemática cuando por medio se dan situaciones discutidas o en conflicto, cuando se ventilan cuestiones de justicia especialmente delicadas. Por ejemplo: si pudiéramos acceder a los datos sobre el origen étnico de la población carcelaria (lo que algunas legislaciones no autorizan), entonces veríamos que ciertos grupos están más representados que otros, pero esta constatación requiere un trabajo de interpretación y no tiene sentido extraer de este dato una generalización. Cualquiera que dedujera, por ejemplo, que tal etnia es más violenta que otra, estaría ignorando otras hipótesis: la posible parcialidad de los jueces, la actividad policial más intensa en relación con dicha etnia, las diferentes formas de delincuencia según los grupos sociales, un código penal más severo con ciertos delitos... Las decisiones a partir de datos pueden ser muy deterministas cuando se trata de identificar la orientación sexual de alguien, su capacidad de crédito o su pertenencia a un grupo social a partir de *inputs* entendidos como señales, y no se tiene en cuenta lo suficiente que todo esto es profundamente relacional y contextual.

Las correlaciones son de una gran utilidad, pero entenderlas como si fueran causalidades, es decir, como si hicieran innecesario el ejercicio de la interpretación, conduce a errores fatales. Podríamos recordar, a este respecto, la famosa historia de que Google, usando estadísticas de búsqueda, detectó una epidemia de gripe antes que los centros de control sanitarios, mediante los informes epidemiológicos, pero se cuenta menos que

Google Flu Trends también se ha equivocado, probablemente porque los fracasos de los expertos son menos noticia que sus éxitos. Los libros acerca de los *big data* cuentan también la historia de una empresa que envió productos para recién nacidos, deduciendo un embarazo a partir del movimiento de una tarjeta de crédito de un hombre, quien, enfadado por esa suposición, tuvo que disculparse después ante la empresa, cuando descubrió que su hija estaba embarazada. Lo que no suele contarse es por qué aquella empresa y otras similares han tenido que cambiar su estrategia de publicidad, ofreciendo también otros productos para protegerse de «diagnósticos» equivocados o carentes de ética (Ebeling 2016). El acierto –también el acierto moral– depende, finalmente, de la semántica. Esta es la razón de que no se pueda llevar a cabo la moderación de contenidos en las redes sociales atendiendo únicamente a la presencia de algunos términos; si su significado es contextual, este contexto debe ser entendido para distinguir entre una mención y una parodia, entre el discurso del odio y la legítima protesta. La inteligencia artificial nos supera en muchas cosas, pero es por lo general muy inferior a los revisores humanos a la hora de considerar el contexto.

3. EL PODER DE LOS DATOS

Si los datos fueran neutrales y objetivos, como promete la creencia que he tratado de criticar, entonces las decisiones basadas en ellos no supondrían ninguna imposición. En el peor de los casos, se limitarían a reflejar las asimetrías de poder existentes y, si quisiéramos corregirlas, nada nos garantizaría que esa intervención fuera menos arbitraria que lo que se pretende corregir. Su carencia de neutralidad y su cuestionable objetividad implica que, a través de ellos, se ejercen diversas formas de poder sin justificación. En los datos hay inscritas estructuras de poder que, a su vez, estos reproducen. ¿Quién programa los algoritmos, qué unidades son definidas como datos, qué sistema de clasificación se utiliza para ello, quién dispone del poder de definición de la realidad (Berger / Luckmann 1966)?

La experiencia de este poder ligado a los datos permitiría revisitar ciertas metáforas asociadas a la realidad del poder, como la idea de que el soberano es quien determina qué es un dato (parodiando la definición que Carl Schmitt hacía del soberano como quien establece el estado de excepción). La idea de que es posible acceder directamente a la realidad recogiendo y midiendo todas las señales sin tener que interpretarlas ni cuestionar sus contenidos podría calificarse como un auténtico «*coup data*», un golpe efectuado a través de los datos (Basdevant / Mignard 2018); la metáfora del dato como «recurso natural» que simplemente está ahí, esperando a ser descubierto, guarda una gran similitud con la retórica que usaron durante siglos los poderes coloniales (Stark / Lauren 2019). Cuando los datos son considerados como una forma de capital, entonces todo se justifica como un medio para recoger más (Sadowski 2018).

Las redes sociales son, en principio, igualmente accesibles, como los bancos de datos o las posibilidades de reputación en internet, pero tampoco resuelven la cuestión de la igualdad porque, por un lado, no suprimen completamente las desigualdades del mundo analógico y, por otro, ponen en marcha otras específicas de los nuevos medios. Hay diversos tipos de desigualdad digital y unas asimetrías considerables.

Los *big data* son un asunto político en la medida en que lo son sus circuitos de producción, distribución y consumo, es decir, lugares en los que el acceso, el control y la capacidad están desigualmente distribuidos por relaciones de poder asimétricas. Se ha llegado a hablar, incluso, de unas nuevas clases sociales de la sociedad de los *big data*, en función de quien produce los datos, quien tiene los medios para recogerlos y quien dispone de la capacidad para analizarlos (Manovich 2014, 77). El efecto de las relaciones de poder en sus diversas formas es tanto mayor cuanto más se apoyan el gobierno, la administración pública y el saber experto en el control de los datos. Hay un creciente diferencial de poder entre aquellos que recogen y analizan datos respecto de quienes, simplemente, los alimentan. Pero es que, además, los datos no son una realidad apolítica; su recogida, análisis y uso depende, en buena parte, de determinadas decisiones. Cuantas más políticas se justifican en datos, más importante es conocer los presupuestos, explícitos u ocultos, que subyacen a la decisión de atender a esos datos y no a otros, o los sesgos que manifiestan. La naturaleza de la información disponible define siempre y condiciona los problemas a los que se enfrentan los gobiernos y el modo en que lo hacen.

Existe una «brecha digital» por la que ciertos ciudadanos son excluidos del paraíso digital de muy diversas maneras: además de por no disponer del *software* o del *hardware* adecuado, por carecer de la formación necesaria para usar las tecnologías disponibles, por incapacidad de encontrar los espacios o el contenido apropiados a sus circunstancias, orientación y experiencias. Seguramente, hay un «efecto Mateo» en las redes, de manera que quienes ya están bien relacionados en el espacio físico lo estarán, también, en el espacio virtual. El ciberespacio amplifica las voces de aquellos que ya son aventajados y, frente a las aspiraciones de lograr una profundización en la democracia, internet reforzaría más bien el *statu quo.*

En el universo de los *big data* hay también lo que podríamos llamar «ricos» y «pobres» de datos. Esta diferencia tiene sus causas, por un lado, en la desigualdad que se refiere a la producción de datos, a su utilización e interpretación y, por otro, en relación con la reputación, valorización y visibilidad que estos medios potencian.

De entrada, si examinamos el manejo de los datos, el entusiasmo que rodea actualmente el tema no debería llevarnos a la ilusión de pensar que todos tenemos el mismo acceso a ellos. Que los bancos de datos sean públicos no quiere decir que todos tengamos la misma capacidad de gestionarlos. El actual ecosistema de los *big data* provoca una gran desigualdad, aunque se trata de una pobreza y una riqueza diferentes de las que se deciden por la posesión material de las cosas. Hay tres clases de personas en relación con los bancos de datos: quienes los producen, quienes tienen capacidad de almacenarlos y quienes saben cómo valorarlos. Este último grupo es el más pequeño y el más privilegiado. Quienes forman parte de él son los que determinarán, también, las reglas según las cuales se usarán los *big data*, quién participará y quién no.

Por otro lado, los algoritmos, que en apariencia se limitan a registrar la reputación, también son fuente de desigualdad. Los algoritmos se proponen calcular la verdadera naturaleza de la sociedad, sus gustos, valoraciones y estimaciones, a partir del comportamiento de los internautas. Quienes los diseñan parten de la idea de que las noticias no deben ser elegidas por los periodistas, no son los políticos quienes establecen la agenda

política, la publicidad no debe ser la misma para todos
y las categorías de pertenencia tradicional representan
mal a los individuos. Se trataría de un procedimiento
que registra la reputación a partir del movimiento de los
internautas y de este modo nos liberaría del paternalismo de los prescriptores. Nos aproximaríamos a un
mundo sin prejuicios ideológicos, racional, emancipado
de la subjetividad de quienes lo gobiernan. En su versión economicista, los liberales defienden la capacidad
de la sociedad de autoorganizarse confiando al mercado la tarea de reflejar lo que los Estados deforman; en
su visión libertaria, estaríamos ante un mundo articula-
do por la agregación de la multitud sin autoridad central. Lo que unos y otros parecen desconocer es que, de
este modo, reproducen, también, las jerarquías y desigualdades que habitan en dicha sociedad.

Como es bien sabido, los algoritmos de los *big data*
registran, prescriben o jerarquizan únicamente en virtud del rastro que dejamos con nuestros comportamientos pasados y, en este sentido, pueden reclamar para sí
un respeto absoluto por nuestras decisiones libres, que
no condicionan. En principio, se trata de una técnica
que parte de la base de que cada uno puede escoger libremente sin paternalismo ni prescriptores. Sus defen-
sores apelan a la redescripción de la sociedad sin preju-
cios ideológicos, intereses o programas. Como suele
decirse, los *big data* saben de nosotros más que nosotros mismos (y que cualquier autoridad). Pero esta pretensión no deja de tener su efecto ambiguo, también, en
lo que se refiere a la cuestión de la igualdad. Es una paradoja que, en un momento en el que los internautas se
consideran a sí mismos como sujetos autónomos y liberados de las prescripciones tradicionales, los cálculos
algorítmicos nos condenen, por así decirlo, a no escapar

de la regularidad de nuestras prácticas, como si estuviéramos atrapados por nuestro propio pasado y fuéramos incapaces de modificarlo, incluido nuestro pasado y presente tan poco igualitarios. Esta es la raíz del conservadurismo implícito en los *big data*. Los algoritmos, supuestamente neutrales, que se presentan como meros reflejos de los gustos y elecciones de la gente, que no pretenden sino identificar los comportamientos de los internautas, reproducen de forma automática la estructura social, sus desigualdades y discriminaciones.

Por otro lado, los algoritmos concentran la atención en unos pocos y sobrevaloran a los bien posicionados. Los individuos no disponen de los mismos recursos sociales y culturales para beneficiarse de los espacios de autovalorización. La red proporciona a los mejores dotados mayores medios de enriquecer su capital relacional y de acceder a más recursos y oportunidades. Además, los propios datos son desiguales y quien los interpreta ha de distinguir entre aquellos producidos por cualquiera (en la medida en que uno va dejando huellas de manera involuntaria) y aquellos que han sido lanzados por instituciones que tienen una intención de ganar reputación o que compiten expresamente por la atención del público. El mundo visto por Google es un universo meritocrático que confiere una visibilidad desproporcionada a las páginas web más reconocidas, exacerbando, así, las desigualdades. Asistimos a una concentración de la atención en torno a ciertas informaciones que adquieren una gran popularidad, repentina y breve, en virtud de los efectos de coordinación que orientan al público hacia determinados productos. La fabricación de la popularidad viral privilegia el mimetismo y la obsolescencia.

El espacio digital y la dinámica puesta en marcha por las redes sociales ha desestabilizado la verticalidad del mundo analógico. Sigue habiendo, no obstante, ricos y pobres en el mundo digital. Tanto porque las desigualdades tradicionales son muy resistentes como debido a que la arquitectura de internet y los *big data* plantean asimetrías específicas, todavía podemos constatar que unos son más iguales que otros.

Excurso 1: Nada personal. La privacidad como bien público

Cada día, los usuarios digitales interactúan con tecnologías que socavan su privacidad a cambio de poder expresarse, recibir determinados servicios o garantizar su seguridad. Las redes sociales, las tecnologías de la vigilancia o el ubicuo internet de las cosas están configurados de tal manera que resulta difícil proteger la información personal. Como es bien sabido, nuestro comportamiento en el ámbito digital deja rastros que se convierten en datos y resultan de gran utilidad para las empresas y los gobiernos. Lo que somos ha dejado ya, en buena medida, de ser una cuestión que controlemos. Los *big data* borran las fronteras entre lo que ha de ser considerado o no como sensible. La explotación de datos de todo tipo tiene como consecuencia la transformación de información que no es, necesariamente, sensible en datos sensibles debido a su utilización. El perfilado de datos de Netflix, por ejemplo, permite identificar las preferencias políticas de los usuarios sobre la base de las películas y los documentales vistos; la inducción de preferencias de los clientes de Amazon puede efectuarse de manera similar, utilizando los criterios de búsqueda y la compra de libros en la plataforma; los hábitos de consumo que se revelan en las tarjetas de fidelización de los grandes almacenes pueden informar sobre el estado de salud de sus propietarios o sobre las prácticas religiosas, en función del consumo o abstinencia de ciertos productos en determinados periodos del año.

Esto ha generado una inquietud que se traduce en la defensa de la privacidad o en la exigencia de otorgar a los datos un valor monetario. La estrategia para hacer frente a esta situación ha sido, por lo general, una reprivatización de los datos (para ocultarlos o venderlos); apenas se ha reflexionado sobre su carácter de bien público, global incluso, como si el hecho de que esos datos estén a disposición de cualquiera no tuviera una repercusión en nuestra convivencia. Pero, con el modo en que regulemos esta nueva realidad, nos jugamos no sólo la salvaguarda de la intimidad sino, también, de nuestra democracia.

La argumentación dominante contra este estado de cosas sigue una lógica de propiedad individual. Desde posiciones ideológicas contrapuestas –desde el anticapitalismo y desde el liberalismo–, tanto quienes critican el llamado «capitalismo de la vigilancia» (Zuboff 2018) como quienes exigen la mercantilización de los datos (Davenport / Harris 2007) están pensando los datos como un asunto fundamentalmente privado, como intimidad o propiedad, y apenas como un interés público o común. Todos estos llamamientos a proteger la intimidad o exigir que nos paguen por una información que nos pertenece son muy oportunos, por supuesto, aunque no sean lo único que se puede objetar al actual negocio de los datos ni, tal vez, lo más importante. No siempre las buenas causas se sostienen con los mejores argumentos o con plena conciencia de su significación. Los datos personales son concebidos como una propiedad que permitiría a las personas comerciar y venderlos. El capitalismo de los datos que se critica cuando quienes tienen el control de estos son unos pocos parece no plantear ningún problema si ese capitalismo está al alcance de los individuos. ¿Y si este tipo de argumentación fuera muy débil para asegurar la privacidad en el mundo digital? Considero que una defensa del carácter público de la privacidad es más apropiada para los entornos digitales y más protectora que la concepción individualista.

1. *La defensa individual de la privacidad y sus límites*

Mi tesis es que la defensa de la privacidad como un asunto exclusivamente personal no representa ninguna ruptura respecto de ese pragmatismo cotidiano banal de unos individuos que estiman su privacidad pero que trafican con ella a cambio de determinados beneficios. Los regímenes de protección de la privacidad basados en la aprobación individual, en los términos y condiciones de uso del estilo del «he leído y acepto las condiciones» (*notice and choice*), el Acuerdo de Licencia de Usuario Final (EULA), las políticas de privacidad en la parte inferior de una página web o las pantallas de permisos (*permission screens*) implican que uno puede, en todo momento, adoptar decisiones de consentimiento informado.

Frente a este supuesto, la realidad es que los individuos tienden a prestar poca atención a estos avisos y apenas entienden las consecuencias que implican sus acciones, consecuencias que la naturaleza dinámica del procesamiento de datos puede hacer que sean graves. Ciertas leyes y regulaciones han podido quedar anticuadas por el mero desarrollo de la tecnología. Cuando se trata de la explotación de macrodatos, parece muy improbable que el consentimiento haya sido claro y explícito, y con una finalidad determinada, como se exige en la lógica clásica de los contratos. Dado que, además, no siempre se pueden saber, en el momento del consentimiento, las posibles intenciones y contextos en que esa información va a ser empleada, como tampoco el tipo de predicciones que puedan hacerse a partir de ella, es poco realista pensar que la gente sea capaz de consentir el uso posterior de tal información. El principio mismo de los *big data* es la recolección masiva de datos sin conocer de antemano para qué finalidades serán utilizados. Las decisiones en relación con la privacidad se llevan a cabo en medio de una gran asimetría entre los usuarios y los recolectores de datos, entre consumidores y empresas. Hay que tener en cuenta que los datos no son sólo informaciones para una determinada tarea sino recursos para posibles aplicaciones futuras. El uso secundario de los datos personales es muy amplio y evoluciona constantemente, de manera que nadie está capacitado para evaluar de forma adecuada las consecuencias de consentir la entrega de datos personales. En ocasiones, ni siquiera sabemos cómo defendernos de la vigilancia porque desconocemos lo que quieren saber de nosotros.

Estas disposiciones para la autogestión individual de la privacidad no la protegen bien, en la medida en que no entienden que se trata de un bien colectivo (Baruh / Popescu 2015). Los esfuerzos regulatorios centrados en la capacitación del individuo para gestionar su privacidad –como el Reglamento General de Protección de Datos (GDPR) que aprobó la Unión Europea en 2016– verán limitada su eficacia mientras no se reconozca el aspecto colectivo y social de la privacidad. Estos procedimientos ponen todo el peso sobre el individuo a la hora de entender los riesgos que corre y actuar en consonancia (Solove 2013). Ahora bien, es evidente que el conocimiento de los usuarios acerca de la nueva economía digital no es suficiente para proteger su privacidad. La principal estrategia para compensar esta carencia es un llamamiento a la responsabilidad individual o la obligación de que los proveedores de servicios o seguridad expliquen bien el valor que compensaría una entrega de los datos personales, es decir, un esquema de transacción comercial guiada por el interés privado, que resulta completamente insuficiente para el fin que se persigue.

Las políticas de privacidad nos enfrentarían, así, a la alternativa de tener que consentir la utilización de los datos personales o privarnos de ciertos servicios fundamentales. Como una especie de corolario de la ley de Moore (acerca del crecimiento exponencial de la tecnología), se ha podido afirmar que en este mundo de la posprivacidad (*post-privacy world*) «el coste de guardar secretos se incrementa de manera inversamente proporcional al coste de la computación» (Spivack 2013). Salirse por completo del mercado digital por razones de privacidad es casi imposible, ya que esa presencia es necesaria para acceder a muchos servicios, como, por ejemplo, usar una tarjeta de crédito. Esa transacción, que nos obligaría a elegir *individualmente* entre todo o nada, dentro o fuera absolutamente, es un marco que favorece que las cosas sigan como hasta ahora, es decir, con una privacidad fragilizada. El hecho de que haya quien valore tanto su privacidad que está dispuesto a salirse del mercado no hace sino confirmar el principio de que todos los consumidores han de intercambiar su privacidad a cambio de determinados servicios, que no se puede estar en el mercado digital de otra manera y que no hay un modo alternativo de defender la privacidad.

¿Es posible renegociar los sistemas de respeto a la privacidad y encontrar un punto de equilibrio entre una aceptable revelación de datos personales y los beneficios de los servicios digitales? Una posibilidad sería exigir una personalización de las preferencias de privacidad, pero eso produciría desigualdades según el conocimiento y las capacidades de los individuos a este respecto. Otra posibilidad sería utilizar las técnicas del aprendizaje automático (*machine learning*) y sistemas adaptativos que usen la analítica de los *big data* para identificar las preferencias de los individuos y configurar su nivel de privacidad específico. En este caso, se daría la paradoja de que sería necesario recoger *más* datos de los individuos para determinar sus expectativas de privacidad. El problema de fondo es que los datos en los que se basa el mercado para determinar la privacidad deseada por los usuarios infravaloran sus aspiraciones de privacidad, por la sencilla razón de que hay más datos de quienes están en el mercado que de quienes están fuera de él o no aceptan esa transacción de datos a cambio de servicios. Las empresas digitales tienen una idea sesgada de la privacidad deseada por todas las personas, que es diferente de la aceptada por sus usuarios. Esa infravaloración termina reduciendo el nivel general de privacidad para todos. Este es uno de los aspectos que pone de manifiesto hasta qué punto la privacidad no es un bien adecuadamente valorado por el mercado y debe considerarse, por eso mismo, como un bien público. Dado que el volumen de información y los métodos de análisis superan la capacidad individual de comprensión, se necesita la ayuda de «nuevas autoridades y poderes de contrapeso» (Zuboff 2018, 484), como las instituciones regulatorias, equipadas con recursos y saber experto.

Si seguimos concibiendo la privacidad como algo monetizable, dejará de ser un valor; si hacemos a los individuos responsables únicos de determinar ese precio en el mercado –habida cuenta de las condiciones de infravaloración y codependencia que acabo de señalar–, dejará de ser un bien público. La alternativa real que se plantea es optar entre una idea del sujeto-consumidor que negocia por su cuenta los niveles aceptables de privacidad o la privacidad entendida como un valor colectivo indivisible que sólo se puede disfrutar en una sociedad en la que se le reconoce a cada uno un mínimo de ella. Entender la privacidad como un bien público es el único modo de corregir esa discrepancia tan inquietante entre lo que estimamos como ciudadanos y lo que estamos dispuestos a entregar en cuanto consumidores.

2. *La privacidad como bien público*

Una concepción alternativa de la privacidad que ponga el foco en su dimensión colectiva permitiría proteger mejor la privacidad. La defensa de la propiedad de los datos o de la privacidad no debe ser entendida sólo como un asunto individual sino como algo de gran significación política, social y democrática. La privacidad es un bien al que le corresponde un valor central en el seno de las sociedades democráticas, un valor público sin el que sería imposible la autodeterminación democrática. Si la privacidad es un bien público, las instituciones políticas y jurídicas tienen la obligación de asegurar la confianza de quienes usan las infraestructuras comunicativas (Hartzog 2018). De hecho, toda la protección de la privacidad que han desarrollado las diversas legislaciones, de manera muy especial la Unión Europea, no fortalecen solamente los derechos individuales sino que tienen una enorme significación democrática. La privacidad es un bien colectivo cuya protección no sólo afecta a los individuos sino a toda la comunidad política.

La primera razón de este carácter público se debe a la relativa codependencia de las privacidades de cada uno. La privacidad es un valor colectivo en la medida en que el nivel de privacidad en un determinado contexto no sólo depende de las decisiones propias sino de las de otros. Yo no puedo tener la privacidad que quiero si otros no la quieren igualmente. La privacidad no puede ser disfrutada por una persona sin que todos tengan un nivel similar de privacidad (Regan 1995, 213). Además, dada la actual configuración de las plataformas, los individuos no pueden obtener niveles personalizados de privacidad fuera de las constricciones creadas por sus especificaciones técnicas y el comportamiento de sus usuarios. De ambas cosas, que no dependen de mí –configuración de los dispositivos tecnológicos y decisiones de otros en relación con su privacidad–, depende, en última instancia, mi privacidad. Es una paradoja que el nivel de privacidad que uno desea no pueda decidirse por uno mismo, salvo en una pequeña medida.

Cuando uno pone libremente sus datos a disposición de un dispositivo, no sólo se deja clasificar de un determinado modo sino que contribuye a configurar los modelos a partir de los cuales son clasificados uno mismo y los demás, quienes, quizá, no hayan tenido esa posibilidad de hacerlo libremente. Pero es que, además, con una determinada información consentida se puede obtener otra (no consentida), hasta el punto de que, alcanzada cierta cantidad de datos, poco importa ya el consentimiento de los demás (Van Otterlo 2013). La decisión individual acerca de las informaciones personales que uno acepta dar a conocer puede ser anulada por una gran cantidad de otras. Si muchos deciden desvelar su privacidad puede llegar un momento en que sea irrelevante que yo lo consienta o no porque, de hecho, la mía estará igualmente expuesta. La cuestión debería ser, por tanto, en qué medida tiene que ocurrir esto para que se considere que hay un ataque a la privacidad informativa. De este modo, es necesaria una perspectiva supraindividual, social y política para tratar el problema de la privacidad.

Esta naturaleza mancomunada de algo aparentemente tan exclusivo como la privacidad se pone de manifiesto en el modo en que las opciones realizadas por uno respecto de sus propios datos plantean riesgos a los otros. Lo personal no sólo nos concierne a cada uno; la privacidad digital se parece mucho a otros asuntos colectivos, como la cuestión ecológica o los bienes comunes (Véliz 2020, 75). Al igual que en los desastres ecológicos, los daños a la privacidad de alguien no solamente ocurren en el ámbito individual sino también en el plano colectivo. Los datos relativos a la privacidad son de todos porque en un mundo donde hay tantas interdependencias y vulnerabilidades compartidas, el desvelamiento de unos datos afecta a la privacidad de todos. Quien vende sus datos está, de alguna manera, vendiendo los de todos. La relación de uno con los datos que genera no puede pensarse con la lógica clásica de la propiedad sino más bien desde la perspectiva de los bienes comunes que requieren una correspondiente regulación pública.

Hay una cuestión de fondo en todo esto, del máximo interés, que es la concepción que se tiene de la libertad y sus implicaciones a la hora de pensar cómo debe ser una comunidad política democrática. Se trata del viejo debate entre dos concepciones de la libertad que Berlin llamó «libertad negativa» y «libertad positiva» (Berlin 1969) y Pettit, libertad como «no interferencia» y como «no dominación» (Pettit 2001). Donde hay una gran disparidad de poder, es decir, dominación, la privacidad sirve de bien poco. Para protegerla se necesita combatir ese desequilibrio estructural mediante formas de coordinación y públicos movilizados (Dewey 2012), democratización y política, todo lo cual se realiza en el ámbito público. Es una ilusión pensar que, para ser libres, basta con poder decidir acerca de qué hacer con la propia privacidad y disponer de una libertad ilimitada de expresión. Tenemos que hacer algo más que salvaguardar el espacio negativo de la libertad individual, lo que Hannah Arendt llamaba «la futilidad de la vida individual» (Arendt 1958, 55), porque la privacidad y la libertad así entendidas pueden ser ilusorias y políticamente irrelevantes. Un individuo que entiende su libertad como el hecho de que lo dejen en paz no será un sujeto político autónomo, para lo que se requiere estar involucrado en las preocupaciones comunes y la acción colectiva. Una privacidad defendida en su forma negativa es compatible con un espacio público desvalorizado, que termina incluso poniendo en peligro esa misma privacidad. Ya hemos comprobado hasta qué punto la cacofonía del espacio digital no es ningún modelo de conversación democrática sino un ámbito en el que se desarrolla la fragmentación y la falta de respeto. La privacidad sólo se puede defender íntegramente desde la política, del mismo modo que, en el sentido inverso, una comunidad política democrática no es el mero resultado de una agregación de privacidades.

3. El nuevo sujeto de la era digital

Este cambio de perspectiva, la transición desde un modelo individualista de gestión de la privacidad a otro colectivo y público, viene exigido, también, por la propia naturaleza del entorno digital, que representa una innovación respecto del modelo clásico de mercado en el mundo analógico. De entrada, carece de sentido seguir pensando el mundo desde el dualismo de una vida *online* y otra real, *offline*, cada una de las cuales tendrían una lógica diferente y separada. Internet ha permeado muchas de nuestras actividades, nuestros cuerpos están registrados de mil modos por sensores, los dispositivos que obtienen nuestros datos también se hacen con los datos de otros, estamos llenos de prótesis digitales que nos asisten... En este nuevo paisaje, la idea de un sujeto autónomo que controla su propia presentación y defiende aisladamente su privacidad es problemática. Frente a la amenaza de adscripciones forzadas y formas heterónomas de subjetivización, es mejor recurrir a la idea de un sujeto políticamente situado que a un yo aislado defendiendo celosamente su privacidad. Una forma de subjetividad comunicativa es más apropiada para la era digital que el individualismo liberal.

El derecho a la privacidad debe dejar de ser entendido únicamente desde el paradigma del derecho privado, desde una concepción individualista y liberal de la autonomía personal, como un derecho a separarse de lo común, algo así como el derecho a que lo dejen a uno tranquilo. Pensarlo de este modo equivaldría a no haber entendido lo que está en juego en el espacio digital y, por tanto, a no poder siquiera defender esa privacidad que se pretende garantizar. La privacidad no es lo contrario de la esfera pública, su antípoda apolítica. La revolución que supuso el feminismo en relación con la antigua distinción entre lo público y lo privado –al poner de manifiesto que las normas de la privacidad son constitutivas de las interacciones sociales– puede ser una analogía útil para pensar las relaciones entre privacidad y espacio público en la era digital. La verdadera defensa de la privacidad sería, en el fondo, una renegociación de las relaciones entre lo privado y lo público, no una mera defensa de lo privado contra lo público. No se trata tanto de defender algo propio frente a lo colectivo, como de advertir hasta qué punto las intromisiones en la privacidad tienen efectos sociales. Pensemos no sólo en la distorsión del anonimato por las cámaras de vigilancia, sino también en la confusión entre tiempo libre y esfera del trabajo que se produce con la extensión de las actividades telemáticas, como se ha puesto de relieve en la pandemia.

La privacidad es algo paradójico, ya que implica la libertad de relacionarse con los demás del modo que uno decida, o sea, que es un asunto intersubjetivo y comunicativo. La realidad de la privacidad es indisociable de nuestra naturaleza comunicativa. Esta idea intersubjetiva y social de la privacidad contrasta con su concepción individualista (Rössler / Mokrosinska 2015; Helm / Seubert 2019). Qué consideramos como privacidad es algo que está socialmente condicionado y, al mismo tiempo, es una condición de nuestra libertad colectiva. La privacidad tiene un valor social que sobrepasa su dimensión individual.

Nuestra libertad sólo se despliega en un contexto en el que resulta posible ese reconocimiento recíproco que la constituye. Habermas ha puesto de manifiesto hasta qué punto se posibilitan y legitiman mutuamente los procedimientos jurídicos, el autogobierno democrático y los derechos de la libertad personal. Los derechos individuales que hacen posible la autonomía privada se realizan y limitan, en una comunidad política, con sus procedimientos jurídicos (Habermas 1992). Entendida la privacidad como el proceso comunicativo de mostrar y ocultar, su significación para la autodeterminación democrática se revela en el hecho de que la decisión de qué, cómo y con quién compartirla es la expresión de una libertad comunicativa individual que sólo puede realizarse en una sociedad democrática. Hay democracia únicamente allí donde los sujetos son libres para determinar el tipo de comunicación que quieren desarrollar. La libertad comunicativa se traduce en la capacidad de trazar las limitaciones de la comunicación, que determinan el ámbito de la privacidad.

La comunicación impuesta, descontextualizada o imposibilitada por la destrucción de la privacidad no sería solamente un daño de la autonomía comunicativa del individuo afectado sino también una lesión de las condiciones de comunicación que constituyen el núcleo normativo de la convivencia democrática. Las garantías jurídicas que defienden la privacidad de los individuos han de entenderse, también, como una protección de la convivencia democrática. Por eso, cuando se daña la autonomía comunicativa personal se lesiona la democracia en su totalidad. Estamos manejando tecnologías que implican una involuntaria politización de casi todos los ámbitos de la vida. La defensa individualista de la esfera privada no es una solución. Qué es privado y qué es público se convierte en una cuestión eminentemente política. De ahí que sobre la batalla de los datos y la privacidad pueda decirse aquello que se afirma en otro contexto: no es nada personal.

EXCURSO 2: LA PANDEMIA DE LOS DATOS

La del coronavirus fue la primera pandemia de la sociedad de los datos, de la era de la información. La gran cantidad de datos generados y analizados sobre el virus y su afectación hizo de esta crisis la primera *data-driven pandemic*. La comunicación y el escrutinio de los datos de infección y fallecimientos por coronavirus se convirtieron en un ritual diario. No es extraño que los números, las comparaciones y las categorizaciones hayan sido tan importantes en la gestión que los gobiernos hicieron de esta crisis. Los datos clarifican públicamente las situaciones reales y orientan las decisiones que deben adoptarse. El recurso a los datos permite restablecer un mínimo de fiabilidad que justifique las medidas de control y limitación de las actividades. La cuantificación resulta especialmente seductora en tiempos de incertidumbre. Gracias a ella se organiza y simplifica el conocimiento, y se facilita la toma de decisiones (Merry 2016). La medición promete gestionar la complejidad y reducir la incertidumbre.

A pesar de todo, tenemos la sensación de que se ha desmentido el mito de que la mera cantidad de datos sea suficiente para abordar la realidad porque los datos por sí mismos no nos han permitido hacernos cargo de la complejidad del fenómeno. La pandemia ha puesto de manifiesto la inadecuación de nuestras infraestructuras de datos para resolver las crisis sociales. De entrada, ha habido un problema de insuficiencia o mala calidad de los datos. De hecho, los datos de la pandemia han sido escasos y han llegado muy fragmentados por las diferentes políticas nacionales de salud pública. Hasta los datos de fallecimientos han sido inciertos.

No sólo teníamos un problema de escasez de datos, sino de errores en su interpretación o de la propia configuración de nuestro espacio informativo, en el que también se difunden las más extravagantes desinformaciones. Pero puede que nuestra principal torpeza provenga, paradójicamente, de cierto exceso y confianza acrítica en los datos existentes. Desde los primeros días de la pandemia, con mayor o menor acierto, los gobiernos informaron del aumento de los contagios, el rastreo o la ocupación de los hospitales, y así era diariamente transmitido por los medios de comunicación. Lo que ha sido menos habitual es preguntarse de qué modo, en la cuantificación, «las condiciones de producción condicionan los tipos de conocimiento» (Davis *et al.* 2012, 4) o cuáles son los efectos sociales que se siguen de esta cuantificación. Mi hipótesis es que el dataísmo (Van Dijck 2014), es decir, la creencia de que la cuantificación produce la verdad, privilegia una falsa sensación de objetividad y proporciona una certidumbre engañosa que impide un conocimiento cabal de la realidad, sobre el que deberían adoptarse las correspondientes decisiones.

Para combatir eficazmente una pandemia hace falta conocer sus modos de propagación y hasta qué punto afecta a los distintos tipos de personas. Me pregunto si la pretensión de neutralidad con que se presentan los datos no nos ha seducido con la idea de que eran exactos y no hacía falta interrogarse por su contexto. Para sortear ese riesgo deberíamos practicar con los datos y sus tecnologías lo que alguien ha llamado una «duda poscartesiana» (Amoore 2019, 149), es decir, una duda sobre aquello que supuestamente nos saca de dudas, esa que hay que ejercer en un momento en el que los algoritmos son el modo principal de proporcionar evidencias. Hay muchos sesgos inherentes a toda la producción, análisis y visualización de datos, pero el más perturbador de todos es el supuesto de que los datos son algo neutro, una especie de árbitros apolíticos de la verdad. Las mismas prácticas de recolección, análisis y visualización de los datos llevan a ignorar determinados aspectos de la realidad. Pensemos en la sorpresa que supuso el contagio masivo de ciertos ámbitos de la población como los temporeros, los presos o las personas mayores en las residencias, en la limitada eficacia de ciertas recomendaciones generales debida, precisamente, a que no se tomaban en suficiente consideración las distintas realidades familiares, domiciliarias o laborales. Por otro lado, hay personas sin papeles en muchos países del mundo a las que les preocupan las invasiones de su privacidad en la medida en que pueden poner en riesgo su permanencia en el país y que no recurren a la asistencia sanitaria, precisamente por este motivo. Y hay muchas personas que viven al día de su salario y una cuarentena puede resultarles económicamente insostenible, mientras que las autoridades sanitarias asumen que la gente se puede permitir el lujo de permanecer dos semanas en casa.

El discurso dominante asegura que nuestros sistemas de análisis y vigilancia son muy exactos, lo que sus promotores celebran y sus críticos deploran, pero puede que la realidad sea bien distinta. Se podría decir que el «capitalismo de vigilancia» (Zuboff 2019) está sobrevalorado y que, en vez de un conocimiento completo de la realidad, ese sistema supuestamente omnisciente comete errores en el análisis de la realidad. No saben demasiado de nosotros, sino demasiado poco.

Las técnicas usadas para la obtención de datos hacen que sean invisibles las tasas de contagio entre ciertos grupos sociales. Solemos olvidar que las medidas para reducir el riesgo reflejan y fomentan determinados comportamientos, asignan las personas a categorías y construyen un «humano estandarizado» que responde a una visión muy limitada y excluyente de la sociedad (Epstein 2009, 36). Los grupos menos visibles tienden a ser aquellos que se adaptan menos a las normas de comportamiento a partir de las cuales se realiza la analítica de datos y con frecuencia son quienes resultan más contagiados y contagiosos. Las estrategias sanitarias para encauzar el comportamiento de la población son ineficaces, por ejemplo, frente a quienes desobedecen las recomendaciones por pura necesidad económica o los migrantes que se desplazan hacia sitios de mayor riesgo. Es muy importante tener esto en cuenta cuando llegan las vacunas y hay que poner en marcha todas las decisiones que tienen que ver con su distribución, las prioridades o la correspondiente política de comunicación.

El problema de «traducir la vida social en categorías conmensurables de modo que diferentes eventos se conviertan en instancias de la misma cosa» (Merry 2016, 27) puede ser algo peligroso cuando existen formas de desigualdad o vulnerabilidad. Hay sujetos sobrerrepresentados y otros a los que el sistema de gobernanza no detecta, como las personas sin documentación o quienes trabajan sin contrato. Si los datos se generan por el consumo, la movilidad o el activismo en las redes sociales, la representación favorecerá a quienes produzcan más datos en esos ámbitos. Los sistemas de datificación tienen, aquí, un ángulo ciego que excluye a ciertas personas, precisamente, a las más vulnerables, de las estrategias de mitigación (Véran *et al.* 2020). Esta ceguera ha sido corregida, tal vez, parcialmente y demasiado tarde. El abordaje de la pandemia cambió en muchos países cuando se puso de manifiesto que ciertos grupos de población (minorías étnicas, determinados trabajadores o los ancianos en las residencias) tenían unas tasas de contagio desproporcionadamente elevadas. En Reino

Unido, por ejemplo, comenzó a registrarse la etnia de los fallecidos, lo que permitía, en adelante, disponer de unos datos más útiles para llevar a cabo las políticas de prevención. Esta atención a lo particular es una de las asignaturas pendientes de nuestros sistemas de cuantificación. La recolección de datos tendría que incluir a quienes no están asegurados, a quienes no tienen permiso de residencia, ni acceso a los servicios de salud, que, no obstante, son los más contagiados y, por tanto, más contagiosos.

La incertidumbre que los datos no logran disolver está, muchas veces, relacionada con grupos olvidados, sectores de la sociedad que, por su identidad o trabajo, son menos visibles y cuya autonomía es menor. Esto tiene implicaciones en las medidas tecnológicas que se aplican para hacer frente a la pandemia con la mediación de los datos, como por ejemplo, las aplicaciones de rastreo. De entrada, las estrategias de rastreo tienden a priorizar –generalmente de un modo no intencional– a determinados tipos de personas y a marginalizar a otras: las personas sin papeles pueden tener miedo de ser denunciados a las autoridades; muchas personas llevarán la enfermedad en la soledad de sus domicilios o en la calle y nadie recogerá datos sobre ellos; los diseñadores de las aplicaciones sólo tienen en cuenta cierto tipo de usuario, principalmente alguien con competencias digitales y capacidad económica para tener un teléfono inteligente, con sistemas operativos puestos al día.

Si bien nos han proporcionado datos muy valiosos, las aplicaciones de rastreo tienen algunas limitaciones, como, por ejemplo, la falsa seguridad que pueden dar a sus usuarios o el hecho de que leen la localización más que el tipo de comportamiento. El virus no se transmite sólo por las vías que puede detectar una aplicación. El rastreo que realiza el móvil es útil para sustituir el más costoso pero más exacto procedimiento de preguntar a la gente acerca de sus contactos. Por si fuera poco, para que estos mecanismos funcionen hace falta que las personas confíen en las autoridades y en la gestión centralizada de los datos, algo que está muy lejos de suceder, en una sociedad en la que la pandemia no hizo más que aumentar una creciente desconfianza.

La pandemia irrumpió en un mundo en el que hay, al mismo tiempo, acceso al conocimiento científico, un entorno informativo digital caótico y una desconfianza hacia los expertos y hacia los gobiernos. Este entorno plantea dificultades especiales, también en lo que se refiere a los datos, a su fiabilidad para la gestión de la pandemia.

Un factor que puede explicar nuestro relativo fracaso para gobernar esta crisis es la instalación de una actitud de la posverdad en la vida social contemporánea, donde los hechos objetivos parecen influir menos en la configuración de nuestra opinión, personal y pública, que las apelaciones a la emoción y a las creencias personales (Shelton 2020, 1). Una parte de este desprecio a la verdad es atribuible a la acción de algunos gobiernos, que ocultaron los datos o los manipularon. Más preocupante, sin embargo, es la desorientación y los errores que proceden de datos verdaderos, pero que no han sido situados en su contexto o analizados correctamente. Se pone, así, de manifiesto que los datos son tan concluyentes como maleables y que cualquiera puede presentarlos de modo que favorezcan lo que uno quiere decir. La beatería en torno a los datos tiende a defenderlos como si nos aseguraran frente a la ideologización. Ahora bien, los datos no son necesariamente lo opuesto de la ofuscación ideológica; pueden favorecer la objetividad pero, también, ser puestos al servicio de cualquier ideología. Se trata de la parte más grosera pero menos inquietante de nuestra confusión porque lo más problemático de esta distorsión de la realidad es aquello que tiene razones estructurales y que no se debe a la intención deliberada de esconder o mentir. Me refiero a la ambigua relación con la verdad que tiene nuestro actual entorno informativo, en el que conviven posibilidades inéditas de acceso al conocimiento con la libre difusión de los errores, sean en forma de desinformación o de extravagantes teorías de la conspiración. En una «infodemia», las noticias falsas se expanden más rápidamente que el virus (United Nations Department of Global Communications 2020).

Hay un tipo de desinformación muy vinculada a la propia naturaleza de las redes sociales y que contrasta con la potencialidad que se les había asignado a la hora de responder a las crisis de una manera eficiente. Una de las cosas que la pandemia puso en cuestión es aquella opinión tan extendida de que las redes sociales podrían ser sistemas de vigilancia temprana para alertar del desarrollo de las enfermedades, y que las huellas digitales harían visibles amenazas como el coronavirus antes que los gobiernos o los científicos. Los datos que circulan en las redes no están exentos de sesgos y conviven con la propagación de las noticias falsas. La desinformación en torno a la pandemia se debió a la existencia de bots –al parecer, más de la mitad de las cuentas de Twitter que emitían opiniones sobre la pandemia lo eran (Hao 2020)–, pero era más inquietante aún constatar que en su propagación participaba una gran cantidad de personas. Esta desinformación debilitó la confianza ciudadana en las autoridades y redujo el efecto de las medidas sanitarias que pretendían motivar comportamientos de prudencia en la ciudadanía, como el uso de las mascarillas, la distancia social o el confinamiento.

A esta sociedad de la posverdad ha podido contribuir el «datocentrismo» de los últimos años, es decir, un entorno poblado de datos sin contexto y sin una narrativa coherente que diera cuenta de lo que estaba pasando. Nuestra propia gestión de los datos puede estar generando más perplejidad que comprensión. No hace falta voluntad expresa de confundir para que todos estemos, en buena medida, confundidos. Es cierto que periodistas y sociólogos han hecho un gran trabajo para comunicar y visualizar los datos de la pandemia. No juzgo sus intenciones sino que trato de llamar la atención sobre un efecto no pretendido de cierta gestión de los datos para los que no hemos desarrollado todavía una cultura apropiada. La redundancia de los datos que se nos ofrecían cada día en mapas, números y gráficos apenas nos permitían distinguir una cifra de otra (la mortalidad de la letalidad, el contagio de la infección o las razones de que aumentaran los fallecimientos cuando había menos contagios) y comprender el sentido de lo que estaba pasando. Otro ejemplo de ello es cómo el énfasis en una representación continua y actualizada de los datos puede limitar nuestra percepción a lo más urgente y hacer incomprensibles los modos en que este tipo de crisis resultan de procesos que actúan en una mayor escala temporal. En este contexto, no es de extrañar que las teorías conspirativas resulten tan atractivas.

La salida de la crisis sanitaria debería llevarnos a adoptar distintos modos de ser y conocer, también en relación con la manera de entender y estar en el mundo que resulta de la tecnología del análisis de datos. Una sociedad construida sobre datos tiene una gran dificultad para integrar en su infraestructura y gobernanza otros modos de conocimiento y existencia alternativos a los estandarizados. Ha sido más importante para los gobiernos medir y trazar que entender exactamente qué debía ser medido y trazado. Habría que invertir los términos y preguntarse no por los datos a partir de los cuales se llevarían a cabo determinadas políticas sino por qué datos requieren las decisiones políticas que hemos de tomar.

La ampliación de la mirada hacia quienes no suelen ser objeto de atención podría contribuir a que entendiéramos la sociedad desde la lógica del colectivo y no desde la noción de la mayoría. Para entender y gestionar una sociedad contagiosa es incomparablemente más útil hacerlo desde la categoría de lo común que a partir de lo mayoritario. Tenemos que desarrollar un nuevo tipo de atención hacia la realidad social que se interese por lo común y por las situaciones particulares. Un cambio en la línea del cuidado requiere un cambio, también, en el modo de entender los datos. «La ciencia y la política podrían controlar mejor la pandemia si no consideraran las fuentes de incertidumbre y la carencia de datos como vacíos en el paisaje de la información, sino como individuos que podrían ser miembros de los grupos menos visibles y menos poderosos» (Taylor 2020, 1). Se trataría de ver la sociedad como personas y grupos, no poblaciones, lo que permitiría tomar en cuenta las vulnerabilidades particulares y, por tanto, cuidar especialmente esos espacios de infección. Podríamos hablar entonces de una democracia de los datos, no tanto desde la perspectiva habitual que se pregunta por su propietario, sino desde la que cuestiona si esos datos representan a toda la sociedad, a lo común, a todos y a todas. Esto requiere una concepción diferente de los datos, pues supondría poner el foco no en la mayoría sino en la diversidad, en experiencias concretas como las de los económicamente desaventajados o las de los socialmente excluidos. En vez de un rebaño (*herd*) regido por la normalidad estadística, tendríamos un mosaico de diferentes vulnerabilidades. La salida de la pandemia exige un cambio en nuestra concepción de los datos y, por tanto, un cambio en nuestra manera de entender la sociedad.

4
Predicción. Crítica de la analítica predictiva

En la reducción del pensamiento a un dispositivo matemático el mundo está condenado a ser su propia medida.

ADORNO / HORKHEIMER 1988, 49

Una de las promesas más importantes del análisis de datos es la capacidad de adelantarse al futuro: dispara la expectativa de que todo puede ser calculable, incluido cualquier incierto futuro. La analítica predictiva imagina un mundo en el que se podría llegar a controlar cualquier situación, por turbulenta que sea. A la vista de las crisis y los riesgos que nos amenazan, es lógico el deseo de que la política sea menos reactiva y más proactiva. La propia Comisión Europea celebra la «inteligencia anticipatoria» que dotaría a los sistemas políticos de la capacidad de gestionar los desafíos del largo plazo (EC 2015b, 19). Una política predictiva nos permitiría transitar hacia lo que se ha denominado «regímenes de anticipación» (Adams *et al.* 2009) o «políticas de anticipación» (Massumi 2007), ese tipo de política conectada con el futuro a través de la analítica de los *big data*, que reduciría la incertidumbre acerca de lo que está por venir. Sabemos que los sistemas algorítmicos son, en muchos casos, mejores que los expertos a la hora de hacer predicciones (Bishop / Trout 2002).

La nueva inteligencia artificial está construyendo una arquitectura en la cual la información supuestamente comienza a fluir desde el futuro hacia el presente y no desde el pasado hacia el presente, como ha sido hasta ahora; cuando la experiencia del pasado apenas puede ser fuente de información y orientación, la analítica se centra en lo que esos datos pueden decirnos del futuro. Usando sensores, datos y algoritmos, las máquinas son capaces de interceptar la información relativa a lo que va a suceder y usar esta información para diseñar servicios, productos y decisiones de tipo anticipatorio; tendrán capacidad de adelantarse a nuestros comportamientos y deseos a través del diseño anticipatorio de las máquinas predictivas (Agrawal *et al.* 2018). ¿Cómo será una sociedad oracular y ya no archivística? (Accoto 2019, 131). Hasta ahora nos hemos preocupado mucho de contrarrestar la sobrecarga informativa del presente (*info overload*) pero, en los próximos años, se deberá trabajar más en reducir la incertidumbre informativa del futuro, como el mantenimiento anticipado de las cadenas de montaje, la medicina personalizada, la seguridad frente a los ataques informáticos, la evolución de los mercados o las crisis futuras. Ante este panorama, ostenta el poder quien dispone de los mejores pronósticos, y la labor crítica debería centrarse, como habría podido decir Marx, en saber quién controla «los medios de predicción» (Abebe / Kasy 2021).

Advertía Heinz von Foerster, hace tiempo, que la capacidad de llevar a cabo predicciones sociales depende de la estabilidad de las circunstancias humanas y que el ámbito de aplicación de tales predicciones se restringe a las actividades que son lo suficientemente triviales como para ser inmunes al cambio (2003, 206). Es evidente que no nos encontramos en ese tipo de mundo estable y que si la anticipación del futuro resulta una tarea de la mayor utilidad es porque no podemos fiarlo todo a una continuidad en términos cuantitativos. La gran cuestión que esto suscita es si las actuales tecnologías de la predicción están siendo capaces de identificar, de algún modo, esta discontinuidad o están obviando los cambios sociales, suponiendo que el mundo es más estable de lo que realmente es.

Si abordamos el tema desde un punto de vista conceptual y crítico habría que explicar tres asuntos: 1) por qué los pronósticos aciertan demasiado; 2) por qué, simultáneamente, fallan tanto, y 3) qué consecuencias tiene el hecho de que nuestros instrumentos de predicción ignoren, al menos, cuatro realidades que son necesarias para acertar en los pronósticos o, como mínimo, para ser conscientes de sus límites: a) que los individuos no se dejan subsumir completamente en las categorizaciones; b) que su comportamiento futuro suele tener una dimensión impredecible; c) que no es lo mismo propensión que causalidad, y d) que las sociedades democráticas deben hacer compatible el deseo de anticipar el futuro con el respeto hacia su carácter abierto.

1. Los pronósticos aciertan demasiado

Si nadie duda de que la anticipación del futuro es de gran relevancia para las decisiones colectivas de nuestros sistemas políticos, el procedimiento a través del análisis de datos tiene sus límites y paradojas. El límite fundamental de la predicción analítica obedece a que los algoritmos trabajan sobre el supuesto de que el mundo es estable. Pero la aplicación de las predicciones cambia «el mundo en el que habitan las predicciones» (Mackenzie 2015, 441). La solución, entonces, no pasaría por aceptar la inestabilidad sino por hacer el mundo más estable, de manera que nos dé la razón. Esto se consigue, con intención o sin ella, en virtud del carácter performativo de muchas previsiones probabilísticas. Así, ocurre siempre que tienen razón por el hecho de que han fomentado que la realidad termine dándosela.

No sabemos dónde termina el conocimiento del mundo y dónde comienza su transformación. «Dado que los algoritmos intervienen en las realidades, no está muy claro en qué medida *analizan* o *producen* cierta realidad» (Schneider 2018, 137). El conocimiento anticipatorio no trata de representar la realidad sino de producir un futuro deseado, ya sea en materia de seguridad, en relación con los riesgos o para crear un determinado consumidor. Las predicciones analíticas tienden a crear el futuro que están intentando predecir. La política llevada a cabo con estos instrumentos convierte un efecto aún no producido en una causa, lo que podría llamarse una «causa futura» (Massumi 2007). Ese futuro anticipado es el incentivo para adoptar acciones preventivas inmediatas que cambien el curso de la realidad y esa es la razón de que el acontecimiento previsto no suceda nunca. La predicción acierta cuando impide que suceda lo que se había predicho. En este nuevo orden del mundo, la verdad es de naturaleza retroactiva.

La anticipación a los posibles eventos futuros, especialmente cuando se trata de riesgos o posibles catástrofes, ha generado una gran cantidad de reflexiones y reformas en nuestros modos de gobernanza. La lógica de la anticipación trata de identificar las causas de la amenaza y pone en marcha los procedimientos para evitar que tenga lugar. Hay predicciones que buscan acertar con lo que va a pasar, las hay que pretenden que algo no pase y también las hay que tienen el efecto perverso de que suceda algo indeseado. No pocas veces este tipo de intervenciones preventivas generan exactamente lo contrario de lo que se pretendía. En ocasiones, aunque la acción anticipatoria trate de impedir que ocurra lo previsto, actualiza su posibilidad. Así puede suceder en fenómenos como las guerras, que terminan produciéndose por una escalada bélica llevada a cabo supuestamente con una intención disuasoria; la represión, que estimula el deseo de revuelta; la desconfianza, que se incrementa en la misma medida en que se aumentan los requisitos para confiar... Todos ellos son efectos indeseados, provocados o intensificados por la adopción de aquellas medidas preventivas que tenían la función de impedir que ocurriera lo que finalmente termina ocurriendo, gracias, en este caso, a la performatividad negativa de los pronósticos.

Así pues, la performatividad de las predicciones puede hacer tanto que se cumplan como que no se cumplan y, en ambos casos, hay un límite que debe ser tenido en cuenta. Me refiero a esa «paradoja de la predicción», en virtud de la cual las predicciones, aun refiriéndose al futuro, inciden en cómo actuamos sobre el presente (Nowotny 2021, 5). Podemos pronosticar algo que sucederá, precisamente porque es pronosticado, o que dejará de suceder, gracias a que ha sido pronosticado. En ambos casos «los futuros presentes darán forma al presente futuro» (Esposito 2011). Cuanto mejores sean las previsiones («*the present futures*») más gente intervendrá para hacer que pasen o para impedirlo. Las previsiones son inexactas, aunque sólo sea por el hecho de que no sabemos con exactitud si un futuro anunciado animará o disuadirá de actuar de una determinada manera. Una previsión sombría, por ejemplo, puede estimular el cambio o desanimarlo por completo. Un algoritmo puede hacer que pase lo que predice no porque esto vaya a suceder al margen de la predicción, sino, precisamente, porque, en ocasiones, el comportamiento humano sigue la predicción. Es la famosa «profecía que se autocumple», que formuló Robert Merton hace ya muchos años (1948). Desconocer esto sería contrario a la supuesta potencia cognitiva que suponemos de nuestros sofisticados pronósticos. No tiene sentido que nos enorgullezcamos de conocer el futuro y desconozcamos que las predicciones actúan sobre el presente de un modo que no resulta fácilmente pronosticable.

2. LOS PRONÓSTICOS SE EQUIVOCAN DEMASIADO

Es verdad que las predicciones analíticas aciertan con mucha frecuencia. Todo el mundo cita el caso de cómo las correlaciones sobre preguntas y compras en internet permitieron predecir la epidemia de gripe de 2009 antes de que irrumpiera y sin tener que esperar a que fuera declarada por las autoridades sanitarias. Lo que no suele mencionarse son los casos en los que otras predicciones semejantes se han equivocado. Esta desproporción entre la atención que merecen los pronósticos acertados y la desatención hacia los equivocados podría explicarse al menos por dos causas: por el asombro y por el negocio; es decir, que es mayor el impacto que nos produce una correlación exitosa que la decepción de las correlaciones espurias, y que las predicciones acertadas suelen contar con muchos recursos y publicidad, mientras que las fallidas no suelen tener quien les haga demasiado caso o las financie.

No hay que perder de vista que la capacidad de la analítica de datos para descubrir conexiones entre los elementos se basa, fundamentalmente, en correlaciones, no en causalidades. Del mismo modo que hay traducciones exactas pero absurdas, hay correlaciones ciertas pero espurias. Un ejemplo de ello es la correlación de casi el cien por cien entre el gasto de la administración norteamericana en ciencia, espacio y tecnología y el total de suicidios por ahorcamiento, estrangulación y asfixia (Strauss 2015). Absurdo, pero real. Lo que es cierto como correlación carece de sentido como causalidad.[1]

En la predicción analítica, podríamos decir, la noticia es el acierto y no tanto sus límites o sus fracasos. Puede que esta sea la razón de que haya generado más expectativas de las que merece. El ajuste de estas expectativas solamente se producirá si examinamos con atención los presupuestos conceptuales y metodológicos de la predicción. Hay que tener en cuenta, de entrada, que los algoritmos están programados para ver algo sólo como *pattern*, es decir, como patrón o regla, cuando lo reconocen estadísticamente, después de haber examinado una gran cantidad de datos, pero no prestan atención al caso individual. De ahí que la correlación esté tan expuesta a los *proxies*, superficiales pero efectivos: el código postal permite deducir la raza, con los pagos del seguro del coche se averiguan los resultados médicos, las calificaciones crediticias son entendidas como equivalentes a las reclamaciones de seguros. Un ejemplo de fracaso estrepitoso reciente que se explica por este enfoque fue el del sistema holandés de detección de ano-

1. Una gran cantidad de ejemplos de correlaciones espurias puede encontrarse en: http://www.tylervigen.com/spurious-correlations

malías («*anomaly detection*») para los posibles fraudes en la ayuda social en 2021, cuando los sistemas interpretaron automáticamente los errores en la cumplimentación de formularios como intentos de fraude. El sistema castigó con la dureza que sólo una estafa merece a lo que no era más que una falta de destreza («*literacy*») a la hora de gestionar un portal digital.

El problema es que las discriminaciones que surgen en la configuración de patrones no son errores («*bugs*») sino propiedades del método de los *big data*, por lo que la solución no puede consistir en eliminar del procedimiento los datos susceptibles de discriminación sino en desarrollar una hermenéutica que sea consciente de estas propiedades y de sus limitaciones. Pensemos en el hecho de que un programa como COMPAS, que calcula el riesgo de reincidencia de los detenidos y se emplea para decidir su situación carcelaria, es incapaz de tratar con equidad a los blancos y a los negros. «Una calificación de riesgo podría ser igualmente predictiva o igualmente injusta para todas las razas, pero no ambas. La razón de ello es la diferente frecuencia con la que se les acusa de nuevos delitos a los blancos y a los negros. Si tienes dos poblaciones con diferentes tasas de partida, entonces no puedes satisfacer ambas definiciones de justicia al mismo tiempo» (Angwin / Larson 2016). Las predicciones suelen acertar cuando advierten de que un grupo de población suele cometer más delitos que otro, pero no se preguntan por qué eso es así y mucho menos se plantean decisiones políticas para poner remedio a esa realidad. El problema consiste en que la predicción analítica confiere al *statu quo* una capacidad de prescripción, que los datos analizados están plagados de desigualdades y que estas desigualdades se refuerzan mediante previsiones supuestamente objetivas.

Las decisiones políticas son algo más que cálculos; los problemas persistirán siempre que usemos únicamente datos para adoptar decisiones que implican juicios sociales y de valor. Para ilustrar esto puede servir como ejemplo un programa que ha calculado que los pasajeros de primera clase en el *Titanic* tenían más posibilidades de sobrevivir, lo cual no significa que esos viajeros *merecieran* sobrevivir más que los de segunda o tercera clase. El modelo de cálculo sugiere que, de acuerdo con ello, los viajeros de primera clase deben pagar menos por el seguro del viaje que los demás, pero esto es socialmente absurdo y equivaldría a penalizar al resto de los viajeros por no ser suficientemente ricos. Hay cosas que las máquinas no pueden aprender y que requieren la interpretación y el juicio de los humanos (Broussard 2018, 119).

3. Los grandes ausentes de la predicción algorítmica

Tanto los aciertos –que no lo son tanto– como los desaciertos –en parte, inevitables– se deben a las propiedades inherentes a la predicción analítica, a las que contribuye su uso irreflexivo o acrítico por parte de los humanos. Se pueden agrupar dichas propiedades en estas cuatro: el dominio de los patrones sobre los casos individuales, la fijación por las continuidades, la lógica de la anticipación preventiva (*preemption*) y su determinismo, que la incapacita para dar cuenta del carácter contingente y abierto de la historia humana, propiedad esencial de la democracia. El déficit conceptual sería su desatención hacia lo individual, su dificultad para registrar las discontinuidades en el tiempo, la carencia de procedimientos para hacerse cargo de la novedad de las acciones humanas y para identificar las opciones disponibles. Las cuatro trampas conceptuales de la analítica de los *big data* serían, en correspondencia, las siguientes: en lo que se refiere a los individuos, los *proxies* y los patrones; en la historia, la secuencia; en relación con la acción imputable, confundir la propensión con la causalidad, y al hablar de sociedades democráticas abiertas, el dominio de la verosimilitud. Los conceptos capaces de romper ese enclaustramiento serían: la personalidad, la imprevisibilidad, la responsabilidad y el futuro.

Marco conceptual de la analítica predictiva:

	Enfoque prevalente	Concepto desatendido	Trampa conceptual	Conceptos necesitados
Individuo	reconocimiento de patrones	singularidad individual	*proxy* / patrón	personalidad
Historia	identificación de continuidades	rupturas	secuencias	imprevisibilidad
Acción	anticipación	novedad	propensión	responsabilidad
Democracia	determinismo	opciones	verosimilitud	futuro

a. El individuo inclasificable

Una de las creencias más extendidas en el actual discurso de los *big data* es que con ayuda de los datos masivos podría conocerse lo singular y se superaría, así, la necesidad de cualquier esfuerzo hermenéutico. La idea clásica de que «*de singularibus non est scientia*» (no hay ciencia de lo singular) sería contradicha por los procedimientos informáticos, que nos proporcionarían, por fin, un conocimiento de lo singular. Ahora bien, esto es precisamente lo que ha fracasado. Con más datos sólo se identifica un rol o una tipología, pero no se llega al sujeto singular.

La Comisión Federal de Comercio de Estados Unidos nos proporciona, a este respecto, un ejemplo ilustrativo, al mostrar que los algoritmos pueden denegar derechos sobre la base de acciones de otros individuos con los que se comparten ciertas características. Es el caso de una empresa de crédito, que disminuyó el límite de crédito de uno de sus clientes a partir del análisis efectuado sobre otros clientes que frecuentaban las mismas tiendas y que tenían un mal historial de pago. Otras hacían algo similar en cuanto veían que alguien había recurrido a un consejero matrimonial; es decir, deducían un posible divorcio que empeoraría la situación económica del cliente (Federal Trade Commission 2016). Estas prácticas contribuyen a una forma de desindividualización, porque tratan a las personas a partir de características o perfiles a los que son asimiladas, en vez de a través de la observación del comportamiento individual.

A la crisis contemporánea de la representación en la que se encuentran inmersas las instituciones y los actores de la política, se añadiría, así, ahora, una crisis de representatividad de la realidad por las estadísticas. ¿Podemos ser reducidos a nuestros datos y comprendidos por un enfoque cuantitativo? ¿Nos representa adecuadamente una tecnología que busca la regularidad, que nos encaja en patrones y que nos examina desde la perspectiva de la previsibilidad? El sentimiento de que todo se decide antes, de que la vida de cada uno estaría bloqueada por los sistemas de categorización y discriminación implicaría el desfondamiento de la democracia. De ahí las «luchas clasificatorias» (Tyler 2015;

Bowker / Star 2000) que han desatado los nuevos métodos de categorizar a las personas y la realidad social. Una de las principales batallas democráticas es, hoy, la vigilancia que prestamos y la respuesta que damos ante el modo en que somos categorizados los individuos.

No está de más recordar también que esta reivindicación de la propia singularidad tiene como reverso una exigencia de gran valor democrático. La individualización que se contiene en el principio de ciudadanía implica, a su vez, la capacidad de cuestionarse a uno mismo y quebrar las expectativas que nos dirigen y con las que nos dirigimos a nosotros mismos. Si estamos legitimados para cuestionar las preferencias e intereses que se nos suponen es porque nosotros mismos estamos en condiciones de reflexionar acerca de nuestras preferencias e intereses. No podría pertenecer a una sociedad democrática quien no fuera capaz de examinar la compatibilidad de sus preferencias con las de los demás, lo que implica no estar predeterminado por ellas. El conservadurismo de nuestros instrumentos de predicción se corresponde con una concepción también conservadora de nuestras inclinaciones, preferencias, trayectorias vitales y propensiones, que minusvalora nuestra capacidad de modificar la verosimilitud de esas trayectorias en las que nos encerramos o nos encierran.

b. La discontinuidad impredecible

El hecho de que los sistemas de aprendizaje automático busquen patrones para convertirlos en reglas de la predicción de eventos futuros significa que el único saber que producen tiene que ver con el pasado. Todo lo que pueden pronosticar está ya, de alguna manera, anticipado en el pasado. Para muchas cuestiones, este modo de proceder es de gran utilidad y no plantea mayores problemas, por ejemplo, cuando se trata de catástrofes naturales. Ahora bien, pensemos lo que ocurre cuando se trata de acontecimientos del mundo social, como la policía preventiva, en la que hay una especial recursividad, profecías que se cumplen, suposiciones injustas o pronósticos que influyen en lo que va a ocurrir.

Un sistema algorítmico no pronostica propiamente si alguien va a cometer un delito. Los únicos datos de los que dispone ese sistema son los datos relativos a detenciones y condenas en el pasado. Todas esas bases de datos contienen prejuicios raciales y la vinculación que existe, de hecho, entre la criminalidad y la situación de pobreza. El pronóstico de peligrosidad se realiza a partir de datos como, por ejemplo, si tal persona o su entorno de amigos y familiares han sido detenidos en el pasado, cuáles fueron sus notas, si sus padres están separados, si está desempleado, si vive en un barrio donde se comete ese tipo de delitos, pero también acerca de los rasgos que comparte con personas similares... Un verdadero círculo vicioso con el efecto sistemático, por ejemplo, de castigar más a los negros porque hubo más negros condenados en el pasado. Se trata de un sesgo racista procedente del pasado que nada tiene que ver con la persona concreta, pero que tiene efectos decisivos sobre ella. Los individuos se ven, así, afectados por medidas que se adoptan en función de pronósticos basados en el pasado y en colectivos.

Los datos son una compilación de interacciones pasadas a partir de las cuales el sistema ha aprendido. Los datos de entrenamiento (*training data*) son siempre datos pasados. Pero el comportamiento y las preferencias pasadas no tienen por qué durar siempre. Hay que evitar deducir lo que va a ser a partir de lo que ha sido; la mera realidad de que alguien similar (o incluso uno mismo) haya hecho algo no significa que lo quiera o deba repetir. Los sistemas de predicción aprenden desde una analítica de datos que sobrevalora el comportamiento que, de hecho, ha tenido lugar e infravalora los aspectos intencionales, de ruptura, cambio o transformación.

Una reflexión acerca de la naturaleza de los datos pone de manifiesto que son «una formación temporal» (Boellstorff 2013). Con independencia de su tamaño, los datos son siempre una construcción que emerge en el curso del tiempo. Los datos existentes sólo proporcionan información sobre el pasado y hasta el presente. No hay que olvidar esta peculiaridad cuando se hace cualquier analítica predictiva: esa analítica tiene una historia que representa, también, un límite para su efectividad. Con o sin los *big data*, el futuro tendrá siempre una dimensión imprevisible, precisamente, aquella que más lo caracteriza como futuro: la de no ser una mera continuación del pasado y el presente. Desde el punto de vista de la dinámica social, los límites de las extrapolaciones a partir del pasado se deben a la dinámica no lineal de los sistemas complejos y a la todavía más enigmática libertad humana. Las crisis, las innovaciones y los fenómenos disruptivos en general nos obligan a entender que muchas situaciones imprevisibles tienen su origen en pequeñas variaciones de las condiciones originales y en una densidad de las interacciones que nos resulta inabarcable. Lo que ocurre es que muchos algoritmos pretenden predecir el comportamiento futuro de la gente (quién comprará, enfermará o cometerá un acto terrorista), lo que implica usar las características o el comportamiento actual de una persona para predecir lo que todavía no es o no ha hecho. ¿Por qué deberíamos hacer lo que los datos, incluidos los nuestros, dicen que hagamos? Hay muchos fenómenos de rebelión y cambio que interrumpen la extrapolación previsible y de los que resulta algo inesperado e inesperable a partir de los datos disponibles. La predicción es un sesgo generalizado (Matzner 2018, 40); por muchos aciertos que tenga, siempre generaliza de modo injusto, es decir: habrá quien cumpla el criterio y no sea quien estábamos buscando. ¿Cómo calcular la verosimilitud de una ruptura de expectativas que se han formulado únicamente sobre la base de datos existentes, es decir, datos del pasado? Esta es la gran cuestión que debería, al menos, conducirnos a una mayor conciencia de los límites de toda predicción.

c. Propensión no es causalidad

Las nuevas tecnologías de la predicción son concebidas, por ejemplo, a partir de los criterios de peligrosidad de los individuos (es decir, de sus posibles acciones en el futuro) y no sobre la evidencia de culpabilidad (que exige la prueba de hechos cometidos en el pasado). Modelizan el entorno para que un comportamiento de riesgo no pueda suceder; malos pagadores excluidos del crédito, individuos peligrosos rechazados de determinados lugares, eliminación preventiva de un terrorista potencial, orientación profesional de un niño sobre la base de un perfilado precoz... No estamos identificando causalidades sino posibilidades. La propensión es una categoría estadística que se basa en las probabilidades de que alguien actúe de determinada manera en función de su categoría, no de su comportamiento efectivo (Andrejevic 2013).

Además de predecir lo posible, el análisis predictivo suscita respuestas prácticas para hacerlo imposible. De este modo, se pasa de una lógica probabilística a una lógica de la anticipación preventiva (*preemption*), es decir, que anticipa una reacción sin que haya comparecido la causa. La anticipación no ha identificado nada, se mueve en un entorno de lo «desconocido que se desconoce», no sabe ni cuándo, ni cómo, ni propiamente qué, y actúa ya produciendo su propia causa. Esta lógica, que busca preservarnos de toda incertidumbre, evacua toda diferencia. Más que ponderar los riesgos, actúa como si el riesgo detectado hubiera tenido ya lugar e impone las medidas que se siguen en consecuencia.

Con esta policía predictiva parece darse la razón a la vieja tesis de Foucault de que el criminal es identificado antes de actuar y no en virtud de la vinculación de una causa con un efecto (Brayne 2020). ¿Puede alguien ser sancionado por una norma informática sin relación con la norma jurídica? La criminalidad sería definida no por un acto concreto sino por patrones específicos de las biografías y las circunstancias sociales. El sospechoso no sería quien va a cometer un crimen sino quien responde a cierto perfil. De este modo, se legitima la recogida de datos que conciernen a la vida de los tenidos por sospechosos. La portada de este libro muestra un ejemplo de error visual que nuestra percepción puede cometer al dejarse engañar por una apariencia. En este caso, el hecho de que la barra donde se apoya una gaviota esté doblada nos inclina a pensar que el peso de esa gaviota es la causa de que la barra esté doblada y no que la gaviota se haya apoyado casualmente donde la barra estaba rota.

La previsión probabilística plantea un enorme desafío a la noción humanista de subjetividad y reduce a los individuos a sujetos de datos a partir del análisis estadístico de su comportamiento y acciones. El análisis de datos es una herramienta útil para descubrir interrelaciones y correlaciones, pero no eliminará absolutamente lo impredecible del comportamiento humano y el curso del mundo. Por supuesto que los *big data* proporcionan tecnologías y aplicaciones para mejorar la planificación. Pero conviene no perder de vista que esta información no es predictiva, sino que ayuda a hacer frente a la incertidumbre, «sugiere posibilidades mediante la presentación de probabilidades. Por lo tanto, estas posibilidades no son factuales, no presentan relaciones causales *per se*, y debe tenerse en cuenta que el marco construido sobre la base de esta información también puede tener un impacto en sí mismo» (Strauss 2015, 833).

Una crítica de la razón predictiva debería revisar el marco conceptual en el que se mueve la idea dominante de predicción. No se trata de cuestionar las estadísticas o el recurso a los métodos de la prevención, sino de no dar por supuesto que lo posible es algo más que posibilidad, que necesariamente vaya a resultar real. Esta diferencia entre lo posible y lo real, entre la propensión y la causalidad es lo único que puede asegurar el principio de presunción de inocencia en la era de los algoritmos. Hay que proporcionar un espacio propio a la indeterminación y al azar, lo que equivale a reflexionar sobre lo que hay de incierto, de libertad, en cada acción.

d. El futuro abierto de las sociedades democráticas

Cuando son puestos al servicio de la analítica predictiva, los algoritmos no sólo reconocen patrones o clasifican datos, sino que llevan a cabo pronósticos acerca de desarrollos futuros. Y lo hacen de un modo que contradice la naturaleza de la política en una sociedad democrática. Aparentemente, hacen algo muy parecido: anticipar el futuro, pero lo llevan a cabo mediante procedimientos muy diferentes. Hay dos razones para pensar que este tipo de predicción no corresponde al tipo de contingencia que caracteriza lo político: por el peso determinante que concede al pasado y por la inevitabilidad con la que concibe el futuro.

Comencemos por examinar el tipo de pasado en el que se basa la analítica predictiva. Las técnicas de la inteligencia artificial compensan nuestra carencia de saber acerca del futuro mediante el trabajo con la verosimilitud; no nos proporcionan un saber seguro sobre el futuro, pero sí un saber sobre la verosimilitud de que el porvenir comparezca de una determinada manera. La verosimilitud tiene que ver con la idea que nos hacemos del futuro y cómo lo configuramos, cuestiones que constituyen, precisamente, la perspectiva de lo político. Ahora bien, como los datos registran comportamientos pasados, cursos históricos e informaciones en vigor, los pronósticos algorítmicos sólo pueden recurrir al pasado para describir el futuro. A pesar de la lógica de los pronósticos, la política de los algoritmos no agudiza la vista sobre el futuro, menos aún sobre un futuro abierto, sino que, por el contrario, confirma lo existente. En este sentido, la analítica predictiva está en contradicción con la voluntad democrática, en la medida en que amenaza la contingencia de lo político. Con la lógica de sus pronósticos, los algoritmos proporcionan un paradigma distinto del que fundamenta el ordenamiento político de las democracias liberales: la facticidad del comportamiento pasado, la regularidad estadística de las decisiones individuales, se convierte en criterio para configurar las expectativas del comportamiento futuro, no la autonomía o la libre autodeterminación.

La segunda razón por la que la analítica predictiva tiene un carácter apolítico es su concepción del futuro. El empleo de algoritmos impregna nuestro modo de percibir el mundo y, en el caso del futuro –concebido desde la perspectiva de lo pronosticable– dejamos de percibirlo como completamente abierto y con una fuerte dimensión impredecible. Lo entendemos, cada vez más, como una respuesta a la pregunta acerca de cómo creemos que van a evolucionar las cosas y, cada vez menos, como una respuesta a la pregunta sobre qué futuro queremos. La analítica predictiva no nos prescribe una determinada idea del futuro, ni nos impide tener una representación propia de él pero, en la medida en que describe un mundo que se calcula mediante un pronóstico a partir del pasado, al entender la acción humana como un comportamiento traducible en bancos de datos, en la medida en que nos invita continuamente y en todo a minusvalorar las dimensiones nuevas, desviadas o sorprendentes, marginaliza las posibilidades de configurar el mundo social haciendo uso de nuestra libertad política. El problema es que, de un modo sutil, volvemos, así, a un mundo adivinatorio (Esposito 2021). Los algoritmos predictivos no están en continuidad con las estadísticas administrativas sino con la adivinación. La continuidad con las antiguas prácticas adivinatorias se debe a que ambas dan por sentado que el futuro puede ser conocido con anterioridad.

La rigidez del pasado y del futuro así concebidos da lugar a una idea de la historia demasiado previsible, es decir, apolítica y no democrática. El presupuesto inscrito en los algoritmos de que la extrapolación del comportamiento pasado proporciona un buen pronóstico del comportamiento futuro tiene su utilidad en ámbitos como el consumo, el crédito o el posible desarrollo de patologías. El núcleo de esa presuposición consiste en que es muy verosímil que nos comportemos en el futuro como en el pasado y que lo hagamos de una manera muy similar a nuestro entorno social o, dicho de otro modo, que es muy poco probable que presentemos grandes desviaciones respecto de ese entorno. Los algoritmos privilegian las regularidades frente a las desviaciones y las sorpresas. De este modo, se configura un nuevo tipo de orden social, una normalización que tiende a hacer coincidir lo fáctico con lo normativo. Todo aquello que se desvía de la norma pronosticada es marginalizado. Por supuesto que esto es perfectamente válido para muchos aspectos de la vida, pero su generalización es un reduccionismo empobrecedor. Podría objetarse, a este respecto, que los algoritmos, en el fondo, no hacen otra cosa que recoger propiedades que ya están en la realidad social, pero hay que tener en cuenta que en los propios algoritmos hay un momento de normalización suplementario. Los algoritmos están interesados en producir un determinado resultado: de los píxeles deben resultar nuevos rostros; de las expresiones en redes sociales ha de identificarse un futuro consumidor o votante; a partir de los patrones de uso deben poder deducirse sugerencias para gestionar la nevera... El análisis de datos tiene siempre un fin determinado que debe pronosticar lo mejor posible. De manera que los algoritmos no reflejan patrones neutrales o meras relaciones entre los datos, sino que les otorgan a estos una valoración de acuerdo con una finalidad de pronóstico. Implícitamente, los algoritmos administran la realidad de una determinada manera; trabajan con los bancos de datos para obtener pronósticos sobre acciones futuras. De este modo, despojan las acciones humanas del elemento de autodeterminación, porque sólo atienden a nuestro comportamiento pasado. En el mejor de los casos, respetan nuestro derecho a autodeterminarnos en adelante, como lo hicimos en el pasado. Los algoritmos no están interesados en conocer el elemento de iniciativa, de nuevo comienzo, que diría Hannah Arendt (2017, 86); no nos invitan a hacer uso de nuestra libertad y, en esta medida, estrechan el ámbito de lo político, despolitizan lo social.

4. El humanismo de la incertidumbre

Forman parte de la condición humana tanto el esfuerzo por anticipar el futuro como nuestra resistencia a dejarnos atrapar por esa anticipación, nuestra capacidad de desafiar lo imposible y decepcionar lo esperable. La analítica de los *big data* debería tomar en consideración la creatividad y la rebeldía humanas, lo cual haría que las predicciones fueran menos deterministas pero, seguramente, más acertadas. «Lo más interesante de la naturaleza humana es su indeterminación y las enormes posibilidades que ello implica: nuestra esencia no esencialista es que somos humanos correlacionables antes que sujetos de datos correlacionados. Independientemente de lo que nuestro perfil prediga sobre nuestro futuro, subsiste una imprevisibilidad radical que constituye el núcleo de nuestra identidad» (Hildebrandt 2006, 54). Lo que nos hace humanos no es «lo que es» sino «lo que no es», el espacio vacío, las fisuras, los desvíos, lo todavía no pensado (Mayer-Schönberger / Cukier 2013, 196). Sólo hay decisión en relación con un futuro que nos es desconocido, un futuro que no puede ser completamente anticipado (Derrida 1994). Estas son las razones últimas de que los *big data* no sean capaces de hacerse cargo de la complejidad y del carácter imprevisible del comportamiento humano más que en una medida reducida. La vieja cuestión filosófica sobre la libertad humana retorna, aquí, de otro modo. Y, con ella, también, la inevitabilidad de la política. «Si la política expresa la falibilidad de nuestro mundo, la imposibilidad de resolver todas las cuestiones económicas, sociales y éticas, entonces la política existe porque no todo es reducible y resoluble» (Amoore / Piotukh 2015, 29).

Un mundo de turbulencias y volatilidad, una sociedad crecientemente compleja, un sistema político con el que los ciudadanos somos cada vez más exigentes necesitan más y mejores previsiones. No nos podemos permitir ni los fallos recurrentes ni una exactitud adquirida a base de simplificar indebidamente aquellos ámbitos en los que se realizan las previsiones (que es otra forma de fallo). Para ello, no es necesario tanto aumentar la potencia computacional como mejorar el marco conceptual con el que nos manejamos, implícita o explícitamente, en los cuatro planos aquí analizados: el sujeto, la historia, la acción y la democracia. La paradoja de esta renovación conceptual podría sintetizarse en la conclusión de que las predicciones serán más exactas cuanto más conscientes sean de sus límites, de su dependencia contextual y su necesidad de interpretación.

La política de los *big data* ha suscitado un gran número de promesas fascinantes, pero no deberíamos infravalorar los momentos de incertidumbre, en lo que suponen de límite epistemológico y de espacio de libertad. Incluso los más sofisticados algoritmos que realizan predicciones agregando enormes cantidades de datos no pueden protegernos plenamente frente a las sorpresas. En la medida en que la gente no actúa «racionalmente» ni se comporta de manera siempre predecible, la esperanza de un uso apolítico de los datos no pasará de ser un sueño de los tecnócratas. Mientras los sistemas humanos sean complejos, contradictorios y paradójicos, los datos generarán un conocimiento que seguirá siendo refutable y humano, demasiado humano.

SEGUNDA PARTE

Pragmática de la razón algorítmica

5

Tecnología. La infraestructura tecnológica de la sociedad digital

Hay una estrecha relación entre los modos de comunicación y los tipos de democracia. La democracia representativa del siglo XVIII se formó en la era de la imprenta y entró en crisis con la llegada de la radio y la televisión. En su formato actual, la democracia está «estrechamente vinculada al crecimiento de sociedades saturadas de multimedia, cuyas estructuras de poder son continuamente cuestionadas por una multitud de mecanismos de control o vigilancia que operan dentro de una nueva galaxia mediática definida por el *ethos* de la abundancia comunicativa» (Keane 2013, 79). Sin este cambio del entorno tecnológico y comunicativo no sería concebible la actual «democracia de audiencia» (Manin 1997). Las relaciones entre los medios de comunicación y las formaciones sociopolíticas son relaciones que se posibilitan mutuamente –no tanto relaciones de tipo causal–, en cualquiera de las dos direcciones. Hay que repensar la democracia en la era digital desde el cruce de la teoría democrática, la filosofía de la técnica y las ciencias de la comunicación.

La respuesta a la pregunta acerca de qué democracia permite o impide el actual ecosistema digital requiere una reflexión previa sobre el papel que la tecnología en general, y esta en particular, desempeñan en la sociedad. Según entendamos la tecnología como solución, como herramienta neutral, como algo que determina o que condiciona nuestra vida, hay cuatro posibles grandes respuestas, que propongo agrupar en las categorías de tecnosolucionismo, tecnoneutralismo, tecnodeterminismo y tecnocondicionalismo. Una vez examinadas estas relaciones entre la tecnología y la acción humana podemos analizar con más precisión dos cuestiones claves para entender la dimensión política de la digitalización: el condicionamiento algorítmico de la vida política y la política que hacen los artefactos en este nuevo ecosistema.

Muchas de las actuales discusiones sobre este tema se plantean en términos binarios: ¿son las nuevas tecnologías buenas o malas? ¿Proporciona la digitalización más libertad o la restringe? ¿Debemos esperar de la gobernanza algorítmica una mejora de la democracia o su desaparición? La vida del ser humano se ha desplegado en la tensión entre las utilidades de la técnica y sus amenazas. Los eufóricos y los pesimistas tienen en común que dibujan unos escenarios que conceden a la técnica demasiado poder y revelan que no han asimilado suficientemente la complejidad del asunto.

El condicionamiento técnico es «el punto ciego de la teoría de la democracia» (Berg / Staemmler 2020, 130). No se debe achacar a la digitalización la actual fragilidad de la democracia representativa, ya que también puede entenderse como un espacio de posibilidades alternativas. El agotamiento y la desconfianza hacia las instituciones representativas se deben también a la configuración de una opinión pública más activa y exigente. Explicar la transformación actual de la democracia únicamente a causa de la digitalización supondría sobrevalorar la capacidad de determinación de la tecnología e infravalorar la capacidad de los agentes políticos y las instituciones de aprovechar las posibilidades que tales tecnologías ofrecen para su revitalización. Los medios digitales pueden ponerse al servicio tanto de la liquidación como de la reanimación de la política analógica tradicional. Las tecnologías digitales no determinan el cambio social y político sino que ofrecen un potencial (aunque sea limitado) hacia una acción distribuida. La relación entre digitalización y democracia no debe pensarse como una relación causal sino como una constelación en la que la acción política y los modos de comunicación se condicionan recíprocamente.

Si partimos del marco conceptual aquí definido como acción distribuida en un ecosistema humanos/máquinas, en este complejo híbrido así planteado, pierde sentido la idea de una sustitución o de una eliminación del factor humano. No estamos ante una alternativa ni ante una contraposición. La cuestión es cómo distribuimos la iniciativa y las actividades de manera que hagamos compatible la mayor autodeterminación con las prestaciones que ofrecen los sistemas automatizados.

I. EL TECNOSOLUCIONISMO

Cuando el CEO de Facebook, Mark Zuckerberg, compareció ante el Senado de Estados Unidos para hablar de desinformación, discursos de odio y privacidad, aseguró: «la inteligencia artificial lo arreglará». Anunciaba que, en un periodo de cinco a diez años, tendría las herramientas lingüísticas necesarias para hacerse cargo de todos los matices que permitirían sistemas más exactos. «Pero todavía no estamos ahí». Lo relevante de esta declaración no es tanto que Zuckerberg reconociera la existencia de un problema tecnológico, ni que dijera que se trataba de una cuestión de matices, sino que se diera a entender que el problema era de naturaleza tecnológica y que, por consiguiente, su solución tendría carácter tecnológico. Que asegurara a los senadores que se solucionaría en un plazo determinado de tiempo es una cuestión secundaria ya que, tratándose de asuntos tecnológicos, el tiempo lo arregla casi todo; lo decisivo es concebirlo única y exclusivamente como un problema tecnológico.

Podríamos calificar esta manera de ver las cosas como «tecnosolucionismo», «tecnochovinismo» (Broussard 2018), lo que alguno denomina «arreglo tecnológico» (Volti 2014) o, simplemente, «solucionismo» (Morozov 2013). Se trataría de redefinir los problemas sociales complejos como problemas que tienen soluciones computacionales, a condición de que estén disponibles los correspondientes algoritmos; es decir, pensar que el poder de la tecnología es capaz de resolver cualquier tipo de problema. Abordan las cuestiones sociopolíticas como puzles que pueden resolverse más que como problemas a los que hay que responder de diversas maneras (Paquet 2005). En este contexto, nos encontramos con diversas narrativas, que atribuyen propiedades mágicas a las tecnologías, especialmente a la inteligencia artificial (Bory 2019; Cave / Dihal 2019). Yann LeCun considera que las noticias falsas o la desinformación son técnicamente solucionables; y no hay pocos periodistas que tienen una concepción similar de la verificación de los hechos (*fact-checking*) y la objetividad (Seetharaman 2016). Comparten, también, esta concepción de la técnica ciertos discursos y estrategias gubernamentales que no hacen más que insistir en la inevitabilidad del desarrollo tecnológico y la necesidad de adaptarse a las oportunidades económicas que ofrece (Bareis / Katzenbach 2021; Zeng *et al.* 2020).

Hay una vieja tradición –podemos llamarla «tecnocracia», «expertocracia» o «epistemocracia» – que imagina la solución de cualquier diferencia de opinión a través de la apelación a una objetividad indiscutible y que todo problema social o político puede resolverse con la tecnología apropiada. La realidad, en cambio, es que, con el desarrollo de la ciencia y la tecnología, además de los conflictos políticos clásicos, tenemos ahora, también, enormes discusiones acerca de cuál es el papel que estos instrumentos deben desempeñar en el proceso político; en vez de una disolución de las diferencias ideológicas y una superación de los conflictos políticos, ahora hemos de contar con una insólita politización de la tecnología.

La técnica soluciona cantidad de problemas, ocasiona algunos específicos y, sobre todo, plantea la exigencia de decidir democráticamente acerca de para qué asuntos es relevante y en qué medida. El avance de la tecnología no sólo ocasiona problemas de aplicabilidad sino también de reconsideración de lo que debemos entender como tecnología y como tecnológicamente resoluble. La técnica no es sólo un dispositivo mecánico que se aplica sobre una realidad exterior sino una acción híbrida en la que se entrecruzan unos criterios que podríamos concebir como puramente tecnológicos y, otros, de naturaleza social. Para que funcione la técnica, no se necesita sólo la construcción técnica sino también la construcción social de los criterios y procedimientos que definen qué significa que algo funcione o no funcione (Rammert 2016, 28; Zimmermann *et al.* 2020). El gran debate democrático acerca de las tecnologías consiste en resituarlas en realidades amplias, más allá del mundo calculable. Las limitaciones de lo que he denominado «tecnosolucionismo» proceden, precisamente, de la estrecha concepción que tiene de la tecnología misma. Parece mejor opción entender y definir, abordar los problemas en toda su complejidad y no como asuntos que pueden ser resueltos en cualquier momento con la tecnología adecuada.

Por eso, lo primero que debe plantearse una investigación sobre el papel de la decisión democrática en este nuevo entorno es la identificación de la naturaleza de tales tecnologías, para lo cual hay que poner en juego tanto consideraciones acerca de la tecnología en general como sobre las propiedades específicas de la automatización, el aprendizaje automático y la inteligencia artificial. La gran cuestión, a este respecto, es si, pese al enorme condicionamiento que ejercen las tecnologías, tiene sentido mantener que existe una indeterminación, unas opciones que están abiertas a la decisión humana. ¿Cómo se articulan los espacios de acción, los grados de libertad, los ámbitos de control y las opciones de decisión en los actuales entornos digitales?

Aunque parezcan contradictorios, el neutralismo y el determinismo tecnológico son dos formas de desentenderse de la imbricación entre lo tecnológico y lo social. El neutralismo y el determinismo conciben la tecnología con independencia de su interacción social, como algo cerrado, definido y no susceptible de modulación; en el primer caso, porque no es necesario, y en el segundo, porque no es posible. Para ambos planteamientos, la tecnología sería un hecho completo al que su despliegue social no añadiría nada relevante, en el primer caso, o nada en absoluto, en el segundo. Tal vez no haya mejor enunciado de la naturaleza «ambigua» de la tecnología que aquella famosa afirmación de Melvin Kranzberg:

«la tecnología no es ni buena ni mala, ni es neutral» («*technology is neither good nor bad; nor is it neutral*») (1986, 545). La tecnología altera el paisaje en el que tienen lugar las interacciones humanas; no facilita cualquier resultado, pero la idea de que «la tecnología es sólo una herramienta» minusvalora su capacidad de estructurar las situaciones, mientras que su concepción determinista la sobrevalora. Una vez examinadas estas cuestiones podremos entender hasta qué punto la tecnología es un asunto social, tanto en lo que se refiere a su naturaleza como en el hecho de que permite y requiere una determinada gobernanza para proteger los valores de una sociedad democrática.

2. El tecnoneutralismo

Podríamos llamar «tecnoneutralismo» a la idea de que la tecnología es neutra y simplemente habría que ponerla al servicio del bien. A mi juicio, buena parte de las recomendaciones de diversos comités –AI for Good, Data for Humanity o el Grupo Independiente de Expertos de Alto Nivel sobre Inteligencia Artificial de la Comisión Europea (EC 2018)– y algunas prácticas éticas –como «Design to Value» (diseño orientado al valor) o «Human-centered AI» (IA centrada en los humanos)– comparten cierto neutralismo y prestan poca atención a este condicionamiento que resulta de su naturaleza específica. Tampoco tiene mucho sentido, a la inversa, hablar de un «uso malvado» de la tecnología (Moore 2018). Este tipo de narrativas pone de manifiesto que buena parte de los diagnósticos acerca de la inteligencia artificial están hipermoralizados, en el sentido de que la ética o la apelación a su buen empleo o gobierno se añaden muchas veces desde fuera a una tecnología aséptica. ¿Se trata de un conjunto de herramientas que simplemente tienen que ser «bien utilizadas» o de unas tecnologías disruptivas cuya lógica nos obliga a reconsiderar radicalmente lo que suponen conceptos como el conocimiento, la decisión y el gobierno?

Esta idea de neutralidad tecnológica o de mera instrumentalidad de los medios de comunicación es la que se tenía en mente cuando se afirmaba que la misma radio que Hitler utilizó para estabilizar una dictadura fue empleada por Roosevelt para estabilizar la democracia; es decir, que el mismo artefacto puede ser utilizado para una cosa o para la otra. Lo que debería interesarnos es qué tipo de condicionamientos modificaron tanto la dictadura como la democracia, estableciendo, por ejemplo, un nuevo género de relaciones entre el emisor y los receptores o configurando una nueva modalidad de opinión pública.

La idea de neutralidad tecnológica está, ciertamente, muy desacreditada, pero ahora reaparece en la afirmación, por ejemplo, de que si los algoritmos no son neutrales es porque están hechos por humanos o porque los datos que usamos reflejan los prejuicios e injusticias de la sociedad humana (Campolo *et al.* 2017; O'Neil 2016). Esto presupone que los algoritmos serían neutrales si no fueran constantemente alimentados por nosotros. Se trata de una manera muy dualista de ver las cosas, como si las acciones humanas fueran decisivas y las máquinas no hicieran otra cosa que ejecutar directrices, un punto de vista especialmente inadecuado cuando estamos hablando de máquinas que aprenden. Para superar esta concepción es necesario explorar hasta qué punto la subjetividad humana no es algo externo a la tecnología sino que la tecnología digital constituye, de alguna manera, a la misma subjetividad humana (Matzner 2016; Chun 2008).

En el proceso de configuración de cualquier tecnología se toman decisiones –generalmente, de manera implícita– sobre ciertos valores, que limitan y condicionan su futuro desarrollo. Los algoritmos y los sistemas inteligentes no se enfrentan al mundo social como artefactos tecnológicos neutrales. Así lo ha subrayado la reciente investigación crítica en torno a los algoritmos. Desconocer la capacidad condicionante de la tecnología dificulta o impide percibir los espacios de configuración democrática que tenemos a nuestra disposición, que no son ilimitados, pero tampoco inexistentes. Los procedimientos algorítmicos pueden reaccionar dinámicamente al comportamiento de los usuarios y eso demuestra que están más profundamente implicados con los procesos de decisión social que otras tecnologías.

Para ilustrar las limitaciones del modelo neutralista puede aducirse el ejemplo clásico de las armas. Hay quien afirma que un arma es neutral y todo depende de cómo se use, si para cazar o para asesinar. Esta afirmación es muy simple. Hay algo cierto y algo falso en el eslogan «no matan las armas sino los humanos» (Pitt 2014). Los humanos no suelen matar con sus propias manos y las armas no matan si no son empleadas por un humano. Pero la cuestión del condicionamiento no se refiere al *uso posible* sino a lo que revela –por seguir con la expresión heideggeriana– la *mera posesión* masiva de armas en una sociedad, como en el caso de Estados Unidos. Lo que se pone de manifiesto es que una sociedad en la que hay muchas armas es diferente de otra en la que hay pocas. Que en Estados Unidos las haya en tales proporciones no significa sólo que *podrían* ser utilizadas para matar, sino que *hay, de hecho,* una concepción de la soberanía individual, del modo en que se resuelven los conflictos, de la seguridad y de la justicia muy distinta que en aquellas sociedades en las que, como regla habitual, no hay armas en los domicilios.

Algo similar puede decirse de cualquier tecnología y, en concreto, de las digitales; no son únicamente medios, sino que implican cierta manera de entender y vivir la comunicación, el espacio, el tiempo, el trabajo o la opinión, diferente de las tecnologías analógicas. El mal uso de las redes sociales para ofender y lanzar bulos no es una fatalidad inevitable, pero la facilidad de emitir opiniones y el modo en que se construye o destruye la confianza colectiva sí que son algunos de los condicionamientos producidos por el nuevo espacio digital con el que vamos a tener que convivir. Tal vez no haya una determinación para el abuso pero sí hay una mayor facilidad para cometerlo, del mismo modo que el poder político se siente más monitorizado en un entorno digital, o tendemos a sobrevalorar los aspectos computarizables de los problemas, cuando disponemos de una ingente cantidad de datos sobre ellos. Son tendencias inscritas en la naturaleza de tales tecnologías, que no nos determinan de manera inexorable en una dirección, pero cuya presencia condicionante no podemos olvidar. Ni la red iba a implicar una irresistible democratización, ni degradará necesariamente la discusión pública, pero tampoco banalicemos su fuerza condicionante apelando a su buen o mal uso. La democracia en el mundo digital tendrá unas propiedades que, en buena parte, todavía desconocemos.

Esta cuestión no es un matiz sin importancia sino una clave que orienta el tipo de intervenciones que son más adecuadas a la hora de dar un sentido humano, político, o democrático a las tecnologías. Si el problema fuera, simplemente, que la gente tiende a utilizar la tecnología de un modo inapropiado, entonces la solución pasaría por mejorar su uso y dificultar el abuso –mediante las leyes, la regulación o el entrenamiento (*training*)–; si el problema fuera que un determinado diseño de la tecnología permite prácticas cuestionables o indeseables, entonces tendríamos que mejorar el diseño de la tecnología –esta es la propuesta del diseño sensible al valor (*value-sensitive design*, VSD) (Friedman *et al.* 2013)–; pero si la capacidad de decisión está constituida de un modo más complejo y sutil, en este caso de poco valdrá la simple intervención o corrección –del uso o del diseño– y habrá que dar cuenta de la naturaleza constitutiva de esa agencia sociomaterial (Introna 2016, 32).

Del desconocimiento de esta propiedad de la tecnología proceden muchas concepciones equivocadas de la digitalización. La gente asocia la tecnología con algo mágico o neutro y no es ni lo uno ni lo otro, del mismo modo que tampoco es una realidad inmaterial, ni un ámbito completamente diferenciado de los humanos. La desmaterialización completa de las tecnologías se contradice con su incidencia en los recursos materiales: la computación en la nube (*cloud computing*) se encuentra en algún sitio, muchos artefactos generan residuos tóxicos o requieren componentes que causan conflictos en algún lugar del mundo o tienen un balance energético desastroso. Sólo entenderemos adecuadamente la naturaleza de la tecnología digital si nos hacemos cargo, por decirlo de un modo paradójico, de lo que parece menos digital en ella, de su carácter condicionante y de su vinculación con el mundo material.

3. El tecnodeterminismo

Resulta curioso hasta qué punto lo que podríamos denominar «tecnodeterminismo» es un modo de pensar que comparten quienes lo ven como una buena o una mala noticia, como motivo de esperanza o de temor, porque coinciden en considerar la tecnología como una fuerza irremediable. Entre los primeros están quienes mantienen lo que hemos llamado «tecnosolucionismo», convencidos de que el propio desarrollo tecnológico encuentra siempre soluciones a unos problemas que previamente han reducido a su dimensión tecnológica. Entre los temerosos habría que mencionar a buena parte de los filósofos que, desde Husserl hasta Arendt, hablaron de un declive cultural debido a la tecnología (Franklin 2013, 300). Escribía Adorno, en una carta a Gehlen, que un progreso que tuviera «un carácter cuasiautomático» significaría que «los humanos son poseídos ciegamente por el progreso tecnológico-científico, sin constituirse de ningún modo como sujetos ni apropiarse de él» (Adorno / Gehlen 1975, 234). Y Marcuse aseguraba que la dominación no procedía de cierto empleo sino que la tecnología misma era dominación (Marcuse 1965, 16).

La debilidad de este tipo de diagnósticos estriba, precisamente, en la idea de que sea siquiera posible una evolución tecnológica sin intervención humana. Esa intervención puede ser mejor o peor, pero está presente en el desarrollo de la tecnología de un modo que tienen dificultades para ver, precisamente, aquellos que la reclaman. Los artefactos tecnológicos están lo bastante indeterminados como para permitir múltiples diseños posibles (Klein / Kleinman 2002). Ni siquiera sus diseñadores tienen un control absoluto sobre los factores que determinan el modo en que interactuará con otros sujetos en una dinámica social y política (Gillespie *et al.* 2014, 128). En general tenemos una idea muy pobre de los modos contingentes en los que se desarrolla la tecnología (Danaher *et al.* 2017). Hasta cierto punto, casi todas las tecnologías permiten algunas opciones (*choices*), aunque el ámbito de posibilidades no sea infinito ni en la fase de diseño ni después. La ideología del «inevitabilismo» (Zuboff 2018) parece desconocer que casi siempre hay un espacio de ambigüedad que permite la elección entre lo que puede ser considerado como evidencia o buen resultado. Que la tecnología sea una construcción social no significa que sus hechos materiales y su diseño sean irrelevantes. En este espacio de condicionamiento estructurante abierto a posibles usos es donde debe plantearse la cuestión de la naturaleza de la inteligencia artificial, antes de establecer de qué modo permite o no –y hasta qué punto– la decisión humana, asunto central de la democracia. Un mundo basado en la inteligencia artificial (*AI-driven world*) no significa que no tengamos ninguna elección, pero tampoco que debamos evaluar esa elección como evaluamos las decisiones humanas en otros entornos. De qué modo concreto se realicen esas posibilidades es, precisamente, algo que debe ser negociado social y políticamente.

El determinismo tecnológico suele ir unido a una visión reduccionista de la tecnología, a la que no considera un fenómeno social y cultural, de manera que los dispositivos técnicos predeterminarían su uso sin permitir que cada sociedad se apropie de ellos de acuerdo con su propia idiosincrasia y patrones culturales. Pero el mundo digital es, a la vez, consecuencia del funcionamiento de las tecnologías y del uso que la gente hace de ellas, de un modo que es difícil distinguir. Se trata de un «sistema sociotécnico» en el que se entrelazan ambas dimensiones (Marres 2017). Si llamo la atención sobre el reduccionismo determinista no es por falta de aprecio hacia la tecnología, sino todo lo contrario: considero que, de esta manera, no se hace justicia al fenómeno completo de la tecnología, que no sólo consiste en artefactos sino en usos sociales y disposiciones culturales, dentro de las cuales las innovaciones técnicas se ponen al servicio de ciertos valores. Hemos reducido la revolución digital a una mera inversión en tecnología, del mismo modo que habíamos degradado la sociedad de la comunicación a una sociedad de la información, entendida como una sociedad de las máquinas de búsqueda y el almacenamiento de datos, como si el aspecto de la interpretación fuera irrelevante. La tecnología, también la que configura nuestro paisaje digital, es un asunto social. Del mismo modo que no hay nada que pueda ser calificado como datos brutos, sin procesar (*raw data*) (Gitelman 2013), tampoco existe una tecnología previa a la sociedad y que la condicione desde fuera. «No podemos separar con ningún grado de certeza lo puramente social de lo puramente técnico, la causa del efecto, el diseñador del usuario, los ganadores de los perdedores, etc.» (Introna / Wood 2004, 180). Lo que entendemos como consecuencia de la tecnología no suele ser una consecuencia inmediata, como asegura el determinismo, sino de las respuestas sociales a las posibilidades tecnológicas.

De qué modo afecte, condicione o imposibilite la decisión humana colectiva una tecnología –en este caso, más bien, un conjunto de ellas– depende de cómo esta configure los espacios de decisión. Que haya o no determinismo tecnológico (o el tipo de condicionamiento que realice) es fundamental para saber si hay espacio para la decisión humana. Y, cuando hablamos de democracia, es fundamental que pensemos unido lo que está unido en la realidad. «La democracia no se establece y luego se mediatiza. Se lleva a cabo a través de actos de mediación. Las tecnologías de mediación son y siempre han sido inherentes al establecimiento social de la democracia» (Coleman 2017, 27). Lo que hay que dilucidar es el tipo de decisiones humanas que se llevan a cabo tecnológicamente en ese establecimiento social de la democracia.

Todo está afectado por la tecnología que usamos, a veces, de modo muy sutil. «Los tecnólogos tienden a crear lo que la tecnología hace posible sin tener plenamente en cuenta su impacto en la sociedad humana. Además, los tecnólogos son expertos en la mecánica de su tecnología, pero a menudo ignoran los problemas sociales y, a veces, incluso, se desinteresan de ellos» (Norman 1992). Pero tampoco se trata de ver la tecnología como una realidad amenazante. La digitalización no es el problema; el problema es pensarla y llevarla a cabo como algo que no requiere ningún formato, ningún tipo de intervención «política» expresa. Debemos tener la precaución de no considerar cuestiones políticas como asuntos técnicos (Green 2018), de no entender las cuestiones técnicas como realidades apolíticas.

Que la tecnología es un asunto social y político quiere decir, también, que se encuentra en un tiempo histórico concreto y con unas posibilidades de configuración que varían con el tiempo. «La mejor forma de responder a las inquietudes creadas por los nuevos conocimientos o las tecnologías incipientes es que los científicos de las instituciones financiadas con fondos públicos encuentren una causa común con el público en general sobre la mejor forma de regular lo antes posible. Cuando los científicos de las empresas empiecen a dominar la investigación, será demasiado tarde» (Berg 2008, 290-291). Tal vez estemos en ese «momento tecnológico» del que hablaba Thomas Hughes (1994): en sus primeros desarrollos, una tecnología es fácilmente configurable, pero una vez que se inserta en una infraestructura física, en acuerdos comerciales y en normas políticas, el cambio es muy difícil. Nos encontramos en un momento de la historia en el que tales tecnologías están en sus comienzos y les asignamos más competencias sin estar seguros de cómo interactúan los diferentes sistemas, cuál es la idoneidad de los algoritmos para tomar determinadas decisiones y con qué datos son entrenados. Se ha hablado, a este respecto, de que estamos en la «crisis de la mediana edad de la revolución tecnológica» (Hieslmair 2019). Si la tecnología fuera neutra, siempre estaríamos a tiempo de usarla bien; si fuera determinista, siempre sería tarde. Que haya un momento más adecuado para hacerlo quiere decir que vivimos en una realidad histórica, es decir, algo sobre lo cual tiene sentido afirmar que tenemos una mayor capacidad de decidir cómo queremos estructurar ese espacio democrático de decisión que condicionará la democracia futura.

4. La condición digital

Mi propuesta es considerar que, frente al neutralismo y al determinismo, existe otra posibilidad de considerar las relaciones entre la tecnología y la sociedad, a partir de la idea de condicionamiento. La tecnología no determina ni las acciones ni las sociedades humanas; abre corredores que deben ser políticamente configurados, pero no todo es posible a partir de la tecnología de que disponemos. En vez de pensar que ese condicionamiento es una determinación inapelable, haríamos mejor en entenderlo como una incitación que ha de ser examinada críticamente, que permite elegir, aunque sea dentro de un marco dado. Hay, por ejemplo, tecnologías que llevan asociada una organización más centralizada de la sociedad y otras que permiten una mayor distribución de los centros de decisión. Por supuesto que el mundo es más que una configuración determinada por la tecnología en una dirección inevitable, pero la tecnología nos proporciona el marco en el que vivimos. No predetermina todos los aspectos de nuestras acciones y de la estructura de las sociedades, pero establece sus condiciones de posibilidad. De ello no resulta un férreo determinismo, pero sí una más que suave presión. Cuando una tecnología facilita un comportamiento, aumenta la verosimilitud de que ese comportamiento se asiente. Cada tecnología impide ciertas cosas y obliga a otras, incita y desincentiva, pero en medio de todo ello hay un montón de opciones indeterminadas y abiertas.

En sus reflexiones sobre la técnica del año 1954, Martin Heidegger afirmaba que la técnica no es un mero medio sino que desvela algo (Heidegger 2002). Esta revelación puede entenderse, precisamente, como un desvelamiento de posibilidades, condicionamientos, riesgos y oportunidades que la tecnología disponible plantea, que no son cualesquiera pero tampoco ninguna. Entender el entorno tecnológico es hacerse cargo de esta revelación y actuar sobre él de la mejor manera posible.

Las sociedades han estado tecnológicamente configuradas mucho antes de la digitalización. «Lo social se construye a partir de, y a través de, procesos e infraestructuras de comunicación mediados tecnológicamente» (Couldry / Hepp 2017, 1). La organización de la sociedad está condicionada por las tecnologías. Las sociedades se desarrollan en virtud de lo que estas permiten, gracias a que determinados artefactos abren y cierran posibilidades de acción. La idea de condicionamiento alude, precisamente, a ese conjunto de posibilidades. La tecnología hace que determinadas estrategias sean más efectivas y que otras terminen fracasando. Los artefactos tecnológicos juegan un papel importante a la hora de configurar las acciones que forman parte del tejido moral y político de la sociedad. Y esto vale no sólo para el plano de la práctica, sino también para el de la epistemología, ya que la tecnología estructura qué tipo de acciones son pensables (Seibel 2016, 35).

La condicionalidad consiste en que la tecnología posibilita ciertos desarrollos pero no los prescribe. Analizar su impacto quiere decir examinar qué clases de comportamientos son facilitados o inhibidos, impuestos o imposibilitados, por un artefacto particular o por una infraestructura tecnológica (Hildebrandt 2008; Verbeek 2005). Planteado de otra manera: el efecto de medios como la lengua, la escritura, la impresión de libros o las redes informáticas no se limita a su función de mediación, sino también a su efecto de configuración, en el que «se inscriben estructuras y órdenes portadores de sentido» (Vesting 2015, 50).

El condicionamiento se distingue del determinismo y de la neutralidad en que las posibilidades que la tecnología inaugura no son pensables al margen de lo que los sujetos hacen a partir de ellas. Hay una correspondencia entre las ideas que se tienen de la vida social y política deseable y las tecnologías de las que se dispone o que son diseñadas a tal efecto. Nunca ocurre que la tecnología sola produzca cambios sociales; siempre actúa en medio de un conjunto de precondiciones sociales, económicas y culturales, con las cuales interactúa en la coproducción del cambio social. Este se produce porque los humanos damos una respuesta y no otra al condicionamiento en el que nos encontramos. El condicionamiento es mutuo: una determinada infraestructura tecnológica posibilita o incluso determina un tipo de organización social, y cierta concepción de la sociedad impulsa unos desarrollos tecnológicos y no otros. Siendo esto así, no tiene sentido abordar la crítica de la digitalización desde una perspectiva dualista, contraponiendo a humanos y máquinas, sin tener en cuenta que se relacionan a través de una frontera borrosa. Si la tecnología media y condiciona la realidad del ser humano, enfoques como los de Heidegger o Habermas –y toda la retórica que nos supone dominados por la tecnología, que habría colonizado «el mundo de la vida» y nos convierte en meros objetos– son claramente insuficientes para hacerse cargo de la complejidad de nuestra interacción con el entorno digital (Verbeek 2011, 40).

En la medida en que la tecnología nos abre ciertas opciones prácticas, contribuye a que el mundo se nos presente de una manera diferente, con otras experiencias y expectativas. Nos hemos acostumbrado, por ejemplo, a que los medios tradicionales no sean la única fuente de información y que nuestra dieta informativa sea el resultado de un conjunto de elecciones personales, lo que, a su vez, modifica la cultura de la comunicación, pero también la relación con las élites, o la construcción de la confianza. El tiempo y sus principales categorías –tarde, lento, progreso, simultaneidad...– no tienen el mismo significado en medio de tecnologías rudimentarias que con artefactos veloces; seguro que las distancias no son lo mismo en una sociedad sedentaria que en una que sea nómada, automatizada u *online*. En el mundo digital, las opiniones circulan de una manera descontextualizada, lo que facilita el acceso al conocimiento pero también genera dudas y desconfianza; tampoco el amor significa lo mismo en entornos analógicos que en la era de Tinder...

¿Cuál sería, entonces, el condicionamiento concreto que ejercen las tecnologías digitales? Los hay de muy diverso tipo pero yo subrayaría su tendencia a la irreflexividad. Con pretensiones muy diferentes, Heidegger y Adorno lo habían advertido al hablar, el primero, de que el sentido del mundo tecnológico se oculta (Heidegger 1959, 26), y el segundo, al referirse a un «velo tecnológico» (Adorno 2008). Toda la tecnología –y, tal vez más, la digital– provoca en nosotros respuestas reflejas, más que reflexividad. La tecnología funciona sin exigirnos –e incluso sin permitirnos– adoptar una relación explícita con ella. Esta característica es particularmente intensa en el caso de las tecnologías digitales, que pronto se revisten de un aura de neutralidad, se convierten en algo inadvertido, privilegian el automatismo, lo tácito frente a lo explícito.

5. La política de los artefactos

Hay un viejo debate acerca de si los artefactos hacen política, una política no controlada por los humanos, como si los dispositivos tecnológicos tuvieran una agenda propia y unos intereses particulares que terminarían haciéndose valer incluso a costa de quienes los han creado. La sofisticación de las máquinas nos ha obligado a plantearnos la cuestión de su estatuto como actores e incluso su posible cualificación moral. Dependiendo de la respuesta que demos a estos asuntos, la idea de un remplazo de los humanos por parte de las máquinas tendrá una mayor o menor plausibilidad, será considerada como una exageración sin fundamento o como una amenaza real.

Por supuesto que la tecnología como tal no formula ningún programa político; la política la hacen las personas. Los algoritmos no toman, propiamente, decisiones en el sentido humano del término sino que calculan un número, que es interpretado como decisión. El papel de la tecnología a la hora de configurar el entorno en el que vivimos exige considerar los artefactos como «activos» de algún modo, que influyen en sus usuarios y cambian el modo en que los humanos perciben el mundo e interactúan entre sí. El debate acerca de la «moralidad» de los dispositivos tecnológicos no puede saldarse apelando a que la valoración moral se refiere únicamente a los comportamientos de las personas, ya que estos comportamientos no se realizan sino en el contexto de las redes sociales y materiales, que incluyen a los seres humanos, los dispositivos y las organizaciones. La intencionalidad, la libertad y la agencia son, de hecho, el resultado de intrincadas conexiones entre los seres humanos y los artefactos tecnológicos.

Parece claro que el tipo de condicionamiento que ejercen los artefactos tecnológicos sobre el comportamiento humano no puede entenderse si se los considera como instrumentos meramente pasivos (Kroes / Verbeek 2014). Esta idea de que los artefactos tienen o incorporan cierto nivel de agencia es algo aceptado en la comunidad académica, por supuesto, con muchas variantes: desde quienes lo piensan poco más que como una metáfora, hasta quienes lo consideran un estatus acreditado. En cualquier caso, los artefactos modifican lo que Illies y Meijers (2014, 159) llaman el «*action scheme*», el repertorio de posibles acciones disponibles para un agente o un grupo de agentes en una situación dada. Es cierto que el desarrollo de la tecnología presupone siempre muchas decisiones humanas, pero la relación entre los humanos y la tecnología no es la que hay entre el amo y el esclavo, en ninguna de las dos direcciones (Winner 1977). La idea de que la controlamos es tan inadecuada para entender esa relación como la de la emancipación de los artefactos y el remplazo de los humanos.

Para obtener un cuadro completo de la política de los artefactos es necesario tomar en consideración no sólo la política que hacen sino la que dejan hacer. La cuestión de la posibilidad de la acción política en la «constelación digital» debe tener en cuenta la capacidad de actuación de las tecnologías digitales, que modifican el ámbito de la política y de lo político. En otras palabras, también se debe reflexionar sobre la «condición tecnológica» (Hörl 2011), especialmente si esta condición modifica lo que se entiende por conversación, esfera pública y libertad. Esta reflexión es especialmente importante cuando la digitalización no sólo reconfigura la forma en que los sujetos políticos ya constituidos participan en los debates públicos, sino que también interviene en la constitución de los sujetos políticos, en sus capacidades, inclinaciones y disposiciones psicológicas. No es extraño, por ello, que, desde hace algunos años, se multipliquen los análisis según los cuales la condición tecnológica influye cada vez más en la formación de los sujetos. Tampoco es casualidad que la crítica más severa de los aspectos conductistas del capitalismo de los datos, de la información o de la vigilancia sea formulada por economistas como Davies o Zuboff. Fue, precisamente, en esta disciplina donde se produjo un cambio de paradigma en la década del 2000, extrayendo las consecuencias del fracaso del modelo del

Homo œconomicus. La economía del comportamiento es una respuesta a la crisis de la economía clásica y su antropología poco compleja, una antropología que se está propagando por todo el mundo gracias, entre otros, a Richard Thaler y Cass Sunstein (2009). Lo que todo esto pone en cuestión es el sentido de nuestras decisiones, que pueden considerarse, en buena medida, seudodecisiones (Bietti 2020) y que permiten pensar que, cuando las tecnologías sobrepasan un determinado nivel de agencia, lo que puede estar sucediendo es que «nos dirigen y nos coreografían» (Coeckelbergh 2019).

A la hora de juzgar la política que hace internet, es necesario recordar sus promesas. De entrada, la digitalización ha venido acompañada por imaginarios liberales y libertarios de acceso a la información, libre expresión y descentralización (Flichy 2007, 76). La objeción más inmediata a esta expectativa democratizadora apunta al control que las plataformas ejercen sobre el espacio digital. Lo que había sido saludado como un ámbito abierto y sin dueño termina revelándose como un lugar acotado y con propietarios. Es cierto que los gigantes digitales han tenido un gran éxito a la hora de presentarse como meros intermediarios neutrales, como «ofertas sin valoraciones» (Gillespie 2010), pero esta neutralidad ha sido desmentida tanto por el control sobre el acceso y la utilización, como por su prescripción sobre los contenidos. Con respecto a lo primero, no es del todo cierto que «aquí viene todo el mundo» (Shirky 2008). Las plataformas no son meros servidores que alojan cualquier opinión, no son anfitriones neutros, como pudo verse cuando Donald Trump fue expulsado de Twitter, curiosamente no antes de dejar la presidencia, lo que hizo evidente que no eran simples «fontaneros» que gestionan las «tuberías» sin preocuparse de los contenidos. Aquí nos encontramos con el problema democrático de que quien decide quién puede actuar en la plataforma –que ya no es algo meramente privado sino el espacio donde se desarrolla buena parte de la conversación pública– no está democráticamente legitimado y se está haciendo cargo de tareas que corresponderían a la sociedad, la política o el Estado.

Otro grado de condicionamiento más importante tiene que ver no tanto con el ingreso y la participación, o con las «operaciones de desinformación» que puedan alojar, sino con un control más sutil que, de hecho, convierte a las plataformas en prescriptores de contenidos (Grimmelmann 2014). Esto ha suscitado el debate acerca de la edición y la responsabilidad. La función de estas plataformas debe ser evaluada a partir de las relaciones que mantienen con los que utilizan sus servicios para consumir información, más que con quienes las producen. Deben cumplir las obligaciones estrictas de transparencia y comunicar el funcionamiento de los algoritmos que ordenan las informaciones, recomiendan las publicaciones o priorizan los contenidos esponsorizados. Por eso, diversas legislaciones exigen que las herramientas de búsqueda y las redes sociales publiquen regularmente información técnica acerca del funcionamiento de sus servicios, con la intención de limitar el riesgo de abuso de la posición dominante –lo cual ofrece una información estratégica a los eventuales competidores– y de censura privada en las redes, lo cual proporciona información a los usuarios sobre las clasificaciones a las que se exponen.

Lo que resulta verdaderamente inquietante es que la digitalización se presente como un proceso despolitizado; insistir demasiado en su determinismo puede llevarnos, efectivamente, a renunciar a politizarla. Dar por sentado su determinismo es lo que conviene a quienes quieren que lo sea; explorar las posibilidades de determinación que están abiertas es la obligación de quienes queremos que no nos determine completamente. La insistencia en el carácter determinista de la tecnología es no tanto una constatación de hechos como un acto performativo que anuncia una rendición. La inteligencia artificial condiciona mucho más de lo que piensan los neutralistas y determina menos de lo que creen los deterministas, esa sería mi conclusión.

6. Teoría crítica de la transformación digital

El objetivo de una transformación digital de la sociedad se ha instalado como una evidencia compartida. Una de las principales líneas estratégicas de la Unión Europea así lo pretende, proliferan los ministerios que adoptan ese nombre, las empresas y las universidades tienen quien se hace cargo de ello y, hasta en nuestras familias, los hijos, como si fueran nuestros *Chief Digital Officers*, nos asesoran en el nuevo y a veces hostil entorno digital. Cabe preguntarse si esta profusión de objetivos, denominaciones y cargos viene precedida y acompañada de la correspondiente reflexión acerca de qué significa una transformación de estas dimensiones y si hemos entendido bien la relación que existe entre la tecnología y la sociedad. Algunas de las transformaciones pretendidas y no conseguidas –o sólo de forma parcial– se explican, precisamente, porque se limitaron a ser intervenciones externas, puntuales o no suficientemente negociadas con la sociedad que se pretendía transformar.

Cuando se quiere realizar una transformación, lo primero que hay que saber es en qué consiste, qué la diferencia de otras iniciativas que se limitan a inyectar dinero en un sector, se centran en un proyecto estrella y no realizan las modificaciones de fondo que se pretendían. A este respecto, no nos ayuda mucho hablar tanto de «disrupción», que da a entender que las innovaciones tecnológicas irrumpen y resultan poco menos que ingobernables. Hay cierta ligereza al decretar los finales –del trabajo, de lo humano incluso– y los advenimientos de nuevas épocas, cuando, en realidad, los cambios sociales son menos bruscos y obedecen más a una intervención continua y compartida que a una especie de magia que hace emerger y desaparecer las cosas. La transformación digital exige reflexionar acerca de cuáles son los problemas, qué estructuras deben ser transformadas digitalmente y de qué modo se debe implicar a las personas, los actores y las instituciones correspondientes. No olvidemos que el verdadero sujeto de la transformación digital es la sociedad; lo que hay que transformar digitalmente es la sociedad, no el Estado; el objetivo es «la sociedad digital» (Castells 2024).

Si hablamos de transformación, nos estamos refiriendo a algo más radical que una evolución o un desarrollo, en virtud de lo cual algo, que permanece idéntico, experimenta cierta modificación. Los procesos de transformación son procesos en los que el objeto mismo cambia. Una transformación digital no es la transposición de un producto analógico en uno digital, de lo que se realizaba en un formato analógico y que ahora se llevaría a cabo por medios digitales. Si es una transformación es porque cambian el producto y el proceso, que ya no es lo mismo hecho de otro modo sino algo distinto y nuevo, sea un acto administrativo, una comunicación, la docencia y el aprendizaje, la atención, el consumo cultural, la privacidad o los negocios. Se equivocaría quien pensara que, con la digitalización, se hace lo mismo que antes y únicamente cambia el procedimiento. En la historia de la humanidad, el paso de un medio a otro –de la oralidad a la escritura, a la digitalización– ha supuesto siempre un cambio profundo, también en cuanto a aquello que se hace; leer, comprar, enseñar, gobernar, entretenerse. La comunicación ha cambiado con el correo electrónico no solamente en velocidad sino también en intensidad y calidad; la introducción de los ordenadores o las clases virtuales no son un medio más de aprendizaje sino que implican profundas transformaciones en la acción educativa; la administración digital modifica las relaciones de la ciudadanía con el Estado en cuanto a la cercanía, la accesibilidad o la confianza, hasta el punto de que, para los distintos grupos de la población, esta tecnología representa cosas muy distintas y es vista como una facilitación o una barrera.

Las transformaciones sociales tienen dos enemigos: la falta de comprensión y la falta de implementación, pero ahora me gustaría insistir en lo primero. En el origen de muchas transformaciones fallidas hay un error conceptual, una mala comprensión de lo que está en juego. Pensamos la tecnología como una totalidad que, sólo accidentalmente, se relaciona con la sociedad, que «impacta» en la sociedad, que ha de ser «controlada», a la que se le deben «añadir» unos componentes éticos que la humanicen. De este modo, perdemos de vista hasta qué punto la tecnología y la sociedad están vinculadas. Este dualismo está en el origen de diversos equívocos. La utopía, que piensa que la tecnología lo soluciona todo, y la distopía, que no ve en ella más que peligros, tienen una visión profundamente ahistórica, que sitúa el poder sólo en la tecnología y no en el modo en que los humanos nos apropiamos de ella. Este error de diagnóstico explica, también, el hecho de que la ética de la tecnología esté dominada por un enfoque externalista, pensada como una especie de «guardiana de los límites». Si pensáramos la tecnología como una realidad completa, entreverada con la sociedad, entonces la ética no tendría el carácter de proteger a la humanidad *contra* la tecnología, sino que debería consistir en experimentar y evaluar las mediaciones tecnológicas, con el fin de configurar de manera explícita el modo en que contribuyen a moldear a los sujetos en nuestra cultura tecnológica (Verbeek 2011, 40-41). No hay soluciones puramente tecnológicas para problemas complejos, como lo son aquellos que aborda y plantea la digitalización. La tecnología está socialmente construida y actúa en contextos sociales en donde se juega, en definitiva, su validez.

A diferencia de una planificación, la transformación es un proceso con un resultado abierto. Cómo se apropie finalmente la sociedad de las acciones de los gobiernos encaminadas a tal fin es algo, en parte, imprevisible. Las transformaciones sociales puestas en marcha por la hiperconectividad digital no están predeterminadas por esas tecnologías sino que emergen de los modos en los cuales dichas tecnologías y las prácticas que se desarrollan en torno a ellas son entendidas culturalmente, organizadas socialmente y reguladas legalmente. Quien quiera cambiar un sistema sociotécnico necesita saber en qué consiste el problema tecnológico y cuál es el contexto social en el que ese problema debe ser abordado. Hay que entender la tecnología, hay que entender la sociedad y, sobre todo, cómo interactúan ambas cosas. Debemos pensar al mismo tiempo la tecnología y la sociedad, y examinar su entrelazamiento.

Y es que la sociedad no se comporta de forma neutral respecto de la digitalización, no es un espacio inerte que reciba con docilidad las prescripciones técnico-políticas. La sociedad no es una *start-up*, un modelo experimental que podría luego ampliarse, sino el ámbito en el que repercuten todas las decisiones adoptadas en materia de digitalización, a veces con resultados irreparables. Con la digitalización tiene lugar, de una manera más aguda, lo que pasa cuando se introduce cualquier tecnología en una sociedad: que raramente da el resultado exacto que se pretendía. Eso se debe, en buena medida, a la vitalidad de la sociedad, que la hace suya de modos imprevisibles.

La investigación de los últimos treinta años sobre la sociología de la tecnología ha desarrollado una serie de conceptos en torno a la relación entre la técnica y la sociedad que son muy relevantes para el debate acerca de la transformación digital. En primer lugar, deberíamos dejar de pensar que la técnica es algo que está ahí, completa y a nuestra disposición, ofreciéndose incuestionablemente como la solución permanente para un problema o amenazándonos como algo que nos impacta y que no podemos, de ninguna manera, configurar. La tecnología es siempre el resultado de un proceso de negociación entre los progresos tecnológicos, los intereses económicos, las expectativas sociales, las exigencias legales y la configuración política. Esto vale para las vías ferroviarias, los frigoríficos, los puentes y los algoritmos (Bijker / Law 1992). Otra aportación ha sido el concepto de «*affordance*» para explicar que la técnica no determina las estructuras sociales sino que abre posibilidades de acción (Hutchby 2001, 444; Latour 2017, 124; Evans *et al.* 2017, 36). Con este concepto se alude a las relaciones estructurales entre los artefactos y los usuarios, que posibilitan o limitan determinadas acciones en una situación dada.

En el contexto de la transformación digital, los humanos y los ordenadores estamos entrando en una intrigante simbiosis. No es sólo que los algoritmos actúen sobre nosotros, sino que nosotros también actuamos sobre los algoritmos. Al usar los algoritmos, los modificamos y reconfiguramos. Los algoritmos de los sistemas de aprendizaje automático se desenvuelven en un entorno social, no geológico, por lo que son continuamente moldeados de acuerdo con el *input* del usuario (Bucher 2018, 94-95). Desde esta perspectiva, lo importante no son sólo los efectos de los algoritmos sobre los actores sociales, sino las interrelaciones entre los algoritmos y los actos sociales de adaptación: «un bucle recursivo entre los cálculos del algoritmo y los "cálculos" de las personas» (Gillespie 2014, 183). Que los algoritmos puedan ser empleados para resistir el poder de quienes los programaron no significa que se recupere un equilibrio perfecto entre ambos, sino que el poder no se ejerce sobre sujetos pasivos. Esas relaciones, por muy asimétricas que sean, son dinámicas, contingentes, socialmente construidas y renegociadas de forma constante (Bonini / Treré 2024). En última instancia, el poder social de los algoritmos –especialmente en el contexto del *aprendizaje automático*– procede de las relaciones recursivas entre la gente y los algoritmos. Son encuentros que no acontecen de manera unidireccional; la gente limita y amplía la capacidad de los algoritmos. La actividad de un algoritmo puede ser leída como la traza del modo en que evalúa sus encuentros con el mundo social. Aquí se pone de manifiesto de una manera singular aquella idea de Foucault de que el poder es una capacidad transformadora que siempre implica formas de resistencia (1976).

Estamos, por tanto, ante el gran desafío de cómo articular los desarrollos tecnológicos con las realidades sociales. La tecnología no prescribe un único posible desarrollo; en su encuentro con la sociedad se plantean muchas opciones, es contestada, se utiliza para algo distinto de lo previsto por su diseñador, se reivindica una aplicación inclusiva; en suma: se produce un diálogo que permitiría hablar de un pluralismo tecnológico, una diversidad de modos de concebir la tecnología en su implementación social. Buena muestra de esto –que le pasa a cualquier tecnología en el interior de nuestras sociedades– es el hecho de que a escala global, la misma digitalización adquiera formatos muy distintos y cristalice en modelos que articulan tecnología, Estado y mercado de modos diversos e incluso antagónicos, si consideramos lo que piensan y hacen con la inteligencia artificial Estados Unidos, la Unión Europea o China. El proyecto de poner en marcha una inteligencia artificial en español o en otras lenguas es un ejemplo de esas posibilidades de pluralización de la tecnología, ya que, de este modo, se incorporarían visiones diferentes del mundo y mejoraría la accesibilidad de muchas personas. Si hablamos de pluralismo político o moral también deberíamos hablar de una «diversidad tecnológica», de un pluralismo en relación con la tecnología, una tecnología que no es indiscutible, de aplicación inmediata y unívoca.

Muchas de las transiciones fallidas se han debido, en este y otros ámbitos, a una aplicación mecánica y vertical de los nuevos requerimientos, sin pensar suficientemente sobre la diversidad de los sujetos destinatarios y sin incluirlos en el proceso. El caso de la transición ecológica y las protestas de los agricultores pone de manifiesto la difícil conciliación entre lo que debe hacerse y las implicaciones para un sector especialmente afectado. Los fallos en las transformaciones se deben a no haber sido capaces de desarrollar un proceso adecuado de negociación que llevara a una solución sostenible y satisfactoria para todos. La resistencia al cambio no debe interpretarse como un perverso boicot, sino que, en muchas ocasiones, evidencia que quien promueve ese cambio no ha conseguido facilitarlo, negociarlo y hacer creíbles sus ventajas para todos.

Como en cualquier otro tipo de trasformaciones, hay que examinar qué puede hacer más lenta de lo conveniente la transformación digital o qué efectos indeseados puede producir su desarrollo irreflexivo. Es frecuente que el imperativo de la transformación digital valore más la velocidad que el resultado, la reacción que la reflexión; sus impulsores suelen tener un «*action bias*», un sesgo de acción que los lleva a actuar antes que a entender. Tendríamos, así, rapidez sin reflexión, adaptación sin decisión, dirección sin acuerdo, tecnología sin sociedad.

Con frecuencia se buscan soluciones no *a través* de la tecnología sino *en* la tecnología, convirtiéndola en un fin en sí mismo. Me refiero a esa «aplicación» inmediata e irreflexiva de la tecnología a los problemas sociales, esperando, así, que se resuelvan de manera rápida y eficiente. La transformación digital nos ofrece muchos ejemplos de esta ceguera social de la tecnología: el equívoco de pensar que una administración digitalizada es, necesariamente, una administración más cercana; tratar de resolver el incremento de la demanda sanitaria sólo mediante la asistencia telemática; la facilitación de ordenadores personales en las escuelas o la enseñanza virtual a que obligó la pandemia, sin la correspondiente formación de alumnos y profesores; instigar a que las empresas desarrollen modelos de negocio digitales con independencia de que tengan las capacidades necesarias o exista el correspondiente mercado para ello. Pero conviene no perder de vista el hecho de que, si bien la tecnología sin más no es la solución, tampoco es el problema; el problema es la falta de reflexividad a la hora de articular tecnología y sociedad. Hay brechas digitales y otro tipo de desigualdades que la transformación digital puede corregir o agravar, y eso no depende tanto de la naturaleza misma de la tecnología, como de las políticas con que se implemente.

Como en cualquier otra transformación profunda de la sociedad, la transformación digital exige, al menos, dos cosas: reflexividad e inclusión. Las transformaciones sociales se producen menos por la velocidad que gracias a la calidad de un proceso continuado. Carece de sentido ganar velocidad a costa de suprimir los momentos de reflexión, debate e inclusión. No nos podemos ahorrar la fase de análisis de los problemas y las necesidades que hace falta para abrir ese proceso de negociación sin el cual no habrá transformaciones sociales exitosas. Los procesos de transformación digital deben configurarse de manera integradora. Ha de tenerse en cuenta la heterogeneidad de los grupos sociales a los que se dirige y que implica la estrategia de transformación digital: el mundo rural y el urbano, las diferentes generaciones, los distintos grados de formación, las diversas situaciones económicas, las desigualdades de género que condicionan el acceso y el uso.

La difícil encrucijada de la globalización consiste en que, por un lado, habría que acelerar los procesos para estar a la altura del veloz desarrollo tecnológico, pero, por otro lado, aumenta la complejidad de las negociaciones necesarias –legislativas, regulatorias, democráticas–, lo que ralentiza los tiempos de actuación. Podemos lamentar este desajuste, pero no deberíamos olvidar que, sin ese debate social inclusivo, cualquier iniciativa política está condenada a no ser entendida y respaldada por la sociedad, sin la cual no habría una verdadera transformación digital.

6

Automatización. El sentido de lo que funciona sin nosotros

La automatización es una de las mayores conquistas de la historia de la humanidad. Contra el discurso de resistencia que se opone a la automatización en nombre de la voluntad de disponer de un control integral sobre las cosas, hay que señalar que el género humano ha impulsado la automatización en nombre, precisamente, de ese control, aunque realizado de un modo indirecto. Automatizar es una operación que se lleva a cabo, en principio, para aumentar el poder humano. La multiplicación de sistemas automáticos en nuestras sociedades plantea el interrogante acerca de si gracias a ellos decidimos mejor y si, en última instancia y aunque sea de un modo indirecto o mediado, decidimos nosotros mismos. Cabe, incluso, defender que no decidimos de ningún modo, pero que eso podría no ser una mala noticia, a la vista de los beneficios de la automatización.

Nuestras sociedades están delegando cada vez más decisiones en los sistemas inteligentes. El desarrollo tecnológico se basa en la creciente autonomía de los sistemas de decisión automatizada, a los que vamos confiando decisiones que hasta ahora tomábamos nosotros mismos. La matriz automática opera ya, embrionalmente, en muchas actividades: en la producción del conocimiento a través de algoritmos de aprendizaje automático (*deep learning*), en la creación de confianza con sistemas que evitan la falsificación (*blockchain technology*), en la activación de los intercambios en los mercados automatizados (*automated markets*), en la ejecución de la ley con contratos inteligentes (*smart contract*), en la gestión de la guerra mediante armas autónomas (*autonomous weapons*), en la negociación automática o de alta frecuencia (*high-frequency trading*), en la consultoría patrimonial con asesores robóticos (*robo-advisor*), en la cirugía robótica (*robotic surgery*) y en la gestión automática de la logística (*logistics automation*).

La tecnología es tan omnipresente que apenas nos damos cuenta de ello. No hay ningún momento en el que no estemos bajo su influencia, ni un lugar en el que no esté presente. Al mismo tiempo, en muchas aplicaciones algorítmicas se difuminan los límites entre las decisiones automatizadas y las decisiones asistidas. La tendencia general hacia un pilotaje automatizado de los asuntos humanos no es sólo un aumento cuantitativo de los instrumentos que tenemos a nuestra disposición sino una transformación cualitativa de nuestro ser en el mundo, un mundo en cuyo centro ya no nos encontramos. Este nuevo paisaje tecnopolítico es muy importante para el ser humano y, al mismo tiempo, está despoblado de humanos, lleno de lugares y procedimientos en los que tiene prohibido el paso y la presencia. Sin que esto tenga una connotación necesariamente negativa, se trata de un mundo «deshumanizado», como lo pone de manifiesto el hecho de que las arquitecturas más significativas del mundo carecen de personas: las puertas automatizadas, los campos agrícolas robotizados, las redes de comunicación autónomas, las estaciones orbitales extraterrestres son lugares llenos de sistemas autónomos y desiertos de humanos (Young 2019).

Las máquinas inteligentes buscan soluciones óptimas, en vez de contentarse, como los humanos, con soluciones suficientes; en este sentido, tendrían unos procedimientos de decisión superiores a los nuestros, y evitarían o reducirían, además, los fallos causados por las preferencias subjetivas y prejuicios que acompañan a toda decisión humana. Esta promesa de exactitud y control parece realizarse con el actual incremento de los sistemas de decisión automatizada (*Automated Decision Systems*, ADS), en virtud de los cuales no resulta exagerado afirmar que nos encontramos en «una esfera pública automatizada» (Pasquale 2015). Con la idea de mejorar la eficiencia o ahorrar costes, estos ADS ayudan e incluso remplazan los tradicionales procedimientos de decisión. Podemos constatar una creciente voluntad en nuestras sociedades de externalizar la toma de decisiones a sistemas basados en algoritmos. Esta tendencia puede denominarse «gobernanza algorítmica» o «algocracia» (Aneesh 2006). Los algoritmos se utilizan, cada vez más, para incitar, influir, guiar, provocar, controlar, manipular y limitar el comportamiento humano. A veces esto es beneficioso, a veces es benigno y, a veces, problemático (Danaher 2016; Pasquale 2015; Zarsky 2016).

1. LA LÓGICA DEL AUTOMATISMO

Los sistemas clásicos de automatización apenas planteaban el problema de un contraste entre la voluntad del diseño y su evolución práctica, por lo que la decisión de ponerlos en marcha seguía luego presente en su desarrollo, como supervisión o control. La programación permite regular el comportamiento del sistema conforme a parámetros externos, en concreto, bajo el control de la subjetividad humana. Pero eso ya no es así cuando hablamos de sistemas sofisticados de aprendizaje. A diferencia de los tradicionales sistemas automatizados, los sistemas capaces de aprender no están completamente predeterminados por sus programadores. Mientras que en los sistemas que no aprenden los sujetos de derecho son, por principio, quienes los configuraron, la imputación en los sistemas inteligentes es menos clara e inmediata. De estos sistemas inteligentes no se podría decir lo que afirmaba la antropóloga Zora Neale Hurston de que los dioses siempre se comportan como la gente que los crea.

Un sistema inteligente autónomo se caracteriza por su capacidad de transformar datos en decisiones, sin que ese proceso de decisión esté determinado en detalle por la programación humana. El diseño de tales sistemas es una gran conquista, ya que hemos conseguido diseñarlos para que sean sensibles a los contextos nuevos en los que tengan que desenvolverse, buena parte de los cuales nos son previamente desconocidos. Por eso puede decirse que la implantación de sistemas inteligentes no sólo causa efectos imprevistos sino, también, estructuralmente imprevisibles. Esa indeterminación o emergencia modifica nuestras categorías de decisión e imputabilidad. Los programadores y usuarios no conocen plenamente las reglas de funcionamiento del sistema. Cuanto más autónomos son los sistemas, menos dependen del control humano; actúan independientemente de la instrucción humana directa, a partir de la información que ellos mismos adquieren y analizan. Un ejemplo de ello puede ser el *inverse reward design* (IRD) (Hadfield-Menell *et al.* 2020): la optimización que los agentes autónomos llevan a cabo para proporcionarnos lo que, de hecho, queremos, aunque no hayamos sido capaces de hacerlo explícito; en vez de tomar el comportamiento humano como instrucciones explícitas acerca de lo que queremos, lo toman como mera información, de manera que pueden ser reinterpretadas en los nuevos contextos.

La automatización permite abordar, sin tener que pensar, procesos complejos que demandarían mucha atención (Bargh / Ferguson 2000; Bargh *et al.* 2012). La cuestión que esto suscita es qué sentido tiene, entonces, nuestra capacidad y derecho a decidir, así como los efectos positivos y negativos que implica. La más célebre defensa de la automatización se la debemos al filósofo norteamericano Alfred Whitehead. «La civilización avanza ampliando el número de operaciones importantes que podemos realizar sin pensar en ellas» (1911, 61). William James sostenía algo similar: «cuantos más detalles de nuestra vida cotidiana podamos entregar a la custodia sin esfuerzo de la automatización, más se liberarán nuestras facultades mentales superiores para su propio trabajo» (James 1918, 122). El incremento de los dispositivos de automatización puede leerse, incluso, en clave moral, como sostiene Bruno Latour al afirmar que la suma de la moralidad aumenta con la población de seres no humanos (1996, 68). Y cabe, también, contraponer la inteligencia agregada de las máquinas a las limitaciones cognitivas del individuo, afirmando que la tecnología nos hace estúpidos individualmente e inteligentes colectivamente (Lee 2020).

Un análisis más pormenorizado de los efectos de la automatización registra ventajas e inconvenientes, y algunos de estos últimos deben achacarse no a la automatización fallida sino a la exitosa. La automatización –especialmente, la automatización inteligente– produce beneficios de muy diverso tipo, pero tiene, al menos, dos efectos desde el punto de vista de la decisión y que están vinculados entre sí: nos libera de una *obligación* de decidir –lo que implica comodidad, exactitud y eficiencia, entre otras cosas– y debilita nuestra *destreza* para tomar decisiones cuando resulta inevitable hacerlo –algo que puede tener consecuencias trágicas–. Este doble efecto sobre nuestra capacidad decisoria tiene que ver con el hecho de que la automatización hace que dejemos de ser actores y nos convirtamos en observadores. Cuanto más sofisticada se hace la automatización, más se convierte el piloto en un mero supervisor. El caso de los pilotos de avión proporciona un ejemplo muy elocuente: no pilotan aviones sino que pilotan ordenadores (o tal vez los ordenadores los piloten a ellos). Pero esa circunstancia es lo que explica un tipo nuevo de accidentes que se producen cuando fallan los sistemas automáticos y los pilotos tienen que tomar el control: pérdida de reflejos, falta de atención, disminución de la pericia... (Carr 2015, 43-63). Algunas de nuestras capacidades de memorización pueden ser afectadas por el «efecto Google» (Sparrow 2012), ese debilitamiento de nuestra memoria biológica en virtud de la disponibilidad de soportes de memoria externa, una experiencia que hunde sus raíces en la vieja crítica de Platón a la escritura como causante de nuestra desmemoria. Pensemos en la pérdida de memoria que se produce por la ampliación protésica de la misma, y que puede comprobar cualquiera que haya perdido el teléfono y constate que apenas se sabe ningún número porque se ha desacostumbrado a memorizarlos. Podríamos mencionar hasta qué punto ha empeorado nuestra letra desde que comenzamos a escribir a máquina o los errores que cometemos en virtud de los correctores automáticos. Hay quien asegura que los métodos «robóticos» en la concesión de créditos disminuyen la capacidad de juicio de los banqueros e incluso pueden aumentar los riesgos de los mercados financieros (Bhidé 2010). O mencionemos, para concluir, el hecho de que la navegación con el GPS inhibe nuestra experiencia de orientación en el mundo físico (Leshed *et al.* 2008), algo que se ha podido comprobar comparando la memoria y la capacidad de orientación de los taxistas de París (que habitualmente utilizan el GPS) y de Londres (que no lo emplean). El GPS nos sitúa en el centro del mapa y pone al mundo a circular alrededor de nosotros, como una parodia en miniatura del universo precopernicano. «Cuanto más dependemos de la tecnología para encontrar nuestro camino, menos construimos nuestros mapas cognitivos» (Frankenstein 2012).

2. ¿QUIÉN DECIDE CUANDO DECIDE UN ALGORITMO?

Las decisiones algorítmicas están sustituyendo cada vez más a las decisiones humanas. Muchas decisiones que solían ser el resultado de un proceso de reflexión personal y deliberación colectiva son ahora tomadas automáticamente. La toma de decisiones algorítmica (*algorithmic decision-making*) determina la concesión de un crédito, el precio de los billetes de avión, la medicación más adecuada, el tráfico urbano y la identificación de un potencial terrorista. Esta automatización general de la sociedad plantea el problema de qué relación existe entre la decisión humana y la algoritmización, si estamos ante una sustitución, una modificación o una complementación. Que automaticemos ciertas decisiones, individuales o colectivas debería ser considerado, en principio, como un alivio, pero esa posibilidad constituye una amenaza si implica una entrega absoluta de nuestra soberanía. Qué tipo de poder tenemos los humanos cuando automatizamos los procesos y *después* ponderamos hasta qué punto es deseable decidir o en qué medida puede ser ventajoso no tener que hacerlo, qué clase de decisión es un algoritmo y si el trabajo crítico sobre los algoritmos puede entenderse como una recuperación de nuestra capacidad de decidir. ¿Quién decide cuando, aparentemente, nadie decide?

De entrada, existen múltiples ventajas asociadas a la automatización, que nos exonera de la obligación de decidir o, si se quiere formular así, nos confiere el derecho a no decidir. Ahora bien, ¿son compatibles la soberanía democrática y la automatización generalizada? ¿Cómo se articulan y reparten los territorios de la decisión y de la automatización? Aun reconociendo la singularidad histórica del mundo automatizado, este tipo de dilemas se pueden iluminar desde la tradición clásica de la filosofía política. En ellos vuelve a plantearse el viejo debate acerca de las ventajas y los inconvenientes de la tecnocracia, el saber experto o el poder de las instituciones imparciales. No hay democracia sin decisión del soberano, pero tampoco sin una serie de instituciones y procedimientos que tienen la forma de la no-decisión, porque prohíben, limitan, delegan, objetivizan o condicionan el poder de ese soberano.

Desde el punto de vista normativo, las posibles ventajas de la automatización parecen muy poca cosa comparadas con el valor que asociamos al derecho a decidir. Decía Hannah Arendt –en un contexto muy diferente, por cierto– que la decisión, en la medida en que interrumpe los procesos automáticos que parecen determinar el curso del mundo, es el reducto esencial de la existencia humana (1958, 205). Esta capacidad de decidir, entendida en clave de autodeterminación colectiva, es un elemento nuclear de la organización democrática de nuestras sociedades. Pues bien, hay muchas declaraciones de incompatibilidad entre la automatización y la libre decisión, que denuncian el antihumanismo de la inteligencia artificial, en la medida en que supondría un desmantelamiento de las grandes adquisiciones jurídico-políticas edificadas sobre los poderes del entendimiento humano y su libre capacidad de decisión. Dilucidar si esto es un juicio sumarísimo o un valiente ejercicio de la razón crítica requiere elaborar una teoría de la decisión humana, democrática, política, en el entorno automatizado, algorítmico.

No es sólo una estrategia retórica: en muchas ocasiones y para los asuntos más diversos, los algoritmos deciden mejor. En principio, los algoritmos prometen objetividad y carecen de prejuicios, e incluso pueden ayudarnos a detectar sesgos inconscientes (Select Committee on Artificial Intelligence - SCAI 2019, 44). «Antes las mediciones humanas estaban distorsionadas por los prejuicios humanos; unos algoritmos agnósticos proporcionan hoy visiones objetivas» (Rieder / Simon 2018, 161). Los errores y los prejuicios humanos podrían mitigarse en el entorno automatizado (Meadow / Sunstein 2001). Incluso existen algoritmos que pueden identificar cuándo y en qué medida hay finalidades discriminatorias en la intención de sus desarrolladores o *fact-checking* (Donohue 2019).

Pero la relación de los algoritmos con las decisiones humanas y su servicio a la objetividad no es tan benéfica. Los algoritmos tienen sus propios sesgos y el trabajo sobre ellos forma parte de esa recuperación de nuestra soberanía que no tiene por qué ser incompatible con el avance en la automatización del mundo. Desprejuiciar los algoritmos comienza por identificar las decisiones que no parecen tales. La pregunta que debe formularse a este respecto sería: ¿qué tipo de decisión es un algoritmo? ¿Quién decide cuando nadie decide, es decir, cuando decide un algoritmo? Se trataría, por tanto, de restablecer la lógica de la decisión, que puede implicar dos tipos de operaciones: 1) desenmascarar, en primer lugar, las decisiones que se esconden como no-decisiones, y 2) recuperar una capacidad de decisión sustraída. No es extraño, por tanto, que haya cada vez más activismo que trata de romper las taxonomías institucionalizadas cuestionando su pretendida neutralidad o poniendo en evidencia a quienes se benefician de ellas. Un ejemplo de ello es lo que se ha llamado el «estadactivismo» (*statactivism*), el activismo político en torno a las estadísticas. En la medida en que clasifican, procesan y hacen predicciones a partir de los datos, los algoritmos son políticos porque hacen que el mundo aparezca de un modo y no de otro. Como afirmaba Maciej Cegłowski en su comparecencia ante el Comité británico que elaboraba el informe sobre inteligencia artificial, el aprendizaje automático es «como el blanqueo de dinero para el sesgo» (SCAI 2019, 42). Muchos grupos se han dado cuenta de que las estructuras sociales están condicionadas por la decisión en favor de ciertos indicadores y criterios de valoración, incluidos los procedimientos automatizados. Se han constituido movimientos, como la ONG Algorithm Watch, que exigen transparencia y derecho a la crítica. En esta línea se encuentran el nuevo campo de combate por el hecho de ser «un sujeto de datos» (*data subject*) (Ruppert *et al.* 2017), o lo que se llama «la controvertida política de los datos», es decir, las iniciativas sociales que interfieren en los procesos dominantes de datificación o se apropian de ellos, impugnando las relaciones de poder existentes o reapropiándose de las prácticas e infraestructuras de datos para fines distintos de los previstos» (Beraldo / Milan 2019).

Desde la Ilustración, el concepto de autonomía, de decisión autónoma, ha sido algo así como la joya de la corona de la humanidad (Verbeek 2011, 27). La capacidad de decidir, tanto en el plano individual como en el colectivo, es un valor fundamental de las sociedades democráticas. La Ilustración y las revoluciones democráticas no han hecho otra cosa que poner a nuestra disposición, en nuestras manos, decisiones que, en otras épocas y sociedades, estaban determinadas por el nacimiento, la costumbre o el rango social. El cambio tecnológico afecta al núcleo de la decisión humana autónoma. Estamos en un momento de la historia en el que, habiendo superado en buena medida el viejo condicionamiento social con el que rompieron las revoluciones democráticas, nos adentramos en otro periodo en el que cada vez más decisiones, cotidianas o políticas, son tomadas por otros, en este caso, por sofisticados artefactos. Los avances tecnológicos en la obtención de datos y su procesamiento automatizado a través de algoritmos suponen cierto remplazo de las decisiones humanas. Usuarios, votantes, consumidores, ciudadanos se están alejando, voluntaria o involuntariamente, del proceso de toma de decisiones. Ya no es sólo que ciertos algoritmos sugieran determinadas opciones al consumidor, sino que deciden ellos mismos, anticipándose a lo que imaginan que uno elegiría, de acuerdo con su comportamiento habitual. Es un modelo que rige ya en muchos ámbitos de consumo y que condiciona, cada vez más, las decisiones en otro orden de cosas, incluido, también, el político. No me refiero sólo a los asistentes algorítmicos del estilo de las aplicaciones del comportamiento, sino también a algoritmos capaces de manejar una gran cantidad de datos, agregar las preferencias de muchas personas y dar lugar a decisiones sofisticadas que podrían considerarse más racionales que las que adoptamos individualmente sin esa asistencia, o como resultado de un combate político lleno de sesgos ideológicos y desigualdades.

Algunos han aducido, en defensa de este desplazamiento, que los algoritmos nos conocen mejor de lo que nos conocemos nosotros mismos y, por ello mismo, nos permitirán ser más fieles a nosotros. De entrada, los algoritmos y, en general, los sistemas automatizados pueden aligerar la sobrecarga informativa que dificulta nuestra toma de decisiones. Además, el algoritmo puede identificar preferencias de las que no somos conscientes y enseñarnos cosas que desconocemos acerca de nosotros mismos. Hay ocasiones en las que no somos capaces de especificar exactamente el peso que queremos dar a los diferentes parámetros de decisión. Considerando todos estos factores, si hemos renunciado a nuestra autonomía ha sido sólo a la autonomía de las malas decisiones; yo sería más libre ahora que antes porque mi verdadero yo es asistido por una tecnología poderosa y benevolente (Ford 2000).

La respuesta convencional a este problema es apelar a la idea de control en sus diversas modalidades: como supervisión, presencia, gobernanza o regulación. Si nos limitamos, ahora, al tema de la presencia o la intervención humana, este requisito no cumple todas las expectativas de control y plantea algunas paradojas. Veamos algún ejemplo. La distinción entre los sistemas con o sin intervención humana («*in and out of the loop*», como denominan los ingenieros al ciclo de acción, *feedback* y decisión que controla todas las decisiones del sistema en cada momento) está muy desarrollada a la hora de pensar la responsabilidad. Los sistemas que tienen un humano en el proceso serían los coches automatizados, que disponen de control o intervención humana (*human override*), sistemas de armas autónomas que exigen que un humano apruebe los ataques o la moderación de contenidos, mediante la cual los humanos ayudan a los algoritmos a aprender qué contenido es objetable y deciden, en los casos en los que los sistemas automatizados no están todavía suficientemente instruidos. El concepto de control es complicado, incluso en estos sistemas, y hay una discusión acerca de si puede haber un control humano significativo en aquellos sistemas que dejan a los humanos fuera de los momentos decisivos. A efectos de lo que aquí nos interesa, es importante hacer notar que la inclusión de la intervención humana puede oscurecer la responsabilidad causal. Por ejemplo: hay muchos sistemas supuestamente automatizados que confieren a los humanos un rol activo –estos corrigen los errores o remplazan los sistemas de decisión–, pese a lo cual la función humana puede, de hecho, estar comprometida por el diseño del sistema: puede ocurrir que no haya tiempo suficiente para tomar las decisiones, podemos cansarnos o acostumbrarnos, podemos carecer de la formación y experiencia adecuadas para tomar buenas decisiones (Wagner 2019). En estos sistemas donde hay una presencia humana puede ocurrir que la responsabilidad de los resultados sea erróneamente atribuida a los actores humanos, y que se cree, así, un tipo de «zona moral deformada» que protege al sistema de atribuciones de responsabilidad (Elish 2019). La cuestión es si situar a un humano en el proceso atribuye capacidades relevantes a las intervenciones humanas o si, al hacerlo así, se oscurece la responsabilidad causal de todo el conjunto. Lo decisivo es que el mecanismo de deformación no tiene por qué ser tecnológico; es decir, que tanto la exigencia de que haya humanos en el proceso como la misma automatización pueden ser un medio de generar irresponsabilidad (Rubel *et al.* 2021, 160).

Como puede verse, las propuestas de control no son evidentes ni carecen de efectos indeseados. No podemos tener un control sobre todos los procesos automáticos, salvo que dejen de serlo, pero debemos diseñar el marco y los valores en los que tales procesos se van a desarrollar, de manera que podamos seguir considerando esos procesos como cierto resultado de nuestra voluntad. En cuanto seres sociales y animales políticos, esta voluntad debe configurarse en el seno de una conversación democrática. La cuestión inquietante sería hasta qué punto los beneficios de la automatización nos permiten considerar que los sistemas inteligentes siguen guardando algún tipo de relación con la lógica de la decisión humana. ¿Cómo tomar *las mejores* decisiones y asegurarnos de que no son nuestras *últimas* decisiones?

3. El factor humano, el control y sus límites

Buena parte de la literatura que se ocupa de la ética y de la gobernanza de la inteligencia artificial propone una «humanización» de los procesos. Esta apelación viene de lejos, de cuando Norbert Wiener se refería al «propósito puesto en la máquina» (1950). Los diversos grupos de reflexión y comités de ética exigen «humanizar los algoritmos», una inteligencia artificial ética («*ethical*

AI») (Renda 2019), orientada hacia el bien (AI for Good), supervisión humana («*human oversight*») (EC 2018), «un diseño del algoritmo centrado en los humanos» (Baumer 2017) y otras expresiones similares. Se multiplican los llamamientos a una ética de la inteligencia artificial que, implícita o explícitamente, se resolvería incrementando la presencia y el control de los humanos en los procesos automatizados. La paradoja consiste en que, si humanizamos demasiado esos procesos, nos privamos de los beneficios de la automatización. Hay multitud de dispositivos tecnológicos que son útiles no a pesar de que el ser humano no intervenga, sino gracias a que no lo hace; desde el ABS, el piloto automático, los futuros coches sin conductor, los procedimientos burocráticos o los estabilizadores automáticos de la economía. ¿Cuánto da de sí la automatización, qué significa la estrategia del «*human in the loop*», y hasta qué punto es posible intervenir sin que se arruinen las promesas de imparcialidad o exactitud de los procesos autónomos? Y es que no estamos demasiado seguros acerca de si los errores de la automatización son debidos a que esta es excesiva o insuficiente ni sabemos en qué medida atribuirlos a una u otra causa.

Cualquier problematización de estos llamamientos al control humano parece implicar que no se aprecian lo suficiente los valores éticos que están en juego en el desarrollo de la inteligencia artificial, cuando ocurre exactamente lo contrario: sólo si entendemos la lógica de la automatización formularemos esos llamamientos éticos sin dar a entender que desconocemos las propiedades y los límites del control humano. Estas críticas podrían agruparse en: cierta sobrevalorización de la acción consciente (a), un dilema de la automatización (b) y un desconocimiento del hecho de que, en el mundo automatizado, sigue habiendo muchos humanos (c). Tras estas puntualizaciones, estaremos en condiciones de abordar una relación más equilibrada entre los humanos y las máquinas.

a. Elogio de la inconsciencia

Si se me permite una ligera exageración, quienes se ocupan de cuestiones éticas no suelen estar demasiado preocupados de que su diagnóstico describa adecuadamente la realidad o de que sus recomendaciones sean practicables y eficaces. Pero la perspectiva normativa no tiene por qué estar reñida con el principio de realidad. Muchas de estas exhortaciones normativas minusvaloran formas de conocimiento, presencia o control que no son reflexivas, inmediatas o completas. Veamos algunos ejemplos, varios de ellos de la propia regulación de la Comisión Europea. En el borrador de las *Directrices éticas* sobre inteligencia artificial (EC 2018) se reclama que «si uno es consumidor o usuario de un sistema de IA, esto implica el derecho a someterse a la toma de decisiones directa o indirecta de la IA, el derecho a conocer la interacción directa o indirecta con los sistemas de IA, el derecho a excluirse y el derecho de desistimiento». Algo similar, en una formulación pasiva y desde el punto de vista de los derechos, es «el derecho a no ser objeto de una decisión basada únicamente en un tratamiento automatizado», formulado por el Reglamento General de Protección de Datos (EC 2016). El *Libro Blanco sobre la inteligencia artificial* de la Comisión Europea plantea una exigencia de supervisión humana según la cual «el resultado del sistema de IA no es efectivo hasta que un humano no lo haya revisado y validado» (EC 2020). ¿Tienen sentido estas pretensiones, resultan factibles, o son la mera expresión de una aspiración nostálgica, incompatible con esas nuevas realidades? En una línea similar, algunos académicos han propuesto una «autodeterminación informativa», de modo que los algoritmos de búsqueda no estén predeterminados por el proveedor sino que sean configurables por el usuario (Helbing *et al.* 2017, 25). Estas y otras exigencias similares, como la de una inteligencia artificial controlable, plantean objetivos deseables pero incompatibles con la lógica de la automatización y en términos que no tienen un significado preciso. Hay en ellos, sobre todo, un déficit conceptual, una insuficiente reflexión acerca del sentido de la automatización y la nueva presencia humana en estos procesos.

Esta contraposición entre el dominio de la automatización y el control consciente de los humanos parte de una deficiente concepción de la inteligencia humana, según la cual sólo el conocimiento consciente sería conocimiento en sentido propio, y una también deficiente concepción del control humano, que sólo sería real si implica una presencia o se ejerce de modo directo. Frente a esta visión, quisiera reivindicar el valor del conocimiento no plenamente consciente y del control humano bajo formas indirectas. Hay una enorme potencia cognitiva en las formas inconscientes de conocimiento (Enzio 2013), y, por otra parte, uno puede elegir no elegir, o ejercer un control suave o indirecto (Innerarity 2020; 2024). Mi propuesta es considerar que el pensamiento consciente, la reflexión, la decisión y el control están sobrevalorados, especialmente en entornos tecnológicos complejos. La nostalgia de la simplicidad y el control nos lleva a creer que la conciencia y el control nos haría más dueños de la situación en estos nuevos entornos en los que hay que negociar equilibrios inestables con máquinas poco dóciles, renunciar a controles estrictos y enfrentarse a escenarios de mayor incertidumbre.

Hay una gran cantidad de cosas que hacemos con poca conciencia y precisamente esa falta de reflexividad nos permite hacerlas mejor. Seríamos peores en el movimiento, la conducción o el juego si lo hiciéramos con mayor reflexividad. Una visión demasiado intelectualista nos impediría hacernos cargo de la acción humana. Buena parte de la complejidad del mundo (incluido el mundo tecnológico) la gestionamos bien gracias a nuestra irreflexividad, mediante convenciones y hábitos, e incluso gracias a esos atajos cognitivos que son nuestros prejuicios, a través de respuestas espontáneas y automáticas, que son, por tanto, dimensiones de nuestro comportamiento que no están en contraposición con la lógica de la automatización. Un número abrumador de decisiones humanas son bastante rutinarias y, por tanto, susceptibles de tratamiento algorítmico. Es errónea la idea de que tenemos que cultivar el hábito de pensar siempre en lo que estamos haciendo; cuanto más podamos exonerar a nuestra mente de operaciones rutinarias y realizar tareas con ayuda tecnológica, más poder mental tendremos a nuestra disposición para realizar tareas creativas.

De hecho, en los últimos años se ha venido produciendo un giro desde el intelectualismo kantiano hacia un enfoque aristotélico, basado en el carácter y el hábito más que en la autoconciencia (Goldberg 2006; Gigerenzer 2007; Kahneman 2011). Encontramos ahí reflexiones muy interesantes acerca de la capacidad del pensamiento inconsciente para manejarse con decisiones complejas, en la medida en que la acción inmediata espontánea representa un tipo de comportamiento superior que «procesa» información compleja mejor que el pensamiento consciente (Varela *et al.* 1991; Kahneman 2011), como el elogio de Goldberg (2006) a la sabiduría como reconocimiento de patrones que es típica del cerebro de una persona experimentada y le facilita reacciones automáticas en las que se puede confiar o la idea de Gigerenzer de los buenos sentimientos como una forma de inteligencia inconsciente (2007). La filosofía de la inteligencia artificial no ha pensado suficientemente sobre este giro, con pocas excepciones. Una de ellas de Mireille Hildebrandt (2016, 146), quien se permite concluir que, mientras la perspectiva cartesiana supone que los pensamientos son la causa de las acciones, la ciencia cognitiva sugiere lo contrario: las acciones serían «causadas» por procesos cerebrales inconscientes a los que no tenemos un acceso conceptual. Esto vendría a demostrar que nuestro control sobre nuestras acciones es menor y más indirecto de lo que solemos suponer. Desde una perspectiva no cartesiana, esto no sería nada sorprendente. Hay acciones que se realizan reflexivamente y otras para las que no hay tiempo o necesidad de una intervención reflexiva; en cualquier caso, no deberíamos perder de vista que no tenemos acceso inmediato ni completo al yo y que las raíces de nuestros pensamientos tienen cierta opacidad para nosotros mismos. En definitiva, nos empobreceríamos enormemente como sociedad si insistiéramos en que la gente limitara sus acciones a aquellas cuya motivación pudiera entender con claridad (Brachman / Levesque 2022, 4029).

b. El dilema de la automatización

Tendemos a pensar que la decisión humana es transparente y los algoritmos opacos, pero con frecuencia ocurre lo contrario: que los algoritmos aportan mayor claridad y transparencia sobre las decisiones y, por tanto, son una herramienta contra la discriminación. Los expertos humanos no son necesariamente mejores. La supervisión puede funcionar en muchos casos, pero las decisiones humanas no siempre son menos sesgadas que las de los algoritmos. El hecho de que no esté del todo claro cuándo y cómo es preferible automatizar o manualizar nos permite entender esta cuestión como un verdadero dilema. Me refiero al dilema de que si bien existe un «sesgo de automatización», por el cual lo automático es entendido como más eficaz y neutro, también podríamos hablar de un «sesgo de manualización», que nos hace pensar que la intervención humana siempre equivale a una mayor responsabilidad y control. Si la automatización corrige los sesgos de la manualidad, ¿por qué motivo hemos de dar por sentado que la manualización que pretende corregir los sesgos de la automatización está, a su vez, exenta de sesgos?

Este dilema puede verse muy bien en toda su problematicidad en el caso de la moderación de contenidos en las redes sociales. Nos jugamos aquí mucho en cuanto a sus implicaciones sociales y democráticas como para dejarlas al albur de una automatización absoluta. «La esfera pública no puede ser automatizada como una línea de montaje que produce tostadoras» (Pasquale 2017, 13). Por eso, parece tener todo el sentido la exigencia de intervención humana, como regulación, moderación de contenidos, manualización, edición o escrutinio público a través de la figura de un *Ombudsperson*, que defienda al público afectado por la automatización algorítmica. Y está claro que estas funciones no se pueden hacer con precisión sobre la base únicamente del contenido lingüístico, dado que el significado de cualquier contenido particular es contextual. La inteligencia artificial tiene muchas dificultades a la hora de comprender los contextos, pero, sin esa comprensión, no es posible distinguir entre una reproducción fraudulenta y una parodia divertida o entre el discurso del odio y la legítima protesta.

En agosto de 2016, Facebook tomó la decisión de automatizar y, por así decirlo, «deshumanizar» uno de sus procedimientos. Después de muchas críticas y presiones públicas en relación con el posible sesgo de sus periodistas al determinar lo que había de ser considerado como *trending topic*, Facebook decidió disminuir el papel de los editores humanos y hacer un producto más automatizado, de modo que nadie –ningún humano– estableciera ese tipo de prescripción. Unos días después de haber prescindido de los curadores de contenido humanos (*human curators*) empezaron a aparecer noticias falsas en la sección de tendencias. Los robots no lo habían hecho mejor que los humanos periodistas. Pocos meses después hubo otra controversia porque el algoritmo había retirado la famosa foto de una niña de nueve años desnuda huyendo en la guerra de Vietnam, como si fuera pornografía infantil. La objetividad algorítmica de los sistemas, supuestamente con una mayor capacidad de contrarrestar de forma automática los riesgos de manipulación, puede ser más manipulable que los expertos humanos. Pensemos en la operación de London Whale y J. P. Morgan de 2011, cómo se ocultaron pérdidas y se minimizaron los riesgos de ciertos productos financieros (Pasquale 2015, 174): en aquel caso, no es la algoritmización de las finanzas sino la posibilidad de una intervención humana lo que explica el fraude. Tal vez un sistema más automatizado hubiera hecho imposible una manipulación humana.

Otro caso que nos habla de los límites de la automaticidad es el debate en torno a los motores de búsqueda. En 2014 y en 2022, el Tribunal de Justicia de la Unión Europea dio la razón a ciertos afectados que exigían la retirada de algunos enlaces para proteger el llamado «derecho al olvido». De este modo, se obligaba a Google a manualizar esos casos; los «buscados» (*searched*) tenían prioridad sobre las «búsquedas» (*searches*); los resultados de las búsquedas no reflejan una verdad indiscutible ni gozan del estatuto de una neutralidad debida a la automaticidad tecnológica, ni obedecen a las reglas de un mercado de búsquedas imparcial. Si hay que defender la libertad de expresión y el derecho a la información, no es a costa de privilegiar la comunicación automática frente a los valores democráticos.

Se trata de un dilema que podríamos sintetizar así: ¿tiene sentido exigir una «humanización» de la inteligencia artificial cuando, si algo caracteriza la lógica de la automatización, es que trata de minimizar el factor humano en tantos procesos cuyos errores y distorsiones proceden, precisamente, de que son, por utilizar la célebre expresión de Nietzsche, «humanos, demasiado humanos»? Lo que hace de esto un dilema es el hecho de que la opción de potenciar el control humano tiene casi tantos inconvenientes como la de proseguir irreflexivamente con la automatización.

c. *Demasiados humanos en el* loop

¿Hay humanos? ¿Dónde? ¿Qué función cumplen? Resulta curioso comprobar que nuestro sistema de interacción entre los humanos y las máquinas está, por así decirlo, construido sobre la sospecha mutua. Me refiero a esa desconfianza elemental acerca de si nos encontramos frente a un humano o una máquina, la paradoja de que tengamos que acreditar nuestra identidad humana, por ejemplo, cuando accedemos a una web y convencer a CAPTCHA de que somos humanos, una desconfianza que se corresponde con la de que los sistemas automatizados no estén haciendo otra cosa que esconder el trabajo humano. ¿Quién pretende sustituir a quién? ¿Qué hay detrás de lo que parece un humano o una máquina?

Existe una antigua discusión en torno a la posibilidad de que las máquinas remplacen a los seres humanos. En 1976, en su libro *Computer Power and Human Reason*, Joseph Weizenbaum afirmaba que las máquinas no podrían sustituir a los humanos en aquellas situaciones en las que se requería respeto, dignidad o cuidado, mientras que otros, como Pamela McCorduck, John McCarthy y Bill Hibbard, replicaban que las máquinas podrían ser más imparciales y menos abusivas que las personas, también en ese tipo de situaciones. Desde entonces, buena parte de la discusión sobre la automatización se ha polarizado en torno a esta posibilidad de un «gran remplazo tecnológico», de que los humanos desaparezcan del *loop*. Lo que hoy podemos comprobar es que ese remplazo no ha tenido lugar; la idea de que el trabajo sería abolido ha sido desmentida continuamente a lo largo de la historia. De alguna manera, se podría decir que hay demasiados humanos en el *loop*, pero están de otra manera y con una interacción diferente.

Para empezar, hay que reconocer la gran cantidad de trabajo humano inscrito en la misma automatización. El trabajo persiste: incluso los empleos que tienen un elevado riesgo de automatización tienen un conjunto importante de tareas y funciones difíciles de automatizar. Se está operando una nueva división global del trabajo digital, por la que se forman cadenas de deslocalización que nos obligan a mirar la automatización de otro modo: no se sustituye a los trabajadores humanos por robots sino por otros trabajadores humanos (ocultos, precarios y peor pagados). Frente a cierta retórica dominante, las plataformas no están animadas por usuarios benévolos sino por proletarios del clic. Lo que tenemos es una «automatización alimentada por humanos» unos «microtrabajadores» o «trabajadores fantasma» ocultos en las tecnologías que sostienen la inteligencia artificial y que llevan a cabo tareas digitales repetitivas (Irani 2016; Gray / Sury 2019). Como advierte Nick Seaver, «si no puedes ver a un humano en el bucle, sólo tienes que buscar un bucle más grande» (Seaver 2018, 378). Que Google y Facebook están conducidos por algoritmos es bien sabido, pero el «descubrimiento» de que unos operadores humanos guiaban la selección de noticias y los *trending topics* fue percibido como un escándalo (Gillespie 2016). Cada vez que le pedimos a Alexa que ponga nuestra canción favorita nos introducimos en una cadena de procesos extractivos que involucra a las minas de litio en Bolivia, los trabajadores del clic en el Sudeste Asiático, la logística internacional y el análisis de datos llevado a cabo por el Alexa Voice Service (AVS); es decir, un proceso que nos conduce al lugar físico final del consumo de dispositivos: todos los centros de análisis de datos terminan en basureros de residuos electrónicos en Ghana, Pakistán y China (Crawford / Joler 2018). Se podría decir que estamos ante una «falsa automatización» (Taylor 2018): aunque los sistemas automáticos parezcan realizar tareas que hacían previamente los humanos, en realidad lo que el sistema hace es coordinar el trabajo humano en el trasfondo. Así pues, el trabajo persiste, pero de otra manera: incluso los empleos que tienen un elevado riesgo de automatización ejercen un conjunto importante de tareas y funciones difíciles de automatizar. Como afirmaba la OCDE en uno de sus recientes informes, la posibilidad de automatización de las profesiones actuales está sobrevalorada. En conclusión: estaríamos frente a algo así como una «IA Potemkin» (Sadowski 2018), es decir, una fachada para mostrar a los crédulos un sistema automatizado, que en realidad oculta el trabajo humano en el trasfondo.

El trabajo humano hace progresar la inteligencia artificial en varios aspectos. Las tecnologías digitales necesitan nuestro trabajo, el de los usuarios, para llenar el vacío entre una realidad hecha de soluciones informáticas mucho menos satisfactorias de lo previsto y la promesa, continuamente diferida, del advenimiento de máquinas capaces de simular el conocimiento humano. Sabemos bien que, de alguna manera, toda persona abonada a una red social es un trabajador. Me refiero al «trabajo de consumo no remunerado» (*unpaid consumption work*) (Huws 2019) de los llamados «prosumidores» (*prosumers*) y al contenido generado por el usuario (*user generated content*). Los robots no son sustitutos sino dispositivos que interactúan con los humanos. Lo que hay que analizar es esa interacción en virtud de la cual las soluciones automáticas son mejoradas por el trabajo humano: quienes intervienen en una red social ejercen una gran influencia sobre los algoritmos; los conductores corrigen las rutas que les sugiere el GPS, los usuarios enmiendan las imprecisiones de la transcripción automática... Y es que los seres humanos contamos con la ventaja, frente a las máquinas, de que podemos tomar decisiones relativamente bien y sin consumir la energía que una máquina requiere. Esta rapidez de selección y análisis complementa el rendimiento de las máquinas, que necesita una ingente cantidad de datos (y de energía). Para que las funciones de la inteligencia artificial sean generalizables, para la llamada escalabilidad, es necesario que muchos trabajadores humanos intervengan, que introduzcan suficientes ejemplos, de manera que los procesos automáticos se enfrenten a una variedad de casos en un número suficientemente grande. Aunque, en última instancia, la cuestión no es cuántos humanos están en el *loop* sino cómo (Crawford 2021, 77). Todo esto invita a llevar a cabo una investigación crítica de los algoritmos y la automatización sin reducir el asunto a «humanos versus máquinas».

4. MÁQUINAS SIN HUMANIDAD

A lo largo de la historia, los seres humanos nos hemos concebido como si fuéramos máquinas, pero hoy estamos obsesionados con la idea de pensar a las máquinas como similares a nosotros. Una extraña obsesión antropocéntrica nos lleva a empeñarnos en que las máquinas sean como nosotros o a temer que lleguen a serlo. Como si no supiéramos que lo que las hace más útiles es que sean tan diferentes de nosotros. Una buena ilustración de ese mimetismo es la novela *Máquinas como yo*, de Ian McEwan (2019). Los robots no son injustos ni arbitrarios, y no a pesar de que carecen de emociones o autoconciencia sino, precisamente, por esa carencia. No son malos porque no pueden ser buenos y hay quien lamenta esto último sin caer en la cuenta de que sólo quien puede ser bueno puede, también, no serlo. Los robots sexuales no tienen celos ni moral; los robots que cuidan no saben de asco o impaciencia; los drones no padecen ningún trauma después de la guerra. La discusión acerca de si su empleo es moral la tenemos los humanos, pero no ellos, lo cual dice mucho de cómo somos y cómo son. Mientras unos se inquietan por los fines y valores, otros se limitan a perseguir con diligencia los objetivos que se les habían asignado.

El valor de esas tecnologías reside, por así decirlo, en su falta de humanidad, y son más perfectas cuanto menos se nos parecen. Es una fortuna y una gran conquista del género humano haber inventado dispositivos que no se cansan, que no se equivocan, que no se emocionan, que carecen de humor, que no son arbitrarios. El empeño de algunos programadores por dotarlos de sentimientos, la pregunta de ciertos filósofos acerca de si desarrollarán en el futuro algo parecido a nuestra autoconciencia, son contraproducentes. Tener sentimientos implica ser impredecible, inexacto, inconstante y caprichoso. Hemos inventado las máquinas, precisamente, para mantener a raya esos factores en asuntos para los cuales necesitábamos lo contrario: precisión, estabilidad, objetividad. Si fueran demasiado parecidos a los humanos perderían las propiedades que los hacen tan útiles y complementarios para los humanos.

Pensemos de otra manera los escenarios futuros: sin androides, replicantes, ni superinteligencias. Estaríamos más tranquilos y, sobre todo, tendríamos una visión más precisa de la tecnología que la sugerida por todos esos relatos fantásticos con lo que se ha alimentado nuestra concepción de ella, suscitando expectativas y temores que son poco razonables. La carrera triunfante de la inteligencia artificial, las máquinas y los robots no culminará en un combate final por parecérsenos o superarnos en lo que somos, de manera que pudieran remplazarnos completamente, sino que apunta en la dirección opuesta: son sus propiedades, tan distintas a las nuestras, las que explican los enormes servicios que pueden prestarnos. Lo que debería interesarnos, por tanto, por decirlo de una manera un tanto provocativa, es proteger su falta de humanidad. En muchos ámbitos de nuestra vida lo que queremos es deshumanización, que haya más máquinas y menos humanos. No necesitamos que haya un ascensorista para llevarnos al piso al que queremos subir; pasaríamos mucho miedo si el piloto del avión nos dijera que ha tenido que tomar el mando porque han fallado los procedimientos automáticos; no desearíamos depender del capricho del funcionario sino de procedimientos objetivos; el arbitraje sería peor si no pudiéramos recurrir al VAR o al ojo de halcón. Es cierto que la existencia de un humano en el proceso nos ofrece ciertas garantías, pero a condición de que en el resto del *loop* no haya nadie incordiando con sus humanas propiedades. Para esa parte del diagnóstico médico, de la máquina que nos transporta, en el trabajo peligroso o en los instrumentos que miden y calculan, cuantas menos personas intervengan, mejor. La clave es determinar cuándo, dónde y para qué somos más apropiados unos u otros. Dejemos que las máquinas sean como son. ¿Por qué motivo nos empeñamos en que la inteligencia deba llevar asociada autoconciencia y sentimientos? Es posible que haya modos de inteligencia que se parezcan muy poco a la nuestra, y la exploración de esos espacios alternativos de cálculo y decisión puede aumentar nuestra inteligencia más que amenazarla.

Todavía menos explicable aún es algo que la ficción, tan pretendidamente imaginativa y tan tópica al mismo tiempo, nos sugiere una y otra vez: ¿qué nos ha llevado a concluir que si estos artefactos fueran un día más inteligentes que nosotros se nos volverían en contra? Nos dan a entender que el avance de la inteligencia implica, inevitablemente, un acercamiento a la maldad. Es humano, demasiado humano, el prejuicio de pensar que en el culmen de la inteligencia no hay una confluencia con la belleza y el bien, esa *kalokagathia* de la que hablaban los griegos, sino una forma sofisticada de maldad. En una manifestación de las incongruencias y desajustes de lo humano, seguimos pensando que la armonía de todo ello no es más que una aspiración inútil de nuestra especie porque, en realidad, los buenos son un poco tontos y los listos son demasiado malos.

7

Máquinas. El nuevo contrato social tecnológico

La idea de contrato social es una ficción que está en el origen de nuestras modernas instituciones políticas, pero, desde entonces, este contrato no ha dejado de ser ampliado para imaginar cómo debería ser nuestra relación no sólo con nosotros mismos sino con otros, incluso no humanos; así, se ha podido hablar, por ejemplo, de un contrato natural, global o intergeneracional, que otorgan, a unos interlocutores mudos, lejanos o ausentes, un estatuto como sujetos que, de algún modo, los equipara a nosotros y los hace merecedores de protagonizar el diseño de una relación que hasta entonces había sido demasiado asimétrica. Este es el sentido en el que cabría hablar, ahora, con un entorno tan poblado de robots, algoritmos y sistemas automáticos de decisión, de un nuevo contrato social entre los humanos y las máquinas en la era de la inteligencia artificial.

Reclamamos una tecnología *centrada* en lo humano para impugnar la idea de una subordinación a su lógica, pero ¿qué significa una inteligencia artificial humanista o centrada en el humano en un entorno tecnológico tan híbrido, tan *descentrado*? ¿Estamos seguros de que esa distinción es nítida y ese control, deseable? ¿No estará exigiendo este nuevo entorno, también, una nueva manera de pensar sus elementos y la relación que han de establecer entre sí? ¿Es pertinente, aquí, la idea de contrato como un ideal regulativo no más ficticio de lo que fue la ficción de que los seres humanos nos habríamos constituido como sociedad en un momento puntual y en condiciones de igualdad?

Voy a comenzar explicándolo de una manera incorrectamente antropomórfica, suponiendo que esta narrativa puede permitirnos entender mejor el asunto. Aunque estamos contando historias de terror acerca de la tecnología (rebeliones, dominación, remplazos), y oscilamos entre el *robocalipsis* y la *robotopía* (Lobel 2022), la idea de que entre las máquinas y los humanos hay, de hecho, un impulso a desobedecer (en las dos direcciones) tiene su lógica y puede servirnos para entender las bases de esta nueva constelación en la que nos estamos situando, más allá del control y la sumisión. Si los humanos y las máquinas hemos de hacer algo que podríamos entender como un contrato, deberíamos saber si somos iguales o diferentes y establecer lo que nos asemeja o distingue. Sólo así podemos pensar y configurar un ecosistema humanos-máquinas en el que los límites de la humanidad quedarán inevitablemente redefinidos.

1. La rebelión de las máquinas

Cualquier tecnología tiende a tener vida propia; la automatización implica autonomización. Por un lado, la tecnología en general no está, en todo su desarrollo, bajo el control de sus creadores, que desconocen su posible evolución y significación, aparte del hecho de que los usuarios pueden transformarla, parcial o totalmente, en algo bien distinto: Gutenberg no sabía que estaba posibilitando el surgimiento de un sujeto que interpretaba las escrituras y, por tanto, sentando las bases de la reforma protestante; Bell creía haber inventado un aparato para escuchar música y no un teléfono; Auto-Tune, que se creó para afinar la voz de los cantantes, y se convirtió, a través de un uso deliberadamente exagerado, en una especie de instrumento para alterar la voz y generar determinados efectos de sonido; los usuarios de ChatGPT acabaron generando una versión beta... Son sólo algunos ejemplos acerca de hasta qué punto la tecnología tiene una evolución poco previsible.

Este carácter vale todavía más para las tecnologías de la digitalización y la inteligencia artificial. La autonomía de la tecnología significa, aquí, funcionamiento autárquico, automático, adaptativo, que aprende, innovador, opaco, imprevisible. Ya en 1950, Alan Turing desaprobaba la idea de que una máquina sólo puede hacer aquello que se le ha dicho que haga; puede, incluso, cambiar las reglas que se le han dado. Desde entonces, la evolución de la tecnología parece haberle dado la razón. Con las máquinas que aprenden hemos entrado en una época de «posprogramación» (Sadin 2018, 64), donde la inteligencia artificial no se limita a la ejecución de unas tareas definidas y sistematizadas, de acuerdo con determinadas instrucciones, sino de secuencias de comandos (*scripts*) que desarrollan su propia gramática autónoma. Podríamos hablar también de una «técnica posclásica» (Hubig 2008), que se diferenciaría de la técnica anterior, de las «máquinas triviales» (Von Foerster 1993), en que no está asegurada la reproducibilidad de sus efectos y, con ello, la repetición, las expectativas y la planificación que eran el presupuesto de la interacción fiable con las máquinas clásicas. «La técnica se convierte en algo no trivial; ya no vincula inequívocamente una causa con un efecto sino que interviene en sus propios procesos, se controla a sí misma y se convierte en causalmente inescrutable» (Baecker 2018, 180). Ya la cibernética había planteado un escenario semejante, en la línea de la idea de una retroalimentación de segundo orden (*second-order feedback*) y las máquinas entendidas como «una máquina dentro de una máquina» (Ashby 1954). Si la revolución industrial automatizó el trabajo manual y la revolución de la información, el trabajo intelectual, la revolución del aprendizaje automático ha automatizado la automatización, es una automatización al cuadrado (Domingos 2015). En este aspecto, la inteligencia artificial se distingue también de los sistemas expertos y sus reglas de decisión predefinidas. Las técnicas de aprendizaje automático le proporcionan una capacidad de realizar ciertas tareas para las que no estaba explícitamente programada.

A diferencia de las máquinas sencillas, triviales, cuyo funcionamiento describimos con un vocabulario causal y mecánico, las tecnologías avanzadas, como los robots o el *software*, dotados de sensores, protocolos y programas, son capaces de actuar de maneras no previstas en situaciones de alta complejidad y contingencia, y que se describirían mejor con un vocabulario intencional (deseo, intención, acción). Operan sobre la base de instrucciones que pueden desatender, en función de las circunstancias. La evolución de la tecnología consiste en que las máquinas adquieran una mayor actividad propia e interacciones más complejas con su entorno que las anteriores generaciones tecnológicas. Las máquinas tienen más iniciativa y más capacidad de acción; cuando interactúan con los humanos lo hacen más como asistentes personales que como instrumentos pasivos. Ciertos tipos de tecnología avanzada no son un mecanismo que discurre uniformemente. Muchos artefactos ya no se pueden describir con el vocabulario de la mecánica, según el cual un pedal causaría la aceleración, las campanas, el sonido, o un muelle produciría el movimiento de las agujas del reloj. Por esta razón, nuestra tecnología más sofisticada ya no es una rutina mecanizada que realiza una y otra vez la misma acción. No vivimos en los *Tiempos modernos* de Chaplin, sino en una automatización que se adapta a su entorno. Hemos pasado del uso de instrumentos simples al manejo de máquinas y, finalmente, a la actuación en entornos complejos. Si las máquinas han sido tradicionalmente invenciones estáticas, con finalidades (*purposes*) establecidas, que funcionan según fueron diseñadas en su origen y con ciclos de vida finitos, la inteligencia artificial lo cambia todo y puede actuar de un modo que no estaba programado de forma explícita. El dualismo sujeto/objeto y usuario activo/artefacto pasivo no es útil para comprender la experiencia tecnológica (Latour 1994).

Todo ello nos conduce a una creciente expansión del carácter sistémico de la tecnología, donde los humanos somos parte de un sistema general junto a otras muchas tecnologías parciales. Estos sistemas actúan, cada vez más, de un modo que se emancipa del control humano, individual o colectivo. El desarrollo tecnológico no es el resultado inmediato de la acción intencional de los actores sociales que intervienen en él. El papel mediador de las tecnologías no puede ser completamente reducido a las intenciones de sus diseñadores o de los usuarios. Esto no significa que unos y otros no puedan, de manera intencional, producir determinados resultados en su diseño, implementación o usos, pero nos obliga a tener en cuenta que hay mediaciones que surgen sin la explícita intención de un agente humano. Muchos artefactos ya no actúan dentro de unas condiciones prefijadas, sino que tienen alguna capacidad para modificar esas condiciones. «Colaboran autónomamente en la resolución de tareas complejas sin una especificación exacta del modo de proceder en entornos desconocidos o cambiantes» (Steusloff 2001, 7).

Nuestra relación con estas nuevas tecnologías es cada vez menos instrumental y más interactiva. Cuanto mayor sea el recorrido propio de los sistemas técnicos y mayor la complejidad de los sistemas funcionalmente integrados, menos sentido tiene hablar de relaciones instrumentales simples. Utilizamos, entonces, términos como interfaz (*interface*) o diálogo. Hay una relación interactiva o comunicativa cuando una parte se desvía de las expectativas de la otra parte. La capacidad de determinar el curso de la acción no se concentra únicamente en el humano que conduce el proceso, sino que está distribuida también en microchips y programas. En estas condiciones, la tecnología ya no opera de manera completamente ciega, según lo previsto en el programa, ni el humano lo conduce todo conforme a su posición soberana. Como es lógico, la difícil pronosticabilidad de los sistemas con un alto grado de autonomía plantea nuevos problemas filosóficos, políticos, éticos y jurídicos. La regulación de los sistemas tecnológicos se ha basado en la premisa de que su modo de proceder era anticipable y controlable por los humanos, un presupuesto que no se cumple en el caso de la inteligencia artificial más avanzada.

Alan Turing llamó «la objeción de lady Lovelace» al supuesto de que las máquinas sólo pueden hacer lo que se les ordena, de acuerdo con la crítica que la hija de lord Byron había hecho de la máquina analítica de Babbage en 1837. Pero esto ya no es así, al menos para ciertas máquinas sofisticadas en las que hay posibilidades de pérdida de control, catastróficas, por supuesto, pero también funcionales. Cabría incluso hablar de cierta rebelión o resistencia de las máquinas, que pueden entender la conveniencia de desobedecer nuestra orden (Milli *et al.* 2017), de una «rebelión de la IA» (*AI rebellion*) (Aha / Coman 2017) o de un «*inverse reward design*» (Christian 2020, 302) que, en vez de tomar el comportamiento humano como información explícita acerca de lo que los humanos quieren, lo toma como mera información, en serio, pero no literalmente.

2. LA RECUPERACIÓN HUMANA DEL CONTROL

Evidentemente, esta rebelión es problemática y parece aconsejar, en ocasiones, rebelarse, a su vez, contra ella, es decir, lograr cierta recuperación del control humano. Puede haber una «complacencia en la automatización», un exceso de confianza en las máquinas hasta que ya resulte demasiado tarde. Tal vez pensando en ello, el propio Alan Turing hablaba en 1951 de «desconectar la alimentación en momentos estratégicos» y Norbert Wiener sostenía en 1962 que «si utilizamos, para lograr nuestros propósitos, una agencia mecánica en cuyo funcionamiento no podemos interferir eficazmente una vez que la hemos puesto en marcha... entonces será mejor que estemos bien seguros de que el propósito puesto en la máquina es el propósito que realmente deseamos y no una mera imitación pintoresca del mismo» (Christian 2020, 297). Desde los años sesenta, los aviones han introducido los llamados sistemas de pilotaje por cable (*fly-by-wire*), remplazando, así, los controles manuales convencionales. Las acciones de los pilotos no se transmiten mecánica o hidráulicamente sino de modo electrónico, lo cual implica que un fallo en el *software* puede tener consecuencias fatales. Esta es la razón de que los sistemas estén duplicados y sean, en ocasiones, redundantes. La redundancia no significa que sea el mismo sistema que se activa cuando ha fallado, sino que interviene un *software* diferente y desarrollado por equipos distintos. No es imposible que todos esos sistemas fallen al mismo tiempo, en teoría puede ocurrir. ¿No sería más conveniente, entonces, posibilitar una recuperación del control humano en determinados momentos?

De hecho, no han faltado en la historia reciente accidentes que se debían a la «complacencia en la automatización» y al consiguiente empobrecimiento de la pericia manual de los pilotos. Una «colaboración mediocre» entre las personas y la automatización puede ser catastrófica (Lee / See 2004). La automatización está para los eventos regulares, y los humanos, para los inesperados, pero puede ocurrir que los pilotos se estén volviendo demasiado dependientes de los sistemas computarizados y que no sepan qué hacer cuando ocurren cosas inesperadas. Hay accidentes que tienen su causa en los humanos y otros en el automatismo de los aparatos. La automatización puede ser, en unos casos, la solución y, en otros, el problema.

Un ejemplo clásico de ello es el accidente del avión de Air France del 1 de junio de 2009, en el trayecto de Río de Janeiro a París. Cuatro minutos antes del accidente, el piloto automático se desconectó porque los sensores de velocidad del aire se congelaron y ya no tenían datos fiables. Los dos pilotos se vieron obligados a pilotar el avión manualmente, sin indicadores seguros de la velocidad del aire. En una fracción de segundo la tripulación se encontró en uno de los escenarios de crisis más peligrosos. Ninguno de los dos había recibido nunca formación sobre cómo pilotar el avión en esa situación a altitud de crucero. El informe final de la investigación señaló la falta de formación de vuelo manual a gran altitud como un factor que contribuyó a la catástrofe.

Hay muchos ejemplos de complacencia en la automatización que tienen efectos negativos, desde la disminución de la memoria como consecuencia de nuestras agendas electrónicas, la pérdida de competencias de conducción a medida que mejoran los coches que usamos o la reducción de nuestra capacidad de orientación espacial cuando usamos habitualmente el GPS. Nos hemos desacostumbrado a muchas cosas que las máquinas hacen mejor que nosotros, pero somos poco capaces de gestionar una situación en la que hay un fallo del sistema.

Un caso contrario del mismo año es el aterrizaje de un Airbus sobre el río Hudson, el 15 de enero de 2009. La película *Sully* (Clint Eastwood 2016) narra muy bien este caso de éxito de la intervención humana contra la máquina y el debate que todo ello generó en la opinión pública y en el juicio posterior al piloto. Contra la estimación de que podía llegar al aeropuerto de LaGuardia, en Nueva York, el piloto decidió desobedecer a la máquina y fiarse más de su instinto propio, según el cual no era posible llegar al aeropuerto y era aconsejable realizar un peligroso amerizaje en el río. Esta osadía lo convirtió en objeto de una dura investigación, bajo la sospecha de que había puesto en peligro muchas vidas humanas. La Junta Nacional de Seguridad en el Transporte afirmaba que varias simulaciones informáticas mostraban que el avión podría haber aterrizado sin motores de manera segura en cualquiera de los aeropuertos. La decisión de hacer una maniobra tan arriesgada implicaba cierta rebelión frente a lo que parecía técnicamente posible y menos peligroso. Los actuales pilotos llevan a cabo un proceso tan alejado de la manualidad, tan automático, que han perdido capacidad de controlar una situación de peligro en caso de fallo de los sistemas automáticos, a cuya fiabilidad terminan abandonándose. El éxito del amerizaje en el Hudson fue posible porque el piloto, Sullenberger, había sido piloto de caza y tenía experiencia en controlar la inercia en el vuelo y asegurar que el avión planeara correctamente. La de este piloto recuerda a otra desobediencia célebre del general ruso Petrov, que, en 1983, mal informado por el sistema de alerta temprano de que Estados Unidos había lanzado unos misiles, evitó un apocalipsis atómico al desacatar el protocolo soviético que exigía una respuesta. Como conocedor del sistema, Petrov sabía que este podía equivocarse y juzgó absurdo que sólo se hubieran lanzado cinco misiles.

De todo ello se han obtenido enseñanzas significativas para la seguridad en general y para la aviación en particular, que también nos dan algunas indicaciones relevantes sobre la relación entre los humanos y las máquinas. El informe oficial del organismo francés sobre la catástrofe del vuelo Río-París de 2009 insistía sobre la necesidad de formar a los pilotos en situaciones de gran sorpresa. Los ejercicios del simulador son demasiado previsibles y lo que se necesita es competencia para gestionar lo inesperado. En una línea similar, la Administración Federal de Aviación de Estados Unidos recomendó, en 2013, que las compañías aéreas instruyeran a sus pilotos para pasar menos tiempo volando con el piloto automático y más tiempo volando «a mano y a vista». Por idénticas razones, Air France decidió hace tiempo orientar la formación a los factores humanos con más ejercicios manuales, y la compañía easyJet exige a los pilotos desconectar regularmente el piloto automático y practicar el pilotaje manual en diferentes condiciones meteorológicas, al objeto de entrenar su capacidad de reacción en caso de incidentes donde los automatismos no funcionen (Morel 2002, 95).

Hay una discusión interminable acerca de todo ello, tanto entre las autoridades en seguridad aérea como entre las principales compañías que fabrican coches autónomos. En lo que se refiere a la automatización, nos encontramos dos tipos de planteamientos, que se ponen de manifiesto en la diferencia entre los productores de Boeing y de Airbus. Mientras que Boeing es de la opinión de que el piloto debe siempre poder hacerse con el mando, Airbus considera que el sistema debe poner ciertos límites a los humanos. Ambos sistemas tienen ventajas e inconvenientes. Muchas catástrofes revelan que la intervención humana ha empeorado las cosas, que no siempre la «humanización» del pilotaje es más segura.

En el ámbito de los vehículos autónomos hay una discusión similar en torno al tipo de colaboración humano-máquina: se habla de una transición hacia los vehículos autónomos con una presencia del humano que pueda intervenir en caso de un mal funcionamiento o ante situaciones inesperadas. Esta previsión parece razonable, pero, en realidad, esconde la complejidad del asunto y elementos contraintuitivos. Algunos expertos sostienen que el modelo óptimo sería aquel en el que humanos y máquinas se distribuyen el control del automóvil, pero en el que el humano permanece al mando y el *software* funciona de modo subordinado. Muchos dispositivos funcionan así, sobre la base de que las máquinas son precisas y analíticas mientras que los humanos son mejores a la hora de tomar decisiones sobre datos imprecisos, cuando se trata de hacer asociaciones insólitas e interpretar el contexto gracias al conocimiento pasado. Ahora bien, algunos experimentos ponen de manifiesto una realidad diferente en el caso del coche autónomo. El punto clave es que una vez que el humano delega en el código automático la atención sobre la actividad de conducir, recuperar el control en un caso imprevisto no es ni inmediato ni seguro. Algunos errores desastrosos se deben a este tránsito del mando (*hand-off*) entre humanos y máquinas. Este es el motivo por el que Google ha decidido adoptar la automatización completa (*full automation*), al considerar que hay más riesgos en la automatización parcial o semiautomatización que en la delegación completa. «El enigma del control es que cuanto más fiable se vuelve un sistema, más difícil resulta para un supervisor humano mantener un nivel adecuado de compromiso con la tecnología para garantizar la reanudación segura del control manual en caso de mal funcionamiento del sistema» (Zerilli *et al.* 2019, 563). Como siempre, de lo que se trata es de conseguir «la síntesis óptima de interacción robótica y humana» (Pasquale 2020, 14), algo que no resulta siempre fácil y que nos obliga a reconsiderar la relación entre los humanos y las máquinas, más allá del control y de la sumisión.

3. MÁS ALLÁ DEL CONTROL Y DE LA SUMISIÓN

La idea de que nuestra relación con las máquinas ya no puede ser simple y unidireccional condujo, en los mismos orígenes de la inteligencia artificial, a recurrir al paradigma biológico para entenderla. A mediados del siglo XX estaba muy activa la pretensión de superar el mecanicismo –pensemos en la filosofía de Bergson como un ejemplo de ese objetivo, pero no fue el único–, la cibernética había estudiado los sistemas de comunicación y autorregulación de los seres vivos para entender el funcionamiento óptimo de las máquinas (Klaus 1971, 329) y el mismo Norbert Wiener se había impuesto la tarea de pensar las máquinas como organismos. Más tarde vino la idea de una nueva «robótica de inspiración biológica» (Brooks 1991). El acercamiento de las máquinas a la lógica de la vida, a la biología, implica un cuestionamiento de la oposición entre mecanismo y organismo, tan propia de la filosofía moderna, que Descartes formuló como ningún otro. La idea de «juicio reflexivo» que Kant planteó en la *Crítica del juicio* entendido como una operación que no sirve a reglas predeterminadas describe muy bien la intención última del pensamiento cibernético y el paso de una inteligencia artificial débil a una fuerte.

La razón por la que el mundo de las máquinas se ha ido pensando cada vez más en términos más biológicos que físicos está ligada a la propia definición de las máquinas sofisticadas como sistemas que aprenden sobre el mundo sin haber sido explícitamente programadas, según hemos visto con anterioridad. La evolución del conexionismo simbólico al enfoque biológico, que trata de emular el funcionamiento neuronal, supone que el conocimiento es algo que tiene que ser adquirido por la máquina misma y no codificado (*hard coded*) por el programador humano o manualizada (*handcrafted*) por un piloto. Este cambio de paradigma hacia la biología tiene al menos tres implicaciones: (a) una más intensa inserción de los humanos en el mundo de las máquinas, en comparación con la lógica meramente instrumental, (b) un nuevo modo de entender el desarrollo de la tecnología como una evolución, en buena medida, impredecible, y (c) una disminución de nuestra capacidad de diseño y control sobre los procesos maquínicos.

a. Comencemos por el asunto de la inserción de los humanos en el mundo de las máquinas. Nuestra relación con las máquinas ya no es la del *uso* sino más bien la de una *inmersión* en entornos inteligentes. La analogía del mundo digital con el mundo biológico tiene que ver con el hecho de que no nos podemos pensar sin las máquinas, del mismo modo que afectamos y somos afectados por los seres vivos que nos rodean. Los biólogos denominan «simbiosis mutualística» a nuestra relación con las bacterias intestinales, de la que ambos nos beneficiamos. La relación entre los humanos y las máquinas puede llegar a ser más intensa que la que mantenemos con el resto de los seres vivos. Es posible que hayamos llegado a un punto de simbiosis en el que no podemos vivir los unos sin los otros (sin los otros seres vivos, pero también sin las máquinas). Como sentencia Edward Lee (2020, 6306), si las bacterias intestinales facilitan la digestión, la tecnología facilita el pensamiento.

b. El paradigma biológico nos sirve para entender, en segundo lugar, que la tecnología evolucionará de un modo que es muy difícil de prever y que ese proceso está dominado más por las consecuencias no pretendidas que por las pretendidas (Lee 2020, 171). La tecnología digital coevolucionará con los humanos. El progreso no es una realidad exclusiva de los humanos a partir del momento en el que ya no podemos distinguir estrictamente entre estos y sus creaciones. El filósofo francés Alain ponía el siguiente ejemplo para ilustrar hasta qué punto es indiscernible si el autor de la evolución es el ser humano o el entorno natural. Pensando como Darwin, un barco que funcione mal terminará hundiéndose después de un par de viajes y no volverá a ser producido. Alguien podría decir, sin faltar al debido rigor, que no somos los humanos sino el mar quien diseña los barcos, eligiendo los que funcionan y destruyendo los otros (Rogers / Ehrlich 2008). Al igual que la biología, la tecnología es un proceso evolutivo; ambas están igualmente sometidas a procesos de selección.

c. Si proseguimos con la analogía biológica, podremos entender hasta qué punto, cuando se trata de tecnologías sofisticadas, inteligentes, que aprenden, la idea de diseño o control es inadecuada. Tendemos a pensar que detrás de las innovaciones tecnológicas hay un genio o un inventor, pero, muchas veces, esta atribución es inapropiada. ¿Y si este fuera un modo demasiado humano de pensar, que nos atribuye un excesivo protagonismo en la evolución tecnológica? Hablamos de diseñar la tecnología de modo que no escape de nuestra previsión, que sea controlable, transparente y que siempre nos rinda cuentas, o de eso que denominamos «control humano significativo» (*meaningful human control*) como si esto no fuera algo problemático y difícil de compatibilizar con la naturaleza dinámica de las máquinas que aprenden. En su crítica a este enfoque, Edward Lee ha sugerido el nombre de «creacionismo digital» para designar la equivocada idea de que la tecnología es el resultado de un diseño inteligente de arriba abajo (*top-down intelligent design*), como si los humanos fuéramos creadores predarwinianos. Los artefactos tecnológicos evolucionan con una lógica darwiniana, no son el resultado de un proceso deliberado en el que todos sus aspectos fueran el resultado de una decisión humana intencional. Los humanos podemos influir en su evolución, pero no controlar su trayectoria.

Si somos seres profundamente mediados por la tecnología, entonces debemos desechar la idea de que ejercemos una soberanía absoluta sobre ella y que, simplemente, la usamos para alcanzar fines que hemos determinado de forma autónoma (Verbeek 2011, 30). El razonable temor a desarrollos indeseables ha impulsado el deseo de una mayor reglamentación, pero puede ser que, en vez de humanizar la tecnología, lo que estemos reclamando es sobrehumanizarla, como si los desarrolladores tuvieran capacidades absolutas de pronóstico y control. Quizá estemos sobrevalorando los peligros del descontrol e infravalorando los del control. Si la tecnología coevoluciona con los humanos –y más aún la tecnología inteligente–, entonces nunca hemos tenido pleno control sobre ella. La cuestión no sería tener el control o perderlo sino dirigir, de algún modo, su evolución a través de la política y la regulación, de manera que nos protejamos o evitemos resultados indeseables.

4. Identidad, diferencia, hibridación

A la hora de pensar la relación entre los humanos y las máquinas es necesario saber en qué se parecen y en qué se distinguen. Hay tres posibilidades a este respecto: pensar que no se distinguen, que son diferentes o que configuran una peculiar hibridación. Los errores de distinguir demasiado o demasiado poco sólo se evitan entendiendo bien el modo en que ambos se entrelazan.

a. La indistinción entre los humanos y las máquinas

El contexto en el que hay que pensar este nuevo entorno podría ser definido como un espacio en el que la distinción entre humanos y máquinas es menos rotunda. Venimos de una cultura construida sobre la base de esa contraposición. En medio del vértigo que producen las nuevas simbiosis, es muy frecuente escuchar un discurso que entiende la humanización de la tecnología como un mantenimiento del viejo dualismo. La relación entre los humanos y las máquinas tiene que ser pensada y configurada fuera del clásico paradigma que contraponía la técnica como ámbito de la necesidad, las funcionalidades, la objetividad, la seguridad, la repetitividad y los automatismos, frente al reino de la libertad, la creatividad, la reflexión y la contingencia, reservado únicamente a los humanos. Esta concepción dualista se resumiría en la idea de que las máquinas funcionan, mientras que los humanos actúan. El paradigma dualista sitúa a los seres humanos y a los artefactos tecnológicos como dos ámbitos completamente separados; los humanos serían intencionales y libres, mientras que las tecnologías serían instrumentales y mudas.

Ahora bien, ni los humanos somos tan creativos ni las máquinas tan mecánicas, podríamos advertir de entrada. Por un lado, hay mucha necesidad en el reino de los humanos. A quien sostenga que la diferencia entre ambos consistiría en que a las máquinas no se les pueden atribuir acciones más que en un sentido impropio, se le puede objetar que ese tipo de identificación de acciones impropias también desempeña un papel importante a la hora de explicar el comportamiento humano. La pregunta no es si puede decirse propiamente que las máquinas actúen sino hasta qué punto se nos asemejan, teniendo en cuenta la cantidad de acciones impropias que nosotros mismos llevamos a cabo. Los seres humanos somos actores menos autónomos de lo que nos gusta declarar. De muchas acciones humanas se puede decir que son sólo rutinarias y mecánicas. La biología, la psicología y la sociología han demostrado hasta qué punto estamos limitados por el medio ambiental o condicionados por el sociocultural, lo reactivas que son nuestras decisiones y hasta qué punto la realidad social es el resultado de acciones no intencionales. Desde una perspectiva histórica, la capacidad de decisión no es una propiedad esencial y estable de los seres humanos; no estaban provistos de ella propiamente los esclavizados, los colonizados o las mujeres.

Por otro lado, la tecnología no es el espacio de la necesidad. Su creciente sofisticación significa que cada vez puede reducirse menos a un objeto pasivo o a una herramienta neutral. Sin abandonarnos a las ensoñaciones poshumanistas, cabe sostener que el concepto de acción consciente e intencional ya no es propiedad exclusiva de los humanos. Muchas de las capacidades de la tecnología han aumentado hasta tal punto su radio de operatividad y su capacidad de interacción que nos obligan a reconocerles cierta capacidad de autodeterminación. De ello es un paradigma el aprendizaje automático. La tecnología del *software* ya no se apoya en el modelo burocrático del amo y el esclavo, por decirlo en terminología hegeliana, sino que dispone de crecientes ámbitos de programación y de libertad de acción, en el marco de cierta delegación, pero no como determinación pormenorizada de los pasos. La tecnología se ha vuelto más inteligente y más reflexiva. En la interfaz entre los humanos y las máquinas cada vez hay menos una lógica de instrucciones y ejecuciones. Cierta acción distribuida hace que los humanos no actúen ya como sujetos plenamente soberanos. Por supuesto que las máquinas no interactúan como lo hacen los humanos, pero la coordinación entre los elementos tecnológicos autónomos no se realiza conforme al modelo mecánico y determinista, sino que se va acercando a los grados de libertad propios del patrón de comportamiento humano.

Puede concluirse, sin caer en la exageración, que la distinción entre los humanos y las tecnologías es sólo analítica; ambos se implican mutuamente en la práctica (Orlikowski / Scott 2008, 456). Los algoritmos no son, por sí mismos, demasiado humanos o demasiado tecnológicos, sino que lo son en función de lo que permiten o dificultan, lo que hacen asequible o no a determinados actores y en ciertos contextos. No hay nada neutral o sesgado *per se*, sino en contextos y prácticas determinadas. Igualmente, nada nos asegura que la intervención humana vaya a ser siempre una mejora en los procesos de decisión, pero no parece responsable omitir esa reflexión y dejar de traducirla en una deliberación colectiva, una supervisión y una intervención sobre los sistemas autónomos.

b. La diferencia entre los humanos y las máquinas: el error de Turing

Podemos equivocarnos al pensar que los humanos y las máquinas somos completamente diferentes, pero también al pensar que somos iguales, en el sentido de considerar que si las máquinas son inteligentes es porque lo son como nosotros. El célebre test de Turing fue diseñado, precisamente, para determinar si una máquina es inteligente, y el criterio determinante es que no seamos capaces de distinguirla de nosotros. Turing proponía crear una máquina que no pudiera distinguirse de los humanos. Algo es inteligente, según él, si puede sustituir a un humano.

¿Por qué pensar que una conducta es inteligente si se nos parece hasta el punto de ser indistinguible? La razón de ello reside en que, en sus momentos iniciales, las tecnologías remplazan a los humanos en alguna tarea y eso nos lleva a pensar que son similares y compiten con nosotros. Esto es así especialmente en lo que llamamos inteligencia artificial. El test es un juego de imitación (*imitation game*) y supone que si una persona no puede distinguir si está hablando con un ordenador o con un humano entonces se considera que el ordenador es inteligente. La idea de que la inteligencia artificial debe ser entendida como algo parecido a lo humano (*humanlike*) ha hecho más mal que bien (Hawkins 2021, 159). El test es reduccionista por dos razones: porque ha pensado el concepto de inteligencia como una propiedad mental individual y porque nos ha erigido a los humanos en detentadores de su monopolio; ha reducido su diversidad, como si no fueran posibles otros modos no propiamente humanos de comportamiento que podríamos calificar como inteligentes.

La acreditación de inteligencia no es algo que pueda realizarse mostrando una habilidad teórica individual. Las máquinas no se nos parecen como sujetos inteligentes aislados en virtud de que sean capaces de dar respuestas similares a las que daría un individuo humano; podríamos acreditar que son o no son como nosotros si estuvieran en condiciones de solucionar un problema social, es decir, si fueran capaces de comprender un asunto en un entorno intersubjetivo. La inteligencia no es tanto la sublimidad que le confirió la vieja tradición europea; no es la propiedad de un sujeto autónomo consciente sino una capacidad de comunicación (Baecker 2019, 11). Está muy extendida la convicción de que la inteligencia debe ser medida con una métrica más sofisticada (Dreyfus 1972; Nilsson 2005; Marcus *et al.* 2016).

Genuinamente, la inteligencia es una propiedad no tanto de los individuos aislados como de los sistemas sociales y culturales que estos han configurado. Este cambio de perspectiva resulta mucho más explicativo del nuevo paisaje tecnológico que el viejo individualismo. El test de Turing se basa únicamente en un paradigma lingüístico y olvida los aspectos sociales o interactivos de la inteligencia. «Lo que nos debería importar es el comportamiento inteligente, es decir, que un agente tome decisiones inteligentes sobre qué hacer» (Levesque 2017, 338). Tal vez nos haya hecho perder mucho tiempo la idea antropomórfica que nos hemos formado de los dispositivos tecnológicos y habría sido mucho más provechoso pensarlos como dispositivos sociales. Tenía mucha razón Susan Leigh Star (1989, 37) cuando proponía, para diferenciar a un humano de una máquina, en vez del test de Turing, el test de Durkheim, algo similar a lo planteado por Luhmann: la prueba de fuego de la inteligencia artificial no serían las propiedades de la psicología sino las cualidades culturales de los sistemas sociales (Luhmann 2000, 377). La inteligencia humana debe ser medida en contextos sociales (Emery *et al.* 2007; Hernández-Orallo 2017). Los verdaderos lugares de la inteligencia no son los recovecos cerebrales o las cajas negras –algo que estaría aislado y escondido, algo solipsista y cerrado a la observación–, sino los espacios naturales y de comunicación. Se trataría de completar el giro desde una inteligencia artificial simbólica que se basa en procedimientos lógico-matemáticos a otra situada, más bien, en la tradición del conductismo y la teoría de la información, tal como se plantea en la cibernética orientada por las ciencias biológicas y sociales. Lo específicamente inteligente de los seres humanos no estaría tanto en la acción racional consciente sino en la interacción dinámica con el mundo; en vez del paradigma del pensamiento individual tendríamos el de la acción social; en vez del ordenador, la biología, y, en lugar de un atomismo estático, un holismo dinámico (Arkoudas / Bringsjord 2014, 55).

Por otro lado, el test de Turing es demasiado antropocéntrico, como si los humanos dispusiéramos de un estándar de inteligencia y no pudiera haber otros modos de comportarse inteligentemente que los nuestros. Como escribe Luhmann, es necesario ir más allá de una teoría del conocimiento referida al hombre, una nueva descripción de la diferencia entre los humanos y las máquinas que revise la idea antropocéntrica del conocimiento y la reconozca como una prestación que puede ser realizada por las máquinas (Luhmann 1988, 121). De la identificación del paradigma humano de inteligencia se pasa, sutilmente, al objetivo de conseguir una inteligencia artificial que sea como la nuestra y, luego, al miedo de que nos sustituya. ¿Queremos que un ordenador necesite tanto tiempo como nosotros para aprender un idioma? ¿O que cometa tantos fallos de cálculo como nosotros, que hemos empleado muchos años en aprender matemáticas? ¿Acaso no necesitamos las máquinas para que hagan lo que nosotros no podemos hacer especialmente bien? El parecido con el conocimiento humano no es un buen criterio para la inteligencia artificial; mejor buscar la complementariedad. Además, decir que una máquina es o puede ser más inteligente que un ser humano es algo que carece de sentido si no especificamos en qué lo es y cuáles son los criterios del éxito. Hay múltiples inteligencias, cada una caracterizada por realizar determinadas tareas en diferentes contextos. La interacción con robots no es, como muchas veces se afirma, una disolución de la diferencia entre los humanos y las máquinas, sino un nuevo motivo para su tematización.

La idea de buscar la complementariedad y no la similitud tiene, incluso, consecuencias en el campo sociolaboral. Si fuera cierto que las máquinas y los humanos tenemos una inteligencia similar –al menos potencialmente, en el caso de las máquinas–, entonces tendríamos razones para verlas como una amenaza por que nos puedan remplazar. A este planteamiento responde, por ejemplo, la falacia de considerar que todas las innovaciones consisten, en última instancia, en una automatización. En cambio, si pensamos la inteligencia artificial como algo que aumenta nuestra inteligencia, que no la automatiza ni sustituye, entonces se revaloriza el trabajo humano. Las tecnologías que simplemente automatizan tienden a reducir el valor del trabajo humano, mientras que el aumento de las capacidades humanas se traduce en un incremento del valor del trabajo. El valor de un trabajo aumentado es mayor que el de un trabajo automatizado. La alternativa está entre aumentar el trabajo o, simplemente, automatizarlo; es decir, hacernos indispensables o sustituibles. No se trata de frenar la tecnología sino de disminuir el exceso de incentivos de la automatización frente a la aumentación (Brynjolfsson 2022, 282).

c. La hibridación entre humanos y máquinas

Más interesante que saber si la tecnología es inteligente es preguntarse si es inteligente nuestra hibridación con ella. El desafío futuro no es tanto mejorar aspectos concretos de la tecnología sino poner el foco en la interacción entre piloto, vehículo y entorno. Bajo las condiciones de una inteligencia distribuida híbrida, la performatividad del sistema es emergente, distinta de la de sus componentes, humanos o tecnológicos. Toda la inteligencia que pueda haber en las tecnologías se debe a lo que en ellas haya de conexión. A quien habría que hacerle el test de Turing, por así decirlo, es al sistema que formamos los humanos y las máquinas y no tanto a ellas.

En vez de pensar en dos tipos contrapuestos de agencia, la humana y la artificial, deberíamos entender que, en última instancia, todo lo que se hace en el mundo es, en distinto grado y modulación, el resultado de una agencia distribuida en una compleja interacción entre los humanos y las cosas. A esto responde la idea básica de Latour (1991) de que ninguna entidad es algo por sí misma; únicamente en relación con otras se convierte en significativa o relevante; sólo las redes convierten a las entidades en actores. «Algunas tecnologías contemporáneas ya no pueden "usarse" sin más, sino que empiezan a fundirse con nuestro entorno físico y con nuestro propio cuerpo» (Verbeek 2014, 83). En cierto modo y en no pocos casos, más que de humanos que usan las tecnologías habría que hablar de tecnologías que usan a los seres humanos para hacer su trabajo.

La tecnología ha de entenderse como «acción distribuida». Del mismo modo que tendría tan poco sentido –o sólo un sentido metafórico– hablar de que un ser humano pilota un avión o que viajamos gracias a Air

France, cuando lo cierto es que se trata de un conjunto de actividades distribuidas. En un sistema de movilidad inteligente, el causante del desplazamiento no es quien pilota el avión sino el resultado de la interacción de los diversos elementos que lo componen. No estamos, por tanto, ni en el contexto de que las máquinas puedan ser controladas sin perder buena parte de su performatividad, ni ante una simple sustitución de los humanos por los artefactos, sino en una nueva constelación sociotecnológica, con diferentes interacciones entre los humanos y los artefactos que han de ser una y otra vez renegociadas.

La tecnología no debe ser reducida a la acción instrumental, a artefactos que funcionan o a meras infraestructuras, sino que debe ser entendida como un elemento constitutivo de lo social. Humanizar la tecnología no significa incrementar el control sobre ella sino acompañarla críticamente desde el diseño hasta la implementación. Antropomorfizar el error y culpabilizar a las máquinas tiene tan poco sentido como pensar que todo se solucionaría recuperando o reforzando el control humano sobre los dispositivos. Que los dispositivos con aprendizaje automático hagan daño no se debe al hecho de que los humanos hayan cedido poder a las máquinas, según se afirma frecuentemente en los debates sobre ética de la inteligencia artificial. Lo «humano» es ya una realidad transformada por nuestra interacción con estos dispositivos. Teniendo todo esto en cuenta, no parece razonable seguir pensando como realidades separadas las acciones humanas y el funcionamiento de la tecnología; habría que fijarse más bien en su hibridación. Que se trata de una realidad distribuida quiere decir, aquí, que no entendemos bien la lógica del nuevo entorno digital si seguimos pensándolo desde el determinismo tecnológico, el control humano centralizado o la división funcional de tareas.

La noción de hibridación objeta aspectos esenciales del instrumentalismo y del determinismo tecnológicos. La categoría de hibridación entre humanos y ambientes artificiales sustituye la noción de «uso». Tiene un parecido con el concepto de entrelazamiento (*entanglement*), enmarcado en la teoría arqueológica de Hodder (2012), según el cual ambos coevolucionan en ese contexto de constricciones y posibilitamientos que implica su *partenaire* evolutivo. La noción de hibridación ha recibido recientemente gran atención tanto desde el punto de vista de la filosofía de la biología como desde los estudios de cultura material (Boivin 2008). El concepto clave aquí es el de «coevolución» (Sperber 2007): la hibridación es el vínculo entre nuestras habilidades cognitivo-agenciales y el ambiente artificial. La intuición que comparten estos autores es que los entornos artificiales que crearon nuestros ancestros forman parte de las presiones selectivas que permitieron la emergencia de ciertas habilidades o rasgos orgánicos de nuestra especie. Es decir, hay un entrelazamiento entre nuestras modalidades cognitivas, moldeadas evolutivamente, y el tipo de ambientes artificiales que han acompañado nuestro despliegue como especie biológica desde hace milenios. Como sostiene Broncano (2009), los medios técnicos transforman el propio escenario evolutivo de la especie. Esa es la idea de la «mente extendida». A veces, lo que el cerebro hace está tan bien acoplado con nuestra tecnología que es útil pensar en una especie de sistema cognitivo único. Podríamos concebir nuestra memoria, la que de hecho tenemos, como una capacidad tecnológicamente asistida. De ahí que, por ejemplo, la sensación de perder el móvil no sea tanto la de perder un objeto como la de perder una buena parte de la memoria personal.

Viendo así las cosas, resulta patente que la agencia está más distribuida de lo que sugieren las visiones dualistas del asunto. La investigación de la inteligencia artificial clásica se preguntaba por la división funcional de las tareas y por un modo de integración mecánico o jerárquico, mientras que ese marco ha ido evolucionando hacia una distribución paralela de los problemas, cuya solución requiere distintas formas de coordinación. Esta es la razón de que el planteamiento acerca de las implicaciones morales de la tecnología o su impacto en la democracia sean formas inadecuadas de enfocar el tema. No hay que preguntarse por el impacto o por la significación sino por el juego de dependencias recíprocas, de delegación y sustitución dentro de la constelación sociotecnológica. La cuestión es hasta qué punto están entrelazados el modo en que los humanos usan la tecnología y el modo en que la tecnología condiciona la vida humana. Las tecnologías no son intermediarios sino mediadores, es decir, que ayudan a configurar el modo en que los humanos actúan. Pensemos en los valores implícitos en los reductores de velocidad de nuestras calles, en las puertas automáticas o en la eliminación de obstáculos para los peatones, las rampas en las aceras para las sillas de ruedas, qué efectos tiene en las redes sociales el anonimato permitido, qué premian o desincentivan los algoritmos... Esto conecta con la idea de Durkheim de la sociedad como una institución moral (Latour 1992). Al igual que hay una infraestructura tecnológica de la moralidad, cabe hablar de una significación moral de la tecnología. Hablar de una significación moral y política de la tecnología no implica despojar a los humanos de ella sino hacernos más conscientes de la complejidad de nuestras interacciones con ella, especialmente en el diseño de las tecnologías inteligentes o que aprenden.

5. EL ECOSISTEMA HUMANOS-MÁQUINAS

La idea de que la inteligencia artificial superará a la humana y los robots se pondrán al frente de la civilización es falsa porque ya la pregunta está mal formulada. No se trata de la alternativa entre humanos y máquinas sino de cómo se reparten las iniciativas y actividades inteligentes en un sistema sociotecnológico híbrido entre seres humanos, máquinas y programas, de modo que podamos llevar una vida segura y libre (Rammert 2003, 13). ¿Cómo se pueden entender y diseñar las actuales y futuras relaciones entre los humanos y las máquinas para que haya un equilibrio adecuado entre asistencia y autonomía, entre seguridad y eficiencia, entre confort y control?

Tal vez no valga la pena desarrollar una inteligencia artificial que sea tan inteligente como los humanos (en el supuesto, además, de que esto sea posible). Parece mucho más interesante perseguir un ecosistema que permita una correcta interacción. Esta colaboración entre los humanos y las máquinas es problemática porque no consiste en poner a dos tipos de agentes a trabajar en la misma lógica sino en una articulación entre, muchas veces, dos lógicas completamente diferentes. Un ejemplo clásico de ello es el almacenaje de Amazon. Los trabajadores necesitan «dispositivos manuales» porque esperan que las cosas se ordenen de acuerdo con el modo humano: los libros aquí, los DVD allí... Para una máquina eso es completamente ineficiente. Los consumidores no piden las cosas alfabéticamente o según el tipo. En consecuencia, Amazon emplea una técnica llamada «logística caótica» (caótica desde el punto de vista humano). Coloca los productos por necesidad y asociación, más que según el tipo, y así es posible construir itinerarios más cortos entre los objetos. Esto hace que el mundo sea computacionalmente más eficiente, pero más difícil de comprender para los humanos.

La implantación de un buen ecosistema humanos-máquinas es de la máxima importancia a la hora de mejorar nuestras decisiones. La solución no es, simplemente, someter a control humano los procesos de automatización, ni por supuesto abandonar por completo nuestra soberanía al poder de los algoritmos. La interfaz humanos-máquinas debe ser examinada en orden a obtener los criterios necesarios para diseñar la mejor sociedad posible. Hay que plantear de qué modo se realizan valores como la libre decisión, la responsabilidad o la rendición de cuentas (*accountability*) cuando tratamos de obtener las mayores ventajas de la automatización de los procesos. Debemos interrogarnos sobre si es siempre posible y deseable la presencia de responsabilidad humana en una tecnología como esta y de qué modo se realiza esa presencia sin arruinar las promesas de la automatización.

Un contraejemplo de ello lo encontramos en un *sketch* del programa televisivo «Little Britain». Una madre llega al hospital con su hija de cinco años para realizarle una operación de amígdalas que había concertado. Después de tomarle los datos de la hija, la recepcionista le dice que lo que tiene programado es una operación de ambas caderas. A las objeciones de la madre, que insiste en el objeto de la operación, la recepcionista le contesta: «*Computer says no!*». Esta situación ilustra la actitud hostil de las administraciones hacia los ciudadanos, pero también, hasta qué punto puede llegar a ser absurda la repartición de funciones entre los humanos y las máquinas. La razón de su comicidad se debe a que contrasta con el tipo de explicaciones que esperamos de un funcionario. Nuestra expectativa es ser tratados de tal modo que podríamos incluso aceptar una decisión adversa, para lo cual es necesario que se nos expliquen los motivos de la decisión. Queremos recibir información sobre la justificación o explicación de la decisión y acerca de quién es el responsable de ella, no tanto del proceso detallado de su producción.

En vez de dramatizar el conflicto entre los humanos y las máquinas parece más razonable considerarlos como dos realidades que interactúan y se modifican mutuamente. Antes que hablar de una «IA antropocéntrica» (*human-centric AI*), hay que preguntarse por el cómo y el cuándo de esta presencia, así como por sus términos –diseño, control, transparencia, responsabilidad...–, de manera que los sistemas de salud, los tribunales, los gobiernos, la policía tengan un vínculo adecuado con el mundo humano y su libre decisión. Ahora bien, ¿de qué manera hay que pensar esta remisión del humano que toma decisiones sin perder ninguna de las ventajas de la «impersonalidad»?

En última instancia, la cuestión es cómo construir experiencias y prácticas de la hibridación que respeten nuestra capacidad e incluso la potencien. Como enseñan los estudios sobre infraestructuras, estas requieren un trabajo de mantenimiento, es decir, que el condicionamiento infraestructural de nuestras decisiones está, a su vez, condicionado por nuestra intervención. La supervisión humana tiene lugar en distintos estadios y con diferente intensidad. Para diseñar una inteligencia artificial cuyos objetivos no entren en conflicto con los nuestros hay que saber cuáles son nuestros objetivos actuales a la hora de diseñarla, si el aprendizaje de la inteligencia artificial tiene, realmente, la posibilidad de modificar los objetivos iniciales a la vista de los aprendizajes realizados y si existe algún procedimiento para verificar si nuestros objetivos pueden ser reactualizados conforme a la evolución del ecosistema de inteligencia artificial.

6. La nueva delimitación de la humanidad

No hay una realidad natural (un «mundo de la vida») que se pueda aislar del mundo de las construcciones artificiales. El nuevo paisaje tecnológico no se entiende bien ni desde el discurso humanista que contrapone *nuestra* libertad a *su* necesidad, que persigue el control y desconfía de cualquier forma de delegación, pero tampoco desde el paradigma tecnodeterminista, que concibe la tecnología como una realidad autónoma y dominante respecto de la sociedad, que sigue sus propias leyes y lógicas de desarrollo. Ya hace muchos años, Joseph Weizenbaum (1976) recomendaba, visionariamente, no oponer el ordenador y la razón; el poder de los artefactos se despliega en entornos sociales, donde hay usos y normas hechos por los humanos, pero que no son un resultado intencional en todos sus términos ni pueden ser modificados a voluntad. Preguntado por esta relación, respondía: «*not without us*» («no sin nosotros», en una línea similar a lo afirmado por Turing: «*we both*» («nosotros dos»).

Para comprender de manera adecuada la repercusión de la tecnología en la sociedad es necesario entenderla desde una perspectiva pragmática y social, es decir, como un fenómeno socialmente constituido e históricamente variable. Esta pragmática se opone a la concepción dual de tecnología y sociedad. Lo tecnológicamente posible y lo socialmente deseable son procesos que se condicionan entre sí y que terminan estabilizándose en tecnologías que se realizan en determinados contextos sociales. Las tecnologías son medios que posibilitan, limitan y condicionan la acción humana en una sociedad. La tecnología entendida como «acción distribuida» (Rammert / Schulz-Schaeffer 2002) ofrece una doble perspectiva para investigar la relación entre la digitalización y la sociedad. La primera es que subraya la contingencia y modificabilidad de lo tecnológico, llamando la atención sobre las condiciones sociales y políticas que posibilitan determinados desarrollos de la tecnología. La segunda es que destaca la performatividad de lo tecnológico: las tecnologías estructuran el mundo de los humanos y la comprensión que estos tienen de sí mismos.

Ciertas narrativas del humanismo y del poshumanismo comparten la posibilidad de que esa tensión entre los humanos y las máquinas pueda ser resuelta con una victoria, del control o de la sustitución. Verbeek ha propuesto, a este respecto, una versión del poshumanismo «que va más allá del humanismo, pero no más allá de lo humano. Simplemente otorga un lugar central a la idea de que lo humano sólo puede existir en sus relaciones con lo no humano. Esta forma de poshumanismo no declara obsoleto lo humano, sino el humanismo como enfoque demasiado humano de lo que significa ser un ser humano. Para cultivar la humanidad tenemos que tomarnos en serio también cómo las tecnologías nos ayudan a cultivarnos. Sólo enfocando lo humano como más-que-humano es posible dar forma adecuadamente al respeto por la humanidad que la tradición humanista ha defendido, con razón, durante tanto tiempo» (Verbeek 2009, 261). El humanismo clásico reservaba el conocimiento, la acción y la cualidad moral para los humanos, al tiempo que relegaba a las máquinas a un lugar secundario, que complementaba o descargaba nuestras capacidades. El desarrollo de la inteligencia artificial ha puesto de manifiesto lo limitado de este marco conceptual para entender el actual ecosistema tecnológico y la necesidad de pensarlo a partir de otras premisas.

Hemos de renegociar el espacio híbrido de acción en el que nos desenvolvemos los seres humanos y los artefactos tecnológicos. El espacio cotidiano de acción, que antes sólo se compartía con otros seres humanos, debe ser, cada vez más, compartido con actores tecnológicos, y esto modifica, a su vez, la relación entre autonomía y control. Una idea de la tecnología como simple herramienta no sirve ni para entender ni para diseñar este nuevo entorno sociotecnológico. El concepto de un ser humano que controla a la máquina debe ser ampliado hacia formas híbridas de dirección en nuevas constelaciones sociotecnológicas (Rammert 2016). La idea compleja de una tecnología como medio es más adecuada que su concepción como herramienta a la hora de explicar interacciones sociotecnológicas. En esta concepción, las ideas de autonomía y control se condicionan mutuamente, ya que la tecnología abre y limita, al mismo tiempo, espacios posibles para la decisión y la acción.

8

Transparencia. ¿Cuánta opacidad requiere y soporta la inteligencia artificial?

> La tarea no consiste tanto en ver lo que aún no ha visto nadie, como en pensar lo que aún no se ha pensado sobre lo que todo el mundo ve.
>
> ARTHUR SCHOPENHAUER 1968, § 76

Vivimos en una sociedad que está llena de cajas negras para nosotros; mecanismos, sistemas, algoritmos, robots, códigos, automatismos y dispositivos que usamos o nos afectan, pero cuyo funcionamiento nos es desconocido, parcial o totalmente. Niklas Luhmann hablaba, a este respecto, de «la sinfonía de la intransparencia» que caracteriza a la sociedad contemporánea (2017, 96). La nuestra sería una sociedad de las cajas negras (*black box society*) (Pasquale 2015) donde la complejidad se situaría más allá de toda forma de comprensión y control. Ahora bien, ni nuestra tradición humanista ni los valores democráticos nos autorizan a dar esa batalla por perdida.

Si la actuación de los sistemas algorítmicos es cada vez mayor y más decisiva es su influencia en la vida cotidiana, también aumenta la necesidad de equilibrar las asimetrías cognitivas que de ello resultan. La exigencia de combatir la opacidad parece una respuesta apropiada a esta situación y no tiene nada de extraño que se exija una mayor transparencia (Balkin 2016; Benjamin 2013; Cohen 2016; Mehra 2015). Otros son escépticos ante la demanda de transparencia (Kroll *et al.* 2016; Burrell 2016; Matzner 2017) y advierten de que no es la panacea para resolver todas las cuestiones éticas que plantean las nuevas tecnologías (Mittelstadt *et al.* 2016; Neyland 2016; Crawford 2016) o llaman la atención, desde una perspectiva más política, sobre los límites e inconvenientes de la transparencia para comprender la naturaleza de lo que está en juego (Innerarity 2019). Existe, incluso, una desconfianza en la transparencia, a la que se supone generadora de confianza; al igual que hay un lavado de imagen tramposo relativo a la ética y la ecología (un *ethics washing* o un *green washing*), podría haberlo relativo a la transparencia (un *transparency washing*). La transparencia puede ser una forma de manipulación mediante la cual las empresas obtengan una confianza que les resulte útil. No se trataría de empoderar al usuario sino al sistema. En la estructura disciplinaria de Uber, por ejemplo, la revelación del algoritmo de puntuación permite que los conductores sepan cuáles son las reglas para maximizar sus puntuaciones, de modo que se sometan más fácilmente al poder disciplinario (Wang 2022, 69).

En cualquier caso, está claro que debemos construir toda una nueva arquitectura de justificación y control, donde las decisiones automáticas puedan ser examinadas y sometidas a revisión crítica. En esta dirección apuntan la idea de una ingeniería inversa (*reverse engineering*) –es decir, el proceso de «extraer el conocimiento o los planos de diseño de cualquier cosa hecha por el ser humano» (Eilam 2005)–, las exigencias regulatorias de explicabilidad o las diversas iniciativas de auditar los algoritmos (Sandvig *et al.* 2014). La cuestión de hasta qué punto es posible la transparencia plantea interrogantes de mayor alcance que aquellos que pueden responderse con una pacífica delimitación del territorio de lo que puede conocerse y lo que no. La esperanza de inteligibilidad que impulsa los llamamientos a una mayor transparencia ha de enfrentarse a la pregunta acerca de si tiene sentido considerar los algoritmos como «desconocimientos que se desconocen pero que podrían conocerse» (*knowable known unknowns*), es decir, algo que puede ser conocido (Roberts 2012). Cuando Pasquale afirma que «no puedes establecer una relación de confianza con una caja negra» (2015, 83), parece dar a entender que esa asimetría cognitiva podría eliminarse. En la literatura más reciente, por el contrario, cada vez se insiste más en que una mirada sobre la «caja negra» de la inteligencia artificial es imposible por principio. Hay quien ha hablado de dilemas y paradojas que ninguna supervisión de los programadores o asesores éticos puede llenar: «cualquier sistema lo bastante simple como para ser comprensible no será lo suficientemente complicado como para comportarse de forma inteligente, mientras que cualquier sistema lo bastante complicado como para comportarse de forma inteligente será demasiado complicado para ser comprensible» (Dyson 2019, 39). Cuanto más capaces son los sistemas algorítmicos, más difícil es comprender sus decisiones. Deberíamos analizar los diversos tipos de opacidad y plantear alguna forma de explicabilidad antes de sentenciar que la complejidad los hace incomprensibles e incontrolables.

1. El usuario sumiso

Todas las paradojas de lo que se ha dado en llamar sociedad del conocimiento o civilización tecnológica se resumen en la siguiente constatación: vivimos en una sociedad que es más inteligente que cada uno de nosotros. El saber está en todas partes; hay más saber del que podemos saber. Estamos rodeados de expertos en los que debemos confiar, máquinas inteligentes cuyo funcionamiento no comprendemos, noticias que no podemos comprobar personalmente... En un mundo lleno de mediaciones, el saber se nos presenta bajo la forma de la experiencia indirecta (Marquard 1989, 94). La disposición del saber ajeno es la forma habitual de nuestra experiencia de la realidad. Nuestro mundo es de segunda mano, mediado, y no podría ser de otra manera: sabríamos muy poco si sólo supiéramos lo que sabemos personalmente. Nos servimos de una gran cantidad de prótesis epistemológicas. Nuestro suplemento cognoscitivo está edificado sobre la confianza y la delegación. Las experiencias secundarias determinan la vida de los seres humanos con tanta fuerza al menos, si no más, que las primarias. Casi todo lo que sabemos del mundo lo sabemos a través de determinadas mediaciones.

A este respecto, Kant formuló de una manera abstracta una experiencia que es concreta y cotidiana: el yo no puede acompañar todas mis representaciones (1927, B 132-5). Uno puede pasarse toda la vida conduciendo coches y escribiendo en ordenadores sin haberse asomado nunca a su interior. El hecho de abrir el capó de nuestro coche cuando se nos ha estropeado, por ejemplo, es un mero acto de soberanía antes de la definitiva claudicación y no expresa más que una atávica resistencia a reconocer lo que sabíamos desde un principio: hay que llamar cuanto antes al experto. Nuestra automovilidad es, en el fondo, heteromovilidad.

En la era de la microelectrónica y la digitalización nos vemos rodeados de cajas negras para las que no hay ningún acceso intuitivo. Cualquiera ha experimentado la desesperación cotidiana motivada por el incomprensible lenguaje de las instrucciones de uso de los aparatos domésticos. Hace ya mucho que nos hemos despedido de una relación con el mundo que Heidegger definió bajo el término «*Zuhandenheit*»: un ámbito de realidad no problemático, cotidiano, «al alcance de la mano» (1986, SZ 55). Compárese esto con cualquier electrodoméstico. Los *gadgets* de la sociedad multimedia son, con la expresión precisa de Hermann Sturm, «prótesis de lo que ya no se comprende», declaraciones de capitulación de la experiencia personal. En ese mundo el uso ya no es soberano y evidente. Todos vivimos en la esclavitud voluntaria de los usuarios. Uno debe someterse a lo que no entiende para poder usarlo. Como en el mundo de la economía y la política, en el de los objetos tecnológicos, la comprensión ha sido sustituida por la aceptación. Afortunadamente, la superficie de uso nos oculta la profundidad lógica y mecánica de los aparatos. La lógica del uso y la comprensión de la herramienta son dos cosas diferentes. Saber utilizar algo no equivale a comprenderlo; una cosa es la competencia y otra el conocimiento. En el mundo contemporáneo crece el saber que se usa pero no se entiende. A la división del trabajo propia de la sociedad industrial le ha sucedido la división del saber en la sociedad del conocimiento. El usuario es un cliente de la simplicidad. No queremos saber nada de la lógica profunda de los procesadores y programas; preferimos permanecer en la amable superficie de la funcionalidad. Ya lo había advertido Weber hace tiempo: «Quien viaja en tranvía –a menos que sea físico– no tiene ni idea de cómo se pone en movimiento. Tampoco necesita saber nada al respecto. Le basta con "confiar" en el comportamiento del vagón del tranvía y orientar su comportamiento en él; pero no sabe nada de cómo hacer para que un tranvía se mueva» (Weber 1992, 82).

Esto tiene muchas consecuencias en nuestro estilo de vida. Nos hemos acostumbrado a tomar las cosas en su valor de interfaz (*interface value*) (Turkle 1995), es decir, a confiar en su superficie; no buscamos lo esencial en una profundidad oculta, sino que nos contentamos con usar los medios. Aceptamos no saber qué hay en la caja negra de las cosas y los artefactos que utilizamos, ya sean coches u ordenadores. Es lo que Helmut Schelsky denominó «familiaridad fingida» y que podríamos llamar el «fideísmo del cliente»; algo que nos es recordado a cada paso («sólo puede ser abierto por el experto», «consulte a su farmacéutico»...) para que no nos llamemos a engaño y olvidemos nuestra condición de meros usuarios. Paradójicamente, esta sumisión supone un enorme incremento de nuestra libertad. Poder usar más de lo que comprendemos significa que, gracias a la técnica, estamos liberados de pensar y decidir a cada paso. En última instancia, lo que la tecnología hace es introducir un automatismo que no es «interrumpido por la decisión» (Luhmann 2000, 370).

Un producto es inteligente precisamente cuando es capaz de ocultar el abismo de la ignorancia, de manera que el usuario no lo vea y quede seducido por la simplicidad del uso. En esta línea va toda la publicidad que insiste en el uso fácil, en la proximidad táctil o visual. El instrumento comprensible es aquel que oculta su tecnología. El éxito de muchos instrumentos se debe justo a esta circunstancia de que se trata de tecnologías que son más fáciles de utilizar que de explicar. De ahí su cercanía con el juego: por eso los niños se encuentran tan cómodos en el universo de los nuevos medios y enseguida son más competentes que sus padres. Y es que la competencia no se adquiere mediante la lectura de las instrucciones sino mediante el placer del uso.

Sólo un nostálgico podría considerar que esta forma de ignorancia informada es algo fundamentalmente negativo. A las cosas que piensan por nosotros les debemos conquistas que nos resultan irrenunciables. Por formularlo de una manera un tanto provocativa: nuestra civilización podría renunciar, si fuera necesario, a las personas inteligentes, pero no a las cosas inteligentes. El progreso civilizatorio no es impulsado por lo que los seres humanos piensan sino gracias a lo que les ahorra pensar. El filósofo norteamericano Whitehead decía que la civilización avanza en la medida en que hay aparatos y procedimientos que nos permiten actuar sin tener que reflexionar (1948, 41-42). En esto consiste la confianza del usuario. El fundamento de nuestra civilización es el sometimiento a lo no comprendido. La tecnología posibilita una ignorancia que no sólo es inofensiva, sino que podemos considerar, incluso, benéfica.

El crecimiento de la opacidad tiene que ver con el progreso tecnológico. Con el avance del proceso civilizatorio los seres humanos han desarrollado una comprensión recíproca en virtud de la cual renuncian a las explicaciones que exigimos a las máquinas (Yudkowsky 2008). Las tecnologías que más inciden en la vida de las personas son aquellas que terminan resultando familiares, desaparecen de la vista en cuanto tales y acaban siendo indistinguibles de la vida misma. Hay un «inconsciente tecnológico» (*technological unconscious*)

(Clough 2000) escondido en la familiaridad cotidiana. Es la idea de Mark Weiser, padre de la computación ubicua (*ubiquitous computing*), de una tecnología tranquila (*calm technology*): el éxito de una tecnología estaría vinculado a su capacidad de resultar invisible cuando entra a formar parte de manera constitutiva y casi natural de nuestra vida, sin resultar invasiva o reclamar la atención del usuario (Weiser / Brown 1998).

Nuestro deseo de comprender la realidad contrasta con el hecho de que podemos usar el cerebro a pesar de que haya muchas lagunas explicativas; los medicamentos que tomamos están sometidos a unos exigentes requerimientos de seguridad, pero eso no implica que controlemos todos sus posibles efectos; hay un incremento de la opacidad que se debe al aumento mismo de la complejidad tecnológica y que ha puesto en marcha diversos procedimientos para hacerla «humanamente compatible» (Russell 2019a), lo que no significa necesariamente que sea humanamente visible. Cuánta opacidad resulte compatible con el grado de comprensión, control y soberanía que tenemos derecho a exigir en nuestra relación con sujetos y objetos depende del tipo de situaciones en que nos encontremos, lo que vale también para el caso concreto de las decisiones algorítmicas.

2. Tipos de opacidad

Para valorar el alcance de las estrategias de promoción de la transparencia hace falta llevar a cabo una taxonomía de los tipos de opacidad, que podrían sintetizarse, siguiendo a Burrell (2016), en: 1) una opacidad intencional, deliberadamente producida, 2) una opacidad técnica, objetiva, que procede de la asimetría cognitiva resultante de la complejidad técnica, y 3) una opacidad emergente, específica del aprendizaje automático, de su imprevisibilidad e involuntariedad.

a. La opacidad intencional

La primera forma de opacidad es la intencionalmente producida, la que se debe a una deliberada voluntad de ocultar, sin que esto tenga, necesariamente, una dimensión reprochable. En este caso, la ignorancia no es un problema de la tecnología sino de la opacidad deliberadamente producida, a una «opacidad estratégica» (Ananny / Crawford 2016). Dicha opacidad puede deberse a la protección de datos, al derecho de propiedad o a cuestiones de seguridad y otras relativas al bien común, como evitar que el sistema sea gamificado, impedir las filtraciones o asegurar la competitividad de las empresas (Citron / Pasquale 2014). Podríamos hablar, entonces, de una estrategia de «cajanegrizar» (*blackboxing*): la utilización intencional de la ignorancia en la medida en que pueda ser más ventajosa que aumentar el conocimiento respecto de los fines que se persiguen (McGoey 2012).

Cualquier aspiración a reducir la opacidad de los entornos en los que nos movemos ha de diferenciar los tipos de opacidad. Debemos identificar cuándo estamos ante un «cisne negro» y cuándo ante una caja negra (*black box*); si se trata de un evento impredecible o de un dispositivo pensado para ocultar. Hay un impulso elemental en los humanos que nos lleva a desconfiar de lo oculto y lo secreto, a tratar de desvelarlo y a pensar que el conocimiento debería proporcionarnos un mayor control sobre nuestro entorno. Pero cuando estamos ante este tipo de opacidad, tal actitud sólo tiene sentido si el derecho a conocer es más importante que los bienes protegidos por el secreto. Y siempre es necesario tener en cuenta la naturaleza de la opacidad a la que nos enfrentamos. La identidad de los algoritmos es, en parte, algo hecho y no hecho; al analista crítico le corresponde estudiar cuándo es pertinente la voluntad de conocer y cuestionar la separación entre lo social y lo tecnológico. Es cierto que la configuración exacta del algoritmo no puede ser trazada fácilmente, pero eso no nos dispensa del deber de interrogar, especialmente desde que la alusión a la ignorancia se ha convertido en un cómodo recurso para las plataformas, cuando sugieren que sus algoritmos operan sin intervención humana, que no están diseñados sino que descubren. Hay cierta opacidad algorítmica que puede justificarse o que resulta de una determinada transacción. Pensemos en la necesidad de equilibrar explicabilidad y performatividad. En ocasiones, la exigencia de explicación puede llevar a que el sistema tenga que rechazar una solución que no pueda ser comprendida por los humanos, y a que prefiera modelos subóptimos fácilmente explicables frente a modelos muy potentes pero más opacos (Doshi-Velez *et al.* 2017, 17). Existen otros *trade-off* de equilibrio entre la transparencia y la exactitud que deben ser tenidos en cuenta, como, por ejemplo, la posibilidad de que la revelación sistemática dañe la competencia –demasiada transparencia podría hacer más daño a los pequeños competidores que a los grandes–, de modo que hay que ponderar a cuál de las dos exigencias debe concedérsele más peso (Hagras 2018). Una muestra de la tensión existente entre los valores éticos de la inteligencia artificial estriba en que incrementar la exactitud de un sistema puede reducir su explicabilidad (Sanderson *et al.*

2023), entre la performatividad de los sistemas y la capacidad de los humanos para entenderlos (Selbst / Barocas 2018): un algoritmo diseñado para detectar el fraude o el blanqueo de capital debe permanecer secreto para que los criminales no hagan ingeniería inversa (*reverse engineering*) y eviten ser detectados. Con la transparencia aumenta la información disponible, pero sobre todo para los grupos de interés (Zarsky 2016, 125), y un incremento de la transparencia puede llevar a un exceso de confianza, reforzando el sesgo de automatización, por el que aumenta nuestra disposición a aceptar las decisiones automatizadas (Heaven 2020). Aumentar la transparencia puede contribuir a la sobrecarga de información (*information overload*), pero, también, suscitar la sospecha de que si se habla tanto de transparencia es porque se nos está ocultando algo relevante; la transparencia debe estar equilibrada con el coste de perder efectividad contra el fraude o los ciberataques.

La opacidad, aunque pueda estar justificada en diversos casos, puede ser una coartada para los abusos. Pensemos en el caso de los secretos de Estado, que tienen que estar equilibrados con el interés en conflicto de la información pública. El secreto estratégico no puede usarse de cualquier manera: en cuanto la necesidad estratégica de secreto desaparece, la información debe ser accesible; el valor del secreto decrece con el tiempo, mientras que aumenta la exigencia de justificación.

En cualquier caso, deberíamos manejar con cuidado nuestras expectativas de desvelamiento, porque, en ocasiones, la opacidad no es intencional y cuando lo es, no siempre está claro dónde acaba la complejidad y dónde comienza la intencionalidad. Cuando afirmamos que los algoritmos discriminan estamos hablando más de un asunto de agencia distribuida (*distributed agency*) que de intencionalidad individual. Términos como prejuicio, subjetividad, manipulación o neutralidad dan a entender que todo se resuelve descubriendo quién es el que actúa, como si los seres humanos usáramos algoritmos para esconder quién está realmente tomando las decisiones. Por supuesto que los algoritmos están hechos y son mantenidos por los humanos. Todo sería más fácil si alguien en concreto pudiera ser responsabilizado. Desde una perspectiva relacional, sin embargo, sería un error determinar el origen de una acción como si esta pudiera remitirse a una sola fuente. «La agencia no se corresponde con la intencionalidad o la subjetividad humanas» (Barad 2003, 826). No todas las situaciones remiten a un autor. Como afirma Latour, «utilizar la palabra "actor" significa que nunca está claro quién y qué está actuando cuando actuamos, ya que un actor en escena nunca está actuando solo» (2005, 46). No se trata de señalar ni a los diseñadores ni a los usuarios. Una perspectiva relacional «rechaza cualquier explicación esencialista o aislada de la agencia humana o no humana» (Schubert 2012, 126). La atribución de responsabilidad no es imposible en un entorno de agencia distribuida, pero tampoco es fácil, ya que determinar quién actúa –humanos o tecnologías– depende de la constelación particular de que se trate.

b. La opacidad objetiva

La existencia de ámbitos inexplicables en nosotros mismos, en nuestros objetos y en la sociedad no es ninguna novedad del desarrollo tecnológico, sino que forma parte de nuestra condición humana. Podemos afirmar que el mismo cuerpo es una caja negra para nosotros y que muchas de las cosas que hacemos no se deben a una decisión expresa, ni mucho menos a una causa que podamos o debamos explicar. Los seres humanos no sabemos bien cómo hacemos muchas de las cosas que sabemos hacer. Es propio de la naturaleza humana que sólo una parte de ella sea racionalmente explicable; en una importante medida es instintiva, subconsciente, implícita o inescrutable. Hay cierto grado de opacidad persistente en las modalidades sensoriales y cognitivas con las que los humanos interpretamos el mundo. En el llamado «sistema 1» del pensamiento (Kahneman 2011), el más automático y menos reflexivo, se alojaría todo el mundo de los sesgos, las preferencias inconscientes y las heurísticas, por decirlo en una terminología kantiana, el yo acompaña a nuestras representaciones de un modo tácito, nada más.

Tomemos como punto de partida esta constatación de que la oscuridad no es una prerrogativa de la tecnología o de los algoritmos, sino un componente del mundo humano. No nos queda del todo claro el funcionamiento de nuestro aparato cognitivo y muchas de nuestras decisiones no obedecen a una conciencia que pueda dar cuenta razonable de ellas. Sabemos que el cerebro se equivoca muchas veces, que se distrae e incluso que nos engaña. Los automatismos también son parte de la condición humana, sean de tipo biológico, cultural o social.

La otra cara de la familiaridad con la tecnología es la incomprensión de esta tecnología. Su complejidad técnica produce ignorancia en los usuarios y asimetrías cognitivas entre ellos y los expertos. El debate de la transparencia gira preferentemente en torno a las empresas tecnológicas y los usos de las tecnologías, pero poco acerca de las propiedades de la tecnología como tal. El proceso de decisión de los sistemas inteligentes es opaco, en buena medida por motivos tecnológicos, no por una intencionalidad oculta de sus diseñadores. Los análisis basados en la minería de datos a partir de miles de parámetros pueden ser difíciles de explicar a los seres humanos. A la empresa que se rige por dicho análisis de datos le resultaría difícil explicar adecuadamente la «verdadera razón» de su respuesta automatizada, incluso después de hacer un esfuerzo de buena fe para hacerlo (Zarsky 2016, 121). Cuando ni el usuario ni el afectado pueden saber por qué un sistema ha decidido de esta forma y no de aquella, los controles apenas pueden verificar si la decisión se ha llevado a cabo correctamente. La falta de transparencia que no es intencional se convierte en un grave impedimento para la regulación efectiva.

Ahora bien, como he señalado anteriormente al hablar del «usuario sumiso», la opacidad y la invisibilidad no son una anomalía epistémica, sino que forman parte de la vida cotidiana; no son una excepción sino la norma en cantidad de cosas que parecen o están realmente ocultas, implícitas, que no son objeto de una deliberación expresa y que funcionan precisamente gracias a esto, descargando nuestra obligación de decidir o permitiendo que prestemos, así, atención a otras cosas. Como ya anticipó Schütz en los años cuarenta, estaríamos usando «los artefactos más avanzados sin saber cómo funcionan» (Schütz 1946, 463). Ashby recomendaba, a este respecto, que nos habituáramos a convivir con «sistemas cuyo mecanismo interno no está completamente abierto a la inspección» (1956, 86) y que al enfrentarnos a una caja negra no pretendamos conocer exactamente lo que está dentro, sino que distingamos entre las propiedades que pueden ser descubiertas y las que no.

La mayor parte de las tecnologías están diseñadas de modo que la gente *no tenga que saber* exactamente cómo funcionan (Hardin 2003). El código tácito reduce la «sobrecarga informativa» (*cognitive load*) de los programadores, les permite diseñar nuevas propiedades y funciones sin tener que pensar acerca de cada pequeño detalle de cómo funciona el sistema. «Una caja negra contiene lo que ya no es necesario reconsiderar» (Callon / Latour 1981, 285). Cualquier estrategia destinada a potenciar la transparencia ha de tener en cuenta que el éxito de las cajas negras estriba en que oscurecen las redes y los ensamblajes que las constituyen. El *blackboxing* es un proceso por el que todo trabajo técnico hace invisible su propio éxito; revela que la realidad no es algo estable sino un ensamblaje de muchas partes interrelacionadas. Esta opacidad es especialmente aguda en el caso de las redes neuronales artificiales, calificadas como «el oscuro secreto de la inteligencia artificial» (Knight 2017) y que, a diferencia de otros modelos de predicción, como los árboles de decisión, son comprensibles en una escasa medida para los expertos e incluso para sus propios diseñadores.

Hechas estas consideraciones, cualquier empeño de incrementar la transparencia en un sistema debe enfrentarse a una hipótesis inquietante. ¿Hasta qué punto es compatible la voluntad de transparencia no sólo con los beneficios de la automatización en general sino con las prestaciones de los sistemas que obedecen a esas formas de opacidad precisamente debido a su carácter tácito, implícito, irreflexivo y no tematizado? Cabría imaginar cuánto nos limitaríamos si únicamente pudiéramos utilizar aquellos dispositivos que comprendiéramos; sin duda, reduciríamos enormemente las prestaciones de la inteligencia artificial.

c. La opacidad emergente

El tercer tipo de opacidad, la más compleja y la más específica de los nuevos dispositivos inteligentes, no es la que está escondida de forma intencional o a causa de su complejidad tecnológica, como las dos anteriores, sino aquella que surge con su desarrollo, la inesperada, la que obedece, precisamente, a la autonomía de su carácter inteligente. Estaríamos hablando de la caja negra de las cosas emergentes: dispositivos cuya naturaleza, en la medida en que aprenden, está en una continua evolución, que son inestables, adaptativos y discontinuos debido a su permanente reconfiguración, como es el caso de las actualizaciones del «diseño continuo» (*continuous design*). La opacidad se intensifica cuando los sistemas son gobernados por el aprendizaje automático (*machine learning*) (Burrell 2016; Danaher 2016). Esta opacidad puede ser muy resistente frente a las estrategias de transparencia, sobre todo cuando los mecanismos de aprendizaje automático hacen imposibles las explicaciones deductivas. Un fenómeno que cambia continuamente se hace, por ello mismo, incomprensible.

La humanidad ha construido máquinas que solamente eran entendidas por sus creadores, pero nunca habíamos construido máquinas que operarían de un modo que ni sus creadores entendieran. La inteligencia artificial parece implicar este tipo de novedad histórica. El aprendizaje automático excluye cualquier certeza acerca del resultado de sus operaciones; si se trata de un verdadero aprendizaje que la máquina realiza por cuenta propia no podemos saber previamente lo que va a conocer en el futuro. La «regla de decisión» (*decision rule*) emerge de un modo que ningún humano puede explicar (Kroll *et al.* 2016). Que se trate de sistemas autónomos no quiere decir que sean seres libres y racionales, sino que tienen la capacidad de tomar decisiones no pronosticables. Por eso, la exigencia de transparencia puede chocar con un límite infranqueable: no tiene sentido preguntar a los programadores para entender los algoritmos, como si la verdadera naturaleza de los algoritmos estuviera determinada por las intenciones de sus diseñadores. ¿Cómo vamos a conocer un dispositivo, su evolución y decisiones, si ni siquiera los creadores del algoritmo saben exactamente de qué modo funciona?

Este fenómeno guarda relación con lo que podría llamarse la paradoja del *software*: debe haber innovaciones y anomalías para que el *software* exista, y estas deben ser eliminadas para que el *software* sea estable. El mal funcionamiento es un momento clave de desvelamiento de la naturaleza del código porque «las circunstancias en las que el *software* no funciona, o no funciona como se esperaba, pueden decirnos muchas cosas sobre él» (Frabetti 2015, 144). Aparece aquí la dificultad proveniente del hecho de que incluso los ingenieros que diseñaron el sistema pueden no estar de acuerdo a la hora de aislar la causa de cualquier acción singular (Knight 2017). Cuando se verifica una anomalía es cuando nos encontramos en una fase crítica, en la cual se debe tomar la decisión de si se trata, efectivamente, de una disfuncionalidad que hay que corregir o una anomalía que hay que desarrollar e integrar dentro del sistema. Los codificadores saben que a partir de un determinado nivel de sofisticación una disfuncionalidad es indistinguible de una nueva funcionalidad dentro del sistema.

La cuestión decisiva es cómo conseguir que las tecnologías de aprendizaje profundo resulten más comprensibles para sus creadores y cómo hacer que puedan rendir cuentas ante los usuarios. Dilucidar la opacidad de los algoritmos exige «recordar que las fronteras entre los humanos y las máquinas no están establecidas por la naturaleza sino construidas de modos históricos particulares y con consecuencias sociales y materiales particulares» (Suchman 2007, 1). Carece de sentido exigir transparencia y responsabilidad a procesos no humanos, por supuesto, pero conviene no perder de vista que los algoritmos «pueden heredar los prejuicios de anteriores responsables de la toma de decisiones» y «reflejar los prejuicios generalizados que persisten en la sociedad en general» (Barocas / Selbst 2016, 671).

Para identificar el poder de los algoritmos tenemos que ser capaces de entender qué tipo de operaciones ayudan a generar y qué clase de sujetos son posibles en el paisaje algorítmico. Los algoritmos no determinan el comportamiento de la gente, pero configuran el entorno en el que ciertas posiciones subjetivas son más frecuentes. Los algoritmos, también en la era del aprendizaje automático, nos *necesitan*, dependen de nosotros, no se desarrollan sin nosotros. De la lógica del aprendizaje automático se sigue que «lo que la gente hace anticipándose a los algoritmos nos dice mucho sobre lo que los algoritmos hacen a cambio» (Gillespie 2017, 75). En términos de poder y responsabilidad, hay que mirar tanto a las máquinas como a nosotros mismos.

3. Lo que muestra y esconde un algoritmo

Al exigir transparencia algorítmica tendemos a dejar de considerar sus límites, que proceden, básicamente, de la peculiar naturaleza de los algoritmos. Para entender bien lo que muestra y esconde un algoritmo deberíamos comenzar desmontando al menos dos aproximaciones al asunto que no ayudan en nada a hacerse cargo de la índole del problema: el mito de la exclusividad –que sólo las máquinas tienen sesgos– y el mito de la visibilidad –que bastaría con que nos dejaran ver qué hay dentro de la caja negra para comprenderlo–.

a. El mito de la exclusividad

El primero de ellos consistiría en pensar que los sesgos son una propiedad de los algoritmos y que los humanos, supuestamente a salvo de ellos, nos encargaríamos de corregirlos. Este modo de pensar parece desconocer que también los humanos tenemos sesgos, incluso puede haberlos en nuestras operaciones para corregirlos. El cerebro humano es nuestra primera caja negra. Nos preocupa, con razón, que los procedimientos automatizados puedan tomar decisiones sesgadas, por ejemplo, en materia judicial, pero no deberíamos olvidar que «no sabemos qué pasa por la cabeza de un juez: también es una caja negra» (Tashea 2017). Que seamos una caja negra para nosotros mismos significa que tenemos sesgos, de los que no siempre somos conscientes –por eso los llamamos «sesgos» y no «errores conscientes»–, y que normalmente tampoco nos resulta fácil dar una explicación de nuestras decisiones.

Decimos que las decisiones de los algoritmos no son inteligibles, como si lo fueran las que tomamos los humanos o como si no nos engañáramos con frecuencia cuando tratamos de justificar nuestras decisiones. Además de abandonar esta contraposición, haríamos bien en aprovechar las posibilidades que la inteligencia artificial nos ofrece para detectar y corregir nuestros propios sesgos. Dado que la inteligencia artificial analiza patrones con mucha más rapidez y precisión de lo que jamás podrían hacerlo los seres humanos, tiene pleno sentido su utilización cuando se quiere arrojar luz sobre asuntos que son demasiado complejos para que las mentes humanas los comprendan. La inteligencia artificial es, en ocasiones, parte del problema de los sesgos, pero también puede ser parte de la solución, y la auditoría para corregirlos puede automatizarse y hacerse con mayor precisión y equidad que la manualización. Los humanos corregimos los sesgos de las máquinas, pero también las máquinas pueden corregir los sesgos de los humanos.

b. El mito de la visibilidad

El otro gran mito es considerar que la comprensión es el resultado necesario de una operación de desvelamiento o desocultación, que ver es sinónimo de entender o que entender consiste, simplemente, en ver. «La luz solar por sí sola no es un desinfectante» (Obar 2020), cabría advertir, irónicamente. Esta mitología de la visibilidad, esta metáfora de «mirar dentro de la caja negra» puede ser insuficiente o excesiva a la hora de entender, pero, en cualquier caso, es una metáfora poco ajustada a las complejidades de los sistemas algorítmicos contemporáneos, porque elude las complejidades materiales e interpretativas y sugiere una especie de certeza fácil que equipara conocimiento y mirada, como si fuéramos necesariamente capaces de juzgar lo que vemos una vez que se nos ha permitido verlo (Introna 2016; Bucher 2018). Podemos ver sin entender y sin que ello implique la capacidad de controlar o cambiar (Ananny / Crawford 2016).

¿Qué significa, propiamente, *conocer* un sistema algorítmico? Entre otras cosas, entender el contexto social en el que se inserta, del que se nutre y que evoluciona con él. Abrir las cajas negras y someter a escrutinio los algoritmos no nos debería llevar a pensar que, entonces, ya hemos alcanzado un nivel de objetividad que nos permite dejar de dar importancia a las implicaciones éticas y políticas (Chun 2008). Una de las cosas que se aprende de cualquier escrutinio sobre artefactos tecnológicos es que no hay una solución tecnológica a problemas sociales o políticos. Por eso, más que con la transparencia, difícil de procurar, obtenemos una mayor comprensión de la inteligencia artificial si examinamos su compromiso con determinadas arquitecturas materiales, con el tipo de políticas que hace valer (Crawford 2021, 12). Puede ser necesario acceder al código para exigir responsabilidades a un sistema, pero ver el código es insuficiente. Los propios creadores de sistemas a menudo son incapaces de explicar cómo funciona un sistema complejo, qué partes son esenciales para su funcionamiento o cómo la naturaleza efímera de las representaciones informáticas es compatible con las leyes de transparencia. Hay una dimensión de complejidad, incomprensibilidad y opacidad en la racionalidad algorítmica, y saberlo puede ayudarnos a entender en lo posible de qué va la cosa, más que empeñarse en incrementar la visibilidad. Exigir transparencia, escrutinio o rendición de cuentas (*accountability*) implica que sabemos el modo correcto de hacer las cosas, que sabríamos, por ejemplo, cómo diseñar un algoritmo sin sesgos, y, a menudo, no es este el caso (Harcourt 2007).

Los fundadores de la inteligencia artificial han expresado de diversas maneras esa incomprensibilidad. Para Wiener, la razón de esta era la lentitud de nuestro pensamiento, en virtud de la cual la crítica llega siempre demasiado tarde; Lem la achacaba al hecho de que los sistemas se comportan de forma fundamentalmente impredecible a partir de cierto nivel de complejidad; Minsky subrayaba las interacciones de los procesos individuales, la proliferación de códigos y los efectos de la cooperación de varios programadores; para Weizenbaum el problema es el tamaño de los sistemas, la migración de los programadores originales y el paso del tiempo. Hay una especie de inevitabilidad de las cajas negras. La caja negra no es una caja que sólo hay que abrir para ver su contenido sin ocultamientos; contiene otras cajas negras. Los primeros programadores se burlaban de los sucesivos «ingenieros de *software*», que daban por sentado el *hardware*, y los ridiculizaban porque compraban chips prefabricados por correo en lugar de soldar ellos mismos sus circuitos electrónicos. Así que todos confían en el funcionamiento de elementos que para ellos son cajas negras (Chesterman 2021). Parece inevitable que haya que dar siempre algo por supuesto o confiar en otros. En un entorno algorítmico, esta dependencia de otros ha alcanzado unas dimensiones que no nos resulta fácil aceptar, pero nos encontramos con el dilema de que sin cierta aceptación de esa dependencia reduciríamos nuestro mundo a la pequeñez de lo individualmente controlable.

Consigamos toda la comprensión que sea posible, teniendo en cuenta que estamos ante tecnologías que, por alguna razón, hemos calificado como inteligentes, es decir, que tienen un elemento irreductible de opacidad, cuyas acciones son difíciles de prever y sus decisiones, difíciles de explicar (Miller 2018). Tiene todo el sentido reclamar visibilidad y explicaciones que posibiliten la mayor comprensión, pero sin olvidar que si no va acompañada de una noción de su naturaleza, esta exigencia equivaldría a obligar a la inteligencia artificial a que sea artificialmente estúpida para que podamos entender cómo llega a sus conclusiones. La inteligencia artificial está haciendo dolorosamente evidentes los límites del conocimiento humano (Weinberger 2017).

Para trazar adecuadamente la frontera entre lo que es o no es comprensible en la lógica algorítmica es necesario hacerse cargo de su naturaleza. La idea común de transparencia da por sentado que nos encontramos ante una realidad de carácter tecnológico, estable, exacta y que somos capaces de entender críticamente. Desconoce al menos tres propiedades de los algoritmos que están en el origen de su escurridiza complejidad: la implicación de estas tecnologías con la sociedad, su dinamismo, que las hace tan imprevisibles, y lo que podríamos llamar una autoría múltiple, en virtud de la cual fallan nuestros modelos críticos de imputación singularizada de responsabilidad.

c. *La naturaleza social de los algoritmos*

Una de las primeras dificultades a la hora de hacer transparentes los algoritmos reside en el hecho de que no son sólo instrumentos de computación, sino que reflejan el mundo social; «no son código y datos, sino un conjunto de actores humanos y no humanos, de códigos, prácticas y normas situados institucionalmente con el poder de crear, mantener y dar sentido a relaciones entre personas y datos mediante acciones semiautónomas mínimamente observables» (Ananny 2016, 93). Pero, entonces, tal vez el problema no es tanto que los algoritmos no sean en sí suficientemente transparentes como que los hemos tratado como «objetos fetiche» (*fetishized objects*) en vez de atender al modo en que interactúan con otros elementos (Crawford 2016, 14). Por tanto, hacer transparentes los algoritmos no consiste sólo en revelar información objetiva sobre su funcionamiento, en ver un elemento del sistema, sino en entender su funcionamiento como sistema. Los algoritmos son un sistema sociotecnológico complejo que no puede ser reducido a uno de sus componentes ni explicado únicamente por su dimensión tecnológica. Abrir las cajas negras no es suficiente; esa operación tendría que ser insertada en un escenario social más que en la corrección de datos y algoritmos (Matzner 2017; Introna 2016, 45). El discurso y las prácticas de la transparencia están demasiado centrados en la tecnología y poco en los contextos sociales en los que esta se despliega, que a veces es lo más relevante de cuanto debe ser explicado. Hay que pasar de la problematización interna a la problematización contextual, de las propiedades del modelo a la identificación de los factores externos relevantes.

d. La naturaleza dinámica de los algoritmos

La segunda propiedad de los algoritmos es su dinamismo, su evolución temporal, en buena parte, imprevisible. La dimensión temporal de la transparencia se complica aún más por el hecho de que los objetos y los sistemas cambian con el tiempo, especialmente rápido en el contexto de los sistemas computacionales en red. Que los algoritmos aprendan significa que actúan y experimentan con el mundo, que su naturaleza está condicionada por su exposición a las características de los datos que van recibiendo. Son agentes generativos condicionados, lo que confiere un elevado dinamismo al desarrollo de la inteligencia artificial y a los sistemas basados en ella. Los algoritmos están a menudo «fuera de control», en el sentido de que sus resultados no son fácilmente anticipables, y producen efectos inesperados (Mackenzie 2005). Cabe, incluso, afirmar que algunos aspectos de los sistemas algorítmicos pueden no revelarse nunca porque nunca adoptan formas duraderas y observables (Diakopoulos 2016, 59).

Siendo esto así, ¿qué tipo de transparencia es posible y exigible? En una arquitectura dinámica, las explicaciones sólo son válidas durante un breve espacio de tiempo. La pretensión de controlar y limitar la aplicación contextual de un algoritmo supondría negar su modificación evolutiva. El resultado de un algoritmo no está asegurado por la enunciación lineal de su código. La revelación (*disclosure*) del código fuente (*source code*) puede ayudar muy poco a la explicabilidad (Kroll *et al.* 2016, 638; Selbst / Barocas 2018). Los sesgos y los efectos negativos de los algoritmos no están necesariamente en su código, sino en el modo en que se renueva en relación con un corpus de datos. Pedir cuentas a los algoritmos no equivale a que se muestren transparentes sino que supondría exigir «que expresen algo de la incognoscibilidad del algoritmo y del futuro que genera» (Amoore 2020, 102). En este sentido, la transparencia exigible no puede limitarse a un momentáneo asomarse a la caja negra, no puede ser algo instantáneo, sino gradual, que se haga cargo, en lo posible, de todo el proceso, social y temporal, en el que los algoritmos se despliegan. Aunque los algoritmos no puedan hacerse completamente legibles, sí que se puede dar cuenta de las condiciones de su emergencia.

e. La autoría múltiple de los algoritmos

Si los algoritmos son un fenómeno social, no simplemente tecnológico, y con un intenso dinamismo temporal, entonces no es extraño que su tercera propiedad sea la autoría múltiple. La autoría del algoritmo es múltiple: es modificado y reescrito en su interacción con el mundo, hasta el punto de que hay quien sostiene que es imposible identificar a un autor definitivo (Amoore 2020). Los sistemas algorítmicos son a menudo «obras de autoría colectiva, realizadas, mantenidas y revisadas por muchas personas con objetivos diferentes en momentos distintos» (Seaver 2019, 10). Aunque sean formulaciones originales, los algoritmos están insertados en un conjunto heterogéneo de relaciones, datos, protocolos, leyes, etcétera, que enmarcan su desarrollo. Su construcción es revisada y negociada. Esta es una de las razones por las que ningún programador singular tiene una comprensión completa del sistema, especialmente de aquellos sistemas amplios y complejos que han sido configurados por muchos equipos de programadores, algunos de los cuales están distribuidos por todo el mundo, en el espacio y en el tiempo. Tener acceso al sistema algorítmico de una agencia de calificación puede proporcionar un conocimiento de su fórmula de clasificación de los individuos, de los principios y lógicas subyacentes, de cómo fue creado, pero no nos dará, necesariamente, plena transparencia acerca del modo en que razona y funciona de hecho (Chun 2011; Bucher 2012).

Para entender los algoritmos no deberíamos centrarnos sólo en su construcción sino en el modo en que actúan en diferentes ámbitos y realizan una multitud de tareas; no basta con examinar únicamente su código, porque la diferencia entre aquello para lo que fueron diseñados y lo que hacen en la práctica no siempre se debe a errores en la codificación. Además, sus efectos se despliegan de modos contingentes y relacionales. Cuando los usuarios emplean un algoritmo lo interiorizan de alguna manera y se familiarizan con él (Galloway 2006, 90). Una vez que se hace pública la computación, los usuarios, de alguna manera, la domestican, utilizándola de diversas maneras, subvirtiéndola incluso, o reelaborándola (pensemos en el intento de los usuarios de gamificar el algoritmo PageRank de Google). En este sentido, los algoritmos no son lo que crean los programadores sino, también, lo que los usuarios hacen de ellos cada día (Gillespie 2014). El algoritmo configura el modo en que se comportan los usuarios, pero al mismo tiempo lo que el algoritmo hace está condicionado por el *input* que recibe de los usuarios. La gente no sólo obedece sino que resiste, subvierte y transgrede el trabajo de los algoritmos, lo redesarrolla para objetivos que no coinciden con aquellos para los que fue diseñado. Por consiguiente, en vez de pensar que los algoritmos tienen poder, que son un actor que crea un efecto, hay quien ha propuesto entender que su poder deriva de la «asociación algorítmica» (Neyland / Möllers 2018, 46), es decir, el ensamblaje de personas y tecnologías que se juntan en la práctica y durante el proceso.

En este contexto, la transparencia no puede ser pensada como el desvelamiento del autor o de sus intenciones. El residuo de un viejo concepto humanista de subjetividad nos lleva a buscar una instancia singular que sea responsable del proceso. Cuando un algoritmo causa un daño o una crisis las miradas se dirigen a su autor, al código o a sus sesgos. Ahora bien, el modo concreto en que actúa un algoritmo no está presente en el código fuente, y por eso excede al diseño de su autor. La responsabilidad por lo que hace un algoritmo no equivale al desvelamiento de quién es su autor, no remite a una autoría originaria. Los efectos de un algoritmo son emergentes y generativos, y la autoría es múltiple y distribuida.

Tenemos una idea de autoría, responsabilidad o imputabilidad que no es apropiada para la lógica de los algoritmos, cuya naturaleza experimental y generativa se debe a que sacan el mejor partido de la incertidumbre y dan lugar a cosas que no podían ser anticipadas. Los algoritmos están, precisamente, para optimizar decisiones allá donde hay una gran incertidumbre (Amoore 2020). Si bien es lógico nuestro deseo de recuperar el control, también deberíamos ser conscientes de que hay modos de razonar cuyo valor se debe justo a que nunca pueden ser controlados, como cuando hablamos de intuición, innovación o capacidad de cambio. Algo semejante puede decirse del modo en que funcionan los algoritmos, cuya performatividad se debe a una capacidad de asociación y aprendizaje que hemos de aceptar, así como debemos respetar su parcial opacidad.

4. Una inteligencia artificial explicable

Cuando hablamos de transparencia algorítmica lo primero que debemos saber es a qué tipo de acción nos estamos refiriendo, qué es lo que debe ser explicado y qué resultado final esperamos. La acción, el contenido y el resultado son los tres asuntos que hay que dilucidar antes de plantear requerimientos legales, éticos y políticos. El énfasis en la transparencia ha prestado poca atención a qué tipo de explicación debe suministrarse y con qué objetivo (Whittlestone *et al.* 2019, 12). La regulación europea sobre protección de datos introduce un «derecho de explicación» por parte de los interesados en relación con el «proceso de toma de decisiones automatizado, incluida la elaboración de perfiles» y «la lógica implicada, así como la importancia y las consecuencias previstas de dicho tratamiento para el interesado» (EC 2016, GDPR, artículo 13.2.f.), pero esto no implica que todo el sistema de inteligencia artificial sea completamente explicable. Con frecuencia, la legislación impone el principio de explicabilidad sin definir la forma o el nivel de detalle de la explicación. Y, además, habría que aclarar qué es un nivel «significativo» de explicación y transparencia.

Teniendo en cuenta las dificultades que plantea la estrategia de la transparencia, el debate ha girado, en los últimos años, hacia otra categoría: la de la inteligibilidad o la explicabilidad y su capacidad de reducir la asimetría de la información, de proporcionar igualdad y confianza. Se trataría de diseñar una «IA explicable» (Russell *et al.* 2015; Datta *et al.* 2017, 71; Fong / Vedaldi 2017; EC 2018; Organización para la Cooperación y el Desarrollo Económico - OCDE 2019; Centro Común de Investigación de la Comisión Europea - JRC 2020; UNESCO 2023). La explicación se refiere a la información y a la lógica empleadas para adoptar las correspondientes decisiones. Las organizaciones e instituciones públicas deberían explicar los procesos y las decisiones de los algoritmos del aprendizaje automático de un modo que fuera comprensible para los humanos que los emplean o son afectados por ellos.

Transparencia y explicación no son sinónimos, sino soluciones diferentes a un mismo problema. La explicabilidad depende del contexto, es decir, de la legislación, la situación económica y la realidad social. Por eso, la información que se proporciona debe estar adaptada (*tailored*) a ese contexto particular (EC 2020, 20). La explicabilidad puede ayudar a entender por qué un coche autónomo se ha accidentado, qué fiabilidad médica tienen los diagnósticos basados en la inteligencia artificial, podemos detectar casos de discriminación en las calificaciones de crédito, por qué alguien fue o no admitido en una universidad, puede ayudarnos a ejercer nuestro derecho a contestar las decisiones de un gobierno. La explicabilidad implica muchas veces transformar información sin procesar (*raw data*) en algo inteligible. Hay obligaciones que se dirigen a los gobiernos y que se apoyan en exigencias de tipo constitucional, mientras que las obligaciones para el sector privado dependen del poder de mercado de la entidad en cuestión o del tipo de relación de confianza que pueda existir entre esa empresa y el individuo. En el caso de los gobiernos, lo que se exige de ellos es que suministren información acerca del porqué y el cómo de decisiones en las que se haya hecho algún uso de los algoritmos. Las empresas privadas no tienen una obligación general de transparencia.

¿Qué es una explicación, hasta qué punto es posible proporcionarla y cómo podríamos darnos por satisfechos con ella? Si examinamos algunas previsiones del Reglamento General de Protección de Datos (GDPR), como la del artículo 13.2.f., teniendo en cuenta estas dificultades, el «derecho a una explicación» resulta una disposición muy poco realista. Ese derecho reconoce a los individuos la capacidad de exigir una explicación acerca de cómo fue tomada una decisión plenamente automatizada que los afecte. Esta previsión es vaga, no se aplica si la decisión está basada en un consentimiento explícito o si el proceso era semiautomático (SCAI 2019, 101). Con frecuencia, se asocia la explicabilidad a la causalidad. Además, no es posible que una red neuronal explique el modo en que ha categorizado una situación. El problema es que las redes neuronales profundas aún no disponen de una herramienta que permita a los observadores identificar una relación causal entre una determinada variable de entrada y un resultado específico. Todos los intentos de explicar el funcionamiento de una red neuronal o de auditar el sistema de decisión no hacen más que rodear el problema; utilizan una segunda red que intenta describir el funcionamiento a partir del cual ha emergido el aprendizaje (Dessalles 2019, 87).

Tal vez sea más útil atender a los modos concretos en que puede llevarse a cabo esta explicación: «el quién, cuándo, qué y por qué de la revelación» (2015, 142). La supervisión humana de los sesgos puede realizarse en distintos momentos de un proceso de decisión: en la elección de datos, en la configuración de los algoritmos o en la actividad del sistema. También cabe intervenir para equilibrar las consecuencias discriminatorias. Hay quien recomienda que, dada la ininteligibilidad de las decisiones tomadas vía el aprendizaje profundo, sería más factible centrarse en los resultados, y «autorizar sólo sistemas críticos de IA que satisfagan un conjunto de pruebas estandarizadas, independientemente del mecanismo utilizado por el componente de IA» (SCAI 2019, 94). Es más fácil medir los efectos de los sistemas inteligentes a partir de la evaluación, por ejemplo, del modo en que ciertos grupos son discriminados.

Una transparencia entendida como justificación de las decisiones tiene la capacidad de asegurar más legitimidad entre el público que la transparencia del proceso. El «derecho a la explicación» no tiene por qué ser una autopsia de los sistemas, sino que funciona, más bien, como un principio de autocontrol. Entendido así, este principio es compatible con la complejidad del sistema y reduce un poco la asimetría cognitiva entre diseñadores y afectados. En cualquier caso, la explicabilidad se enfrenta a un dilema difícil de resolver. ¿A qué han de atender más estas explicaciones: a respetar la complejidad del sistema o la capacidad de los destinatarios?

La comprensión por parte del usuario de las explicaciones producidas por la máquina no tiene por qué estar relacionada con los procesos que esta sigue. El objetivo no es revelar los procedimientos, sino hacer que las propias máquinas proporcionen explicaciones que sean informativas para el usuario. No se les pide que sean transparentes para los observadores humanos, sino que expliquen sus decisiones de forma que estas tengan sentido para sus interlocutores. Esto es lo que ocurre también cuando los humanos tomamos decisiones para las que se nos puede exigir que ofrezcamos explicaciones. Cuando a uno se le da una explicación obtiene información sobre la decisión sin ser informado sobre los procesos neurofisiológicos o psíquicos experimentados por quien ofrece la explicación. Explicar nuestras decisiones no requiere revelar nuestro proceso de pensamiento, ni mucho menos las conexiones de nuestras neuronas. Sólo necesitamos escuchar razones que permitan que la comunicación se desarrolle de forma controlada y no arbitraria.

Una posible solución es la «publicidad del diseño» (*design publicity*): no se trata tanto de explicar las decisiones concretas como de dar las razones por las que el modelo ha tomado una determinada decisión basada en las características de la situación particular y en virtud de las cuales tal decisión puede ser públicamente justificada y evaluada. La cuestión no es si entendemos el funcionamiento del algoritmo sino si se nos han suministrado las claves para valorar la justificación de las decisiones que se siguen de su utilización. Este tipo de comunicación debería servir para capacitar al público, de manera que este pueda debatir las decisiones e incluso exigir su revisión. Un sistema algorítmico tendría «transparencia de diseño» si «proporciona al público el objetivo del algoritmo (transparencia de los valores), cómo se ha traducido ese objetivo al lenguaje de programación (transparencia de la traducción), cómo la regla del algoritmo alcanza ese objetivo y cómo se ha evaluado la consecución del objetivo (transparencia del rendimiento)» (Loi *et al.* 2021, 258).

Aunque las pruebas de caja negra (*black box testing*) no puedan ser realizadas en cada decisión concreta, sí que pueden revelarse los criterios generales tenidos en cuenta y, de este modo, estaremos en condiciones de diagnosticar su falta de calidad o las discriminaciones implícitas, de manera que esta valoración motive intervenciones para corregir el programa. Los algoritmos están entrenados para navegar en conjuntos masivos de datos, mediante el uso de determinados conceptos o variables clave predefinidos, como «solvencia» o «individuo de alto riesgo». El algoritmo no define estos conceptos por sí mismo; los seres humanos –desarrolladores y científicos de datos– eligen a qué conceptos recurrir, al menos, como punto de partida. Seguramente, los mismos criterios que valen para las decisiones humanas no pueden aplicarse a las decisiones algorítmicas, pero sí que cabe situar a estas en el espacio deliberativo en el que se sopesan las decisiones y los argumentos. Es posible, por ejemplo, programar tales sistemas para que informen de los motivos de sus decisiones. Explicar el funcionamiento y las decisiones de un sistema no es todo; podemos exigir, también, responsabilidad, es decir, no mirar sólo la causalidad sino los valores que han guiado su desarrollo.

La idea de comprensión tiene todavía unas connotaciones de pasividad y no termina de dejar un espacio para la intervención expresa de los afectados por las decisiones. Tal es el caso de la idea de limitar la transparencia a proporcionar las razones de las decisiones para conseguir una «legitimidad percibida» (De Fine Licht / De Fine Licht 2020). Pero el contenido de la explicación debe estar orientado no sólo a su inteligibilidad para los usuarios, sino a posibilitar la intervención de estos. En última instancia, las condiciones esenciales para garantizar la legitimidad de las decisiones algorítmicas son la justificabilidad y la contestabilidad, más que la explicabilidad. El valor de la regulación de la transparencia de la inteligencia artificial consiste en generar conocimiento y suscitar el debate sobre la tecnología, motivar a los individuos a impugnar las decisiones basadas en ella y, a la larga, reforzar la aceptación social de la nueva tecnología (Henin / Le Métayer 2021). La explicabilidad tendrá que dar lugar a un debate político más explícito, no totalmente técnico.

5. La comprensión como asunto colectivo

Todo el debate en torno a la transparencia debería focalizarse en el objetivo pretendido. Las exigencias de transparencia y explicación persiguen un resultado concreto, son medios para un fin: la comprensibilidad, que la gente entienda lo que está en juego para poder o no autorizarlo. Este es el objetivo fundamental en una sociedad democrática. La cuestión que debemos abordar ahora es *quién* debe entenderlo. Suele hablarse, a este respecto, de un consentimiento individual, ejercido por un sujeto soberano, pero quizá deberíamos dar un paso más, a la vista de las dificultades y paradojas que esto plantea. ¿Y si en vez de proponernos el objetivo de que haya un humano en el proceso (*a human in the loop*), entendido como un individuo que consiente, tratáramos de que la sociedad esté en el proceso (*keeping society in the loop*)? (Rahwan 2018).

a. *El individuo sobrecargado*

La supervisión de los sistemas inteligentes sobrepasa la capacidad de la gente corriente; está al alcance, en principio, de los expertos, pero incluso los especialistas tienen grandes dificultades para comprender ciertas decisiones. Un pronóstico *ex ante* acerca de la decisión de un sistema inteligente dinámico es difícil en la medida en que no se conocen todas las interacciones posibles; tampoco es evidente una reconstrucción *ex post* que pueda identificar los factores responsables de determinados resultados. La decisión resultante es, más bien, una función de verosimilitud de unas variables examinadas, a partir de una enorme cantidad dinámica de datos. Aun cuando pudieran identificarse tales funciones, desde el punto de vista del observador humano sigue habiendo un «desajuste entre la optimización matemática en alta dimensionalidad característica del aprendizaje automático y las exigencias del razonamiento a escala humana y los estilos de interpretación semántica» (Burrell 2016, 2).

Una transparencia del código tampoco aumenta la inteligibilidad para el ciudadano medio. Sería posible, en todo caso, ofrecer una descripción general del sistema y de los factores significativos en cada caso (Tene / Polonetsky 2013, 269; Barocas / Selbst 2016; Datta *et al.* 2017, 71). Los programas cuyas decisiones se apoyan en enormes cantidades de datos son de una gran complejidad. Los seres humanos individuales se encuentran sobrecargados a la hora de comprender en detalle el proceso de la toma de decisiones (Leetaru 2016). En no pocas ocasiones ocurre que las explicaciones son más difíciles de entender que los sistemas que se pretende explicar (Brauneis / Goodman 2018). ¿Sabemos cuáles son las «*cookies* necesarias» y qué efectos tendrá aceptarlas, por ejemplo? Existe incluso el término fatiga de seguridad, que describe la saturación y resignación de los usuarios ante los numerosos requisitos de seguridad que a menudo entran en conflicto con sus realidades vitales (Stanton *et al.* 2016). Por si fuera poco, la cuestión del consentimiento informado plantea una «paradoja de la transparencia» (Nissenbaum 2011) en cuanto al posible conocimiento y control de los usuarios: si las condiciones del servicio –la información que se facilita a los usuarios como parte de su acuerdo con el servicio o la plataforma– son demasiado sencillas, no nos proporcionan información precisa sobre la recogida, el control y el uso de los datos personales; si, por el contrario, esas condiciones son demasiado complicadas, no podremos entender el acuerdo, tanto por falta de conocimientos técnicos y jurídicos como por el tiempo necesario para comprender claramente el acuerdo en su totalidad. Ambas opciones plantean serias dudas sobre si los usuarios pueden llegar a estar lo suficientemente informados como para consentir de forma autónoma el uso de las redes sociales y la posterior extracción de sus datos.

En última instancia, el problema asociado a la complejidad en general y a la complejidad algorítmica en particular es que la gente no sabe lo que no sabe, y este desconocimiento parece difícil de corregir. A ello se añade una desigualdad entre los diversos tipos de usuarios. Únicamente las personas expertas –y no siempre– están en condiciones de entender la lógica de los códigos y los algoritmos, con lo que cualquier operación de hacerlos más transparentes tiene efectos asimétricos, no posibilita una accesibilidad universal. Los procesos automatizados limitan las ventajas asimétricas, pero su transparencia las reconstruye, en la medida en que resultan más comprensibles para unos que para otros. No todo el mundo dispone del tiempo, los conocimientos y los recursos necesarios para comprender y auditar. El público dispone de más información, pero también los grupos de interés (Zarsky 2016, 125). Hay que contar, además, con el posible efecto no pretendido de que la transparencia sirva a los actores más competentes para manipular el sistema (*gaming the system*) sin que los usuarios inexpertos se beneficien de ello. Una transparencia basada en el requerimiento individual tiene como consecuencia que sólo los más motivados la exigirán. La democratización de los algoritmos debería tener como objetivo garantizar la mayor igualdad en el conocimiento y control.

b. La resignación digital

El consentimiento individual es complicado porque el dispositivo tecnológico así lo pretende en muchas ocasiones: un atractivo botón de aceptación encima de un enlace menos atractivo y más difícil de ver donde se explican las condiciones o cuando algunos proveedores de servicios juegan a distraer o sobrecargar al usuario con procedimientos para dar el consentimiento. Pero el motivo fundamental de esta dificultad es más bien subjetivo y tiene que ver con eso que se ha llamado la «resignación digital» (Draper / Turow 2019). Estaríamos hablando de una persuasión sutil y no de una coerción bruta. La gente quiere usar las aplicaciones, beneficiarse del comercio *online*, pero no distraerse o emplear mucho tiempo en las condiciones del consentimiento. Nadie entra en un espacio digital primariamente para proteger su privacidad sino para conseguir un objetivo para el cual ha de seguir ciertos protocolos en relación con su privacidad. Nadie que esté haciendo una compra *online* diría de sí mismo que está protegiendo su privacidad sino que está haciendo una compra *online*, en el curso de la cual tal vez haga algo para proteger su privacidad. El orden de los factores en la intención subjetiva es clave para entender la relativa despreocupación de los usuarios.

La relación entre los proveedores de servicios comerciales basados en datos (*data-driven*) y los individuos se estructura a través de nuestra creciente disposición a someternos a una continua supervisión algorítmica a cambio de la «comodidad y eficacia a medida» que parecen ofrecer con sus instrumentos para optimizar la selección. Se suele argumentar que esto no plantea ningún problema para nuestra libertad individual, ya que hemos dado nuestro consentimiento, pero habría que preguntarse si ese consentimiento se parece más a la satisfacción del deseo de un adicto que al ideal de un yo autónomo (Schull 2012). Del mismo modo que en las adicciones nuestros deseos de corto término acaban perjudicando nuestro bienestar a largo plazo, la despreocupación por un consentimiento de baja calidad puede erosionar nuestra libertad.

La focalización liberal en la advertencia y el consentimiento no se hace cargo del modo en que las técnicas algorítmicas de los *big data* ejercen una influencia sobre la conducta a través de la personalización del entorno informativo de los individuos. Hay quien asegura que no deberíamos preocuparnos por la manipulación de los motores de búsqueda, ya que el eficiente funcionamiento de los mercados asegurará la emergencia de motores de búsqueda alternativos que proporcionen evaluaciones algorítmicas que satisfagan mejor las necesidades individuales (Goldman 2006). Este planteamiento no tiene en cuenta que la omisión selectiva de información relevante puede ser engañosa pero imposible de ser detectada por los usuarios, cuya soberanía sería, por tanto, ficticia.

Por todas estas razones, el derecho a la explicación puede acabar cumpliendo la misma función que el consentimiento en la ley de protección de datos: una base formal de legitimidad, en teoría, aunque con una difícil y desigual traducción en la práctica. Para entender las implicaciones de la digitalización hay que mirar más allá de la advertencia y el consentimiento; hemos de fijarnos en la forma en que aquella modula nuestro entorno informativo con lógicas que están fuera de nuestro control y nuestra capacidad de autodeterminación democrática.

c. La confianza digital

La transparencia, la comprensión de los algoritmos, ha de ser entendida como una tarea colectiva. Frente a la falacia del individuo soberano, hemos de concebir la transparencia como algo sistémico. Al igual que la autoría de los algoritmos, su comprensión es un asunto colectivo. Tenemos que cambiar la perspectiva y entender las explicaciones no sólo como un acto de proporcionar información a un individuo, sino también como una práctica social que se inserta en un entorno institucional específico. En vez de tomar como punto de partida a un usuario independiente, las prácticas de la transparencia sólo tienen sentido en un contexto social, como señales de una disposición a rendir cuentas y generar confianza.

El problema fundamental, cuando hablamos de inteligibilidad, es que la tarea de auditar los algoritmos o explicar las decisiones automáticas ha de concebirse como una tarea colectiva, no como un mero derecho individual, en muchas ocasiones, de difícil realización. La idea de un consentimiento informado procede, más bien, del derecho privado que de la gobernanza de los bienes comunes, de la perspectiva del consumidor, de la protección de la intimidad y de la no interferencia, de una libertad negativa –en el sentido en el que la formulaba Isaiah Berlin–, no desde una perspectiva relacional, social y política. Hay que ir más allá del requerimiento minimalista de información y consentimiento. No basta con «privatizar la transparencia» (Wischmeyer 2018, 54), dejar en manos de la ciudadanía el control sobre los algoritmos –un control que apenas pueden llevar a cabo– y renunciar, así, a la regulación pública. Las prácticas de la transparencia no tienen lugar en un vacío social (Beer 2017; Kemper / Kolkman 2018), ni los algoritmos son objetos que se conozcan mediante la observación (Ziewitz 2017), sino que todo ello está vinculado a prácticas concretas que le dan sentido (Lowrie 2017). La trasparencia es un bien relacional (Felzmann *et al.* 2019), una «constelación comunicativa» (Eyert / Lopez 2023). Los sujetos individuales sólo podemos gestionar las corrientes masivas de datos en una medida limitada. No podríamos decidir en torno a datos y decisiones posibles más que si nos fueran filtradas hasta unas dimensiones que nos resultaran manejables. Los usuarios necesitan ser apoyados por sistemas de auditoría (O'Neill 2014). Es crucial considerar no sólo la información revelada sino los instrumentos y capacidades que se requieren para interpretarla (Kemper / Kolkman 2018). Para ello hay que entender la transparencia holísticamente.

Sólo un individuo capacitado estaría en condiciones de lograr la plena protección de su privacidad y reputación. Una cosa es tener acceso a la información y otra tener el tiempo y la capacidad de gestionarla. Por eso, la cuestión fundamental es si las personas están dotadas de la agencia que les permitiría ejercer esa capacidad. Esto significa que la información que reciban los afectados debe permitirles reaccionar ante una decisión de manera significativa, ya sea rehusándola (*exit*, «salida»), modificando su comportamiento (*loyalty*, «lealtad») o iniciando un debate sobre si los criterios a los que fueron sometidos son aceptables en una sociedad democrática (*voice*, «voz»), por seguir la célebre tipología de Hirschman (1977). Es muy poco verosímil pensar que los individuos puedan estar en condiciones de realizar esas funciones sin cierta mediación de las instituciones sociales y jurídicas. La regulación de la transparencia no ha limitarse a proporcionar información, sino que también debe dotar a las personas de una capacidad de interpretación y de escrutinio de la decisión mediante un apoyo institucional. La cuestión de la agencia nos reenvía a la mediación institucional y a la confianza social.

La generación de confianza es fundamental cuando nos encontramos en entornos de complejidad. La inspección de los algoritmos debe ser confiada generalmente a «algún auditor de confianza» (Pasquale 2015, 141). Se necesitan fiduciarios de la información o «*infomediary*», instituciones en las que delegar la interpretación, que nos representen y nos defiendan en escenarios complejos, teniendo en cuenta la asimetría informativa en la que nos encontramos los sujetos individuales, nuestra falta de tiempo y pericia. Por eso, la cuestión de la transparencia algorítmica remite siempre a la de la confianza adecuada, provisional y que se pueda revocar. Más vale trabajar en la construcción social de la confianza que en una transparencia mecánica e individual que no se correspondería con la complejidad algorítmica y, por lo tanto, no mejoraría ni nuestra comprensión ni la supervisión democrática de sus decisiones.

TERCERA PARTE

Filosofía política de la razón algorítmica

9

Control. Las máquinas, las instituciones y la democracia

El mundo contemporáneo, su complejidad y desarrollo, nos obliga, cada vez más, a confiar –en las máquinas, los algoritmos, los expertos, las instituciones, las élites, los intermediarios, los representantes...– y, con frecuencia, esa confianza se ve decepcionada y se rompe, hasta el punto de desatar el movimiento contrario, una genérica voluntad de desintermediación: el deseo de recuperar el control, verificar por nosotros mismos la información, estar correctamente representados, exigir que haya siempre un humano en los procesos automáticos de decisión, recuperar la autodeterminación o administrar con mayor celo la delegación.

Propongo explorar nuestra voluntad de control para explicar algunos rasgos centrales del paisaje ideológico en el que nos encontramos y hasta qué punto puede esto afectar al futuro de la democracia. Las máquinas y las instituciones tienen mucho en común, e igualmente lo tienen los modos en que nos relacionamos con cada una de ellas. Podemos establecer un paralelismo entre nuestra actitud hacia la tecnología y la crisis de representación política, entre la sospecha popular frente a la creciente sofisticación tecnológica y el deseo populista de recuperar el control político, supuestamente perdido en la cadena de la delegación. Son muy similares la desconfianza hacia la tecnología y la sospecha con respecto a la distancia tecnocrática; la tecnología resulta incomprensible para el ser humano y la política ha alcanzado un nivel de complejidad que parece incompatible con la soberanía popular. Es muy razonable aspirar a que ni la tecnología ni los políticos escapen de nuestro control, pero hay que ver cómo lo hacemos para que ni la una ni los otros, controlados de cualquier manera, anulen la prestación que esperamos de ellos. Hay que pensar qué tipo de control es adecuado cuando tenemos que vérnoslas con las tecnologías sofisticadas, y qué rendición de cuentas es viable y democrática en sociedades complejas y entramados globales.

Un mundo de máquinas en espacios digitales y un mundo de instituciones globales parecen condenarnos a la deshumanización. El imaginario popular asocia el desarrollo tecnológico con una pérdida de control, del mismo modo que la complejidad política incrementa la desafección política y la crisis de representación. Hay una similar actitud de desconfianza y un anhelo semejante de volver a tomar el control sobre nuestras vidas en el discurso que sospecha que les estamos dando demasiado poder a las máquinas, a los robots y a los algoritmos, o a los políticos, a Europa y a las instituciones globales. Hay, en apariencia, demasiada artificialidad en ambos casos, a la que parece necesario responder con una recuperación de la escala humana, de un protagonismo perdido. El populismo antitecnológico está muy relacionado con el populismo político; tecnofobia y populismo tienen en común un rechazo exagerado a la delegación y también, por cierto, una confianza en el control igualmente exagerada.

Este panorama sucintamente descrito plantea más problemas que respuestas; nos incita a explorar ciertas paradojas o dilemas del modo en que configuramos nuestro mundo, tanto en el entorno tecnológico como en nuestras instituciones democráticas. ¿Cómo hacer compatible nuestra superioridad general con respecto a las máquinas con el hecho de que hay ciertas cosas que ellas hacen mejor y, en muchas ocasiones, no *a pesar* sino *gracias a* que no están sometidas a nuestro control (de lo que sería un ejemplo paradigmático el aprendizaje automático)? ¿Qué tipo de renuncia al control es deshumanizadora y cuál es inteligente? ¿Cómo entender que la competencia universal en la política, la idea de la soberanía popular, no debe estar reñida con el reconocimiento de la diversidad de competencias o la autoridad de ciertas formas de conocimiento en la toma de decisiones públicas? ¿Cómo diseñamos el sistema de gobernanza de manera que el saber y los expertos ocupen un lugar importante sin renunciar al principio democrático de igualdad? ¿Qué equilibrio entre delegación y control popular es óptimo para los resultados de la política y legítimo, según los principios democráticos?

Examinaré estas y otras cuestiones similares en tres pasos. En primer lugar, deberíamos entender a qué obedece la *delegación del control*, es decir, el hecho de que los humanos hemos cedido buena parte del control a diversos artefactos (tecnológicos o políticos) y no parece que vayamos a dejar de hacerlo. En segundo lugar, pondré varios ejemplos del movimiento contrario, el *control de la delegación*, así como sus límites y consecuencias indeseadas. Finalmente, trataré de establecer hasta qué punto y bajo qué condiciones podemos entender la *delegación como control*.

1. LA DELEGACIÓN DEL CONTROL

La tecnología y las instituciones nos ayudan a lidiar con la complejidad. En los dos ámbitos realizamos una gran cantidad de delegaciones que implican una renuncia a controlar o, al menos, una limitación de nuestro control. El funcionamiento óptimo y la seguridad de ciertas máquinas con un determinado nivel de complejidad sería imposible si los humanos nos empeñáramos en incrementar nuestro control sobre ellas, si no estuviéramos dispuestos a renunciar a una parte de nuestra soberanía tecnológica. Di Nucci denomina a esto «la paradoja del control» (2021): hay dispositivos que controlan mejor que nuestro afán de controlar. Gracias a esa delegación somos más capaces de gestionar la complejidad, en primer lugar, de dichos artefactos pero, sobre todo, del mundo en el que vivimos. De ahí que cedamos el control a los coches, a los aviones, a los sistemas de calefacción y refrigeración, a los drones, a las contraseñas y, en el plano social y político, a los profesionales, expertos, representantes o instituciones de diverso tipo.

El control se delega –en las máquinas, en los representantes o en los expertos– porque somos dramáticamente conscientes de nuestros fallos. Pondré sólo un par de ejemplos. A menudo, los seres humanos se encuentran en una situación de grave desventaja epistémica con respecto a los sistemas que deben supervisar. Esto puede verse muy claramente en el caso de la negociación financiera de alta frecuencia. Es imposible que un supervisor esté al corriente de lo que ocurre en tiempo real porque las operaciones se producen a velocidades que, simplemente, superan las capacidades de los operadores humanos. «En el tiempo que se tarda en diagnosticar y reparar un fallo es posible que se hayan ejecutado muchas más operaciones y, posiblemente, que estas se hayan aprovechado de ese fallo» (Baxter *et al.* 2012, 68). En la aviación se plantean problemas análogos con respecto al uso de los sistemas de piloto automático. Estos sistemas se están volviendo tan sofisticados que sólo fallan en «casos límite» complejos que son imposibles de prever para los diseñadores. En consecuencia, los pilotos no pueden ser entrenados para manejarlos (Cebon *et al.* 2015, 10).

Los usuarios y los ciudadanos somos los soberanos, en última instancia, pero no necesariamente en todo momento, porque hay ocasiones en las que preferimos limitar esa soberanía, compartirla, e incluso renunciar a ella. Podemos examinar esta paradoja de un soberano que autolimita su poder por analogía con aquellos sistemas que son inteligentes porque son capaces de oponerse a la voluntad expresa de quienes los dirigen. La sofisticación de muchos dispositivos incluye procedimientos que impiden hacer lo que quiera a quien está al mando (de un artefacto o de un gobierno): desde los sistemas de frenado automático en nuestros vehículos hasta los límites constitucionales para el sistema político. ¿No será que nuestras mejores tecnologías exigen que renunciemos a una parte, al menos, de nuestro control sobre ellas? ¿Y si la democracia fuera un sistema cuya inteligencia consiste en que es capaz de combinar institucionalmente la delegación del poder con el control sobre él o, por agudizar aún más la paradoja, la soberanía popular con la sospecha hacia esa misma soberanía?

Lo diré de una manera un tanto provocativa: la paradoja de todo sistema inteligente es que no nos permite hacer lo que queramos. Veamos algunos ejemplos, uno del derecho constitucional, otro de los sistemas de conducción automatizada y otro de los productos financieros. A lo que más se parece una constitución es a un conjunto de prohibiciones y limitaciones; dificulta, incluso, su propia modificación, a la que pone condiciones de procedimiento y mayorías cualificadas para asegurarse, así, de que esos cambios no son una ocurrencia ocasional ni el resultado de una mayoría exigua. Aunque se denomine inocentemente como uno más de los «asistentes de conducción», el frenado ABS, por ejemplo, es un sistema para impedir que, en un momento de pánico, frenemos tanto como quisiéramos, lo que pondría en peligro nuestra estabilidad y terminaría haciéndonos más daño, que es lo que, en última instancia, quisiéramos evitar. Formulado de otra manera: la industria del automóvil dejó de confiar en los conductores mucho antes de que los conductores dejaran de confiar en la industria del automóvil; es más, la evolución de esta industria pone de manifiesto que los conductores confiamos menos en nosotros mismos que en los coches. Algo similar ocurre en el transporte ferroviario, cuyos reguladores han tratado de mejorar la seguridad introduciendo tecnologías que hicieran más difícil que los conductores se saltaran las señales que están en rojo. Uno puede comprar libremente los productos financieros que quiera (y que pueda, claro), pero la experiencia de la crisis económica anterior nos ha llevado a endurecer las condiciones, obligando a las instituciones crediticias a asegurarse de que quien los compra tenga la solvencia y el conocimiento necesarios para adquirir un producto que no está exento de riesgos. En todos estos casos se distingue el querer del momento con el querer de última instancia, nuestra voluntad de control ahora frente a nuestro deseo de control general. La voluntad popular no debe confundirse con la encuesta del día; mi deseo de control no es tanto frenar a toda costa como evitar un accidente; mi libertad de comprar puede atender también a los riesgos de comprar cualquier cosa. De alguna manera, la inteligencia evolutiva ha configurado una serie de protocolos para que las personas no puedan hacer lo que quieran cuando están por medio artefactos especialmente peligrosos, sea un vehículo, un producto financiero... o un gobierno.

Por eso, cabe afirmar, sin caer en la exageración, que, desde la más modesta tecnología hasta los procedimientos políticos más sofisticados, los sistemas de gobierno son tanto más inteligentes cuanto más puedan resistir a la obstinación de quienes gobiernan (sea el pueblo soberano o sus eventuales representantes). Todo el progreso humano se juega en ese difícil equilibrio entre permitir a la voluntad humana gobernar los acontecimientos e impedir, al mismo tiempo, la arbitrariedad. Un sistema inteligente es, por así decirlo, un sistema que nos protege no sólo frente a otros sino también frente a nosotros mismos; se configura tras la experiencia de los peligros que somos capaces de generar y frente al atavismo de considerar que nuestro peor enemigo es siempre alguien distinto de nosotros mismos. De hecho, hay un mercado floreciente de lo que podríamos llamar, sin miedo a exagerar, «protección de la gente frente a sí misma», como el caso de las aplicaciones de hábitos de comportamiento (*behavioral apps*), que nos advierten, incitan y monitorizan. Los seres humanos no siempre queremos hacer lo que queramos y esa autolimitación es fuente de comportamientos razonables.

Todo este mundo del control y sus renuncias está lleno de paradojas y realidades contraintuitivas. He señalado algunas, que ilustran la importancia de renunciar al control, pero también las hay de signo diverso. La paradoja de la contraseña (*password*), por ejemplo, nos habla de los inconvenientes asociados inevitablemente a toda estrategia de seguridad. Los dispositivos exigen contraseñas complicadas; las escribimos en algún sitio para no olvidarlas, lo cual facilita que las olvidemos y, sobre todo, es contrario a la seguridad. Otro inconveniente más banal es la pérdida de tiempo que implica tener que teclear esa contraseña cuando uno tiene que utilizar el teléfono, por ejemplo, y puede ser que ese tiempo suponga una incómoda pérdida de control si se trata de un asunto urgente. Casi todo lo que nos proporciona un incremento de control implica, también, unos riesgos específicos.

Mencionaré, finalmente, un caso en el que la inteligencia humana, en esta ocasión la inteligencia para proteger la naturaleza del deporte, ha entendido que la presencia decisiva del humano en el arbitraje es inevitable por motivos deportivos (aunque desde un punto de vista técnico sería perfectamente eliminable y más objetivo). El arbitraje del tenis o del fútbol ganaría en exactitud si estuviera controlado por la continua revisión a través del sistema llamado «ojo de halcón» en el primer caso y VAR en el segundo. El hecho de que el recurso a estos procedimientos esté limitado obedece a que el deporte perdería su ritmo y emoción pero, sobre todo, a que una parte central de su interés se debe a que no está gobernado por un procedimiento exacto. En estos casos, a diferencia de los anteriores, podríamos hablar de que hay más presencia humana de la que sería óptima si consideráramos que el valor fundamental de ambos deportes es que se haga justicia, pero de que hay, tal vez, una presencia suficiente para que el acontecimiento deportivo no pierda el carácter de un combate entre humanos, decidido, también, por humanos (aun a costa de no pocos errores y arbitrariedades).

2. El control de la delegación

Los humanos no nos resignamos dócilmente a aceptar que las cosas puedan escapar de nuestro control, ya sea la tecnología o los procesos políticos. Tratamos de aumentar el control con medidas suplementarias de seguridad, exigiendo que haya más humanos en el *loop*, con mayor producción legislativa o minimizando la delegación que concedemos a nuestros representantes, a los que queremos controlar lo más estrechamente posible. Se trata de una vieja aspiración que ya Norbert Wiener formuló en 1960, con una célebre declaración sobre el «propósito introducido en la máquina» (*purpose put into the machine*): «si, para alcanzar nuestros propósitos, utilizamos un artefacto mecánico con cuya actuación no podemos interferir, haríamos bien en estar seguros de que el propósito introducido en la máquina es el propósito que realmente deseamos» (Wiener 1960). En esta formulación se da por supuesto que el objetivo es algo exógenamente propuesto a la máquina, pero ¿vale esto para el caso de las máquinas que aprenden? ¿Debemos dar por supuesto que nuestros gobernantes lo harán mejor y serán más democráticos cuanto menor sea la delegación que les concedamos?

La expresión «recuperar el control» (*take back control*) fue el lema de los partidarios del Brexit pero, además de un eslogan de propaganda política, corresponde a un movimiento general de resistencia contra la pérdida de control, real o aparente, que experimentamos frente a la tecnología sofisticada y ante la política, en un entorno de creciente complejidad. Esta mentalidad caracteriza no sólo a ciertos actores políticos sino también a amplios sectores sociales y a ciertos instintos elementales de repliegue, protección y deseo de recuperar espacios de familiaridad e inteligibilidad. El mantra de «empoderar», por ejemplo, corresponde al supuesto de que uno se hace más fuerte cuanto menos delega, que el pueblo es más soberano cuanto más inmediata es su voluntad, que la representación desfigura al representado, que la vigilancia sobre los políticos aumenta su rendimiento, que el incremento de la participación mejora, necesariamente, la política, que un referéndum es siempre mejor que la deliberación... Flota en el ambiente una excesiva confianza en el poder constituyente y una excesiva sospecha hacia el poder constituido. La resistencia frente a la delegación está en el origen de la crisis de representación, pensada como un mal sucedáneo de la democracia directa (Mansbridge 2003). Se genera, así, una mentalidad que confunde los mandatos políticos con las instrucciones (Przeworski *et al.* 1999, 12). Los representantes no serían otra cosa que nuestros ventrílocuos y no habría otra decisión más democrática que la adoptada en un referéndum, el momento de recuperación del control por antonomasia.

Ahora bien, ¿estamos seguros de que la mejor relación que podemos tener con nuestros artefactos es la de un mayor control, que así nos hacemos más protagonistas de nuestro destino y democratizamos las instituciones? Podríamos recordar, a este respecto, la provocación de Niklas Luhmann cuando se preguntaba si estaba justificado el supuesto de que más comunicación, más reflexión, más conocimiento, más participación siempre producen algo bueno (y nada malo) (Luhmann 1991, 90). He criticado, a este respecto, el prejuicio de que la transparencia proporcione necesariamente mayor inteligibilidad. La transparencia es, sin duda, un valor irrenunciable pero subordinado al verdadero fin de la política democrática: que resulte comprensible para el ciudadano que ha de juzgarla, sin que eso suponga que todo haya de ser visto en todo momento (Innerarity 2015, 269). Ocurre algo similar con el entusiasmo ante las políticas de proximidad, es decir, pensar que el ámbito más inmediato es *necesariamente* el más apropiado a la hora de decidir, tanto en términos de legitimidad como de efectividad. Muchos asuntos sólo encuentran su escala apropiada de autodeterminación democrática si distanciamos el nivel de decisión acostumbrado e incluimos en el nosotros que tiene que decidir a otros muy alejados en el espacio o en el tiempo (gobernanza global e intergeneracional). Hay decisiones que no se adoptan mejor *a pesar de* que se adoptan lejos de los entornos inmediatos sino *gracias a* esa distancia. Los organismos transnacionales, las instituciones de la imparcialidad o los compromisos realizados en lugares que están fuera de la presión electoral inmediata tienen, precisamente, este cometido y esta justificación.

La idea de que no siempre *más* equivale a *mejor* –como ha experimentado cualquiera en el ámbito de la información o de los datos, cuya proliferación también puede despistar– resulta especialmente válida cuando hablamos de control: también aquí, tener algo bajo control puede suponer una anulación de sus posibles prestaciones. Y, en sentido contrario, no siempre la delegación es una renuncia a ejercer la libre decisión o las propias responsabilidades, del mismo modo que confiar no equivale a creerse o aceptar cualquier cosa. La mejor política y las decisiones más democráticas no son, necesariamente, las adoptadas con mayor participación, con representantes más monitorizados y en la proximidad. Muchas decisiones pueden requerir competencia técnica, delegación, discreción, confianza y distancia. Esta experiencia nos debería llevar a subrayar la importancia de los procedimientos y las instituciones que moderan el control sobre el proceso político, tanto el que ejercen los representantes como los representados, el del pueblo soberano.

El caso de la Unión Europea es, probablemente, uno de los que mejor ilustran este tipo de paradojas. Europa se integra en virtud de un intercambio de soberanía por poder, lo que sería una versión de la renuncia al control a cambio de capacidad de actuación. Los Estados que pusieron en marcha el proceso de integración (y los que se fueron uniendo posteriormente) no lo hicieron para perder el control de sus destinos, lo cual sería absurdo, sino para recuperarlo a una escala supranacional, delegada y mancomunadamente, un poder que estaban perdiendo; esa pérdida los incapacitaba para suministrar a sus respectivas poblaciones, por el clásico procedimiento del poder soberano (control inmediato), aquellos bienes comunes a los que tenían derecho, como la paz, la prosperidad o la relevancia mundial. Este intercambio de soberanía por poder es muy similar a la obtención de control general a cambio de renunciar al control inmediato que se realiza en cualquier ámbito de gobierno complejo y en las tecnologías medianamente sofisticadas (Innerarity 2017). Y, en sentido contrario, el Brexit tal vez sea el mejor ejemplo de hasta qué punto una operación para recuperar el control puede hacer que, de hecho, los británicos terminen teniendo menos control del que tenían sobre sí mismos cuando formaban parte de la Unión Europea, por ejemplo, al tener que aceptar muchas de sus normativas comerciales sin poder estar en los lugares en los que tales normativas se deciden. En muchos aspectos, tal vez, inevitablemente, en más de los que desearían, los británicos se verán afectados por la normativa europea sin poder contribuir a decidirla.

Hay quien utilizó este argumento para desaconsejar la salida del Reino Unido: es mejor estar dentro de la Unión Europea e influir, que estar fuera y seguir, no obstante, bajo su influencia (Chalmers 2013).

En todas las decisiones para entrar o salir de alguna de las instituciones comunitarias o para aceptar las decisiones comunes entra en juego una lógica similar. Islandia, Noruega y Suiza han visto hasta qué punto les afectan las presiones de la Unión Europea y las oportunidades que esta representa para ellos. Han tenido y seguirán teniendo que adoptar muchas de las disposiciones decididas por un club al que no pertenecen. El referéndum de 2015 en Grecia no fue un ejercicio de soberanía sostenible sino un gesto que la teatralizaba y después del cual el pueblo griego tenía todavía menos poder del que antes disponía. Son ejemplos de lo contraintuitiva que es la soberanía y de cómo la sensación de control puede coincidir con una realidad de mayor subordinación.

Por si fuera poco, este «efecto Bruselas» (*Brussels effect*) (Bradford 2012) tiene un alcance mayor que el continental. La Unión Europea extiende su influencia sobre el resto del mundo a través de sus instituciones legales, su regulación y sus estándares comerciales, mucho más allá de su ámbito institucional. Esta curiosa externalización de su poder regulatorio permite, por ejemplo, a los norteamericanos proteger sus datos personales gracias a unas reglas que ellos no han aprobado, pero que tampoco pueden derogar sin perder muchas oportunidades de participar en el mercado global.

Los seres humanos hemos vivido siempre en entornos que en parte controlábamos y en parte no. Esto vale para el espacio natural, las relaciones sociales, el empleo de la tecnología, los procesos políticos o el destino histórico. Nuestra historia ha sido siempre un combate para reducir la incertidumbre y proporcionarnos la mayor seguridad posible en todos esos campos. El populismo reivindica una especie de control directo sobre la realidad, entendido como la recuperación de algo que una vez tuvimos –antes de la delegación– pero que, de hecho, no hemos tenido nunca. Desde esta perspectiva, el populismo podría definirse como una sobrevaloración del control directo y una infravaloración del control indirecto; vendría a entender que el control no es tanto una aspiración sino algo que se recupera. Con esta suerte de mitología del contrato social, tomada al pie de la letra y no como una ficción para explicar de dónde surge la legitimidad de los procesos de construcción política, no se puede entender la naturaleza paradójica de todo poder. Su consecuencia es que desincentiva la exploración de formas aceptables de transacción y equilibrio entre control y delegación, supervisión y confianza en las que discurre nuestra relación con la tecnología y nuestra convivencia democrática.

3. LA DELEGACIÓN COMO CONTROL

Del mismo modo que en muchos entornos tecnológicos ceder poder a las máquinas nos permite gobernar mejor la situación general –con más eficacia, prestaciones o seguridad–, establecer procedimientos de delegación puede entenderse como una mejora de nuestro autogobierno. Evidentemente, esto no se consigue con cualquier cesión o delegación, sino con aquella que está diseñada de tal manera que el control inmediato al que se renuncia es recuperado, de alguna manera, como supervisión general. La delegación, tecnológica o política, consiste en renunciar al control directo para ganar en control general. Esta es la gran discusión en la que estamos metidos acerca del humanismo tecnológico o la democracia compleja (Innerarity 2020), cuya solución no puede consistir ni en la tecnología descontrolada ni en la política tecnocrática sin soberanía popular, pero tampoco en empeñarse en mantener una idea de control propia del populismo tecnológico y político, que no consigue otra cosa que disminuir, de hecho, la capacidad de configurar libremente nuestra vida personal y social. ¿Qué podemos hacer, entonces, cuando hemos comprobado que ni el control humano ni la cesión de poder proporciona control y seguridad (Yampolskiy 2018)?

Esta idea de una delegación como control general o supervisión parece abrirse paso en distintos ámbitos donde el control inmediato resulta imposible o desaconsejable. Podríamos mencionar el hecho de que, con relación a la inteligencia artificial, entre los legisladores se ha ido produciendo un paulatino desplazamiento desde el término «control» hacia el de «confianza»; parecen haber entendido que la presencia humana que desean en las máquinas, salvo que queramos arruinar su eficacia, no puede ser pensada en términos de sumisión sino de fiabilidad. Algunas formas de diseño institucional recorren un camino similar. Del mismo modo que la soberanía formal no significa necesariamente soberanía efectiva, puede haber formas de control que impidan el control real, y cabe pensar en autolimitaciones de la pulsión de controlar que generen un mejor rendimiento de los sistemas controlados y una mayor supervisión general sobre ellos. En la teoría de la democracia se rehabilita la idea de un gobierno mixto –en la línea del republicanismo clásico–, como una suerte de entramado institucional que combina componentes democráticos y componentes no democráticos (Manin 1997, 237). La democracia no es la presencia de los ciudadanos en los lugares donde se toman las decisiones sino, más bien, el hecho de que las instituciones electivas y los electos pueden ser juzgados por la ciudadanía.

La delegación de tareas y responsabilidades es un principio básico de las organizaciones cuando quieren abordar tareas de cierta envergadura y, en ellas, el control jerárquico tiene que ir siendo sustituido por una confianza horizontal. Cuanto más inteligente es un sistema, una tecnología, una persona, una institución, menos tolera el control directo, más margen de delegación necesita para cumplir satisfactoriamente las funciones que esperamos de él o de ella; su sometimiento a un control estricto arruinaría su performatividad. Si las intervenciones políticas son excesivas, los subsistemas rechazarán la intervención o, si las aceptan, perderán parte de su dinamismo, profesionalidad y complejidad interna. Cualquier operación de gobierno tiene que acoplarse al modo de operación autónomo del sistema que pretende gobernar. Cuando uno tiene que gobernar sociedades de inteligencia distribuida, sistemas expertos o máquinas inteligentes, hay que respetar el hecho de que la libertad, creatividad y autonomía conducirá a resultados parcialmente imprevisibles. Los sistemas complejos son autorreferenciales, operacionalmente cerrados e inmunes a las intervenciones directivas externas. Pueden responder a los cambios relevantes que se produzcan a su alrededor pero siempre con su propio lenguaje y lógica operativa. Esto significa, fundamentalmente, que el gobierno de cualquier sistema no trivial tiene que respetar los modos de proceder de tales sistemas y evitar la imposición de cualquier lógica que les sea extraña. Luhmann lo ha planteado como una estrategia cognoscitiva, pero podría formularse de manera pragmática: «el objeto sólo puede ser investigado poniendo en movimiento su autorreferencia, es decir, aprovechando su propio movimiento» (1984, 654). Se trataría de aprovechar, más que combatir, la tendencia inherente de los sistemas complejos a autoorganizarse. La alternativa más prometedora para el gobierno de los sistemas complejos es la «autoorganización guiada» (*guided self-organization*) (Helbing 2015, 72), es decir, una acción orientada a permitir su autoorganización y a impedir únicamente aquellas dinámicas que pongan en peligro la autoorganización de otros subsistemas.

Estaríamos hablando, entonces, de estrategias de gobierno indirecto que pueden agruparse en el concepto de «gobierno del contexto» (Willke 1989), especialmente cuando nos referimos al gobierno de subsistemas sociales diferenciados. Se trataría de una combinación de las capacidades de autoorganización de cada uno de los sistemas y las posibilidades de las que dispone la política para establecer las condiciones y los marcos en los que deben desplegarse tales sistemas autónomos. Se articularían, así, en un nuevo equilibrio, las lógicas de inteligencia distribuida con las de la última palabra, que correspondería a la política; la «sabiduría de las masas» (*crowd wisdom*) y la «competencia de la competencia» (*Kompetenzkompetenz*); la horizontalidad de las masas y la verticalidad de la política. Podríamos liberar a la política del peso de muchas decisiones para las que tiene autoridad jerárquica pero no competencia cognitiva, al tiempo que ahorraríamos a los sistemas autónomos los errores que proceden de su ceguera para la compatibilidad del conjunto, sus efectos laterales y los riesgos mal calculados. «Condicionar el autogobierno» podría ser una buena formulación para definir el objetivo de estas intervenciones contextuales, con las que no se pretende controlar el comportamiento sino proporcionar a la sociedad formas de organización, procedimientos, autocontrol y delimitación de competencias que permitan a los distintos sistemas entender su autogobierno junto a otros sistemas que también se autogobiernan. El gobierno del contexto es más complicado y más indirecto que el control, pero no destruye la autonomía y la idiosincrasia de lo que pretende gobernar. Acepta la diferenciación funcional como la arquitectura básica de las sociedades modernas, por un lado, y, por otro, suministra procedimientos para que los sistemas se relacionen entre sí. La noción de contexto ha de entenderse aquí en el sentido de la selección natural de Darwin, que vino a sustituir el estricto determinismo de la mecánica clásica, es decir, como un nuevo tipo de autoorganización que implica una causalidad reflexiva.

Todo esto parece aún más relevante cuando intentamos imaginar cómo podría ser un gobierno de los mercados financiarizados y más allá del Estado nacional, donde cualquier cosa parecida al control no puede ser entendida como un simple fortalecimiento de los gobiernos frente a los mercados. El sistema financiero global es demasiado importante y tiene demasiadas consecuencias como para ser abandonado en manos de organizaciones privadas y demasiado complejo y sofisticado como para ser gestionado por las instituciones públicas. Por eso, el objetivo consistiría en configurar un sistema mixto de gobernanza que incluya componentes de autoorganización y de supervisión pública. Se requiere un modo híbrido de ejercer la autoridad en aquellos casos en los que ni la autoridad pública ni la privada pueden hacer la tarea porque, básicamente, a la autoridad pública le falta saber y a la autoridad privada le falta poder. Traducido a la terminología que estamos utilizando, se podría decir que los mercados deben ser controlados, pero que esto no puede hacerse bajo la forma del control directo e inmediato sino a través de regulaciones indirectas y contextuales que respeten su lógica propia.

Estaríamos hablando de un modo de gobernar, de un tipo de control, que integra elementos de delegación y que gobierna o controla gracias a esa delegación. Toda la clave de la delegación exitosa consiste en convertir en un equilibrio virtuoso lo que a primera vista aparece como una incompatibilidad y un dilema: o un control que neutraliza el dinamismo de lo que debería ser controlado o un descontrol que nos entrega a fuerzas de resultado fatalmente imprevisible. La delegación vendría a ser algo así como el control sin controlar, una posición intermedia entre el dominio y la abdicación, entre manipular y enajenarse, entre someter y estar sometido. Cuando delegamos una tarea renunciamos al control directo, pero eso no significa que renunciemos totalmente al control (Di Nucci 2021). La paradoja del control consiste en ceder control, para retenerlo o recuperarlo en otros términos, cuando el control inmediato ya no resulta posible o es disfuncional. No se trata de una desidia o una irresponsabilidad sino de una cesión de control que es condición para ejercerlo, de algún modo. Si bien la delegación y la representación nos descargan de tener que ocuparnos de cada tema y con todo detalle o con un nivel de pericia del que no disponemos, desde el punto de vista normativo no nos exoneran completamente de la función de observación y control. La representación y la delegación no resuelven más que a medias el problema planteado por la complejidad de las democracias contemporáneas, ya que la democracia presupone la capacidad popular de valorar, a fin de cuentas, el modo en que se realiza la función delegada. El sistema político en una democracia no tiene más remedio que observar y controlar críticamente a sus representantes. Existe una delegación irresponsable o sumisa, pero también una delegación inteligente. Una cosa es perder el control por negligencia y otra renunciar activamente a parte de él con la intención de mejorar determinado objetivo.

Defender el valor político de la delegación no significa estar a favor de la política autoritaria o de la tecnocracia, ni de que decidan los algoritmos, sino llamar la atención sobre la necesidad de que quien constituye la fuente última de autoridad en una democracia –el pueblo soberano– controle, también, su voluntad de control sobre el proceso político. Una voluntad de control inmoderada puede ser tan disfuncional como la pérdida de control. En las disposiciones acerca de la gobernanza de la tecnología suele hablarse de un «control humano significativo», es decir, un control suficiente, no excesivo. Esta idea tendría su equivalente político en una capacitación popular para que el proceso político resulte comprensible a todos y que haya una rendición de cuentas, no que el pueblo esté siempre presente en cada decisión política o contemple en directo todos los actos de ese proceso. La cuestión que habría que plantearse, entonces, es cuánta delegación es legítima y eficiente, sin renunciar al control popular significativo.

Ese control, que es fundamental para que la tecnología no nos deshumanice o la política no carezca de legitimidad popular, no tiene por qué ser directo, continuo e inmediato. Puede haber control tecnológico y social sin que eso signifique una presencia permanente del controlador. El sistema controlado –el dispositivo tecnológico o los representantes políticos– no es una instancia de mera ejecución de las instrucciones de los controladores. Hay un *trade-off*, en virtud del cual determinadas renuncias al control directo se convierten en ganancias de control general. La delegación puede mejorar el control si está bien diseñada, de manera que haya más eficacia en el sistema, una supervisión adquirida evitando perderse en los detalles, y una mayor rendición de cuentas. En el diseño equilibrado de todo esto nos jugamos que la tecnología esté centrada en el humano y la política siga siendo democrática. Se trata de pensar de qué modo la delegación puede ser una forma sofisticada de control, frente a la delegación del control y al control de la delegación.

10

Gobernanza. Las expectativas políticas de la inteligencia artificial

El problema de la relación entre gobernanza algorítmica y democracia representa una continuidad y, al mismo tiempo, una ruptura con las clásicas formas de administración burocrática. Para entender su compatibilidad con los valores democráticos hay que examinar el alcance de las expectativas que suscita: básicamente, la de proporcionar más objetividad a las decisiones políticas y la de adoptarlas con una mayor consideración de nuestra subjetividad como ciudadanos destinatarios de tales decisiones. Los límites de estas promesas nos obligan a concluir en la inevitabilidad de la decisión humana, de la política en cualquier entorno tecnológico, también el configurado por las nuevas formas de gobernanza algorítmica.

1. DE LA BUROCRACIA A LA GOBERNANZA ALGORÍTMICA

En cuanto una comunidad política alcanza cierto nivel de complejidad aparece la necesidad de objetivar y automatizar las decisiones colectivas. A partir del momento en el que el número de actores y factores que intervienen sobrepasa las capacidades individuales y centralizadas, las decisiones se vuelven más procedimentales y menos carismáticas. Muchos de los interrogantes que se plantean acerca de la justicia y democraticidad de las decisiones adoptadas mediante sistemas algorítmicos ya surgieron con ocasión de las decisiones burocráticas o mediante el recurso al saber experto. La burocracia nació, en buena medida, como respuesta a la incapacidad de gestionar la creciente complejidad del mundo en entornos desconocidos, pero también desde la promesa de superar la subjetividad, arbitrariedad e inconsistencia de las decisiones humanas.

Cuando se plantea una incompatibilidad entre las decisiones estandarizadas del tipo que sea y consideraciones humanistas, no hay que olvidar que estos procedimientos se inventaron, precisamente, para minimizar la intervención humana en la toma de decisiones. Porter denominó «culto a la impersonalidad» a aquella cultura de la cuantificación en la que se aspira a reducir el elemento humano todo cuanto sea posible: principios formalizables frente a la interpretación subjetiva, estándares unitarios en lugar de caos metodológico y dominio del derecho en vez de poder humano. En este nuevo continente de la objetividad reinarían una «objetividad mecánica» y una ciencia desinteresada, que dejarían fuera todo lo que fuera personal, idiosincrático o perspectivista; ya no se confía en la integridad de los que dicen la verdad o en el prestigio de instituciones ejemplares sino en procedimientos fuertemente estandarizados (Porter 1995). La fórmula más radical para expresarlo podría ser esta: «en vez de libertad de la voluntad, las máquinas ofrecerían liberarse de la voluntad» (Daston / Galison 2010, 49). Esa esperanza hacia los datos y la objetividad aumenta en una cultura política y social caracterizada por la desconfianza, las crisis y la incertidumbre; el recurso a cierta objetividad beneficia tanto a gobernantes como a gobernados, protege a quienes toman las decisiones y genera confianza en quienes son afectados por ellas.

La era digital ha acentuado esta vieja tendencia. Gobernar es ya, en gran medida –y lo será aún más–, un acto algorítmico; una buena parte de las decisiones de gobierno son adoptadas por sistemas automatizados. Esta manera de gobernar ha sido definida de diversas maneras: «el poder está cada vez más en el algoritmo» (Lash 2007, 71); «la autoridad se expresa cada vez más algorítmicamente» (Pasquale 2015, 1). Este sistema, que utiliza algoritmos para recoger, cotejar y organizar los datos a partir de los cuales se toman las decisiones, ha sido denominado «algocracia» (Aneesh 2009; Danaher 2016), «gubernamentalidad algorítmica» (Rouvroy 2013), «gestión algorítmica» (Lee *et al.* 2015), «regulación algorítmica» (Yeung 2017a), «gobernanza por algoritmos» (Just / Latzer 2017) o «democracia algorítmica» (Kersting 2018).

La era digital añade, ahora, una nueva promesa a la acción político-administrativa: mientras que las burocracias estatales se basan en las estadísticas y la información cuantificada, las nuevas tecnologías analíticas ofrecen una mejora con respecto a los métodos anteriores; si los análisis de datos tenían un alto coste de tiempo y dinero, los actuales son rápidos y baratos; donde antes había muestras de la sociedad, se dispone hoy de datos de grupos sociales enteros; anteriormente se necesitaban teorías y hoy las cantidades de datos hablan por sí mismas; donde se medía con criterios humanos ahora disponemos de la objetividad de unos algoritmos agnósticos.

El recurso a los algoritmos y las decisiones automatizadas responde a la necesidad de hacer frente a diversas formas de complejidad, como la identificación de las distintas perspectivas e intereses de una sociedad cada vez más plural o la eficiente provisión de servicios públicos. La gobernanza algorítmica potencia enormemente las capacidades de gestión a través de grandes cantidades de datos y en relación con problemas complejos. De este modo, no sólo el mundo parece haberse vuelto más legible para nosotros, sino que se han abierto nuevas posibilidades de intervención política, una mayor eficiencia, una regulación más inteligente y una anticipación más temprana de determinados problemas. Se promete, así, una acción de gobierno que reduciría la complejidad de los fenómenos sociales a una medida aceptable.

El incremento de los sistemas de decisión conducidos por algoritmos y datos significa que las máquinas apoyan a los humanos en sus decisiones e incluso los sustituyen, en parte o completamente. La cuestión que todo esto plantea es hasta qué punto y de qué modo la utilización de los sistemas de decisión automatizada (ADS) es compatible con lo que consideramos un sistema *político* de toma de decisiones. ¿Qué significa, realmente, la introducción masiva de procedimientos de decisión automatizada para la acción de gobierno? ¿Es acorde este tipo de gobernanza con la democracia? De la democracia se espera que responda a la expectativa de ser un verdadero autogobierno del pueblo y, al mismo tiempo, que el sistema político resuelva eficazmente los problemas de la sociedad. La integración de este doble objetivo de la sociedad –democracia y eficacia– no parece algo evidente sino en tensión. ¿Hasta qué punto cumple la gobernanza algorítmica esta doble promesa? ¿Cómo compatibilizar la heterogeneidad de preferencias, valores e intereses con la operatividad del sistema político? Para responder a esta cuestión es necesario distinguir las diversas funciones o momentos de la política y examinar la aptitud de estos procedimientos para realizar esas tareas sin dañar los principios democráticos.

2. LAS PROMESAS DE LA GOBERNANZA ALGORÍTMICA

Los algoritmos realizan una doble promesa de objetividad y subjetividad, es decir, de neutralidad ideológica y, al mismo tiempo, de respeto absoluto a nuestros deseos. Se trata de dos promesas que tienen unos efectos muy beneficiosos sobre la política democrática, pues permiten una valoración más objetiva de las políticas públicas y un mejor conocimiento de las preferencias sociales, pero que también tienen sus límites e inconvenientes.

a. La promesa de objetividad

Resulta muy seductora la promesa de la decisión algorítmica: no se trata de ahorrar tiempo y dinero, sino de promover la objetividad. Ya en 1976, Joseph Weizenbaum, uno de los pioneros de la investigación en inteligencia artificial, defendía este valor, asegurando que una computadora no podía ser seducida por la mera elocuencia (Weizenbaum 1976, 108). Al minimizar la presencia humana, los algoritmos hacen que las decisiones sean menos vulnerables a nuestros sesgos y sentimientos (Sandvig 2014; Zarsky 2016). Los algoritmos suelen percibirse como objetivos y sus evaluaciones, como justas, precisas y libres de subjetividad, errores y pretensiones de poder; es más, su «objetividad» es lo que les proporciona legitimidad como mediadores de conocimiento relevante; no son sólo instrumentos para decidir sino también estabilizadores de la confianza; aseguran que «las valoraciones son precisas y justas, sin fallos, subjetividad o distorsiones» (Gillespie 2014, 79; Mager 2012).

Si, como afirmaba Lindblom, la esencia de la cultura democrática es el incrementalismo y la comparación, el ensayo y error (1965), los gobiernos cuentan ahora con instrumentos sofisticados para medir la efectividad de sus políticas públicas, asegurar su implementación y valorar sus resultados. En vez de la planificación centralizada, dominada por expertos y burócratas, la tecnología nos permite introducir criterios de valoración más dispersos y competitivos, menos ideologizados. La puesta en marcha de sistemas de decisión automatizada se justifica porque con su ayuda las decisiones no son sólo más eficientes sino también menos partidistas y más justas. Se abre paso, así, la idea de que los sistemas que deciden sin influencias humanas pueden ser más neutros y objetivos (Martini / Nink 2017). Los científicos de datos remplazarían a los expertos (Chen *et al.* 2014, 205). Tendríamos unos instrumentos que parecen satisfacer la esperanza de proporcionar una mayor racionalidad a los procesos de decisión y contrarrestar la subjetividad y los prejuicios ideológicos o de cualquier tipo que suelen motivar muchas de las decisiones humanas. «La calculadora ideal es un ordenador, ampliamente venerado, en parte, porque es incapaz de subjetividad» (Porter 1996, 47). De este modo, se avanzaría hacia una «democracia consecuencialista» (McGinnis 2013) y seríamos capaces de dejar atrás los pronunciamientos ideológicos sin transformaciones efectivas de la realidad social.

Esta pretensión no es del todo nueva, al igual que tampoco lo es su crítica. La idea de autoridad burocrática de Weber ya había ensalzado los valores de eficiencia y objetividad, pero también había advertido de sus límites, así como de que podía surgir otro tipo de autoridades, precisamente, en virtud del ideal de objetividad. En principio, todas las tendencias patológicas de las clásicas burocracias se aplican, también, a las decisiones automatizadas (Peeters / Widlak 2018). Baste con advertir que la gente tiende a aceptar con demasiada facilidad que los procesos automatizados son verdaderos y precisos (Citron 2007). El hecho de que una decisión sea el resultado de un proceso automatizado parece conferirle una legitimidad que sería el resultado de su neutralidad, lo cual debilita la exigencia de justificación (Gillespie 2016, 27). De este modo, podríamos caer en la «falacia de la neutralidad», consistente en pensar que el aprendizaje automático proveerá un tratamiento más igualitario y objetivo de los individuos (Sandvig 2014). Desde que se formularon las pretensiones de objetividad en el entorno burocrático y en la era digital no ha dejado de advertirse que tales procedimientos no cumplen esa promesa, que generan otro tipo de distorsiones, que no están exentas de arbitrariedad y que los algoritmos a menudo reflejan e incluso potencian los prejuicios que están profundamente asentados en una sociedad.

b. La promesa de subjetividad

El segundo vector de democratización vendría del conocimiento de la voluntad real de la gente a la que un gobierno democrático debe servir; se reforzaría, así, la cadena de legitimación, en la medida en que permitiría tomar como punto de partida las decisiones reales de las personas, únicamente a partir de las cuales se puede configurar la voluntad popular. Con un mundo lleno de sensores, algoritmos, datos y objetos inteligentes se configura una suerte de *sensorium* social que permite personalizar la salud, los transportes o la energía. Gracias a la ingeniería de los datos nos estamos moviendo hacia una comprensión cada vez más granular de las interacciones individuales y hacia unos sistemas cada vez más capaces de responder a las necesidades particulares. En virtud de la microsegmentación y la granularidad, podemos disponer de una sociedad «algorítmicamente tuneada», de manera que los deseos que la ciudadanía expresa, de hecho, en su comportamiento cotidiano pueden ser conocidos con un altísimo grado de exactitud. A la objetividad de los métodos de gobernanza algorítmica le correspondería una mayor subjetividad en sus destinatarios, que verían, así, mejor conocida, respetada y satisfecha su particularidad.

Los sistemas algorítmicos sirven para categorizar a los individuos y prever sus preferencias a partir de una gran cantidad de datos acerca de ellos. El modelo de negocio de muchas empresas digitales se apoya en el hecho de que conocen a los usuarios mejor que ellos mismos y, en virtud de la previsión de su comportamiento, les ofrecen lo más adecuado en el momento oportuno. De este modo, recibiríamos lo que se supone que queremos, algo que corrige el hecho de que tantas veces no sepamos propiamente qué queremos. Lo que así se ofrece no parece limitar o contravenir nuestra autodeterminación. El cómodo paternalismo de las sociedades algorítmicas consiste en que da a las personas lo que estas quieren, que gobierna con incentivos proporcionados, que se adelanta, invita y sugiere. Trasladar este modelo a la política no plantearía mayores problemas si no fuera porque el precio de estas prestaciones suele ser el sacrificio de alguna esfera de libertad personal. Teniendo en cuenta que hay una discrepancia en la autodeterminación que supuestamente exigimos y la que, de hecho, estamos dispuestos a ejercer cuando hay comodidades y prestaciones de por medio, el resultado es que la satisfacción de las necesidades se hace, con frecuencia, a cambio de espacios de libertad. Varios estudios empíricos demuestran que los humanos infravaloramos los peligros que representan los sistemas de decisión automatizada para nuestra libertad y derechos personales (Wouters *et al.* 2019). Es cierto que así se satisfacen muchos de nuestros deseos, pero a cambio de cierta renuncia a reflexionar sobre ellos; lo que queremos se sitúa por encima de lo que queremos querer y la voluntad mínima e implícita del consumidor sustituye a la voluntad política explícita. Detrás de la gobernanza algorítmica hay una concepción de la vida social como si en ella no hubiera fallos ni crisis, de manera que tampoco pudieran ponerse a prueba sus prestaciones ni realizarse cuestionamientos de las normas establecidas.

3. LAS LIMITACIONES DEMOCRÁTICAS DE LA GOBERNANZA ALGORÍTMICA

La idea de Alan Turing del ordenador como una «máquina universal» no significa que valga para resolver cualquier problema; es un error creer que las tecnologías digitales pueden encargarse de todos los problemas políticos y sociales. La gobernanza algorítmica es muy adecuada para mejorar ciertos aspectos del proceso político, pero resulta de escasa utilidad para otros. Puede corregir deficiencias y sesgos humanos, sirve para identificar determinadas preferencias, para medir los impactos, pero es inadecuada para aquellas dimensiones del proceso político que no son susceptibles de computación y optimización, áreas que no tienen una fácil cuantificación y medida, o sea, para el momento genuinamente democrático en el que se deciden los criterios y objetivos que posteriormente la tecnología puede optimizar. De acuerdo con la taxonomía elaborada por Misuraca y Van Noordt (2020), la inteligencia artificial podría considerarse muy útil para seis tipos de desafíos de gobierno: asignación de recursos, análisis de grandes conjuntos de datos, superación de la carencia de expertos, predicción de escenarios, gestión de tareas procedimentales y repetitivas, y agregación y resumen de datos diversos (Duberry 2022).

La razón de que los algoritmos sean políticamente limitados reside en su carácter instrumental. Los algoritmos sirven para conseguir objetivos predeterminados, pero ayudan poco a determinar esos objetivos, tarea propia de la voluntad política, de la reflexión y deliberación democrática. La función de la política es decidir el diseño de las estrategias de optimización algorítmica y mantener siempre la posibilidad de alterarlas, sobre todo en entornos cambiantes. En una democracia todo debe estar abierto a momentos de repolitización, es decir, a la posibilidad de cuestionar los objetivos establecidos, las prioridades y los medios. Para esto es para lo que sirve la política y para lo que no sirven los algoritmos. El gobierno algorítmicamente optimizado no tiene capacidad para resolver los conflictos propiamente políticos o la dimensión política de esos conflictos, es decir, cuando están en cuestión los marcos, fines o valores. Como decía Lucy Suchman en otro contexto, los robots actúan muy bien cuando el mundo ha sido dispuesto (*arranged*) del modo en que debía ser dispuesto (Suchman 2007).

Puede ilustrar esta dualidad de fines y medios, de objetivos políticos y estrategias de optimización algorítmica el sistema de distribución de los alumnos que se puso en marcha para las escuelas de la ciudad de Nueva York y el debate correspondiente acerca de qué valores priorizar en esa distribución (Krüger / Lischka 2018). El sistema puede priorizar la máxima satisfacción de las preferencias individuales o una mezcla social equilibrada en las escuelas. Ambos objetivos cuentan con buenas razones a su favor; una opción favorece los deseos individuales y la otra la cohesión social. También es discutible, si se quieren respetar al mismo tiempo los dos valores, qué grado de compromiso o equilibrio entre ellos parece más deseable y realizable. Para decidirlo hace falta un debate político acerca de estos valores e implicar principalmente a los afectados, un debate del que no puede exonerarnos un algoritmo. En este y otros casos no se trata sólo de implementación o transparencia de los algoritmos utilizados sino de juicios de valor en torno a las posibilidades alternativas de definir los objetivos de la educación, que son diversos y, en parte, concurrentes, como corresponde a una sociedad pluralista. Los procesos de negociación política tienen prioridad sobre las soluciones tecnológicas y estas no pueden sustituir aquellos. Estamos, por tanto, ante ese tipo de asuntos que denominamos «cuestiones políticas».

En sentido estricto, las cuestiones políticas son aquellas que sólo se pueden resolver con juicios de valor; las otras son aquellas cuestiones técnicas en las que se decide la implementación tecnológica de los objetivos pretendidos y sobre la base del saber disponible. En ocasiones, también es algo políticamente controvertido qué clase de optimización es satisfactoria y qué saber consideramos relevante. Podría, incluso, afirmarse que si la optimización como principio es algo deseable, la ideología de la optimización –pensar que la implementación eficaz de ciertos objetivos puede hacer innecesaria la discusión política acerca de tales objetivos– puede ser una estrategia de despolitización. Así entendida, la optimización es exactamente lo contrario de la política, que es más bien imaginación, anticipación, trascender el actual estado de las cosas (Rouvroy 2020).

La gobernanza algorítmica se orienta a realizar objetivos que no han sido discutidos, que ella misma no establece ni pone en cuestión. Ahora bien, la política democrática no es un mero procesamiento de información sino su interpretación en un contexto de pluralismo garantizado; no se trata de cómo realizar mejor ciertos objetivos sino de cómo decidirlos. La resolución de problemas de carácter administrativo es muy distinta de la política entendida como el conflicto de interpretaciones acerca de la realidad, donde no se trata tanto de optimizar resultados como de establecerlos. A este respecto, podemos advertir que hay una gran diferencia entre cómo aprenden los sistemas algorítmicos y cómo se toman las decisiones democráticas (Hildebrandt 2016). Los sistemas de decisión automatizada procesan información para realizar ciertos objetivos de la mejor manera posible, mientras que la política democrática, en contraste, no trata de optimizar objetivos predefinidos sino, sobre todo, de averiguar cuáles deberían ser esos objetivos. El aprendizaje de los sistemas algorítmicos no puede remplazar el tipo de aprendizaje que tiene lugar en la política democrática. Lo político empieza allí donde se ha de debatir acerca de qué deben satisfacer los algoritmos, qué valores deben cumplir, a qué concepción de lo justo tienen que servir. No parece que las decisiones más estratégicas puedan ser dejadas en manos de procedimientos algorítmicos sin una pérdida notable de aquella racionalidad inventiva que esperamos de las decisiones políticas. Los sistemas algorítmicos de aprendizaje se diferencian de los procesos políticos democráticos en que estos se caracterizan por una discusión abierta y continua que lleva a renegociar una y otra vez los objetivos y las decisiones, mientras que la gobernanza algorítmica los presupone y trata de alcanzarlos de una manera óptima y agregativa, sin cuestionarlos. Podría formularse esta idea recordando aquella afirmación de John von Neumann: podemos construir un instrumento capaz de hacer todo lo que puede ser hecho, pero no se puede construir una herramienta que nos diga si algo es factible (Von Neumann 1966, 51). Dicho de otra manera: la decisión acerca de qué es computarizable no puede, a su vez, computarizarse.

Es lógico que una tecnología tan poderosa como la inteligencia artificial haya despertado expectativas similares a las que formularon los viejos positivismos, la tecnocracia o el proclamado final de las ideologías. Todos ellos declinaron, de diversas maneras, aquella seducción de «un mundo administrado» (Adorno / Horkheimer 1988), y que ahora puede acogerse bajo el denominador de la «ideología cibernética», impulsada por la creencia de que es posible gobernar la realidad con plena eficacia, exactitud y previsibilidad (Nunes 2011, 3). Esa manera de concebir la tecnología nos plantea el desafío de pensar hasta qué punto es posible entenderla como políticamente configurable. Antes que debatir acerca de la deseable regulación digital, deberíamos preguntarnos si es posible *politizar* este nuevo entorno, lo cual nos obliga, frente al neutralismo tecnológico, a identificar y hacer explícitas las valoraciones implícitas que se contienen en cualquier procedimiento de decisión que pretende una objetividad incontestable.

La ideología tecnocrática ha sido formulada de manera enfática, pero también es operativa de un modo más bien banal y en apariencia inofensivo. Me refiero a ese lugar común según el cual no debería importarnos quién gobierne, si es de derechas o de izquierdas, sino que gestione bien, como si esa gestión pudiera valorarse sin recurrir a estimaciones ideológicas. Este tópico resulta plausible sólo en la medida en que, efectivamente, derecha e izquierda ya no son lo que eran y, como categorías rígidas, cada vez explican menos. Pero, muchas veces, quien lo sostiene no suele estar deseando una política desideologizada sino una política despolitizada.

Como ocurre en la política en general, también cuando hablamos de gobernanza algorítmica, la idea de producir mejores decisiones con la ayuda de máquinas requiere que haya previamente un criterio acerca de qué es una buena decisión (König / Wenzelburger 2021). Los artefactos que se encargan de optimizar las decisiones no hacen innecesaria la discusión acerca de qué es una buena decisión. Es cierto que la inteligencia artificial sirve para informar decisiones y optimizar resultados, pero, aunque algunos economistas hayan intentado cuantificar y medir el bienestar agregado, no hay una noción predefinida e incontestable de qué es un resultado satisfactorio en política. La democracia es un sistema político que parte de la ignorancia acerca de qué puede ser una buena decisión, que recela de que alguien pretenda saberlo y pone en marcha procedimientos de aprendizaje colectivo para superar esa perplejidad.

Es evidente que el análisis de datos y la gobernanza algorítmica proporcionan a los actores políticos un conocimiento y una capacidad de intervención muy valiosa. Lo que permanece abierto es el modo concreto en el que operan y al servicio de qué valores se ponen. Además, buena parte de la función de la tecnología es multiplicar las alternativas posibles y ponerlas a nuestra disposición. La política está, precisamente, para decidir cuál de esas alternativas resulta preferible, a la luz de lo que resulta socialmente preferible. También cuando se trata de algoritmos hay alternativas; no son soluciones funcionales indiscutibles.

La gran promesa de la gobernanza algorítmica es que unos resultados óptimos nos hagan olvidar los procedimientos deseables. Es un tipo de gobernanza que parece preferir la efectividad, aunque sea al precio de ser excluidos de la toma de decisiones o reducidos a una presencia mínima, implícita e individual, bajo la forma de requerimientos y preferencias presentes en nuestras huellas digitales. Pero si la ciudadanía no puede supervisar ni controlar, de algún modo, las decisiones algorítmicas, no podemos llamar a eso autogobierno del pueblo.

Si bien los resultados del gobierno son muy importantes, lo definitorio de la democracia es más el procedimiento que el resultado. El gobierno democrático no consiste en proporcionar ciertos *outputs* sino en garantizar determinados *inputs*, concretamente aquellos que aseguran la igual libertad de todos los ciudadanos para tomar parte en el proceso de formación de la voluntad política y en los procesos de decisión (Urbinati 2014). Aunque la gobernanza algorítmica sea muy receptiva (*responsive*), le presupone al *input* una legitimidad que ella misma no puede proporcionar (König 2018, 289). A este tipo de gobernanza le falta una autorización colectiva, aunque disponga de una gran cantidad de información sobre las preferencias individuales. La gobernanza algorítmica únicamente puede ser democrática cuando sus objetivos y procedimientos han sido autorizados de manera expresa por el pueblo, en un acto de naturaleza política.

En cualquier caso, el trabajo analítico de distinguir los diferentes momentos del proceso político de decisión no debería llevarnos a pensarlos como completamente separados y sin ninguna relación entre sí. Del mismo modo que el momento deliberativo favorece la calidad de los resultados, la medición de los impactos reales permite valorar, también, la calidad de los procedimientos deliberativos. Que los fines y los medios sean diferentes no significa que no se condicionen mutuamente de alguna manera. El respeto de la complejidad política nos obliga a pensar de qué modo interactúan los momentos que, precisamente desde ese respeto, habíamos tenido que distinguir.

4. La inevitabilidad de decidir

El gran desafío que nos plantea la era digital es el de resistir a los encantos de la despolitización de nuestras sociedades y superar la inercia de los modos de gobierno tradicionales, no dejarse seducir por el discurso falsamente apolítico o posideológico, pero, al mismo tiempo, dejar de insistir en unas prácticas que no se corresponden en absoluto con las nuevas realidades sociales. Estamos ante un intento de concebir la sociedad de un modo despolitizado. Tim O'Reilly (2011), uno de los oráculos de Silicon Valley, inventor del concepto de la web 2.0 y el código abierto (*open source*), plantea pensar el gobierno como una plataforma, es decir, extender el modelo de las aplicaciones comerciales a la administración de las cosas comunes. En nombre de una lucha contra los déficits democráticos y el exceso de burocracia, propone reducir el papel del Estado al de suministrador de un acceso y una plataforma, sobre la cual la ciudadanía podría definir, por sí misma y con total libertad, sus prioridades políticas. Si en un principio han sido los poderes públicos los que han impulsado el desarrollo tecnológico, ahora el movimiento sería el inverso: se invita a que el Estado se inspire en las plataformas, a no servir más que de infraestructura, supuestamente neutra, para las transacciones entre los individuos. En cualquier caso, entre la seducción de un mundo despolitizado y la inercia de mantener nuestras instituciones con la vieja cultura política, hay un amplio espacio para pensar el lugar que debe ocupar la política en estas nuevas realidades.

En este punto, el lugar que ocupe la decisión humana es crucial. He estudiado las razones de la democracia epistémica (Innerarity 2020) y, si bien estoy de acuerdo en que las sociedades contemporáneas necesitan una enorme movilización cognitiva para hacer frente a los problemas que deben resolver, mi conclusión es que el argumento último a favor de la democracia no es epistémico sino decisional. Hay que hacer todo lo posible para que las sociedades tomen las mejores decisiones, pero la legitimidad final no procede de la corrección de sus decisiones sino del poder de decisión que tenga la ciudadanía, con independencia del buen o mal uso que haga de este poder. Una democracia produce mejores decisiones que sus modelos alternativos, pero no debe su legitimidad última a la bondad de sus decisiones sino a la autorización popular que está detrás de esas decisiones. La inevitabilidad de decidir es la justificación definitiva de que la democracia sea una forma de gobierno donde los legos tienen la última palabra sobre los expertos. No parece que haya, hoy por hoy, un dispositivo tecnológico que nos libere completamente de esta necesidad de decidir.

Los procedimientos de la inteligencia artificial no pueden exonerarnos de esa decisión. Hay política allí donde, pese a toda la sofisticación de los cálculos, nos vemos finalmente obligados a tomar una decisión que no está precedida por razones abrumadoras ni conducida por unas tecnologías infalibles. Todos los procesos de tecnologización tienden a modelizarse o automatizarse, de manera que el «factor humano» sea menos relevante. Los humanos no hemos dejado de soñar con «la perfecta tecnología de la justicia» (Lessig 1999), pero tampoco hemos dejado de experimentar el peso de que sean nuestras decisiones las que carguen con la última responsabilidad de hacer que la sociedad sea justa. Un mundo humano tiene que ser un mundo negociable.

EXCURSO: PARADIGMAS DEL ESPACIO DIGITAL

La democracia nace como una promesa de igualdad en cuanto a la capacidad de todos a la hora de influir en las decisiones que nos afectan. Instituciones como el voto, la representación, la participación o la libertad de expresión y asociación son procedimientos que, con mayor o menor acierto, tratan de asegurar esta igualdad. A medida que la esfera digital se ha ido constituyendo como un ámbito de configuración de la vida política, la igualdad que en ella es posible y deseable no ha dejado de ser objeto de propuestas y polémicas. Tal vez por falta de perspectiva histórica, tal vez debido a una escasa conceptualización, no disponemos todavía de un marco categorial que dé cuenta de la naturaleza del nuevo espacio digital y su significación democrática.

Las interpretaciones propuestas hasta ahora pueden agruparse en tres posibles versiones de la democracia digital conforme a los tres modos en que se articulan las acciones de los miembros en las sociedades complejas: ágora, mercado y burocracia. El ágora es la comunicación horizontal y abierta; el mercado es un sistema de información que estructura los precios, y la burocracia es un modo institucional de asignar las decisiones. La igualdad sería, respectivamente, un valor garantizado por el carácter abierto del espacio digital, por su semejanza con un mercado en el que se desenvuelve el consumidor soberano, o por una determinada acción de un gobierno que interviene y regula. Por supuesto que ninguno de esos modelos es puro y todos poseen características de los otros: la comunicación es, en principio, igualitaria, pero siempre hay asimetrías, en virtud de las cuales unos son más escuchados que otros, aunque sólo sea por el hecho de que son más ruidosos; se ha denunciado mucho la falsa igualdad de oportunidades del mercado, la formación de oligopolios, la necesidad de una regulación o los límites de esa información que se supone accesible y transparente; la burocracia no funciona si no escucha y el Estado no es lo contrario del mercado. Pese a todo, los tres valen como modelos o tipos ideales (en el sentido weberiano del término) de interacción humana, pese a que la realidad sea más mixta e híbrida que cualquier modelización.

El nuevo espacio digital ha sido interpretado a partir de estas categorías y los partidarios de cada una de ellas han hecho valer la capacidad de sus modelos para entender o gestionar la nueva realidad, que suponían reconducible a esos tipos ideales de interacción. ¿Debemos entender el mundo digital como un vector de democratización, como un negocio o como una cuestión de poder? ¿Dibuja ese mundo digital un espacio democrático sin Estado, algo que se reduciría a la forma del mercado o que puede ser reconducido a la autoridad del Estado (o de los Estados que pudieran establecer, cooperativamente, su regulación global)? Los partidarios del ágora creyeron encontrar en internet una tecnología que hacía real la aspiración de una comunicación verdaderamente igualitaria; desde los ideólogos de Silicon Valley hasta los nuevos movimientos sociales, se celebró su llegada como una promesa para despedir al mundo jerárquico. No hizo falta mucho tiempo para que se hicieran patentes las limitaciones para decidir de un sistema pensado para expresarse e intercambiar opiniones y no tanto para tomar decisiones o para materializar las esperanzas de la Primavera Árabe, que se desvanecieron frente a una realidad ocupada nuevamente por realidades tan jerárquicas como los ejércitos o los Hermanos Musulmanes. En el curso de un breve espacio de tiempo, lo que se suponía que iba a ser una apoteosis de horizontalidad empieza a concebirse como un espacio de vigilancia. La interpretación del espacio digital como una mera oportunidad de negocio supone volver a la idea de mercado como realidad desvinculada de cualquier otro tipo de inserción social; además, la propia evolución de este mercado pone de manifiesto que su estructura reproduce viejas formas monopolísticas, cuya manifestación más elocuente es el capitalismo de plataformas. El intento de entender el mundo digital desde la burocracia tiene diversas expresiones, desde el deseo de ejercer alguna forma de regulación sobre él (con la intervención del Estado o mediante regulaciones globales) hasta el formato autoritario que lo traduce en términos de poder, como pudiera ser el caso de China. El mundo digital ha sido entendido únicamente como una fuerza inexorable de democratización, como una oportunidad de negocio o como un desafío para la burocracia, cuando lo cierto es que era todo eso a la vez, en unas proporciones que todavía están por determinar y con ciertas incompatibilidades entre aspiraciones que se relacionan conflictivamente.

Quienes tratan de subsumir y gestionar la nueva esfera digital desde una única categoría terminan, tarde o temprano, teniendo que aceptar que hay, en esta nueva realidad, dimensiones propias de los otros modelos y que la cuestión es, más bien, qué tipo de articulación entre lógicas diferentes explica mejor su funcionamiento real y permite formular unas mejores expectativas normativas. La algocracia ¿tiene más de ágora, de mercado o de burocracia? En vez de aplicar una clave que lo explique todo, deberíamos interesarnos por descubrir qué equilibrio entre esas distintas claves nos permite hacernos cargo mejor de lo que está en juego y qué configuración es más deseable para realizar, en esa nueva realidad, nuestros ideales de una sociedad democrática. Desde el punto de vista analítico, la cuestión es averiguar qué equilibrio entre estas tres dimensiones explica mejor la realidad y, desde el punto de vista normativo, cuál responde mejor a los valores democráticos.

No podemos democratizar la autoridad que se ejerce en el nuevo espacio digital si no sabemos qué tipo de autoridad es. La primera interrogación sería, por tanto, acerca de si nos encontramos ante un ágora donde la dominación habría sido sustituida por la neutralidad, un mercado que satisface preferencias o una burocracia que administra con justicia. ¿Quién es el soberano: el algoritmo, el consumidor o el Estado? Hemos de examinar, entonces, la supuesta neutralidad de los algoritmos, hasta qué punto estamos ante un sistema que sólo satisface preferencias y qué tipo de imparcialidad o justicia podemos esperar en un entorno semejante.

Para dilucidar esta cuestión deberíamos abordar al menos tres cuestiones. La primera de ellas se refiere a la neutralidad algorítmica. De entrada, el espacio digital se presenta como un ámbito horizontal y libre de dominación, donde no habría más que sugerencias y satisfacción de las demandas que expresa nuestro propio rastro al actuar. En ese sentido, correspondería máximamente a la idea de capacidad de respuesta democrática (*democratic responsiveness*), a una decisión que sólo se guiaría por responder a las expectativas de sus destinatarios. Los individuos satisfechos tendrían un tipo peculiar de soberanía, consistente en que las decisiones que los afectan, aunque no hayan sido autorizadas colectivamente, habrían sido adoptadas teniendo en cuenta sus preferencias y con el único objetivo de satisfacerlas. Así serían las cosas si no hubiera sesgos ni efectos discriminatorios, lo que está muy lejos de la realidad.

1. Ágora

La inteligencia artificial y los sistemas de gobernanza algorítmica funcionan con una lógica que se parece mucho al individualismo democrático pero que lo altera de una manera que es necesario comprender para valorar su legitimidad. Que sean sistemas para la identificación y satisfacción de nuestras preferencias no quiere decir, pese a las promesas de granularidad y capacidad de respuesta (*responsiveness*), que se plieguen a las características de cada individuo, sino que se adaptan a características o huellas de grupo que unos individuos comparten con otros. En este recorrido suelen producirse unas alteraciones que adquieren el carácter de sesgos discriminatorios. Satisfacer el patrón en el que encaja un individuo no es lo mismo que satisfacer a un individuo. Examinar grupos de poblaciones y crear perfiles sobre la base de sus «dobles de datos» (*data doubles*) ofrece amplias posibilidades para la exclusión y la manipulación. Se daría, entonces, la paradoja de que la personalización niega la unicidad individual. Por supuesto que no estamos aquí ante un vigilante manipulador sino más bien frente a un mecanismo banal de discriminación, que promete neutralidad pero que no puede garantizarla, por diversas circunstancias que tienen que ver, precisamente, con la lógica algorítmica.

Hace tiempo que los algoritmos han perdido el encanto de la objetividad y la inocencia. Los sistemas de decisión algorítmica no son soluciones neutrales a problemas dados, del mismo modo que tampoco es irrelevante qué datos se utilizan para que el sistema *aprenda*. Los resultados que proporciona la inteligencia artificial no son menos discriminatorios que las estructuras en las que se programan los algoritmos o los datos a partir de los cuales se entrenan. Los datos con los que operan los sistemas de decisión algorítmica se han obtenido en contextos en los que había unas intenciones –en la medida en que se puede hablar de intenciones– diferentes de las que se requerirían para tomar tales decisiones; se trataría, por ejemplo, de una traslación de nuestro comportamiento como consumidores a nuestro supuesto comportamiento como ciudadanos, sin considerar la posibilidad de que podríamos desear comportarnos en el ámbito político de una manera diferente a como lo hacemos en el mercado.

Los datos que utilizan los sistemas de decisión algorítmica reflejan la realidad que representan, llena de sesgos y prejuicios, que son así reproducidos por los sistemas algorítmicos. Hay toda una tipología de los sesgos algorítmicos: por datos no suficientemente representativos, por asociaciones erróneas, por sesgos de confirmación, por sesgos de automatización que disminuyen la atención, por sesgos de interacción... En muchos sistemas algorítmicos las categorías discriminatorias no son explícitas sino que obedecen al fenómeno *proxy*, indicadores que permiten identificar determinadas categorías, como el código postal, que puede ser un indicador de la raza, o el nombre del colegio, que permite concluir el género de la persona supuestamente anonimizada. Los efectos discriminatorios de la aplicación de la inteligencia artificial no sólo discriminan de hecho, sino que generan un efecto de retroalimentación: los prejuicios se asientan por la correspondiente confirmación de unas máquinas supuestamente neutrales (Weiss 1999, 29). Las discriminaciones se reproducen en tres pasos: en la realidad de esas discriminaciones que los datos recogen, en su elevación a categoría normativa y en las medidas que se adoptan y que vuelven a reflejarse en la esfera social. La existencia de sesgos y su difícil erradicación indica que no estamos frente a un automatismo óptimo e indiscutible, es decir, que es necesaria la política en cuanto intervención para diseñar, complementar o corregir los automatismos.

Los algoritmos tienen una dimensión política, en la medida en que intervienen en el orden social y estructuran nuestras decisiones. Cuando decimos que algo tiene una dimensión política solemos indicar dos cosas en apariencia contradictorias: que hay mucha política y muy poca. Que haya mucha política en los algoritmos quiere decir que están ejerciendo un tipo de autoridad que sólo corresponde a la política, y configurando la realidad social como sólo la política está autorizada a hacer. Que haya poca política en ellos quiere decir que deben ser politizados, es decir, sometidos a los procesos de autorización política expresa, que en una democracia tienen unos espacios y procedimientos determinados. La función de la política, la deseable politización de los algoritmos, consiste, precisamente, en conseguir que el espacio de decisión en el que se toman las decisiones algorítmicas sea lo más parecido a un ágora igualitaria.

2. Mercado

La segunda cuestión nos remite a por qué resulta tan tentador confundir la lógica política con la lógica del mercado y, en el caso que nos ocupa, si los procedimientos algorítmicos pueden ser subsumidos en la categoría del consumo. El consumo y la política, como el mercado y la democracia, no son realidades absolutamente diversas; se solapan, a veces llegan a confundirse, pero conservan un núcleo específico que no las hace intercambiables. Hay una poderosa tradición del pensamiento político que, desde Aristóteles, guarda celosamente la diferencia entre lo mercantil y lo político o, en la terminología de Hegel, distingue entre el sistema de las necesidades y el ámbito propiamente político. El mercado satisface las necesidades de los consumidores, pero esas necesidades se formulan de manera implícita; la política responde a demandas de la ciudadanía, pero mantenemos, al menos como principio normativo –con frecuencia, desmentido por nuestro comportamiento de hecho, el de los electores y el de los políticos–, la idea de que esas demandas son más explícitas y reflexivas que las del consumidor.

Un primer argumento para no confundir lo uno con lo otro es que la democracia se basa en el principio de no abandonarse a la benevolencia de las autoridades (Przeworski *et al.* 1999, 32). La gobernanza algorítmica es *responsive* pero no *responsible*, en la medida en que corresponde a una realización de las preferencias similar a la del consumo, con una legitimación que es más de consumidor que de ciudadanía. Si la democracia no es una provisión de servicios, el ciudadano no es un cliente satisfecho. Que la gobernanza algorítmica respete nuestras preferencias y satisfaga nuestras necesidades no la convierte en un dispositivo democrático, aunque lo parezca.

La gobernanza algorítmica es un tipo de gobernanza que trata a los ciudadanos más bien como consumidores que, en el mejor de los casos, validan la satisfacción puntual de sus preferencias, pero a los que no se les ha pedido opinión sobre la sociedad que desean o algún control sobre la clase final de sociedad que resultaría de la agregación de esas preferencias. La voluntad popular de una democracia no puede reducirse a la satisfacción individual con el funcionamiento de esos sistemas, fundamentalmente porque la democracia no es un dispositivo de satisfacción de necesidades. Los mandatos políticos no tienen por qué coincidir con el curso de las preferencias implícitas de unos ciudadanos considerados como consumidores. En sentido estricto, la política no trata de optimizar resultados sino de definir esos resultados en un debate explícito sobre las aspiraciones de la vida colectiva.

La gobernanza algorítmica parece legitimarse porque no impone sino que complace, pero de este modo se corre el riesgo de que estemos tan satisfechos que dejemos de preocuparnos por las condiciones en que se ha producido esa satisfacción. Los algoritmos así entronizados tienen un efecto despolitizador. La lógica algorítmica despolitiza en la medida en que neutraliza el posible cuestionamiento del automatismo que procura nuestra satisfacción. «La gobernanza algorítmica trabaja para producir una situación final en la que no haya ningún motivo para preguntarse por esa gobernanza» (König 2018, 306). Sus ventajas, en términos de satisfacción de las necesidades individuales, podrían ser tan embaucadoras que ni siquiera se plantee una alternativa a ese tipo de gobernanza, a sus fines y procedimientos.

Un sistema de decisión de este estilo no parece compatible con el cuestionamiento permanente y la politización que caracterizan a una sociedad democrática, en la medida en que dificulta o impide el escrutinio crítico de los modelos empleados y de la información subyacente.

3. Burocracia

El tercer marco categorial para entender la lógica digital nos lo ofrecen las categorías de la burocracia y la jerarquía. La gobernanza algorítmica tiene algunas similitudes con la coordinación en el mercado, en la medida en que está descentralizada y basada en la autoorganización (Treib *et al.* 2007). La gobernanza algorítmica puede ser autoritaria y destinada al control social, o incitadora y mínimamente jerárquica, como se expresa en las estrategias para motivar ciertos comportamientos que se consideran deseables, a través de la información, los incentivos o la facilitación (Yeung 2017b). En este caso, la gobernanza algorítmica consigue el resultado pretendido sin imposición. Las autoridades minimizan los riesgos de la complejidad social sin constreñir el comportamiento ni intervenir jerárquicamente. Pero la gobernanza algorítmica también tiene rasgos de control tecnocrático y estatalizado. ¿Podría ser la administración digital un sistema que hiciera superfluos otros modos de autoorganización de la sociedad, concretamente aquellos que calificamos como propiamente democráticos? ¿Cabría pensar en una gobernanza algorítmica que hiciera innecesarios los debates ideológicos acerca de sus conceptos, principios y valores? En ese caso, encontraría aquí su plena realización la célebre expresión de Saint-Simon, luego popularizada por Marx, de que habría que sustituir la vieja política por la administración de las cosas.

En una sociedad democrática, la política no se reduce a la racionalidad administrativa. Ningún sofisticado dispositivo para calcular y decidir parece en condiciones de hacer superfluo el momento propiamente político en el que discutimos y decidimos los fines a cuyo servicio ponemos los instrumentos de gestión de que disponemos. La política es inevitable porque, aunque pueda ayudarnos, la inteligencia artificial no es capaz de concebir ni garantizar esa igualdad a la que aspira la democracia. Donde mejor se pone de manifiesto esta limitación es en el hecho de que la tecnología no disuelve las controversias debidas a nuestras diferentes concepciones de la igualdad ni garantiza la satisfacción simultánea de preferencias e intereses diversos.

La política es, fundamentalmente, una discusión acerca de los procedimientos. La reflexión sobre los procedimientos algorítmicos tiene que dar razón del hecho de que existe lo que puede llamarse un «daño algorítmico» (Veale / Binns 2017), todo el fenómeno de los sesgos y la discriminación ejercida desde dispositivos que presumen de neutralidad, pero, sobre todo, de una cuestión previa, que tiene que ver con su valor contrario y que se pregunta por la naturaleza de la «igualdad algorítmica». Y esta no es una cuestión meramente técnica. Los criterios de justicia implican, inevitablemente, elecciones entre valores en conflicto, por lo que cualquier pretensión de justicia ha de ser resuelta políticamente, mediante el debate democrático.

11

Preferencias e intereses. La democracia de las recomendaciones

La tecnología digital ha sido presentada como una amenaza, pero también como una solución a los problemas de la democracia. Los sistemas de recomendación, concretamente, parecen responder al formato democrático, en la medida en que sugieren en vez de imponer y prometen satisfacer nuestras preferencias en lugar de prescribirlas. Una pura sugerencia pendiente de nuestra aprobación soberana, podríamos decir. Para valorar esta promesa habría que examinar hasta qué punto se trata de nuestras preferencias y si la democracia puede considerarse como un sistema que satisface preferencias o, más bien, ofrece un marco intersubjetivo en el que sea posible la ponderación reflexiva e incluso el descubrimiento de nuestras verdaderas preferencias, más allá de lo que se nos recomienda atendiendo, únicamente, a nuestro comportamiento pasado.

1. REMEDIOS DIGITALES CONTRA EL MALESTAR DE LA DEMOCRACIA

Buena parte del malestar en relación con la democracia tiene que ver con el hecho de que el sistema político no nos conoce suficientemente y, si somos sinceros, nosotros mismos tampoco sabemos muy bien lo que nos conviene, no somos capaces de tramitar toda la información disponible y desconocemos, en gran medida, las opciones que están a nuestra disposición. Está funcionando defectuosamente tanto la identificación de lo que quiere la ciudadanía como su implementación en las correspondientes políticas públicas. Hay críticas al «capitalismo de la vigilancia» (Zuboff 2018), por entender que quien nos gobierna –los Estados o las empresas– saben demasiado de nosotros. Pero también podría criticarse justo lo contrario: que no conocen suficientemente nuestras preferencias e intereses, que no nos representan adecuadamente, no nos hacen caso, no saben lo que queremos. La base de este malestar sería la ignorancia del poder y no su exceso de saber acerca de nosotros. Otra dimensión de esta ignorancia tiene un carácter temporal. El tiempo de la política establece unos momentos solemnes de verificación de la opinión popular –elecciones, referéndums, consultas, encuestas, rendiciones de cuentas– a los que siguen largos periodos, demasiado largos, de delegación, confianza e incluso traición a los electores. Pudieron conocer lo que queríamos en un determinado momento puntual –y en unos pocos asuntos–, pero han dejado de saberlo, por así decirlo. Tenemos, entonces, al menos, tres problemas de ignorancia: la de los gobernantes, la de los gobernados y la que procede de esa discontinuidad en la verificación de la voluntad popular.

Sin entrar ahora en todos los matices que el asunto requeriría, podemos convenir que la democracia es un modo de concebir el poder político para satisfacer las preferencias de los que están sometidos a él y estaríamos de acuerdo en constatar que nuestros gobiernos no lo están haciendo demasiado bien a este respecto. La expresión de las preferencias no debería estar limitada a votar, una actividad infrecuente, que se hace con información escasa y con muchos sesgos cognitivos. ¿Qué tal, entonces, si dispusiéramos de una tecnología que permitiera cubrir esas deficiencias, es decir, que gobernantes y gobernados estuviéramos continuamente informados acerca de todo lo que fuera relevante para nuestras decisiones colectivas?

Entre las diferentes propuestas de lo que podría llamarse una «democracia electoral aumentada» (Lechterman 2024) estaría la «democracia de los datos» (Susskind 2018), apoyada en datos y no en votaciones: los datos generados en la vida diaria ofrecen una imagen de los ciudadanos más completa, detallada y actualizada que sus votos. La promesa de los algoritmos consiste en que si les dejamos escudriñar la plétora de datos que hemos generado inadvertidamente, pueden determinar quiénes somos, qué necesitamos y qué queremos. El rastreo digital sobre el que se basan el análisis de datos, las tecnologías de recomendación y el perfilado (*profiling*), presume de un conocimiento del que carecen las tecnologías analógicas de gobierno y *marketing*. No se trata de que haya más posibilidades tecnológicas para hacer efectiva nuestra opinión y votar sobre más asuntos, sino de que tenga lugar una suerte de votación continua implícita o su equivalente funcional: nuestros datos al poder. No se trata sólo de que Facebook pueda predecir nuestras preferencias políticas (Hepple 2017), de posibilitar la participación electrónica, ni de que Siri, Cortana o Alexa, nuestros asistentes virtuales, nos digan –atendiendo a nuestros *likes*, a lo que consumimos, a las redes sociales de las que formamos parte, a nuestras preferencias habituales– qué debemos votar (Bartlett 2018, 37) o voten en nuestro lugar, sino de la posibilidad de remplazar los votos por los datos. Otra propuesta es la de dotar a cada ciudadano de un gemelo digital (*twin*) personalizado, una representación digital –un avatar–, que negocie con los de los demás hasta el punto de poder remplazarnos (Hidalgo 2018). Además, en tiempos de desafección democrática y baja participación, tampoco parece una mala idea que la tecnología pueda liberarnos del «peso de elegir» (Cohn 2019). Preguntados acerca de qué pensarían de reducir el número de parlamentarios y dar esos escaños a una inteligencia artificial con acceso a sus datos, la mitad de los encuestados, especialmente los jóvenes, se mostraron entusiasmados con la idea (Shead 2021).

Podríamos denominar esta nueva forma de democracia una «recocracia», es decir, una democracia en la que el *demos* se constituye como el agregado final de todas las recomendaciones recibidas. En cuanto destinatarios de las recomendaciones, tendríamos algo así como una «ciudadanía por defecto», en la medida en que se supone que seguiremos aceptando el marco de nuestras anteriores decisiones.

Los actuales desarrollos tecnológicos nos permiten imaginar la posibilidad de superar la ignorancia a la que me he referido y el carácter esporádico de nuestra aprobación democrática con dos tipos de operaciones: el problema de la escasa información ciudadana sería resuelto por el análisis de toda la información disponible –candidatos, programas, posibles decisiones políticas, examen de alternativas, *benchmarking*...– y los votantes ya no se limitarían a elegir unos nombres desconocidos que ejercerán el poder sin rendir demasiadas cuentas de ello. En segundo lugar, podríamos decidir continuamente, sin esperar a las elecciones o a las consultas, sin importunarnos con alternativas de difícil comprensión y siguiendo estrictamente la pauta de las preferencias e intereses que se pueden deducir a partir del comportamiento real reflejado en las huellas digitales de nuestro consumo y movilidad, hábitos, historial de búsquedas en internet, opinión expresada en las redes sociales y con la ayuda de nuestros asistentes virtuales. Sería una democracia implícita, donde lo que queremos *de hecho* se constituiría como el nuevo soberano. Habría una monitorización constante de nuestras preferencias, pero también de las respuestas que el gobierno les da con sus decisiones políticas. Nuestras preferencias serían continuamente actualizadas. Los ciudadanos seríamos consultados de manera implícita sobre las más variadas cuestiones, sin sobrecargarnos con una excesiva complejidad y asegurando que nuestros puntos de vista serán tenidos en cuenta en la toma de decisiones.

Esta propuesta plantea muchos interrogantes, no tanto de factibilidad como de tipo normativo. Dejo ahora de lado el de la pertinencia de un sistema de agregación y sus límites para la toma de decisiones, y me centro en el problema de la identificación de preferencias y el modelo de democracia que habría tras esta democracia de las recomendaciones. ¿Qué tipo de voluntad política construye el internauta, el usuario de las redes sociales, el que es medido por las diversas aplicaciones disponibles, quien es reconocido facialmente por sistemas de reconocimiento cada vez más sofisticados, que pueden, incluso, averiguar sus estados de ánimo? ¿Encontramos detrás de todo ello la subjetividad soberana, más soberana, incluso, que la subjetividad analógica, todavía desconocida para los gobiernos y para sí misma, poco presente, apenas activa, difícil de movilizar? ¿Aliviaríamos, de este modo, nuestra desafección democrática? ¿Resolveríamos así el problema de la baja participación, la ignorancia colectiva o la escasa rendición de cuentas de los gobiernos? ¿Habríamos resuelto así el viejo problema de la implementación de la soberanía popular? ¿Conseguiríamos, finalmente, la compatibilidad entre capacidad de respuesta y responsabilidad (*responsiveness* y *responsibility*), entre responder rápidamente a las demandas sociales y dar cuenta de ello en todo momento? En cualquier caso, se trataría de un enorme ejercicio de inteligencia colectiva y coordinación tecnológicamente asistida, algunas de cuyas consecuencias democráticas nos corresponde ahora ponderar.

2. La lógica individualista de los sistemas de recomendación

Los actuales sistemas de recomendación nos ofrecen productos, noticias, parejas e incluso operaciones de cirugía estética. No es extraño, por tanto, que hayan entrado de lleno en el ámbito político. No es mi intención analizar aquí todas las ambivalencias del *microtargeting* político (Zuiderveen Borgesius *et al.* 2018), ni las inquietantes posibilidades de vigilancia que este abre (Zuboff 2018), sino examinar su promesa fundamental de poner al ciudadano, por fin, en el centro de la vida política y cumplir, así, la expectativa de una verdadera democracia. La lógica de los sistemas de recomendación y la elaboración de perfiles parecen responder muy bien al deseo de emancipación de las modernas revoluciones tecnoculturales de los años sesenta, la oposición a cualquier heteronomía y el ideal anarcoliberal de gobernarse a uno mismo. El rechazo político hacia la disolución del yo individual en grupos o categorías, la afirmación de la propia singularidad frente a toda suerte de burocracias, la reivindicación de la unicidad y creatividad personales parecen confirmarse en unos *big data* que se dirigen a nosotros como individuos y no como promedios o casos de una ley general. El perfilado algorítmico y los sistemas de recomendación (*recommender systems*) han sido descritos como «tecnologías democráticas», consejos personalizados para quienes no pueden pagar a los expertos, teniendo en cuenta las necesidades individuales y fuera del formato paternalista de la «decisión del editor» (Chun 2021, 157). Su promesa fundamental es volver a poner a los sujetos individuales en el centro, constituirnos como únicos en el mundo digital, poner punto final a un siglo de comunicación de masas y entrar en la era de la personalización.

El mundo imaginado por la razón algorítmica se rige por la promesa de satisfacer nuestras preferencias, una vez que se supone capaz de identificarlas con exactitud, sin ninguna voluntad de prescripción autoritaria. Al examinar esta promesa surgen al menos dos interrogantes: si se trata propiamente de nuestras preferencias (¿de *quién* son las preferencias?) y, desde el punto de vista del tiempo, acerca del momento en que se formularon (¿de *cuándo* son las preferencias?). Estas dos preguntas nos conducen a indagar, en primer lugar, en la posible intromisión de otros en su constitución y, seguidamente, en un posible reduccionismo de nuestras preferencias a las del pasado. El sueño de una democracia que obrara de conformidad con lo que queremos, de un sistema de satisfacción de necesidades, aun dando por válido que la democracia no sea más que eso, tendría que demostrar que las preferencias son realmente *nuestras* y que son *todas* las nuestras, es decir, incluidas las preferencias posibles del futuro. Y a este respecto, tengo una doble sospecha: que la racionalidad algorítmica suponga, de hecho, una intromisión indebida y un recorte también injustificado; que, en nuestra voluntad política así concebida, sean otros los que deciden qué hemos de preferir y que se dé por sentado que sólo podemos preferir lo que hemos preferido en el pasado. De ser así, en nuestras preferencias algorítmicamente identificadas habría menos subjetividad y menos futuro de lo que debería corresponder al ideal de ciudadanía democrática.

Las promesas de exactitud algorítmica se han hecho valer contra las inexactitudes de la representación analógica; la granularidad de la sociedad digital contra la generalidad de la democracia representativa. Frente a la idea de que nuestros representantes no nos representan adecuadamente, la lógica de los *big data* se corresponde con una «sociedad de las singularidades» (Reckwitz 2017). La sociedad no es observada desde categorías en las que encajarían los individuos sino a partir de las huellas que realmente dejan y que los singularizan. La digitalización funciona como la infraestructura que hace posible esta economía de las singularidades y el estilo de vida personal, unas prácticas que obedecen menos a la reducción de la complejidad social que al sentido individual. Una de las funciones de la capacidad computacional es descubrir lo que la gente quiere o necesita sin necesidad de preguntárselo; puede encontrarlo creando un perfil a partir de lo que dicen en las redes sociales, de ciertas palabras clave de sus correos, conociendo las páginas que visita, su movilidad, su consumo o la presión arterial registrada. Hay un montón de tecnologías que cumplen esta función, mediante el procesamiento del lenguaje natural, la lingüística computacional, la biométrica, el reconocimiento facial, la geolocalización y otros tipos de análisis que sirven para determinar quiénes somos, qué queremos y cómo nos sentimos. ¿Podríamos haber encontrado, aquí, el verdadero cumplimiento de la promesa democrática de autodeterminación? Si es cierto que mucha gente no vota cuando se les da la oportunidad de opinar directamente sobre cuestiones políticas, parece entonces razonable defender que el «análisis de sentimiento» (*sentiment analysis*) y otros métodos de registrar las preferencias ciudadanas –la «gobernanza subconsciente»– serían instrumentos eficaces de lo que puede llamarse «democracia directa indirecta» (Leighninger / Moore-Vissing 2018). Si a esto se le añade el convencimiento de que los datos son un lenguaje no distorsionado y que representan objetivamente la realidad, dispondríamos, entonces, de unas tecnologías con unas potencialidades democráticas indiscutibles, e igualmente capaces de una gran eficacia de gobierno. Este entorno tecnológico es el que permitiría tanto hacer valer la propia singularidad como el *microtargeting* político que incide sobre ella, la soberanía democrática del usuario y el control estatal particularizado. Nos encontramos, así, con una de las paradojas de la tecnología de lo singular: que sirve tanto para el respeto a la diferencia específica como para la intromisión y el avasallamiento.

3. La construcción algorítmica de las preferencias

La primera pregunta que deberíamos hacernos es si se trata propiamente de nuestra singularidad, si esas preferencias son realmente nuestras y si las recomendaciones personalizadas, las necesidades satisfechas, las políticas granularizadas responden a lo que nos interesa o a lo que otros consideran que nos debería interesar. Se podría sintetizar todo esto en cuatro tipos de problemas: objetividad (si somos, realmente, lo que revelan nuestras preferencias), individualidad (cuánto de nosotros hay en ellas), artificialidad (hasta qué punto son inducidas) e información (qué tipo de subjetividad hay en un entorno informativo deficiente).

El primero de ellos tiene que ver con lo que nuestras preferencias revelan de nosotros y si eso que revelan es, en verdad, lo que preferimos. Quiero advertir con ello que es cuestionable que nuestras preferencias se revelen en nuestros comportamientos, como también lo es la suposición de que nuestros comportamientos estén completamente determinados por nuestras preferencias. Un análisis más sutil de nuestras acciones pone de manifiesto que no hay siempre una coherencia entre todo ello, de modo que podemos actuar contra nuestras preferencias, por virtud o por torpeza. Cuando se trata de preferencias todavía no plenamente manifestadas, incipientes o futuras, el problema de la objetividad se agrava todavía más. En tales casos, los algoritmos aplican parámetros que no se basan por completo en los comportamientos y las preferencias de hecho, sino que generan una simulación para predecir las preferencias futuras, lo cual nos introduce en un espacio mucho menos objetivo de lo que se presume.

El segundo problema es que tal vez haya menos individualidad en las recomendaciones de lo que se promete. En principio, en virtud de la interactividad, llevamos a cabo un intercambio de información por el que somos tratados de manera menos general, más personalizada (*better targeted*). Ahora bien, como advertía Luhmann, el potencial de los algoritmos consiste en la producción de estructuras estandarizadas que transforman las contingencias del mundo en «contingencias estructuradas» (Luhmann 2008, 63). La elaboración de perfiles no se basa en las propiedades personales sino en lo que se supone que nos interesa de acuerdo con patrones computarizables, sin contextualizarlos en la realidad dinámica de la subjetividad humana. Los perfiles asignan las mismas «predicciones» de comportamiento a todos los que presentan cierto número de elementos tomados de tales perfiles, con independencia de sus especificidades biográficas o de otro tipo. Los perfiles son desprovistos de lo que constituye la singularidad de una vida. Para construir un perfil, los datos de nuestros vecinos, los de nuestros semejantes o nuestros parientes pueden ser tan buenos como los nuestros.

De ahí el problema de las «generalizaciones estadísticamente sólidas pero no universales» (Schauer 2006): un individuo cumple las condiciones para ser incluido en un grupo particular, pero carece de la cualidad que se espera que esos criterios predigan. Basar las decisiones en promedios de grupo puede ser muy útil pero también puede implicar graves injusticias. Hay estereotipos espurios, estigmatizaciones y profecías autocumplidas. Para hacer un cálculo de reincidencia, de la insolvencia de un crédito o de la posibilidad de tener un accidente, podemos hacer comparaciones con otros individuos que se le parecen, pero hemos de tener en cuenta otros criterios relevantes adicionales, que distinguen al individuo e impiden que se le meta en el mismo saco. La categorización no se limita a etiquetar a las personas, sino que puede crear grupos y alterar los resultados futuros (Hacking 1995; Harcourt 2006). Aunque el individuo digital se crea una construcción autónoma, es, en buena medida, el resultado de los algoritmos de clasificación que construyen los perfiles y, por tanto, más heterónomo de lo que se supone. El aspecto amable, abierto e interactivo de las recomendaciones puede hacernos creer que tenemos un perfil propio, sin caer en la cuenta de que estamos perfilados de un modo que no está plenamente bajo nuestro control, que no es sólo el resultado de nuestra decisión sino del cruce de esta con muchas otras informaciones que no nos conciernen directamente y que son recogidas en contextos muy diferentes.

El tercer conjunto de problemas es el de si las preferencias son identificadas o más bien creadas. ¿Están ofreciéndonos lo que queremos o terminamos queriendo lo que nos ofrecen? Hay una dimensión de construcción de nuestras preferencias por los algoritmos de recomendación; aunque los algoritmos se presenten como quien meramente identifica las preferencias, pueden estar, en cierta medida, induciéndolas. Sabemos bien que el capitalismo es un sistema no sólo de satisfacción sino de creación de necesidades (Burawoy 1979). En la medida en que las preferencias son endógenas (configuradas por los sistemas que aseguran únicamente responder a ellas), la satisfacción de las preferencias no puede servir como un criterio normativo independiente. Cuando los algoritmos que se presentan como la respuesta a nuestros deseos están en realidad sintonizados para optimizar (y por lo tanto monetizar) nuestro «compromiso» con la plataforma, entonces el patrón de consumo resultante es cualquier cosa menos democrático.

Veámoslo con un ejemplo del cual tiene experiencia cualquiera que haya comprado por internet y en el que se comprueba que el objetivo de los operadores no es tanto adaptar la oferta a los deseos espontáneos (si tal cosa existiera) de los individuos, como adaptar los deseos de los individuos a la oferta, modificando las estrategias de venta al perfil de cada uno. La oscilación de los precios no se adapta a la naturaleza del servicio o de la mercancía, ni siquiera a lo que suele entenderse como demanda del mercado, sino a la disposición a pagar de cada potencial consumidor. Uno se conecta a la web de una compañía aérea para informarse del precio de un billete de avión y el precio le parece excesivo, por lo que busca otro más barato en otra compañía. Pongamos que ahí no encuentra nada mejor y vuelve a la primera compañía, donde se encuentra que el precio inicial ha subido en ese breve espacio de tiempo. Esto ocurre porque se le ha atribuido un perfil de «viajero cautivo»: se ha detectado, según su recorrido por internet y la fecha de salida deseada, que uno necesita de verdad ese billete de avión y que seguramente estaría dispuesto a gastar algo más para obtenerlo, sobre todo ahora que tendrá la impresión de que si no lo compra de inmediato el precio subirá. Si no lo compra y entra en la web de la primera compañía desde otro ordenador y con otra dirección IP, el billete costará lo que costaba al principio. Con este ejemplo se ve muy bien que, más que de respetar escrupulosamente los deseos de cada consumidor singular, se trata, muy al contrario, de suscitar el acto de compra en modo de respuesta-reflejo a un estímulo que cortocircuita la reflexividad individual y la formación del deseo singular. El objetivo es fomentar el paso al acto sin formación, ni formulación, de deseo.

De este modo, la publicidad personalizada puede llevarnos a perder buena parte del control sobre nosotros mismos, debido a que no podemos centrarnos en lo que más valoramos, porque nuestra atención ha sido capturada por las plataformas (Vallor 2015). De todas maneras, cuando se denuncia críticamente este tipo de mecanismos conviene no subrayar en exceso el lado intencional y manipulador, porque, en ocasiones, el condicionamiento es más banal y se desprende de la naturaleza misma de los artefactos tecnológicos. Como usuarios, no somos conscientes de la constante constricción de nuestro programa de *software*, que, de hecho, se presenta como «fácil de usar» (*user-friendly*), salvo en las ocasiones en las que nos frustran sus «configuraciones por defecto» (*defaults*). Cuando hablamos concretamente de la democracia, la insistencia en su *hackeabilidad* o su vulnerabilidad ante la injerencia electoral por parte de «actores foráneos malignos» (Geller 2018) puede hacernos perder de vista que el deterioro habitual de la democracia no procede tanto de una manipulación extranjera como del condicionamiento sutil que ejerce la racionalidad algorítmica sobre la conversación pública y las decisiones colectivas. Lo advirtió Foucault al llamar la atención sobre el hecho de que el poder no consiste tanto en la represión del deseo como en su instauración (Foucault 1976, 107).

El cuarto problema consiste en que la información personalizada puede ser una mala información. Me refiero al fenómeno bien conocido de que los proveedores quieren mantener a los usuarios en sus sitios el mayor tiempo posible, de modo que sus algoritmos presentan, principalmente, información que coincide con la visión del mundo y las preferencias del usuario correspondiente. Si el usuario confirma su interés por la información presentada, se le proporcionarán, en el futuro, entradas con una orientación similar y así se refuerza la «dependencia de camino» (*path dependency*) informativa. Esto da lugar a la formación de filtros, burbujas y cámaras de eco, que se van estrechando a medida que aumenta la base de datos sobre los usuarios. El término «personalizada» es inapropiado porque los sistemas de recomendación se basan en la homofilia, es decir, en presuponer que los individuos similares desean lo mismo o que desean aquello que desean los individuos similares. Esto puede ser cierto en muchos casos, pero no hay que darlo por supuesto, porque así se estrecha el campo de opciones posibles y las posibilidades de contraste y alternativa. De este modo, los sistemas de recomendación están acelerando la tendencia a la conformidad microsegmentada y amplificando las divisiones existentes mediante nuevos vecindarios que raramente cruzan al otro lado (Chun 2021, 159). Las burbujas pueden ser debidas a la falta de contraste ideológico, pero también temático. Un ejemplo de esto último es cierto efecto perverso del *microtargeting*: un partido político puede presentar diferentes asuntos a cada votante potencial pero sólo aquel que se supone le interesa más a cada uno. De este modo, puede presentarse como un «partido con un solo tema» y silenciar todo lo demás (Zuiderveen Borgesius *et al.* 2018, 87). Un votante al que sólo se le suministra esta información a medida, ¿qué opinión se forma de la naturaleza de ese partido, del modo en que dicha cuestión se relaciona con otras sobre las que apenas está informado o acerca de los problemas de la sociedad en general?

En conclusión: se supone que los algoritmos de recomendación están a nuestro servicio porque no hacen otra cosa que ayudarnos a identificar las fuentes de satisfacción sin imponérnoslas, pero, en realidad, socavan nuestra autonomía de tres maneras: 1) porque están concebidos de manera que captan nuestra atención y desarman nuestras defensas contra el diluvio de información, 2) porque no se limitan a respetar nuestras preferencias sino que las modifican, poniéndonos, poco a poco, en una dirección que no hemos elegido y con tanta profusión que nos impide reflexionar, y 3) porque creen poder identificar nuestras preferencias sin tener en cuenta nada más que una observación superficial de nuestro comportamiento.

4. El poder de las preferencias del pasado

¿Cuál es, entonces, el valor democrático de los datos, las recomendaciones y las predicciones? Hay quien dirá que todo eso son nuestras decisiones libres del pasado, invitaciones a decidir en el presente o apuestas acerca de cómo decidiremos en el futuro; es decir, que se trata de nuestras decisiones, en cualquier caso. Desde este punto de vista, no habría ninguna tensión entre la gobernanza basada en los datos y la democracia, sino todo lo contrario. Pero la democracia no es la traducción inmediata y agregada de lo que hemos decidido individualmente en el pasado; el carácter dinámico y transformador de la vida democrática incluye un elemento de cambio, descubrimiento y emergencia para el que no sirve un sistema pensado para hacernos descubrir únicamente lo que ya sabemos. Hoy por hoy, la inteligencia artificial no parece apropiada para realizar esta voluntad de transformación, que constituye un elemento esencial de nuestra decisión democrática.

La lógica de las recomendaciones es conservadora y reiterativa. Los algoritmos de personalización y las recomendaciones se configuran a partir de la información sobre las decisiones, intereses y preferencias pasadas. Su éxito se basa en el hecho de que «recomiendan» cosas que son inmediatamente reconocibles. Recomiendan algo que el usuario ya compró, o algo similar, y, de este modo, indican al usuario que el sistema lo «entiende»; su objetivo es ofrecernos artículos vagamente satisfactorios para que nos quedemos con ganas de más. Cuanto más se basan los algoritmos de personalización en la información sobre las decisiones, intereses y acciones pasadas de los usuarios, más se estrechan las burbujas, los filtros y las cámaras de eco. No hay una oferta disruptiva porque se supone que algo radicalmente diferente no encontraría nuestra aprobación. El problema de estos sistemas basados en el aprendizaje automático es que nos dan «más de lo mismo».

Igualmente, los algoritmos hacen predicciones que reflejan patrones pasados. Los sistemas de aprendizaje automático funcionan de tal manera que los patrones encontrados en los datos subyacentes se convierten en reglas para la futura producción de resultados. Esto significa que tales sistemas sólo pueden producir conocimientos que se refieran al pasado, porque los datos sólo pueden describir el pasado. La mayor parte de las previsiones algorítmicas se basan en la idea de que el futuro será muy parecido al pasado, que nuestras preferencias futuras representarán una continuidad de nuestro comportamiento anterior, tal y como queda registrado en los datos de nuestra movilidad o consumo. Este modelo es especialmente inadecuado para aquellas actividades que tienen el propósito de intervenir en el mundo con el objetivo de cambiarlo. Los humanos, especialmente con nuestra actividad política, no aspiramos sólo a reflejar lo que hay sino a cambiar ciertas cosas de un modo intencional. El cambio es una característica crucial de las sociedades, especialmente por lo que se refiere a la extensión de derechos y la participación de grupos previamente excluidos. Un algoritmo no podría haber generado movimientos como el #MeToo o el #SeAcabó, que implican una ruptura deliberada con las prácticas machistas del pasado. La gobernanza algorítmica podría ser muy útil para una concepción meramente agregativa de la democracia, pero parece limitada si tenemos una idea más deliberativa de la vida política, es decir, un proceso de mediación en el que nuestra voluntad política puede distanciarse de nuestras preferencias iniciales y donde los intereses sean entendidos como algo que se descubre en los procesos de interacción comunicativa más que como puntos de partida para la negociación política.

Estos sistemas reproducen las desigualdades en tres pasos: 1) la realidad de las desventajas sociales queda plasmada en los datos, ya sea mediante un sesgo distorsionador o mediante una representación correcta de las desigualdades, 2) en un segundo paso, esta realidad se refuerza en la norma como una situación de hecho supuestamente objetiva y 3) por último, se consolida por medio de las decisiones que se deducen de tal análisis, ya sea una contratación, una admisión o una condena. El criterio de lo que ocurrió en el pasado (quién fue contratado, admitido o condenado) se convierte en una receta para la discriminación algorítmica, es decir, para replicar la marginación del pasado. Las bases de datos con las que se entrenan los algoritmos contienen el sesgo agregado de la cultura penal, del racismo o del machismo estructural, que es, precisamente, lo que pretendemos superar. Si los algoritmos se basan en el pasado para decidir el futuro estamos configurando un sistema que perpetúa un pasado del que no podemos escapar, un sistema que aumenta la dependencia de la trayectoria, reduce la capacidad de elección individual y da lugar a una «desventaja acumulativa» (Gandy 2009). Las predicciones y clasificaciones basadas en patrones pasados corren el riesgo de reproducir las desigualdades sistémicas e incluso la discriminación estructural. De este modo, el futuro pierde el carácter abierto de un reino de posibilidades para convertirse en un espacio cerrado, una extrapolación ininterrumpida del presente, donde cada sujeto estaría congelado en el eterno ahora de sus propias preferencias y desventajas estructurales (Bridle 2019).

Quisiera mencionar el tema de la historia salarial como contraejemplo de la voluntad de ruptura frente a esa dependencia respecto del pasado. El salario pasado determina la diferencia futura y, a su vez, afecta a las negociaciones salariales. A la hora de fijar el salario, un proceso cognitivo común denominado «sesgo de anclaje» puede hacer que nos basemos demasiado en los datos iniciales, en detrimento de una valoración más racional de la valía de una persona. En 2016, el estado de Massachusetts se convirtió en el primer estado norteamericano en aprobar una ley que prohíbe a los empleadores preguntar a los candidatos sobre su historia salarial. Desde entonces, más de una docena de estados han seguido su ejemplo. Las nuevas leyes también obligan a los empleadores a no basarse tanto en los niveles salariales anteriores, que pueden estar contaminados por la desigualdad sistémica (Lobel 2022). Es una manera de liberar el presente y el futuro del poder del pasado.

Tal vez lo más insatisfactorio de esta revolución de los cálculos es que no es nada revolucionaria. El análisis de datos actúa como un dispositivo de registro, hasta el punto de tener grandes dificultades para identificar lo que en la realidad hay de aspiración, deseo o contradicción. «Los resultados informáticos suelen reflejar lo que ya está dado, y no lo que podría o debería ser, lo que es nuevo, sorprendente, innovador o desviado. Las aplicaciones de aprendizaje automático calculan un futuro que es como el pasado» (Hagendorff / Wezel 2020). La ideología de esta sedicente superación de toda ideología es un «conductismo radical» (Cardon 2010) o un «conductismo de los datos» (Rouvroy 2013): por un lado, nos pensamos como sujetos emancipados de toda determinación, pero continuamos siendo, en una medida mayor de lo que desearíamos, seres previsibles al alcance de los calculadores. No es verdad que dejarlo todo en manos de nuestra decisión –como consumidores o votantes– entronice nuestra libre decisión, aunque sólo sea por el hecho de que, incluso cuando tenemos la sensación de tomar decisiones singulares, nuestros comportamientos obedecen a los hábitos inscritos en nuestra socialización. Pero es que, además, si hemos de tomarnos nuestra libertad en serio, también forma parte de ella nuestra aspiración a modificar lo que hemos sido, dando, así, lugar a situaciones hasta cierto punto impredecibles. Y, a este respecto, los algoritmos que se dicen predictivos son muy conservadores. Son predictivos porque formulan continuamente la hipótesis de que nuestro futuro será una reproducción de nuestro pasado, pero no entran en la compleja subjetividad de las personas y de las sociedades, donde también se plantean deseos y aspiraciones. Se podría afirmar que los algoritmos predicen el *statu quo* (Broussard 2023, 188). Por eso tiene todo el sentido denunciar la inteligencia artificial como algo diseñado para consolidar los intereses dominantes, como un registro del poder (Crawford 2021, 8). Nos encontraríamos ante una nueva versión de aquella «fuerza normativa de lo fáctico» de la que hablaba, hace muchos años, el jurista Georg Jellinek (1914, 337) o «la afirmación de lo dado» criticada por Horkheimer (2007). ¿Cómo queremos entender la realidad de nuestras sociedades si no introducimos en nuestros análisis, además de nuestros comportamientos de hecho, las enormes asimetrías en términos de poder, las injusticias de este mundo y nuestras aspiraciones de cambiarlo?

Las más sofisticadas redes neuronales sólo detectan regularidades y patrones basados en datos que proceden del pasado; no se hacen cargo de nuestra verdadera identidad, como prometen, sino de la figura estadísticamente generada a partir de nuestros perfiles pasados. Para muchas situaciones, la extrapolación del pasado es insuficiente o sólo proporciona soluciones estandarizadas que no tienen en cuenta la dimensión de apertura e indeterminación que caracteriza al futuro humano. El valor de las predicciones y la utilidad de la extrapolación se reduce especialmente en entornos inestables o en momentos de crisis, en los que disminuye la pertinencia de lo que ha estado vigente en el pasado. ¿Estamos dispuestos a que los datos que alimentan los algoritmos conviertan nuestro pasado en nuestro futuro?

5. LA PROTECCIÓN DE LAS PREFERENCIAS FUTURAS

Diversos autores han criticado la gobernanza algorítmica como una amenaza para la democracia, pero casi todos lo han hecho porque condiciona nuestras decisiones presentes y muy pocos han advertido que el problema más importante es hasta qué punto esta gobernanza se desentiende de nuestras decisiones futuras. La democracia no es hacer lo que queremos sino, muchas veces, poder cambiar lo que queremos. ¿Conocen, realmente, los algoritmos nuestra voluntad profunda o sólo su dimensión más superficial, las rutinas más que los anhelos? En este sentido, la tesis del capitalismo de la vigilancia (Zuboff 2018) no me parece acertada porque da a entender que se nos conoce demasiado, y el problema es que la observación algorítmica nos conoce demasiado poco y minusvalora ciertos aspectos de nuestra voluntad que no quedan registrados en nuestros datos pasados.

Los sistemas de recomendación configuran nuestro comportamiento futuro a través de sus recomendaciones, pero lo hacen sin respetar lo suficiente nuestra posibilidad de ruptura y cambio. La gobernanza algorítmica estrecha el «yo aspiracional» (Reviglio / Agosti 2020, 2), esa dimensión que las máquinas no son capaces de anticipar y que sucede más allá de las huellas que dejamos en los registros y las bases de datos, aunque, con frecuencia, esas huellas se nos asignen como un destino. Una de las condiciones necesarias para el desarrollo de la autonomía personal es «la posibilidad de que el individuo conciba su existencia no como la confirmación o repetición de sus propias huellas, sino como la posibilidad de cambiar de rumbo, de explorar nuevas formas de vida y de ser; en una palabra, de ir adonde no se espera que vaya» (Rouvroy 2008, 252). Los seres humanos no podríamos autodeterminarnos si no hubiera un espacio de indeterminación, una falta de continuidad entre lo que éramos y lo que podemos llegar a ser, una posibilidad, aunque sea muy leve, de quebrar el poder del pasado sobre el presente y el futuro, algo así como un derecho de ruptura, al que hemos llamado, en ocasiones, rebelión, conversión, reforma o transformación, que designa una misma disposición sobre nosotros mismos en términos de ruptura de la previsibilidad.

Nuestra pulsión de libertad se vería quebrada si creyéramos que las predicciones son el único futuro que tenemos. La política no es tanto una herramienta para la satisfacción mecánica de nuestras necesidades como un medio para combatir nuestra perplejidad personal y colectiva acerca de cuáles son y cómo satisfacerlas. Que los humanos no sepamos propiamente lo que queremos es una experiencia antropológica básica y ancestral; que compensemos esa ignorancia con sistemas inteligentes y algoritmos es una experiencia ultramoderna. La cuestión es si lo uno y lo otro son un apoyo para la propia reflexividad o la aniquilación de esta. El problema es cómo conseguimos que los algoritmos razonen de una manera contrafáctica, introduciendo un factor de contingencia que altere ese continuismo histórico, abriendo, así, la posibilidad de actuar de un modo diferente. Mientras la inteligencia artificial no conozca esta diferencia entre lo fáctico y lo posible –de la que es consciente cualquier razón natural– tendrá muchas limitaciones a la hora de hacerse cargo de las decisiones humanas (Pearl / Mackenzie 2018).

La política no es una simple administración continuista del pasado sino la posibilidad siempre abierta de quebrar la inercia del pasado. Los algoritmos carecen de esa fuerza, en la medida en que hacen predicciones sin otra referencia que el pasado. ¿Cómo especificamos nuestros objetivos de modo que las máquinas no tengan que hacer otra cosa que perseguirlos eficientemente? ¿Sabemos lo que en verdad deseamos? ¿Estamos seguros de que lo que deseamos ahora será lo que deseemos en el futuro? Los algoritmos del aprendizaje automático pueden anticipar nuestras «propensiones futuras» y amenazar, así, que hagamos posibles «futuros políticos alternativos» (Amoore 2020). Shoshana Zuboff formulaba, acertadamente, esta tendencia cuando escribía que, en la era digital, está en juego un derecho al futuro (2018, 595). Tocamos, aquí, un elemento nuclear de nuestra identidad. Nietzsche sentenciaba que el ser humano se caracteriza por ser «un primer movimiento», una formulación que desafiaba la caracterización aristotélica de Dios, por cierto (1967, 207). En esta línea, Hannah Arendt definía la capacidad humana de actuar como la posibilidad de comenzar, es decir, de realizar algo imprevisto. Una propiedad que también llamaba «natalidad» (Arendt 1998) o «impredecibilidad» (Arendt / Jaspers 1993) del comportamiento humano.

En contraste con ello, el riesgo de la gobernanza algorítmica es que preconfigure el campo de lo posible a partir de los perfiles elaborados sobre la base de la pertenencia a determinado patrón o grupo social, sin dejar espacio a lo inesperable. En última instancia, la inteligencia y el pensamiento no pueden modelizarse como una mera secuencia de operaciones aritméticas estandarizadas que representen todas las conclusiones posibles. La inteligencia se manifiesta, precisamente, en contextos imprevisibles que requieren vías de solución inéditas. Una operación realizada dentro del lenguaje simbólico de un algoritmo sólo puede procesar problemas predefinidos. Lo inesperado –un suceso fuera del marco de referencia con pretensión de validez– permanece invisible dentro de la lógica del sistema. Esto tiene una gran significación democrática porque, en palabras de Luhmann, «la democracia es un inusual mantener abiertas las posibilidades de elección futura» (2018, 133).

6. La libertad de las preferencias y la libertad frente a las preferencias

Comencé diciendo que había poca individualidad en los sistemas de recomendación, pero tal vez la haya en exceso, en el siguiente sentido: los comportamientos individuales que se predicen sobre la base de operaciones masivas de minería de datos están desprovistos de toda inscripción en contextos colectivos e incluso intencionales (Rouvroy 2011). Las preferencias y las decisiones individuales no reflejan necesariamente una verdadera autodeterminación; esta equiparación supone situar por entero la libertad personal en el ámbito psíquico, sin garantizar al individuo la capacidad de influir en el contexto cultural, social y político que condiciona sus preferencias y decisiones. En este sentido, las recomendaciones formuladas sobre la base de comportamientos que no han sido objeto expreso de reflexión, sin examinar su compatibilidad con las de otros ni su inserción en un contexto social, son una abstracción desconectada de nuestra condición democrática.

Hay una libertad de preferir y una libertad frente a nuestro preferir. Esta segunda forma de libertad se conquista más allá de la satisfacción mecánica, inmediata y solipsista de las necesidades, convirtiendo las recomendaciones en objeto de reflexión. ¿Somos más libres cuando, simplemente, satisfacemos nuestras preferencias o cuando adoptamos una actitud reflexiva hacia ellas, teniendo en cuenta diversos criterios (como su compatibilidad con las de los demás o criterios de largo plazo), que puede llevarnos a la satisfacción, a su renuncia o a satisfacerlas de otro modo? La democracia no es un sistema de satisfacción de necesidades sino un sistema de reflexión colectiva sobre esas necesidades. Los seres humanos no sólo expresan y persiguen deseos, sino que también disponen de la capacidad de juzgarlos, de modo que unos nos parecen más deseables que otros. La reflexividad introduce una distancia respecto de nosotros mismos, al menos respecto de lo que espontáneamente creemos preferir (o nos recomiendan como nuestra preferencia) y, en este sentido, la convivencia democrática no descansa sobre individuos soberanos sino sobre interlocutores que discuten acerca de lo común.

En ocasiones, se afirma que seríamos más dueños de nosotros mismos si nos apropiáramos de los datos de los que otros hacen uso, y que, en realidad, nos pertenecen. Esa es la típica narrativa que pretende proteger la privacidad o monetizar nuestros datos y exigir que las empresas que los recogen y negocian con ellos nos paguen por hacerlo. Pero la verdadera autodeterminación no es la posesión de los datos sino el derecho a no ser reducido a ellos; no sería tanto controlar «nuestros» datos como mantenerse a distancia de ellos, que nuestra identidad no se construya irreflexivamente a partir de las huellas dispersas que dejamos en el mundo. Las tecnologías digitales no amenazan nuestra privacidad en el sentido literal de entrometerse en la intimidad sino, sobre todo, en la medida en que debilitan la autorreflexión crítica acerca de uno mismo, «convirtiendo al yo en un interlocutor del yo» (Fisher 2023, 102). Nuestra libertad tiene mucho que ver con la inadecuación respecto de nosotros mismos. El «derecho al olvido» es una de esas prerrogativas, como la privacidad, pero, sobre todo, la libre disposición sobre el futuro.

La era digital nos hace soñar con la horizontalización del poder, la sustitución del gobierno por la gobernanza, la apoteosis de las redes, el retorno del individuo soberano, pero, en vez de liberar la espontaneidad, posibilitar la bifurcación y la alteración imprevisible, tenemos un sistema que nos encierra en el cálculo de lo posible. Poner al consumidor en el centro no equivale a hacer plena justicia al sujeto en su peculiaridad biográfica y a su indeterminación respecto del futuro. En este sentido, los sistemas de recomendación, pese a lo que pueda parecer, están fuera del control de los sujetos; se basan en el comportamiento no reflexivo más que en las preferencias expresas u objeto de deliberación. Se trata de una forma de conocimiento y comunicación que excluye la autorreflexión en el proceso de aprendizaje acerca de uno mismo. Todo ello forma parte de esa tendencia a la automatización de la acción política que es diametralmente opuesta a la experiencia de la libertad política (Züger *et al.* 2017, 275). La gobernanza algorítmica es altamente despolitizadora. Prescinde de los sujetos humanos reflexivos al producir modos de comportamiento supraindividuales, que no requieren que los sujetos den cuenta de sí mismos (Rouvroy / Berns 2013). La política en la era digital tiene que considerar a los usuarios como sujetos políticos (Fuchs 2015), para lo cual debemos moderar el peso del pasado en la gobernanza algorítmica y proteger la indeterminación del futuro.

12

Justicia. Igualdad algorítmica y democracia deliberativa

Si la democracia consiste en posibilitar que todas las personas tengan similares oportunidades de influir en las decisiones que las afectan, las sociedades digitales tienen que interrogarse por el modo de conseguir que los nuevos entornos hagan factible esa igualdad. Las primeras dificultades son conceptuales: entender cómo se configura la interacción entre los humanos y los algoritmos, en qué consiste el aprendizaje de estos dispositivos y cuál es la naturaleza de sus sesgos. Inmediatamente después nos topamos con la cuestión ineludible de qué clase de igualdad estamos tratando de asegurar, teniendo en cuenta la diversidad de concepciones de la igualdad que hay en nuestras sociedades. Si articular ese pluralismo no es un asunto que pueda resolverse con una técnica agregativa sino que requiere compromisos políticos, entonces una concepción deliberativa de la democracia parece la más apta para conseguir esa igualdad a la que aspiran las sociedades democráticas.

1. UNOS ALGORITMOS FRENTE A OTROS

Tenemos una gran limitación a la hora de entender intuitivamente la equidad o discriminación de los algoritmos complejos con los que interactuamos. Comparadas con las formas tradicionales de discriminación, la discriminación automatizada es más abstracta y sutil (Mittelstadt *et al.* 2016; Zarsky 2016). Nos lo dificulta nuestro sesgo acerca de los sesgos. El principal sesgo de los humanos es creer que sólo los algoritmos tienen sesgos y que basta con poner más humanos en el proceso, manualizar la automatización o moderar los contenidos para que ese sesgo algorítmico desaparezca. El otro sesgo es del sentido contrario: nuestra mayor disposición a aceptar discriminaciones cuando son atribuidas a los algoritmos y no a los humanos (Wang 2018). En ambos casos exoneramos del error a uno de los dos elementos –humanos o máquinas–, en lugar de pensar que hay errores de unos y de otros, sesgos algorítmicos y sesgos antropológicos, por lo que sería aconsejable disponer nuestros sistemas de decisión de modo que se realice la mejor sinergia posible. «No se trata de elegir entre algoritmos digitales y un ideal platónico. Se trata, más bien, de elegir entre algoritmos digitales y algoritmos humanos, cada uno con sus propias ventajas e inconvenientes» (Coglianese / Lai 2022, 1287). Y, a veces, hay que elegir entre un sesgo digital y uno humano, o lograr un compromiso entre ambos.

Analizaremos más adelante los sesgos algorítmicos, pero no podemos tener un cuadro completo de nuestros sistemas de decisión y sus posibles arbitrariedades si no comenzamos identificando bien los sesgos humanos, para cuya mitigación disponemos de sistemas automatizados (Jolls *et al.* 1998). Conviene no perder de vista que los humanos no siempre salen victoriosos de la comparación con las máquinas cuando examinamos su objetividad o transparencia. En ocasiones es más fácil corregir sesgos algorítmicos que prejuicios humanos. El juicio humano presenta una serie de limitaciones y sesgos que están bien documentados. Estas limitaciones van desde las físicas (la desmemoria o el cansancio) hasta los prejuicios ideológicos individuales (el interés propio) o sociales (el pensamiento de grupo y las disfuncionalidades colectivas) (Kahneman 2011; Thaler 2015; Lai 2018). Como consecuencia de ello, en no pocos casos, las decisiones humanas resultan más problemáticas que sus contrapartidas digitales.

Buena parte de nuestra mala aproximación a la cuestión de los sesgos procede de que tenemos una visión muy estática de esta relación entre los humanos y las máquinas. El objetivo no es mejorar los algoritmos sino preguntarse cómo los algoritmos interactúan con la sociedad en su conjunto, incluidas sus desigualdades estructurales. La intervención humana en los sistemas que aprenden no deja de ser problemática. Brian Christian (2020, 302) señala, al menos, dos problemas. El primero es que cuando los humanos intervenimos, el sistema aprende y corrige la idea que tiene de nuestras preferencias. Si esta corrección reduce totalmente la incertidumbre, el sistema pierde todo incentivo para responder a nuestras interrupciones. El segundo problema es que el sistema asume la lógica de que «el cliente siempre tiene la razón», pero si comprueba que los humanos nos equivocamos puede terminar creyendo que sabe mejor que nosotros lo que nos conviene y empezar a hacer oídos sordos a nuestras propuestas. Como puede verse, esta interacción es todo menos problemática y debemos entenderla en toda su amplitud y dinamicidad para evitar, en lo posible, errores fatales, principalmente el que resultaría de desconocer la inevitabilidad del error y desaprovechar las posibilidades de aprendizaje que nos ofrece a unos y a otros, a los humanos y a los sistemas.

2. ERRORES ALGORÍTMICOS

El otro conjunto importante de condicionamientos en nuestra interacción con las máquinas inteligentes tiene que ver con la naturaleza misma de los sesgos algorítmicos. Hay cierto pánico moral que parece no entender la lógica computacional, su carácter experimental y generativo, el inevitable sesgo, que no es sólo una potencial fuente de error sino la condición de posibilidad de su resultado. Por supuesto que hay que combatir los errores y daños efectuados por los algoritmos, pero eso es algo que no puede hacerse fuera de la lógica con la que calculan, es decir, sobre la base de operaciones –como la inferencia, la intuición, las apuestas– que caracterizan su manera de razonar. Los algoritmos son un modo de evitar la arbitrariedad del juicio humano, así como un procedimiento de gestionar lo desconocido e imprevisible. «Con los algoritmos contemporáneos, las decisiones se toman al límite de lo que podría conocerse, y sin embargo, no hay responsabilidad de las consecuencias desconocidas de la decisión» (Amoore 2020, 112). Es ya un lugar común criticar los errores de los algoritmos y proponer como solución limitar sus excesos a través de códigos éticos. Pero los algoritmos no pueden ser controlados estableciendo un umbral de maldad, porque la esencia de su lógica consiste en establecer tal umbral, adaptarlo y modularlo a través del tiempo (Amoore 2020, 110). Algunas de sus decisiones, que podemos considerar equivocadas, son parte integral de su naturaleza y de sus capacidades experimentales y generativas.

Que un algoritmo aprenda significa que se ajusta a las características de su entorno, para lo cual necesita tener algunas suposiciones acerca de cómo está constituido el mundo. Pese a la generalizada pretensión de que los algoritmos están libres de sesgos, no pueden funcionar sin ellos, como los humanos, y sin la capacidad de reajustar esos prejuicios. El problema no es tanto la existencia de sesgos como su inadvertencia e incapacidad de corrección. La discriminación y el sesgo no son un accidente. Cuando el *software* tiene cierta complejidad es difícil que la programación evite los errores (*bugs*), especialmente cuando hay interacciones sistémicas y tantas combinaciones posibles de eventos que no es razonable suponer que los diseñadores puedan tomarlas todas en consideración. «El *software* se libera para su uso, no cuando se sabe que es correcto, sino cuando la tasa de descubrimiento de nuevos errores se ralentiza hasta un nivel que la dirección considera aceptable» (Parnas 1985, 433). Se pueden descubrir nuevos errores, pero nunca evitarlos por completo. Eliminar el «último» fallo es una broma habitual entre los informáticos. ¿Por qué es tan difícil reparar todos los errores significativos en un programa complejo? «El problema fundamental del mantenimiento de los programas es que arreglar un defecto tiene una probabilidad sustancial (20-50%) de introducir otro. Así que todo el proceso son dos pasos adelante y uno atrás... Todas las reparaciones tienden a destruir la estructura... Cada vez se dedica menos esfuerzo a arreglar los defectos de diseño originales y, cada vez más, a arreglar los defectos introducidos por las reparaciones anteriores» (Brooks 1975, 121). Incluso después de repetidas pruebas y correcciones de errores, es difícil confiar plenamente en que el *software* no contenga algún fallo de diseño crucial oculto que aflore inesperadamente algún día y haga caer el sistema. Estamos, aquí, en la famosa «ley de Brooks», según la cual añadir recursos a un proyecto retrasado lo hace demorarse más aún. Por eso, en ocasiones, más que diseñar mecanismos que busquen la neutralidad, es mejor reconocer que la neutralidad es inalcanzable, hacer explícitos los problemas de tales sistemas e intentar mitigar esos sesgos mediante, por ejemplo, reglas de diversidad en la configuración de los equipos que toman las decisiones, revisiones ciegas o limitar su uso a asuntos que no tengan grandes consecuencias.

3. JUSTICIA CONTROVERTIDA

Otra de las dificultades para configurar un entorno algorítmico equitativo (*fair*) procede de nuestra disparidad de concepciones acerca de la equidad (*fairness*). Los algoritmos deben ponderar todos los parámetros, pero sabemos que no es posible cuantificar absolutamente la equidad (Wachter *et al.* 2021). A medida que los sistemas cotidianos con los que interactuamos se vuelven más complejos y tienen un impacto significativo en nuestras vidas, se ponen de manifiesto las limitaciones de nuestra comprensión intuitiva de la equidad y la discriminación. Una manifestación de que la discusión acerca de los algoritmos no puede tener sino una naturaleza política es el hecho de que, aunque estuviéramos de acuerdo acerca de la necesidad de la justicia algorítmica, habría que decidir qué clase de justicia tienen que implementar los algoritmos. Los juicios acerca de la justicia son siempre cuestionables y los criterios para medirla en el aprendizaje automático implican «afirmaciones cargadas de valores sobre la finalidad del sistema, los derechos de las personas y los criterios pertinentes para la toma de decisiones» (Green y Hu 2018, 2).

Quienes son partidarios de la igualdad tienen visiones diferentes de la igualdad. Incluso allí donde hay un amplio acuerdo acerca de la conveniencia de promover la igualdad, no necesariamente se comparte la misma idea de igualdad. Nuestras controversias acerca de la justicia generalmente no confrontan a quienes la defienden con quienes la desprecian, sino que obedecen a que tenemos distintas concepciones de ella: más distributiva, inclusiva o procedimental; hay quien se da por satisfecho con que las condiciones de partida sean idénticas, mientras que otros la entienden como una similitud en los resultados; existe una igualdad formal y otra de contenido; hay quien defiende una igualdad abstracta y quien argumenta en favor de una igualdad que se conseguiría mediante ciertas discriminaciones positivas; su tensión con otros valores, como la libertad, explica que haya tantas versiones de ella en el espacio de debate democrático. Un sistema de cuotas refuerza la igualdad en los resultados; un sistema basado en los méritos curriculares anonimizados está orientado a asegurar la igualdad de oportunidades. ¿Consiste la igualdad en asegurar que todos tengan la misma probabilidad de obtener determinado beneficio o en minimizar los perjuicios de los más desaventajados? ¿Cuáles son los criterios de justicia más apropiados para un determinado contexto? ¿Qué motivos justificarían un tratamiento diferente? ¿Qué tipos de disparidad son aceptables y cuáles no? (Binns 2018a y 2018b). ¿Perseguimos la justicia «a través de la ceguera» (Hardt 2014) o con el mejor conocimiento disponible de las circunstancias personales? Esperábamos que la igualdad se consiguiera ignorando las peculiaridades personales, pero hoy sabemos que esta práctica puede ser incluso dañina. La discriminación puede referirse a un tratamiento dispar o a un impacto dispar, que son dos aspectos completamente distintos y que se abordan con estrategias diferentes y, a menudo, contradictorias: intentar corregir una disparidad puede incrementar la otra.

Además de las diferentes concepciones, la cuestión de la igualdad está llena de dilemas y paradojas. Un dilema frecuente se debe al hecho de que la justicia puede implicar que las personas similares sean tratadas similarmente, lo cual entra, a menudo, en tensión con la idea de paridad entre los grupos (Dwork *et al.* 2012). Un ejemplo de ello lo encontramos en el debate acerca de si los sesgos del algoritmo de reincidencia COMPAS, utilizado en la administración penitenciaria, pueden atribuirse a distintas ideas de la igualdad, al trato desigual o al impacto desigual; a la igualdad formal o a la igualdad de acuerdo con los resultados. Para unos, el algoritmo no está sesgado, porque la tasa de reincidencia es aproximadamente la misma, independientemente de la raza, mientras que otros sostienen que los negros tienen, de hecho, más probabilidades que los blancos de ser clasificados como de riesgo medio o alto de reincidencia; para los primeros, el algoritmo no es el causante de que haya, de hecho, más reincidencia en unos grupos raciales que en otros; según los otros, el algoritmo estaría sesgado porque un grupo es sometido sistemáticamente a un tratamiento más severo debido a la predicción errónea del algoritmo (Dieterich *et al.* 2016).

Otra fuente de controversia procede de las agrupaciones que llevan a cabo los algoritmos a la hora de tomar determinadas decisiones. Aquí nos topamos con el dilema de que la justicia tiene que procurar la máxima personalización posible, pero también ha de realizar la agrupación necesaria. Las predicciones a la hora de tomar una decisión son inevitables y responden a una lógica de gestión de la complejidad. Pongamos el ejemplo de una contratación laboral. Si creyéramos de verdad que cada caso es completamente diferente, entonces no podríamos hacer otra cosa que observar cómo se comporta cada persona una vez contratada, sin poder predecir nada por su pertenencia a un determinado grupo. Entonces, ¿con base a qué lo contrataríamos? No habría más que juicios *ex post*, nada podría determinarse *ex ante*. Evidentemente, se trata de un absurdo que invalida cualquier herramienta de predicción y su capacidad de hacer apuestas razonables acerca de un posible comportamiento futuro. Un algoritmo –o una decisión humana preparada de acuerdo con algún tipo de agrupamiento– especifica y, por tanto, restringe los elementos que hay que considerar. ¿Es toda restricción una forma de rendirse a la injusticia o sólo aquella que permite reducir la complejidad de las decisiones?

La cuestión de los grupos es una de las más intrincadas cuando se habla de justicia en general y de justicia algorítmica en particular. ¿Cómo deben articularse las categorías, los grupos y los individuos para hacer frente a las discriminaciones que proceden de la pertenencia a un determinado grupo y las que se deben a ser agrupado de esa manera? La aplicación mecánica en los algoritmos de criterios contra la discriminación puede tener efectos perjudiciales sobre aquellos grupos a los que se pretende proteger. De entrada, existe el riesgo de evaluar únicamente los criterios de justicia en la población a la que se aplica el modelo y pasar por alto la injusticia que resulta de que el modelo dote de subjetividad a unos grupos y no a otros (Mitchell *et al.* 2021). Y tampoco podemos perder de vista lo que se ha llamado «la trampa de la portabilidad»; es decir, lo engañosa, inexacta y perjudicial que puede ser la utilización de las soluciones algorítmicas diseñadas para un contexto social en un contexto diferente (Selbst *et al.* 2019, 61).

Cuando formulamos la justicia algorítmica con relación a grupos de población cuya discriminación se pretende corregir, hay que tener en cuenta al menos dos cosas: la posible injusticia en el interior de esos grupos y la llamada «interseccionalidad». En cuanto a lo primero, puede ocurrir que los principios de normalización que actúan dentro de cada grupo –y que el diseñador del algoritmo da por sentados– ignoren las desigualdades dentro de esos grupos (Kasy / Abebe 2021). En cuanto a la justicia interseccional, se trata de tener en cuenta la complejidad de los grupos sociales que se toman en consideración (Hanna *et al.* 2020, 8). Con el calificativo de «interseccional», se alude a algo que va más allá de la mera adición, a una desventaja multiplicada. El *Black feminism*, por ejemplo, ha llamado la atención sobre la incapacidad de entender las diferentes opresiones que sufre un determinado grupo racial desde una visión simplista y descontextualizada del feminismo. Las opresiones racistas y sexistas, así como la subordinación económica, están entrelazadas en la vida de las mujeres negras en el seno de unas instituciones y leyes que supuestamente no tienen en cuenta el color (*color-blind*) (Collins 2000; Crenshaw 2019).

4. La agregación imposible

Supongamos que estuviéramos de acuerdo en la concepción de lo equitativo y que sólo habría que establecer un procedimiento para agregar nuestros diferentes intereses. ¿Sería esto posible? ¿Es razonable buscar un procedimiento técnico que determine la resultante equilibrada de nuestras distintas preferencias?

Esta aspiración se encuentra, de entrada, con la dificultad de que no estamos ante un asunto que tenga una solución tecnológica, si por tal entendemos algo que nos ahorre juicios de valor y desactive el carácter controvertido de cualquier decisión pública. La justicia no consiste en una corrección tecnológica de los sesgos, sino que incluye un amplio análisis social sobre el modo en que la inteligencia artificial es usada en un contexto dado, de manera que sea posible una mejor auditoría de los sesgos. Al igual que la justicia no es una propiedad de los algoritmos, sino más bien de las decisiones que estos contienen (en su diseño, análisis o aplicación) (Ochigame *et al.* 2018, 4), la discriminación no es sólo una cuestión algorítmica. Todo lo que tiene que ver con la justicia y la discriminación es tan contextual y controvertido que no siempre se presta a formalismos matemáticos (Selbst *et al.* 2019).

La justicia algorítmica no puede ser una implementación que satisfaga ciertos indicadores de igualdad incontrovertidos. Qué idea de justicia y qué otros valores deben ser considerados en un algoritmo supone un desafío de naturaleza política, no simplemente tecnológica, que requiere acomodar los diversos intereses en conflicto; es una tarea política que no puede ser realizada por unos tecnólogos o por unos algoritmos sin contar con la opinión ciudadana, es decir, que debe llevarse a cabo democráticamente, abriendo estas definiciones a la discusión pública.

Si hubiera acuerdo acerca de qué significa justicia, entonces el algoritmo desarrollaría una tarea puramente tecnológica; se trataría nada más que de encontrar el mejor modo de operacionalizar esa idea de justicia. Pero hay ciertas decisiones difíciles acerca de cómo medir la justicia que hay que tomar antes de que comience el trabajo tecnológico de detectar y mitigar la injusticia. ¿Podemos determinar qué significa «exactitud» y cómo se mide sin hacer algún tipo de juicio ético-político sobre los tipos de errores que pensamos que es más urgente evitar o sobre cuál es el objetivo final de una organización? Parece claro que se trata de asuntos que deben ser objeto de una discusión política y no de una agregación algorítmica. El problema es que la idea de justicia es un verdadero campo de batalla democrático, un concepto muy controvertido en cualquier sociedad plural. Hay más desacuerdos acerca de los valores en sí mismos que sobre los medios de conseguirlos. Ningún dispositivo tecnológico puede ahorrarnos el trabajo de la discusión democrática en torno a los fines, aunque pueda facilitarnos enormemente la tarea de implementación de los objetivos que, democráticamente, hemos decidido perseguir.

El carácter controvertido, político y no meramente tecnológico de la justicia plantea otro problema adicional. Además de la dificultad de ponerse de acuerdo en torno a una idea de justicia, está la imposibilidad de satisfacer, igual y simultáneamente, esa diversidad de aspiraciones de justicia. «Las limitaciones prácticas y sociales impedirán que todas las preferencias se satisfagan al máximo simultáneamente, lo que significa que los robots deberán mediar entre preferencias conflictivas, algo con lo que filósofos y científicos sociales han luchado durante milenios» (Russell 2019b, 32). Más difícil que identificar preferencias particulares es agregarlas y hacerlas compatibles (Züger *et al.* 2017). Imaginemos que la tecnología nos ha permitido identificar todos los deseos, preferencias y decisiones individuales, ¿habríamos hecho innecesario cualquier elemento de mediación para la configuración de la voluntad popular? ¿Nos bastaría agregar, sin deliberación, las decisiones así registradas?

Nos encontramos ante una variante digital del llamado «teorema de la imposibilidad» de Arrow (1950), por el que se declaraba como algo imposible satisfacer valores distintos (Friedler *et al.* 2016; Berk *et al.* 2018; Miconi 2017). Se formula, así, la idea de que es matemáticamente imposible que un algoritmo satisfaga de manera simultánea las diversas ideas de justicia que sostenemos. No es posible recoger las diferentes preocupaciones de justicia que tenemos en una sociedad plural, ni resulta verosímil que lleguemos a un entendimiento pleno acerca de ese valor. Además, el valor de la justicia está relacionado con otros valores, como la seguridad o la libertad, por lo que su formalización tecnológica resulta todavía más inverosímil.

Que una parte de nuestros desacuerdos sea irresoluble técnicamente y tenga una naturaleza política no es, *per se*, una mala noticia. Se trata de una imposibilidad que nos obliga a explorar un modelo de decisión que tal vez tenga una gran fuerza democratizadora. El carácter controvertido de ciertos asuntos, su ambigüedad, tiene un valor político en la medida en que obliga a negociar y buscar compromisos una vez que los procedimientos de la tecnología algorítmica nos han dejado tirados (Coyle / Weller 2020). Se podría hablar incluso de cierta incompatibilidad entre la lógica de los algoritmos y la de la política. El aprendizaje automático optimiza la consecución de objetivos una vez que estos han sido explícitamente formulados. La política, por el contrario, se basa en cierta ambigüedad en relación con los objetivos, gracias a la cual hay un espacio para lograr compromisos. La política es, con mucha frecuencia, una negociación entre preferencias e intereses distintos e incluso contrapuestos. Los algoritmos son optimizadores de una determinada decisión, pero no toleran la ambigüedad. Por eso, la justicia algorítmica no vendrá de que mejoremos los datos o desprejuiciemos los algoritmos sino de que sustituyamos un procedimiento de agregación de intereses y preferencias por uno de deliberación.

5. LA AUTODETERMINACIÓN DELIBERATIVA

La concepción deliberativa de la democracia parte del supuesto de que si bien es cierto que la política está para satisfacer los intereses de las personas, esos intereses no se determinan con independencia de la reflexión sobre ellos y su compatibilidad con los de los demás (García Marzá / Calvo 2024). La democracia no implica tanto que se tenga en cuenta nuestra opinión o se satisfaga nuestro interés como que dispongamos de un espacio público en el que configurar nuestra opinión e identificar nuestros intereses, teniendo en cuenta los de los demás. Ni el interés individual está plenamente fijado, ni el interés colectivo está dado de antemano o puede confiarse a una mera agregación de los intereses individuales; ambos tienen una dimensión de construcción pública. Hace falta establecer un marco de diálogo y negociación que permita la construcción equitativa de esa voluntad general. El problema de la gobernanza algorítmica es que registra nuestros intereses, pero no los convierte en objeto de reflexión.

Los automatismos son procesos que funcionan, precisamente, porque no obligan a tematizar los presupuestos sobre los que discurren. Los seres humanos, tanto en el plano personal como en el colectivo, realizamos tareas mecánicas y vivimos sin cuestionar las prioridades que una vez establecimos, pero hemos de estar abiertos a otro tipo de situaciones en las que se requiere de nosotros un examen de las rutinas y una reorientación hacia objetivos nuevos. Una de las revitalizaciones de la democracia, a finales del siglo pasado, vino, de hecho, del concepto de «democracia reflexiva» (Beck *et al.* 1994), con el que diversos pensadores defendían la interrupción crítica de una modernización irreflexiva. De este modo, no hacían otra cosa que acentuar una propiedad de la política como actividad que se interroga por los fines frente a las rutinas administrativas. Pues bien, la gobernanza algorítmica carece, por sí misma, de la capacidad de cuestionarse sus objetivos, o lo hace –en virtud de los procesos de aprendizaje– dentro de un marco que no se ha dado a sí misma y que, por ello, no puede cuestionar radicalmente.

La reflexividad es lo que hace posible la deliberación democrática, es decir, aquella forma de interacción que no es sólo una negociación de nuestras preferencias e intereses, sino que permite, incluso, su revisión y ponderación reflexiva. El sentido de las instituciones de la mediación en una democracia reside en establecer una distancia entre la voluntad inmediata y la decisión política. El procedimiento para ello es la apertura de espacios en los que sea posible algo así como una desaceleración de las decisiones, para permitir el libre intercambio de las opiniones y los puntos de vista. Una democracia requiere esta capacidad cuando se trata de satisfacer preferencias e intereses diversos, que no pocas veces plantean exigencias disparatadas.

A este respecto, la presencia del pueblo en la democracia algorítmica es más de *volonté de tous* que de *volonté générale*, por utilizar la terminología de Rousseau; más de agregación que de configuración, más de soberanía que de democracia: nuestras preferencias de partida son tomadas en consideración, por supuesto, pero se nos priva del momento de construcción deliberativa, en el que esas preferencias ya no son meramente agregadas sino que interactúan con otras. De este modo, no se abre ese espacio de indeterminación que permitiría una reformulación transformadora de tales preferencias atendiendo a su (in)compatibilidad con las de otros. Estos sistemas no contemplan otro modelo que el de unos individuos maximizando su utilidad. El problema de la gobernanza algorítmica es que, gracias a los algoritmos, intervenimos en la expresión de preferencias e intereses, pero no en la construcción de una totalidad social deseable que nos habría permitido, eventualmente, modificarlos. Nuestra presencia en el proceso democrático algorítmico pondría nuestros rastros y huellas a disposición de los sistemas de decisión, pero no intervendría en el diálogo en el que se ponderan esos datos y se delibera, a partir de ellos, acerca de la idea de sociedad deseable. En una democracia algorítmica, ser ciudadano consistiría en tener derecho a emitir deseos, pero no a ponderarlos con los de los demás ni tampoco a modificar esos deseos propios. La ciudadanía se reduciría a la generación de datos. Este modelo de gobernanza tiene, al menos, estas debilidades, desde el punto de vista democrático: 1) que pensemos que, al emitir señales digitales, ya hemos expresado suficientemente lo que queremos; 2) que lo hayamos hecho sin interiorizar explícitamente la compatibilidad de nuestra voluntad con la de los demás; y 3) que, de este modo, nos creamos eximidos de pensar qué tipo de sociedad resultante queremos.

Nos encontramos ante dos tipos diferentes de racionalidad y sus correspondientes modelos de gobernanza. Una «gubernamentabilidad algorítmica», que es implícita y automática, con criterios emanados, en tiempo real, desde la realidad digitalizada, y una «gubernamentabilidad política», explícita, que resulta de una deliberación que requiere reflexión y consume tiempo (Rouvroy 2013, 66). La primera de ellas, impulsada tecnológicamente, parece desafiar la interrogación, el análisis y la rendición de cuentas, conduciendo, así, a configurar un entorno político e institucional sin un debate significativo ni oportunidades de impugnación (Gree / Hu 2018; Waldman 2019, 72). Las psicotecnologías automatizadas de la digitalización pueden debilitar la democracia, en la medida en que dificultan realizar su dimensión deliberativa. En vez de constituir sujetos políticos que estén dispuestos y sean capaces de entrar en un proceso de reflexión conjunta sobre la configuración del bien común, pueden estar generando sujetos apolíticos a quienes la idea misma de una negociación democrática de intereses y preferencias les resulte incomprensible. La democracia líquida, la participación *online* y la democracia de las recomendaciones carecen de aquella acción colectiva de los ciudadanos (*symprattein*) que, para Hannah Arendt (2008), constituía la característica esencial de lo político.

Pensar adecuadamente la democracia en un entorno algorítmico requiere entender en qué consiste la voluntad política, que no es la afirmación solipsista de lo que yo quiero ni la simple agregación de voluntades configuradas de un modo apolítico. La paradoja que planteo es que, precisamente cuando estamos tratando de establecer un marco conceptual para pensar la justicia, es decir, la no discriminación, hace falta revisar el papel que desempeña el individuo en una democracia. La justicia democrática no exige que generemos una digitalización antropocéntrica sino «antropodescentrada», en el sentido de que posibilitemos aquellas experiencias de comunicación, contestación y conflicto que nos hacen a los humanos seres sociales. Y puede estar ocurriendo que la personalización algorítmica, en sus diversas formas –granularización, mercantilización, *microtargeting*...–, esté limitando la diversidad de información y la exposición a puntos de vista alternativos, y dificultando el descubrimiento de posibles preferencias.

Tal vez la justicia exija otros objetivos que estén en conflicto con la personalización. Sólo una concepción extremadamente individualista de lo social puede consagrar el interés individual hasta el punto de considerarlo la última palabra y hacerlo en nombre de la justicia. ¿Qué hacemos cuando aquello que el usuario quiere contribuye a la injusticia? La teoría del posusuario (*post-userism*) es un planteamiento teórico que cuestiona el foco que ha dominado la interacción entre los humanos y las máquinas y propone la conveniencia de considerar un marco más amplio (Baumer / Brubaker 2017). En vez de centrarse en el individuo, habría que entender la justicia en términos de distribución: cómo está distribuido el daño o el beneficio entre los diferentes individuos y grupos. La obtención de preferencias a partir de un conjunto fijo de alternativas es, a menudo, insuficiente e injusto, dado que estas preferencias reflejan los sesgos y las desigualdades existentes en una sociedad y dado que esos métodos no vienen acompañados de una deliberación democrática significativa (Robertson / Salehi 2020; Martí 2021).

El tránsito hacia un modelo deliberativo implica, también, un cambio en cuanto al modo de considerar el punto de partida, los intereses o preferencias individuales, que pasarían a ser entendidos como algo indeterminado, flexible, dinámico y cambiante. Podría conseguirse, así, cierta convergencia entre la ciencia computacional y la teoría de la democracia. Dice Stuart Russell que la inteligencia artificial ha prestado poca atención a la incertidumbre, como si hubiera siempre un perfecto conocimiento del objetivo. Esto puede valer para determinados juegos, pero para otro tipo de problemas las preferencias relevantes no son inicialmente conocidas. La idea de cómo tomar decisiones con objetivos abiertos e indeterminados es un desafío tanto para la computación como para la teoría de la democracia. Hablar de intereses y preferencias como si fueran evidencias y, además, de fácil implementación es una simpleza incompatible con la complejidad de los humanos y de nuestras sociedades (Innerarity 2019; 2023). ¿Cómo conseguimos que un robot aprenda a entender las preferencias subyacentes en el comportamiento de los humanos, que son «irracionales, inconsistentes, de voluntad débil y computacionalmente limitados, por lo que sus acciones no siempre reflejan sus verdaderas preferencias» (Russell 2019b, 32).

La cuestión de los sesgos y la equidad algorítmica suele plantearse como si la justicia consistiera en respetar unas propiedades o intereses que las personas o grupos *tienen* y no como la generación de un marco en el que esas personas o grupos puedan relacionarse reflexivamente con sus propiedades e intereses. En una democracia deliberativa, se trataría de decidir de acuerdo con unas preferencias humanas cuya plasticidad permite que vayan cambiando con el tiempo y, especialmente, en el diálogo y conflicto con las de los otros (Pettigrew 2020). No estamos sólo ante la exigencia de autogobernarnos sino ante la posibilidad de cambiarnos. Para ello se requiere un entorno algorítmico que no se limite a registrar lo que fácticamente revelamos querer, sino que permita una autocontrolada capacidad de desafiar esa facticidad y modificarla. Y, aquí, la consecución de un equilibrado sistema algorítmico es de la mayor importancia, ya que tenemos que reconsiderar cómo gestionamos el posible conflicto entre la satisfacción de nuestras preferencias inmediatas y nuestra capacidad de configurar esas preferencias en el largo plazo. Los algoritmos pueden dar más peso a las preferencias del largo plazo y a las preferencias racionales sobre las inmediatas y emocionales, pero también puede ocurrir exactamente lo contrario: que un sistema algorítmico de mero registro de nuestro comportamiento impida la consideración de futuros alternativos. Un nuevo giro deliberativo de la democracia en la era de la inteligencia artificial corregiría el «hedonismo psicológico» (Gal 2017) al que se reduce la democracia cuando se limita a la satisfacción digital de las preferencias individuales. Se trataría de ir exactamente en la dirección opuesta a la que indicaba la revista *Time* al declarar «Tú» (*You*) como el personaje del año 2006, en el sentido de que «*tú* controlas la era de la información». La democracia, por el contrario, requiere cierto grado de *incomodidad*, por ejemplo, al limitar los deseos individuales cuando afectan negativamente al conjunto de la sociedad, al asegurar la autonomía personal o al introducir consideraciones del largo plazo que puedan estar en conflicto con los intereses inmediatos. No hay una verdadera autodeterminación si no podemos pensar más allá de nosotros mismos y de la actual configuración de la sociedad. Sólo esta capacidad asegura la vitalidad de una sociedad democrática.

13

Parlamento. ¿Cómo se representan políticamente los algoritmos?

Lo público no es algo delimitado sino polémico;
lo que antes no era público puede llegar a serlo.

ADORNO 1990, 533

La tecnología funciona sin exigirnos –e incluso sin permitirnos– adoptar una relación explícita con ella. Esta característica es particularmente intensa en el caso de las tecnologías digitales, que pronto se revisten de un aura de neutralidad, se convierten en algo inadvertido, privilegian el automatismo, lo tácito frente a lo explícito. Las tecnologías digitales ilustran muy bien aquello que Pierre Bourdieu llamaba *habitus* y que definía como «estructuras estructuradas que funcionan como estructuras estructurantes» (Bourdieu 1990). Las tecnologías digitales tienden a generar una «computación ubicua», un «inconsciente digital» (Thrift 2004; Hildebrandt 2016), que se integra perfectamente en el tejido social, produciendo una «amnesia histórica» (Mosco 2014, 130) y un «sonambulismo tecnológico» (Winner 1977), hasta el punto de que su funcionalidad las convierte en neutras e indiscutidas.

Es este carácter silente el que permite a las tecnologías escapar al cuestionamiento crítico. La razón de ello es que «las categorías algorítmicas señalan certidumbre, desalientan exploraciones alternativas y crean coherencia entre objetos dispares» (Ananny 2016, 103). De alguna manera los algoritmos inteligentes se ocupan de proporcionar a cada usuario una esfera de percepción y acción diferenciada que les resulte tan *natural* como sea posible. Las herramientas de búsqueda y las redes sociales anticipan los potenciales intereses de los usuarios, les presentan unos resultados *a medida* y, de este modo, les proporcionan un fuerte incentivo para acoplarse acríticamente a la infraestructura dada. Algo similar ocurre con la automatización. No es que las decisiones clave sean delegadas en máquinas en las que no hay ningún humano; se trata, más bien, de que somos presionados a tomar decisiones de tal manera que no nos preguntamos quién es su verdadero autor. Los sistemas automatizados nos empujan a la irreflexividad en el sentido descrito por Hannah Arendt: la incapacidad de criticar las instrucciones, la falta de reflexión sobre las consecuencias, la disposición a creer que las órdenes son correctas (Arendt 2006).

A esta irreflexividad se añade su imagen de neutralidad, debida a que se trata de un sistema vacío que procesa símbolos sin emitir juicios. La gran cuestión es hasta qué punto un mecanismo que presume de no juzgar puede estar a cargo de las decisiones fundamentales de nuestra existencia personal y colectiva. Además, los artefactos tecnológicos tienen, a menudo, un aura de sofisticación que los hace demasiado complejos para regularlos y demasiado poderosos para rechazarlos. Es el procedimiento que Bailey denominaba «oscurecer a través de la mistificación», empleado para argumentar a favor de la inevitabilidad de un determinado fenómeno (1981). El problema de esta manera de disponer las cosas es que sitúa la inteligencia artificial fuera de lo humanamente comprensible, más allá de la responsabilidad y lo regulable, a lo que no alcanzarían la interpretación humana, la crítica ni la contestación política.

1. DEMOCRACIA COMO POLITIZACIÓN

Democratizar es sinónimo de politizar. Si algo caracteriza al sistema político de una democracia es que está abierto a cualquier cuestionamiento, estimula la controversia, aumenta el número de interlocutores, no prohíbe nuevos temas, no excluye, por principio, la crítica, admite la configuración de alternativas. Por su propia naturaleza, la democracia es un generador de contingencia; politizar, democratizar, implica, siempre, complicar ciertas cosas que antes estaban cómodamente decididas por la tradición, cuestionar la autoridad establecida, ampliar el campo de lo políticamente discutible, en suma, multiplicar las posibilidades. En una sociedad democrática, la opinión pública o los movimientos sociales tienden a politizar cada vez más temas, es decir, los sacan de su opacidad o de su incuestionada naturalidad y los convierten en objeto de la libre decisión colectiva. Esta exigencia es una de las causas del incremento de la contingencia de lo político, tanto desde un punto de vista cuantitativo como cualitativo: cada vez más asuntos son objeto de discusión pública y se exige, sobre ellos, una decisión también pública. Esta proliferación de nuevos asuntos (Popkin 1991, 36) es la causa principal de una expansión de lo político, que tiende a incluir en la agenda política nuevos temas como, por ejemplo, los referentes al cuerpo o la salud.

Por supuesto que este principio de que no hay politización impertinente es compatible con que algunos asuntos estén parcialmente despolitizados. Esta «despolitización funcional» puede ser una corrección epistémica de la democracia procedimental para introducir, de algún modo, el saber experto en nuestras decisiones (Estlund 2009), la defensa de un espacio deliberativo que despolitice determinadas cuestiones (Pettit 2001), la propuesta de despolitizar ciertas instituciones mediante criterios burocráticos o el poder negativo de los jueces frente al partidismo (Rosanvallon 2008). La compatibilidad de estas formas de despolitización con los valores democráticos requiere que estén bien acotadas y justificadas. Y, seguramente, permiten otro modo de politización que no es el del formato electoral y competitivo: una menor vigilancia se compensa por una mayor rendición de cuentas (*accountability*), y las escasas posibilidades de participación se equilibran con una mayor exigencia de imparcialidad o medición de resultados.

La política es una tematización reflexiva de la vida en común. Durkheim definió la democracia como la forma política de la reflexión (2015). La propia vitalidad de una democracia desplaza hacia el espacio de lo político asuntos que eran originariamente considerados como no políticos. Una gran cantidad de zonas que estaban gestionadas por el Estado y por los actores de la ciencia y la tecnología han sido abiertas al discurso democrático. La política es sobre alternativas, opciones, interpretaciones y perspectivas. Todas las posiciones, certezas, objetivos y decisiones son provisionales, en principio, y pueden ser objeto de revisión. Esta revisabilidad puede estar institucionalizada –mediante la figura de la oposición parlamentaria, las elecciones que regularmente validan o no a los gobiernos, la auditoría de oficio sobre ciertas partes de la acción de gobierno, la revisión judicial...– o puede ser ejercida desde fuera de las instituciones –por los movimientos sociales, la opinión pública, la protesta...–; en cualquier caso, implica una renuncia del sistema político a una relación privilegiada con la verdad (Kelsen 1920, 102). En una democracia no hay una tregua final en cuanto a la producción de posibilidades y alternativas. No hay indicadores rotundos que puedan confirmar una determinada política, por ejemplo; cualquier indicador puede venirse abajo por la irrupción de nuevos criterios de valoración.

La política democrática fue diseñada para retrasar, de algún modo, la respuesta a las demandas ciudadanas, y los principales pensadores políticos insistieron en que había que poner en marcha ciertos mecanismos dentro del sistema democrático para desacelerarlo. Condorcet decía que las constituciones deberían establecer «procedimientos para prevenir los peligros de la excesiva prisa» (1994, 202). Y Madison recomendaba añadir otra cámara a la legislativa, porque una cámara única podía «ceder al impulso de pasiones repentinas y violentas, y dejarse seducir por líderes facciosos hacia resoluciones destempladas y perniciosas» (Hamilton *et al.* 2003, 302). Ninguno de ellos ignoraba la necesidad del gobierno de responder a las demandas de los ciudadanos, pero querían retrasarlas. Esa peculiar propuesta de retrasar las decisiones es una metáfora temporal de la reflexividad política.

2. LA DESPOLITIZACIÓN ALGORÍTMICA

Todas las tecnologías que acompañan a la digitalización implican una despolitización mayor que otras tecnologías anteriores, al menos por dos motivos: por sus exorbitadas promesas de objetividad desideologizada y en virtud de su carácter tácito y discreto. Cualquier intento de politización debe comenzar haciéndose cargo de la naturaleza de la correspondiente despolitización. La cuestión que debería inquietarnos es qué tipo de política se lleva a cabo cuando actúa una tecnología que pretende despolitizar.

Examinemos la primera de esas promesas. La gobernanza algorítmica consiste en una peculiar forma de despolitización en nombre de la objetividad. En cuanto tecnologías de cálculo y prescripción, los algoritmos parecen una realidad desideologizada, pero, de hecho, son medios que, de acuerdo con determinadas reglas y determinados fines, ordenan datos a partir de muchos datos desordenados, es decir, que tienen una dimensión normativa. Ese sesgo, que es muy anterior a sus posibles consecuencias discriminatorias, más básico, convierte a los algoritmos en unas tecnologías políticas en el sentido originario de la expresión: su lectura, elaboración, pronóstico y clasificación de una determinada realidad es política en un sentido preinstitucional.

Los algoritmos despolitizan no porque ellos mismos sean apolíticos sino porque dificultan e incluso imposibilitan el tratamiento político de sus resultados. El éxito de las técnicas algorítmicas no se debe a su capacidad de gestionar enormes cantidades de datos, sino a su lógica de claridad incontestable, a su univocidad, especialmente donde hay poco tiempo o escasos recursos para decidir. Cuando la lógica de los algoritmos compite con otras lógicas, entonces puede afirmarse que actúan políticamente, en la medida en que contraponen la lógica del cálculo y la univocidad a la lógica de los discursos, acciones y decisiones políticas. Los algoritmos son políticos cuando sus resultados se sustraen al cuestionamiento político, cuando despolitizan los discursos, las acciones y las decisiones.

La segunda peculiaridad de la despolitización algorítmica obedece a su irreflexividad. El condicionamiento más radical, la dimensión más política de la digitalización se efectúa en un espacio tácito, en una modificación sutil de nuestro comportamiento, individual y colectivo. A pesar de su omnipresencia que todo lo abarca, lo digital está oculto en el embrollo de los datos, en la conectividad, en internet, en las cajas negras y los chips, en la nube y en el registro de cuanto hacemos. La tecnología basada en el aprendizaje automático se ha extendido a tantos ámbitos y se ha convertido en una parte tan integral de la vida social que parece haberse vuelto *invisible* y suele experimentarse como no problemática. Tal *transparencia*, irresistibilidad y mutismo son características de la funcionalidad social de cualquier infraestructura tecnológica (Henrich 1976; Star 2017). Al hablar de la dimensión política de los algoritmos, no sólo debemos pensar en su utilización sino en la lógica específica con la que se inscriben en el mundo social. Hoy en día, todas nuestras acciones están relacionadas, de alguna manera, con programas estructurados algorítmicamente: desplazamientos, compras, decisiones de diverso tipo, opiniones... Aunque muchas de las cosas que decimos o hacemos tengan un curso analógico, están situadas en contextos estructurados algorítmicamente o son observadas mediante técnicas de inteligencia artificial.

Los algoritmos nos proporcionan una visión del mundo que depende tanto de su configuración o finalidades como de sus propiedades generales. Es cierto que ofrecen soluciones rápidas y eficientes a muchos de nuestros problemas, pero esta no es la cuestión. La digitalización no sólo hace la vida más eficiente, más rápida o más cómoda, sino que la modifica de un modo tan profundo que no resulta fácil hacerse cargo de hasta qué punto. Habitamos en un espacio algorítmicamente conformado, con independencia de que utilicemos o no esos algoritmos. Los no nativos digitales viven en un mundo digital, incluso los que carecen de cualquier competencia digital. En este contexto, carece de sentido hablar de un *poder* de los algoritmos y probablemente también de un «capitalismo de la vigilancia» (Zuboff 2018), ya que el modo en que los algoritmos impregnan el mundo social no establece una relación de dominio y subordinación que se imponga sobre la sociedad como una fuerza imperiosa y reprima la libertad política de una forma violenta. La capacidad de penetración de los algoritmos, por el contrario, procede del hecho de que los utilizamos y nos afectan sin una coacción exterior. El carácter tácito y dinámico de los «ensamblajes algorítmicos» (Ananny 2016) convierte en algo superfluo las atribuciones de responsabilidad que se diseñaron para tecnologías estables, y hace obsoleto, también, buena parte de su cuestionamiento crítico.

El problema democrático que plantean ambas propiedades –la desideologización y la irreflexividad– no es que los algoritmos tomen decisiones sino que no lo sepamos o que lo consintamos, de algún modo. La cuestión es si podemos, a su vez, politizar los algoritmos, considerar las decisiones algorítmicas como posibilidades de nuestra propia autodeterminación, o si no tenemos más remedio que rendirnos a ellas.

El hecho de que los algoritmos penetren e incluso configuren el mundo social y casi todos los aspectos de nuestras relaciones es lo que hace de ellos formas políticas. Pero no son políticos simplemente por su mera ubicuidad, ni porque sean objeto de procesos político-institucionales; su carácter político se debe a su estructura y al modo en que esa estructura impregna el mundo social. La digitalización tiene una gran relevancia política que no sólo tiene que ver con el hecho de que sea objeto de la política –que haya unas políticas de lo digital–, sino que la digitalización misma ha de ser entendida como un proceso político. Cuando hablamos de que la digitalización es política no nos estamos refiriendo a una actividad de los Estados. Lo político aquí aludido se refiere a la configuración o modificación de lo social.

3. La politización como garantía del pluralismo

La compatibilidad de la democracia y la inteligencia artificial depende de su politización, es decir, de su inserción en contextos más amplios, en los que se haga con los algoritmos lo mismo que las revoluciones democráticas modernas hicieron con el poder: dividirlo y problematizarlo, darle un plazo limitado y limitar, también, sus competencias, exponerlo a la contestación y a la crítica. Si no aceptamos que nadie ejerza un poder político indiscutible, igualmente, cuando se introducen procedimientos algorítmicos en el gobierno debemos establecer los espacios y cauces que permitan su cuestionamiento, monitorización y auditoría. La creciente tecnologización de los asuntos políticos debe estar compensada con la correspondiente politización de los procedimientos tecnológicos.

Cuando hablamos de democracia, la cuestión clave es proteger el pluralismo. Este pluralismo no es únicamente la diversidad ideológica, sino también la variedad de puntos de vista, de lógicas, actores y problemas.

La división del poder fue la respuesta histórica al desafío planteado por el absolutismo. En la sociedad de la información, la división del poder consiste en dividir la soberanía de la interpretación y el uso de datos e informaciones. Desde este punto de vista, el problema democrático de la inteligencia artificial se debe a su modo de pensar, a que, por así decirlo, reduce la «biodiversidad epistémica». La inteligencia artificial llevaría a cabo lo que denunciaba Hannah Arendt, en otro contexto, y se podría traducir como la «violenta desambiguación de lo ambiguo» o «univocidad de lo polisémico» (*Vereindeutigung des Vieldeutigen*) (Arendt 2002, 42). Si no aseguramos la intervención de otros criterios, el procedimiento algorítmico erosiona los presupuestos en los que se basa el pluralismo democrático, la diversidad de lógicas e interpretaciones de la realidad. Y es que el pluralismo político es, antes que nada, un pluralismo epistemológico. La política debe respetar las evidencias, por supuesto, pero, cuando se supone que sólo hay hechos y objetividades que no requieren ninguna interpretación, la democracia carece de sentido. La precisión algorítmica, al igual que los saberes expertos, cuando se presentan como objetividades indiscutibles, con sus procedimientos supuestamente desideologizados, entran en colisión con el pluralismo epistémico y normativo de las sociedades democráticas.

Es propio de la democracia la estimación de las evidencias tecnológicas y científicas, siempre y cuando no cuestionen el pluralismo de las interpretaciones de la realidad o la diversidad de los modos en que dichas evidencias pueden ponerse en juego cuando se trata de decisiones en las que han de hacerse valer, también, otros criterios. En los últimos años se viene insistiendo en que el saber experto es más plural y hay más autoridades epistémicas de lo que suele suponerse (Jasanoff 2007; Straßheim 2013). Este principio de pluralidad debería hacerse valer también a la hora de conceder el monopolio de la objetividad y validez a procedimientos epistémicos como los algoritmos o los *big data*. La democratización de estas tecnologías pasa –como ha ocurrido siempre que se configuraba una autoridad del tipo que fuera– por su inserción en espacios donde se articule el pluralismo propio de las sociedades democráticas.

La diversidad en los diferentes momentos del proceso es un requisito democrático fundamental. Podríamos mencionar varios asuntos en los cuales nuestro entorno digital plantea, precisamente, problemas de falta de diversidad y que requerirían una salvaguarda del pluralismo: tenemos un problema de diversidad derivado de la concentración de poder que ejercen unas pocas plataformas; hay carencia de diversidad en los sistemas de aprendizaje automático (Fazelpour / De-Arteaga 2022, 23); esa falta de diversidad en el mismo diseño de los sistemas de inteligencia artificial puede reforzar la discriminación, al dotarlos de una apariencia de objetividad (Mijatović 2018); hay toda una discusión acerca de cómo conseguir una mayor diversidad en la propia informática, una disciplina excesivamente dependiente de la ingeniería y con un modelo estereotipado de masculinidad (Zeising *et al.* 2014). El Foro Económico Mundial - WEF (2018) y la UNESCO (2022), entre otros, han advertido de la escasa presencia de mujeres entre los investigadores de la inteligencia artificial, del *software* y del aprendizaje automático; tenemos, también, un problema en el equilibrio de valores en la construcción y curación de los conjuntos de datos (Scheuerman *et al.* 2021); la falta de diversidad ha generado conocidos problemas de discriminación en el reconocimiento facial, que no tienen suficientemente en cuenta las diferencias locales y globales (Merler *et al.* 2019; Eichler / Topidi 2022); hay, también, una falta de diversidad en las recomendaciones de información (*news recommendations*) (Bernstein *et al.* 2020).

4. Parlamentarizar la digitalización

La política es –y no parece que deba dejar de serlo, tampoco, en la era de la inteligencia artificial– una forma de organizar la convivencia social que permite dar respuestas diversas a un conjunto abierto de preguntas (Dubiel 1994, 112). Si damos a este espacio político un formato digital sería razonable pensar que «todo sistema de aprendizaje automático es una especie de parlamento, en el que los datos de entrenamiento representan a un electorado más amplio y, como en cualquier democracia, es crucial garantizar que todo el mundo tenga un voto» (Brayne 2020, 33). Si no podemos calificar como democrática una sociedad que limitara el pluralismo, también debería preocuparnos, por ejemplo, una falta de diversidad en los datos con los que se entrenan los algoritmos. No sólo hay parlamentos donde se sientan nuestros representantes políticos; también los debe haber donde discutan los datos, los algoritmos y los artefactos. A esto nos referimos, en última instancia, cuando hablamos de politizar la digitalización. La democracia en la era digital es imposible sin una tematización expresa de las tecnologías. Los algoritmos implican, siempre, elecciones entre valores en competencia, que no pueden ser realizadas de acuerdo con razones puramente tecnológicas y requieren una amplia deliberación pública. La justicia de los algoritmos debe ser entendida como una cuestión política y debe ser resuelta políticamente, es decir, que no se trata de optimizar o mejorar las tecnologías algorítmicas sino de «considerar y dar cabida a intereses diversos y contrapuestos en una sociedad» (Wong 2020, 226). Esta idea de la parlamentarización de la diversidad se encuentra en el fondo de la recomendación a empresas y gobiernos de que, cuando basen sus decisiones en el aprendizaje automático, exploren y permitan formas alternativas de recopilar datos y modelizar el mismo acontecimiento, persona o acción (Hildebrandt 2019, 106), o en la propuesta de la Comisión Europea de que los procesos automatizados sean explicados de tal manera que puedan ser «debidamente cuestionados» (EC 2019, 13).

Una democracia es un sistema político que no clausura definitivamente las posibilidades de reflexión y cambio de las realidades institucionalizadas. La democracia es, en este sentido, un sistema político que institucionaliza la falta de una certeza absoluta, que pone en valor la contingencia del orden social, donde cualquier procedimiento administrativo, práctica tecnológica o apelación a verdades científicas pueden ser politizados. En una democracia, la incertidumbre sólo es neutralizada puntualmente (Esposito 2007, 4), y retorna, siempre, al horizonte de cuestionamiento y reflexividad en la que habitualmente vive.

La politización pasa, siempre, por el reconocimiento del carácter constructivo de las diferencias políticas, por no renunciar a las ventajas epistemológicas del desacuerdo institucionalizado entre los humanos, pero, también, entre nosotros y nuestros artefactos. Podríamos pensar, incluso, en la metáfora de un parlamento de los algoritmos y los artefactos, porque no existe una sola tecnología sino una variedad de ellas, que hacen valer distintos procedimientos y principios. En ese parlamento digital es donde habría que ponderar y equilibrar las justificaciones tecnológicas, la validez de los datos, los sesgos de los algoritmos, la utilidad de la automatización, de manera análoga a como lo hacemos con nuestras diferencias ideológicas y de intereses en las clásicas instituciones parlamentarias.

14

Democracia. Razones epistémicas de la resistencia democrática

Quienes sostienen, con miedo o esperanza, que la gobernanza algorítmica puede tomar el control de la política, de todo el proceso político, que la inteligencia artificial es capaz de hacerse cargo de la democracia o que puede *cargársela*, reconocen que eso no es todavía posible con las actuales posibilidades tecnológicas, pero que podría ocurrir en el futuro si tuviéramos unos datos de mayor calidad o instrumentos de computación más potentes. Quien teme o desea esta supresión algorítmica de la democracia da por sentado que algo semejante será, algún día, posible y que es sólo una cuestión de avance tecnológico. De ser así las cosas, no habría ningún límite infranqueable por principio. Quiero oponer, a esta concepción, un límite que no es tanto normativo como epistemológico; hay cosas que la inteligencia artificial no puede hacer porque *no es capaz*, no porque *no deba* hacerlo, y esto queda especialmente claro en el ámbito de esa decisión tan peculiar que es la política. Las máquinas y los humanos decidimos de una manera muy diferente, estamos especialmente dotados para un tipo de situaciones y somos muy torpes en otras. Y *en lo propiamente político de la política* es donde este contraste y nuestra mayor idoneidad son más manifiestos. Si esto fuera cierto, como creo, entonces la posibilidad de que la democracia pueda ser, algún día, superada por la inteligencia artificial es, como temor o como deseo, manifiestamente exagerada, lo cual tiene, también, su contrapartida: si el miedo a que la democracia pueda desaparecer en manos de la inteligencia artificial no es realista, tampoco habría que esperar de ella beneficios exorbitantes. Por razones de carácter epistémico que voy a explicar, no parece verosímil que la inteligencia artificial sea capaz de hacerse cargo de la lógica política.

La pretensión de sustituir la política por actividades que se le parecen –la administración, el conocimiento, la tecnología– viene de lejos. Esta seducción de las lógicas vecinas se hace más poderosa en la misma medida en que la política, tal y como es habitualmente llevada a cabo, nos decepciona con sus fracasos. El recurso a los expertos o a la tecnología, su valoración con categorías económicas o como procuradora del orden social parecen más prometedores que la vieja política, ideológica y huraña, arriesgada e inexacta. La tentación de dejar atrás ese periodo de furia e imprecisión ideológica viene hoy impulsada por las tecnologías que acompañan a la inteligencia artificial, la decisión algorítmica, el análisis de datos y la automatización. Esta colonización comienza, a mi juicio, por una confusión epistémica, en virtud de la cual unos modos de pensar que tienen pleno sentido en un ámbito y que son admirados por su precisión se extrapolan a otros, en los que no pueden producir más que distorsiones de la realidad. La exactitud algorítmica se transforma en inexactitud cuando abandona su carácter instrumental e invade, con su lógica, los espacios en los que debe decidirse con procedimientos políticos y democráticos acerca de los valores y los fines de la sociedad.

La gobernanza algorítmica trata de reintroducir en la sociedad democrática aquel criterio seguro, exacto e incontrovertible que representaron, en otro momento, los expertos y que el pluralismo político se resistió a aceptar. Entonces como ahora, el equilibrio democrático se logra confrontando el saber experto con la crítica pública y auditando los algoritmos con criterios que incluyan, en los sistemas de decisión automatizada, una visión completa de la comunidad política. No tendría sentido que cometiéramos, con la gobernanza algorítmica, aquel error que nos resistimos a cometer ante la seducción tecnocrática. No hay que tener miedo de la inteligencia de las máquinas, ni de su estupidez, sino de la nuestra, si les confiamos tareas para las que no tienen el tipo de inteligencia que sería necesaria.

1. Dos modos de pensar y decidir

La mejor manera de defender la política democrática es identificar bien su naturaleza. La defensa de la lógica política frente a su colonización pasa por identificar correctamente qué hace tan peculiar a la política frente a quienes pretenden suplantarla. Y su primera caracterización es de naturaleza epistemológica: la política es una actividad que no ejerce un tipo de razonamiento lineal y deductivo, que gestiona situaciones de especial ambigüedad y que tiene que decidir en medio de una gran incertidumbre y contingencia. Esta peculiaridad la caracteriza frente a la lógica algorítmica, que exige claridad, objetividad y precisión. Aquí están los verdaderos límites de todo tratamiento algorítmico de los asuntos políticos, pero, también, el fundamento de la democracia. Que organicemos democráticamente la sociedad no es una concesión normativa sino, sobre todo, una consecuencia inteligente de la experiencia de que los asuntos fundamentales que se refieren a la vida pública han de ser decididos mediante instrumentos que sean capaces de gestionar un alto grado de incertidumbre.

Las preocupaciones democráticas –garantizar el pluralismo, minimizar la imposición, dificultar la concentración del poder, posibilitar la revisión de los acuerdos– son, antes que nada, estrategias epistemológicas. Hacemos todo eso para protegernos del error y hacer más verosímiles los aciertos. La algoritmización de las decisiones políticas, aun siendo un gran instrumento para hacer frente a determinadas formas de complejidad –fundamentalmente, las que requieren muchos datos o precisión en la medición de preferencias e impactos–, es muy torpe en relación con otras formas de complejidad que proceden de la naturaleza ambigua y contingente de las situaciones políticas. La cuestión acerca de la idoneidad de la inteligencia artificial para asumir un protagonismo político remite a una ponderación anterior sobre qué lógica es más propia de la política en una sociedad democrática y cómo equilibrarlas: el reduccionismo del cálculo frente al pluralismo reflexivo (Koster 2021). Protegemos la democracia en la misma medida en la que protegemos un espacio propio para la gestión de asuntos que no se resuelven con una lógica deductiva, que son ambiguos, inciertos y contingentes, cuando nos resistimos a la despolitización que supondría tratarlos con instrumentos que sólo son pertinentes cuando se trata de problemas que se caracterizan por todo lo contrario.

La primera diferencia entre los humanos y las máquinas la encontramos en el tipo de razonamiento a partir del cual se toman las decisiones políticas frente a cómo funciona la decisión algorítmica. Los algoritmos deciden con relativa facilidad cuando se trata de árboles de decisión del tipo «*if... then*», donde la relación entre un *input* y un *output* es clara. Los humanos no utilizarán nunca la información con la misma eficacia que los algoritmos de aprendizaje (Kahneman *et al.* 2021, 112). El conocimiento de la inteligencia artificial se refiere a un mundo objetivo, reducible a categorías binarias y calculable. El mundo es, para ella, un conjunto de hechos que pueden ser deducidos lógicamente a partir de unas reglas concretas y modelizados computacionalmente. Desde el punto de vista epistemológico, la elaboración de la información sigue un modelo de cálculo lógico. El cálculo de la inteligencia artificial no tiene como punto de referencia el contexto del *input*, su especificidad, sino la corrección de las operaciones lógicas. De este modo, los asuntos que maneja son separados de sus contextos particulares y considerados como fenómenos aislados, de manera que la coherencia lógica del sistema es más importante que las posibilidades plurales de interpretación de la situación (Bächle 2016, 22).

Si los seres humanos nos desenvolvemos razonablemente bien en situaciones de ambigüedad es porque tomamos en consideración el contexto, algo difícil de captar por un algoritmo o un análisis de datos. Todo lo que modeliza o automatiza implica una simplificación que se desentiende del contexto. El éxito de la industria de producción en masa del fordismo se debe a la estandarización, pero este tipo de organizaciones dejan de ser óptimas cuando hay actividades que no se pueden entender y organizar mediante su tipificación. Un ejemplo de ello en el actual entorno digital son las recomendaciones que responden a nuestro consumo espontáneo y no identifican lo que podrían ser nuestras preferencias en el largo plazo (O'Neil 2016, 12) o, más en general, los datos obtenidos en un contexto (preferencias de consumo) que son utilizados en otro bien distinto (decisión política). Los humanos cometemos muchos errores pero somos, en principio, más capaces que los algoritmos de entender los diferentes contextos.

2. LA AMBIGÜEDAD POLÍTICA

Los algoritmos funcionan con una lógica 0/1, que es lo más opuesto a la ambigüedad. Cuando los algoritmos trabajan con categorías de verosimilitud terminan rindiéndose a respuestas binarias, pues sólo ellas son computarizables de acuerdo con categorías objetivas. Todo lo que sea borroso, indefinido, no formalizable o impreciso tiene un difícil tratamiento en la lógica binaria. Los algoritmos son apropiados para desenvolverse en circunstancias definidas y cuantificables, pero incapaces de preguntarse por el sentido o la validez. La única manera de corregir este sesgo es propiciar un cuadro de valoración en el que se consideren otras magnitudes como el sentido común, la empatía, la desviación o la calidad.

Aquí reside la principal ineptitud de los dispositivos algorítmicos para hacerse cargo de decisiones políticas. La política consiste en decidir en medio de condiciones en las que no hay una evidencia incontrovertible, donde los objetivos suelen ser cuestionables, ambiguos y necesitados de concreción. Las máquinas son de limitada utilidad cuando se trata de problemas que no están bien estructurados, para los que no hay muchas evidencias, de difícil identificación, escasamente cuantificables, que no son regulares y repetitivos. Las máquinas sirven para una racionalidad de tipo instrumental pero apenas, para problemas complejos, cuando el problema consiste, precisamente, en la definición del problema, más que en su solución. Cuanto más definida y estable es la situación, más verosímil es que el aprendizaje automático sobrepase a los humanos. La decisión algorítmica es ideal para situaciones ciertas, en las que no hay necesidad de debatir los fines, y los criterios de éxito son claros. Esta es la razón de que la inteligencia artificial sea tan buena en los juegos, es decir, en los entornos donde las reglas son completas y consistentes (Gigerenzer 2022). El problema es que las situaciones sociales no tienen el carácter de los juegos.

El algoritmo sólo puede resolver problemas predeterminados y traducibles en códigos matemáticos. No está a su alcance la identificación de un problema fuera de su ámbito definido, determinar qué es o no relevante en cada situación, es decir, lo que se ha llamado el «problema de marco» (*frame problem*) (McCarthy / Hayes 1969), que no es tanto un problema práctico sino epistemológico (Dennett 2006, 148). La inteligencia artificial no está en condiciones de definir como relevante o irrelevante todo posible escenario. Aquí nos topamos con un límite muy importante, pues si algo define a la política –por ejemplo, frente a la racionalidad administrativa– es su disposición a hacerse cargo de realidades imprevistas, constelaciones que no encajan del todo en las previsiones estandarizadas. La automatización tiene una lógica que no cuadra bien con las novedades a las que se enfrenta una sociedad abierta. La democracia es una forma de organización de la vida colectiva que no tiene un repertorio limitado de respuestas a las nuevas situaciones, que permite el cuestionamiento de la tradición, donde no hay nada impertinente, que politiza cualquier cosa, que tolera siempre la crítica y, todo ello, no tanto por virtud sino por el principio epistemológico de que ninguna opinión agota las interpretaciones posibles de la realidad.

La racionalidad algorítmica, en cambio, no tolera la variedad y ambigüedad de los fenómenos sociales, sino que los reduce a un número del que deduce estructuras y causalidades (Becker / Seubert 2020, 238). El deseo de asegurar la libertad política ha convivido siempre con la pretensión de limitar el campo de lo políticamente cuestionable. La exactitud que esperamos de los algoritmos es una sofisticación del viejo proyecto de transformar una realidad continua en una representación discreta, de manera que, gracias a la cuantificación, los asuntos humanos se hagan conmensurables y calculables, aumentando, así, las posibilidades de control (Mau 2017). Todas las formulaciones sin reflexividad de los indicadores y el cálculo pretenden dar una versión de la realidad más exacta que la que proporcionan las apariencias de la percepción. Cuando esta racionalidad cuantitativa sobrepasa sus posibilidades auxiliares y se erige en equivalente funcional de la política, no solamente reduce la tarea de gobernar sino que cuestiona el valor democrático de la reflexividad. La política tiene una dimensión de cálculo y medición, pero lo que más la caracteriza en una sociedad democrática es que se ocupa de articular la discusión acerca del significado de esa realidad que hemos cuantificado.

La gobernanza algorítmica, que es inconsciente de sus propios límites, comete, de entrada, el error de pensar que las situaciones sociales y las soluciones políticas pueden ser categorizadas con una claridad que despeje cualquier ambigüedad. Siendo muy razonable esa aspiración, no parece que esto sea posible y corremos el riesgo de confundir un deseo con la realidad y declarar como improcedente el cuestionamiento de los diagnósticos y las decisiones. La democracia, en cambio, debe mucho al carácter ambiguo de las realidades en las que vivimos. Tal vez no necesitaríamos organizar la discusión, tolerar la crítica o permitir la alternancia si la realidad fuera incontrovertible. Hay una conexión de fondo entre la lógica elemental de las decisiones humanas y la lógica democrática. La pretensión de gobernar con la mayor exactitud posible ha de precaverse de la tentación de declarar como incuestionable la exactitud alcanzada y, sobre todo, debe permitir la intervención de otras modalidades de conocimiento que no se rijan, propiamente, por criterios de exactitud.

La política tiene mucho que ver con esa capacidad humana de poner en juego diversos modos de conocer, pero, especialmente, con las destrezas gracias a las cuales conseguimos manejarnos en situaciones de incertidumbre. Comparados con las máquinas, los humanos razonamos y decidimos de manera increíblemente certera en medio de situaciones de ambigüedad, confusión e incertidumbre. Pensemos en el clásico ejemplo sobre la capacidad de un niño de reconocer un gato tras haber visto sólo dos imágenes, frente al enorme número de imágenes que necesita una máquina para ello. Si algo nos caracteriza es que no somos tan ineptos como cabría esperar en situaciones con información escasa o de mala calidad. Los seres humanos tenemos que tomar buena parte de nuestras decisiones en medio de la ambigüedad y la incertidumbre. Si esta situación es incómoda, deberíamos tener en cuenta, también, que a ella debemos nuestro pluralismo, por lo que una reducción forzada de esa diversidad implicaría limitar la diversidad de opiniones y valores que caracteriza a una sociedad democrática (Herzog 2021).

Es cierto que los humanos tenemos muchos sesgos característicos y hay una amplia literatura al respecto, pero lo que esa literatura revela es que se trata de sesgos muy diferentes a los de los procedimientos algorítmicos y que no hay sesgo que no tenga su reverso positivo. Muchos de ellos suelen obedecer a una estrategia heurística. Que los humanos decidamos relativamente bien con información escasa, por ejemplo, es debido a que, a lo largo de la historia, hemos tenido que sobrevivir en entornos de información escasa. Dada la actual sobrecarga de información, esta habilidad no nos exime de aprovechar las tecnologías que pueden procesar cantidades enormes de información. La ventaja evolutiva de los humanos es que podemos aprovecharnos de las tecnologías de procesamiento de datos sin tener que sacrificar nuestra especial habilidad para decidir cuando los datos son escasos porque, de hecho, por muchos datos de que dispongamos siempre –y, especialmente, en la política– habrá situaciones en las que la decisión no esté del todo clara. «La esencia de la inteligencia es el principio de adaptarse al entorno trabajando con conocimientos y recursos insuficientes» (Wang 2019). Pensemos, también, en nuestra lentitud característica, que tantas veces lamentamos cuando se trata de calcular. Aunque los algoritmos sean capaces de procesar un mayor volumen de datos más rápidamente que los humanos, nuestra lentitud no es un error evolutivo sino una ventaja en comparación con las máquinas, una diferencia que nos permite evitar los errores vinculados a la prisa inconsciente o hacernos preguntas más profundas.

3. La contingencia política

Los procedimientos algorítmicos operan con un grado de exactitud que contrasta con la gestión de la incertidumbre que es propia de la política. Buena parte de la pertinencia o no de las decisiones políticas, más que por criterios tecnológicos, lógicos o morales, se determina por una especificidad política que tiene que ver con factores contextuales, criterios de oportunidad, equilibrios y transacciones. Pocas veces la política decide con categorías binarias –lo bueno frente a lo malo, la verdad frente a la falsedad– o, si se prefiere: lo más específico de la política es decidir una vez esos criterios rotundos ya han sido tenidos en cuenta y falta todavía por decidir lo más importante. Los procedimientos algorítmicos sirven para reducir la complejidad pero no parece que vayan a suprimir absolutamente la incertidumbre en la que se adopta una buena parte de las decisiones políticas, lo cual supone una decepción de sus promesas de objetividad, para alivio de quienes temían el final del pluralismo político.

La democracia es incertidumbre organizada (Przeworski 1991, 13). La política, en una sociedad democrática, es el manejo de la contingencia de las cosas, que siempre podrían ser de otra manera. Ser conscientes de esta contingencia permite ver las circunstancias políticas como el producto de procesos históricos y no como un destino, resultados del hacer humano, configurables y modificables. Por eso, no hay vida política sin concurrencia, competición o conflicto. Tocqueville hablaba de la inquietud permanente de la democracia (1835, 219) y Luhmann de una irritación continua (1987, 129). Esta condición es lo que explica su apertura, indeterminación y discontinuidad.

Que la política sea una actividad especialmente contingente quiere decir que se refiere a un conjunto de temas que no pueden ser resueltos por un flujo de información y conocimiento que hiciera innecesaria la decisión; la política comparece allí donde sabemos cuanto podía saberse, tras haber discutido todo lo posible, recabado el parecer autorizado de los expertos, habiendo recurrido a todas las técnicas de datificación disponibles... y sigue sin estar del todo claro qué es lo que habría que hacer. Entonces, se toma una decisión, lo mejor informada posible, pero decisión al fin y al cabo, es decir, no abrumadora, y sí contestable y revisable. Los procedimientos de la inteligencia artificial no pueden exonerarnos de esa decisión. Hay política allí donde, pese a toda la sofisticación de los cálculos, nos vemos finalmente obligados a tomar una decisión que no está precedida por razones aplastantes ni conducida por unas tecnologías infalibles. Es cierto que todos los procesos de tecnologización tienden a modelizar o automatizar, de manera que el «factor humano» sea menos relevante, y ese objetivo no carece de justificación.

Las sociedades contemporáneas requieren una gran movilización de conocimiento, instrumentos de análisis más certeros, mejores tecnologías y una administración más eficiente. Es muy discutible que los algoritmos y la automatización puedan hacerse cargo de *todo* el proceso decisional pero, aunque así fuera, en una democracia, la idoneidad de las decisiones no puede establecerse sin hacer valer una lógica cuya legitimidad reside, en última instancia, en nuestra libre voluntad política. En la democracia, los procedimientos son más importantes que los resultados. La democracia consiste, principalmente, en *cómo* se producen los resultados (Tasioulas 2022). La autoridad en una democracia no deriva de las buenas razones que pueda haber detrás de las decisiones sino de la publicidad del razonamiento. En una democracia, el proceso por el que se toma una decisión es tan importante como la decisión misma.

Una democracia produce mejores decisiones que sus modelos alternativos pero no debe su legitimidad última a la bondad de sus decisiones sino a la autorización popular que sustenta esas decisiones. De alguna manera, podría afirmarse que no es que haya democracia *porque* sabemos lo que hay que hacer o porque hacemos lo correcto, pero tampoco *a pesar de* que no lo sabemos, sino *gracias a* que no lo sabemos. La inevitabilidad de decidir es la justificación definitiva para que la democracia sea una forma de gobierno en la que los legos tienen la última palabra sobre los expertos. No parece que haya, hoy por hoy, un dispositivo, ni analógico ni digital, que nos libere completamente de esta necesidad de decidir.

4. LA INCERTIDUMBRE DEMOCRÁTICA

Hay ocasiones en las que una evidencia pone punto final a una controversia política, pero lo más frecuente es que incluso las proposiciones con aspiraciones de evidencia científica sean confrontadas con otras supuestas evidencias, que en los debates políticos se hagan valer distintas modalidades epistémicas. La apelación a la neutralidad de los procedimientos o a la objetividad de las opiniones expertas autorizadas no hace innecesario el momento de la decisión política porque casi nunca la política está precedida de razones abrumadoras.

Existe una conexión entre el entorno epistemológico que se describe mediante las categorías de la ambigüedad o la contingencia y nuestras instituciones democráticas. Podemos lamentar no disponer de mayores evidencias y seguridades, pero tal vez deberíamos considerar que hay democracia, precisamente, porque nuestro conocimiento es tan escaso y somos tan proclives al error. Así considerada, la incertidumbre puede resultar un inesperado factor de democratización. Es justo allí donde nuestro conocimiento es incompleto donde son más necesarias las instituciones y los procedimientos que favorezcan la reflexión, el debate, la crítica, el consejo independiente, la argumentación razonada y la competición de ideas y visiones (Majone 1989). Nuestras instituciones democráticas no son una exhibición de lo mucho que sabemos sino un reconocimiento de nuestra ignorancia.

Es política aquel tipo de decisión que tomamos cuando, incluso tras un largo proceso de deliberación y precedida por todos los análisis objetivos a nuestro alcance, la opción óptima sigue sin estar del todo clara. Quien no entienda esto interpretará que la política es arbitraria y oportunista, y será especialmente seducible por cualquier promesa de exactitud formulada por los expertos, las máquinas o los algoritmos, pero no habrá entendido de qué va la política, especialmente de qué va la política en una sociedad democrática. Un mundo humano tiene que ser un mundo negociable.

Conclusión

El futuro de la democracia en la era digital

La historia de la tecnología es una sucesión de promesas y decepciones, y la inteligencia artificial no iba a ser una excepción. Dado su actual desarrollo, no estamos en un momento de balance *ex post* sino de expectativas y temores *ex ante*. El desconocimiento de los efectos de una tecnología nueva desata los calificativos más variados; puede ser celebrada como el triunfo de la comodidad y la exactitud, la victoria definitiva sobre los prejuicios o el final de la arbitrariedad, pero también hay quien lamenta la periferización de los humanos en un mundo en el que parece que hubiéramos dejado ya de decidir. Para algunos, la gobernanza algorítmica es intrusiva, mientras que otros la defienden como inclusiva y respetuosa con la diversidad social. Si la democracia es el *cratos* del *demos*, no está muy claro hasta qué punto es democrático delegar en la tecnología nuestras decisiones. Como suele ocurrir cuando estamos ante una innovación tecnológica de resultados inciertos, utopías y distopías hacen su aparición con la misma rotundidad. A esta inquietud se suma el hecho de que el mundo sufre un proceso de aceleración que lo hace cada vez más un lugar extraño y descontrolado. En 1922, cuando la radio era un artículo de lujo, acababa de inventarse la televisión y la aparición de internet no era siquiera previsible, Walter Lippmann ya escribía: «el mundo con el que tenemos que tratar políticamente está fuera de nuestro alcance, fuera de nuestra vista, fuera de nuestra mente» (1997, 18). O bien la realidad y la sensación de descontrol son una constante humana o bien el control sobre el mundo está sobrevalorado.

La cuestión decisiva es cómo hemos de interpretar la automatización general y hasta qué punto esta impide decidir el destino personal y colectivo o lo realiza de otro modo. ¿Estamos los humanos en el *loop*, en el bucle decisional, o nos espera una inexorable marginalización? ¿Podría llegar un día en que los sistemas inteligentes lo decidieran todo? ¿Será la inteligencia artificial nuestra última invención? (Dessalles 2019, 8). Se evoca el fantasma de un mundo que funcionaría sin nosotros, en nuestra ausencia, vaciado de toda voluntad humana (Baudrillard 2007, 44). Con la automatización, podríamos estar programando nuestra propia obsolescencia. Marvin Minsky afirmaba que deberíamos considerarnos unos afortunados si, en el futuro, las máquinas inteligentes nos tienen como «animal de compañía». «Tal vez sea el destino del hombre ser la primera especie que cree a sus propios sucesores evolutivos» (De Mul 2014, 473).

1. LA HISTERIA DIGITAL

¿Qué les pasa a la política y a sus instituciones específicas cuando cambia radicalmente el entorno tecnológico? ¿Qué transformaciones políticas asociamos a la robotización, la digitalización y la automatización? Todavía es difícil saberlo, y tal vez esa ignorancia explique el hecho de que se hayan formulado dos tipos de diagnósticos que implican, aunque por motivos contrapuestos, cierta despedida de la política: los profetas del entusiasmo anuncian el poder absoluto de la tecnología sobre la política, algo que consideran, fundamentalmente, positivo. La mayor parte de los actuales diagnósticos acerca de la significación histórica de la digitalización son histéricos, están llenos de exageraciones y simplificaciones, de expectativas desmesuradas y miedos difusos o melancólicos, como si en el mundo analógico hubiéramos gozado de una democracia plena, que ahora estuviera únicamente amenazada por la digitalización. Las máquinas inteligentes van a adquirir tal nivel de sofisticación y potencia que nuestra razón y nuestra voluntad, tan limitadas, no harán otra cosa que secundarlas, temen los afectados, mientras que sus diseñadores se consideran con el control de mando de su desarrollo o minusvaloran sus impactos negativos. La tecnofilia y la tecnofobia comparten la suposición de que la lógica de la tecnología puede sustituir a la de la política; sólo se diferencian en considerarlo una buena o una mala noticia.

Como era previsible, la irrupción de la era digital ha suscitado nuevas esperanzas, por una parte, como una gran oportunidad para superar la crisis de la democracia, en la medida en que permitía recuperar elementos interactivos y participativos, así como una mejora de la calidad de las decisiones. Ya Norbert Wiener hablaba de unas máquinas que remplazarían los viejos artefactos de la política en una «nueva era automática» (Wiener 1954). La digitalización despertó, al principio, un gran optimismo y la expectativa de una mejora cualitativa de la democracia. En los años setenta, en los entornos de Silicon Valley, surgieron las primeras representaciones visionarias de una nueva forma de anarquismo democrático. Las nuevas posibilidades tecnológicas para comunicarse y la inmensa información disponible, con un mínimo coste, parecían presagiar el surgimiento de una ciudadanía informada y activa. Con la llegada de las redes sociales en el cambio de siglo, aquello parecía una «e-gora» ideal para el intercambio de opiniones e ideas, y la realización final del sueño democrático (Helbing 2019; Ennals 1987). Se aseguraba que disponíamos de un «empoderamiento de la red», una verdadera «tecnología de la liberación» (Diamond 2011), al mismo tiempo que el ordenador personal se convertía en un aparato de contraofensiva frente al control estatal (Mersch 2017). La inteligencia artificial vendría a transformar, también, las prácticas políticas, a resolver los problemas ante los que ha fracasado la vieja política y a reparar o sustituir las estructuras debilitadas o ausentes de la democracia representativa (Howard 2015, 161; Rheingold 1993). La «democracia de los datos» será más representativa que cualquier otro modelo de democracia en la historia humana, las urnas pronto se convertirán en reliquias del pasado cuando nuestra opinión puede estar siendo requerida de modo automático miles de veces cada día. Los pesimistas preguntarán, con razón, por qué llamar democracia a ese dispositivo.

Habría que mencionar, también, una variante que combina el optimismo tecnológico y la culminación del sueño democrático en un modelo que resulta siniestramente similar al de su desaparición. No deberíamos minusvalorar el riesgo de que el tecnoautoritarismo resulte cada vez más atractivo en un mundo en el que la política cosecha un largo listado de fracasos. Hay quien sostiene que los algoritmos y la inteligencia artificial pueden distribuir los recursos más eficientemente que el pueblo irracional o mal informado. Una nueva especie de populismo tecnológico podría extenderse bajo la promesa de una mayor eficiencia. Sería algo así como una versión digital de la clásica tecnocracia, coaligada, ahora, con las grandes empresas tecnológicas, con irresistibles ofertas de servicios, información y conectividad.

El otro diagnóstico sobre el futuro de la democracia es pesimista, en la medida en que se hace responsable al nuevo entorno tecnológico de la pérdida de capacidad de gobierno sobre los procesos sociales y la desdemocratización de las decisiones políticas. En el histérico vaivén de la valoración histórica de la tecnología nos encontramos, actualmente, en un momento más bien negativo. El primer optimismo ha sido desmontado o, al menos, limitado por diversas experiencias negativas, desde el fracaso de las primaveras árabes, impulsadas por una nueva generación digital, hasta la transformación de un espacio público que parecía muy prometedor en un lugar de manipulación y banalización de la conversación democrática. Internet fue recibido, en un comienzo, como tecnología genuinamente democrática, mientras que ahora es percibida como una amenaza. Hay cierta revuelta popular contra la tecnología: pensemos en las protestas anti-Uber, en la preocupación por los accidentes de los coches automatizados, en la desconfianza frente a los transgénicos o en las sospechas sindicales frente a la robotización del trabajo. La red, que fue saludada como impulsora de la democratización, es vista, ahora, como un espacio de intromisión, ya sea en el ámbito de la privacidad o en los procesos electorales. Cuanto más extensos son los *big data*, más pequeños parecen los ámbitos en los que mantenemos nuestra capacidad autónoma de decisión. La inteligencia artificial está siendo considerada, cada vez más, como una amenaza, como una tecnología que impide la libre decisión, consolida las brechas y que, en última instancia, está en contradicción con nuestra capacidad de decidir libremente.

En términos generales, se puede advertir que, en poco tiempo, hemos pasado del ciberentusiasmo a la tecno-preocupación; en vez de entender las nuevas tecnologías como fuentes de capacitación, cada vez las considera-mos más como artefactos para el desempoderamiento. La discusión sobre las tecnologías digitales ha dado un giro radical en los últimos años. En comparación con las expectativas masivamente optimistas de los años noven-ta, al acercarse el año 2010 comenzaron a ser dominan-tes las visiones críticas. Las principales publicaciones de ese periodo lo atestiguan: de la «comunidad virtual» (Rheingold 1993), el «ser digital» (Negroponte 1995), la «era de la información» (Castells 2001-2003), la «ri-queza de las redes» (Benkler 2006) y el «aquí viene todo el mundo» (Shirky 2008), se pasa a la «desilusión de la red» (Morozov 2011), al «capitalismo de la vigilancia» (Zuboff 2018), al Estado vigilante (Dahlberg 2011; Rou-vroy 2013; Hofstetter 2018; Spiekermann 2019; Miller / Vaccari 2020) y a la «ciberguerra» (Kaplan 2016). «Los macrodatos salvarán la política», así titulaba la revista *MIT Technology Review* su primer número de 2013. Tan sólo cinco años más tarde, en el otoño de 2018, bajo la impresión del escándalo de Cambridge Analytica, de las noticias falsas (*fake news*) y los discursos de odio en internet, la misma revista aseguraba en su portada: «La tecnología está amenazando nuestra democracia. ¿Cómo la salvaremos?». Un año más tarde, *The Economist* ya hablaba de un autoritarismo de la inteligencia artificial (*aithoritarianism*), que podría destruir las instituciones democráticas. Todo nuestro vocabulario al respecto se ha llenado de términos con connotaciones negativas: bots, panóptico digital, capitalismo de la vigilancia, neo-feudalismo, *big nudge* (la alteración y manipulación de las conductas), grandes plataformas, polarización, cámaras de eco, posdemocracia, robocracia (Wagner 2015). Para Hawking nos encontramos ante «el peor acontecimiento de la historia de nuestra civilización» (Molina 2017), una amenaza para la democracia (Welzer 2016; Hofstetter 2016; O'Neil 2016), en virtud de la cual la democracia liberal puede quedar obsoleta en el próximo siglo (Harari 2018). ¿Estamos entrando en un nuevo totalitarismo de la mano de la ideología de la optimización? ¿Siguen teniendo sentido la información razonada, la decisión propia, el autogobierno democrático en esos nuevos entornos tecnológicos?

2. El condicionamiento digital de la democracia

Mi tesis a lo largo de este libro ha sido que la democracia en la era de la inteligencia artificial ni se va a superar ni se va a suprimir; se va a *condicionar*. Los diagnósticos a los que acabo de aludir sobre el destino de la democracia tienen algo de oráculo o profecía. Propongo, en cambio, que revisemos los enfoques con los que se hacen las previsiones de supervivencia o desaparición de la democracia y los remplacemos por otros más modestos y, sobre todo, que abandonemos aquellos que nos impiden ir al núcleo de la cuestión: fundamentalmente, que dejemos de hablar de *impacto* y que examinemos el *condicionamiento*, es decir, que no entendamos la transformación digital como un meteorito que viene de fuera sino como una evolución de nuestras tecnologías y prácticas sociales (con elementos disruptivos, ciertamente). En los análisis dominantes hay una perspectiva unidireccional que habla del influjo de lo digital sobre la democracia, en vez de pensar que la democracia y la digitalización son dos procesos que coevolucionan (Thaa / Volk 2018). La discusión acerca de la relación entre la digitalización y la democracia gira en torno a la cuestión de si la digitalización fortalece o debilita la democracia. La digitalización aparece como una fuerza arrolladora y la sociedad como un receptor más bien pasivo del progreso tecnológico. En esta imagen hay un doble reduccionismo. Por un lado, parece aceptarse que la democracia es una construcción estática. Por otro, la digitalización sería una fuerza que se desarrolla linealmente y de acuerdo sólo con su propia lógica. Pero la democracia es, por su misma naturaleza, una construcción abierta, y la digitalización, una tecnología en evolución y contingente (Clark 2016). Aunque la dirección que adopte responda a sus posibilidades tecnológicas, dicha evolución tendrá lugar en un entorno social y político.

El planteamiento que critico concibe la democracia, en última instancia, como una realidad analógica que se fortalece o debilita por la digitalización. Cuando se analiza la articulación entre una determinada tecnología y la política democrática es fundamental entender la naturaleza de esa tecnología, sus peculiaridades específicas, de las que proceden tanto sus riesgos como sus beneficios. Una adecuada teorización de las posibilidades, límites y amenazas de la digitalización para la democracia sólo puede funcionar si se reconoce la nueva lógica, en lugar de hacer lo contrario, entender que los conceptos conocidos del mundo predigital se fortalecen o debilitan por la digitalización. En este caso, estaríamos juzgando el mundo digital desde las categorías del mundo analógico, cuando lo que verdaderamente se necesita es valorar la digitalización de acuerdo con su propia lógica y en función de sus propias promesas.

Hago esta advertencia porque una visión ampliamente compartida, tanto en la literatura académica como en los documentos institucionales, parece entender que la democracia debe ser protegida de una especie de «invasión extranjera», una perspectiva que no permite identificar de manera adecuada las amenazas y oportunidades que ella misma representa para la democracia (Benkler *et al.* 2018). La opinión pública está preocupada por las injerencias externas sobre los procesos electorales, pero deberíamos pensar, más bien, en el condicionamiento propio que tales dispositivos tecnológicos ejercen sobre nuestras decisiones colectivas y nuestra forma de conversación democrática. Por supuesto que es fundamental proteger la libertad de los procesos políticos y asegurar que los bots no distorsionen la información y la opinión pública, pero parece más importante preguntarnos acerca de las distorsiones que proceden de la tecnología misma, de su propia naturaleza, o si están diseñadas o reguladas adecuadamente.

Por poner sólo un ejemplo: las propuestas de los gobiernos y las instituciones para luchar contra la desinformación no consideran el hecho de que la inteligencia artificial no sólo ha modificado el contenido de la información, sino también su significado y su valor. El borrador de las *Directrices éticas para una IA fiable* (EC 2018) exige «respeto de la democracia», que se traduce en que «Los sistemas de IA deberían servir para mantener e impulsar procesos democráticos, así como para respetar la pluralidad de valores y elecciones vitales de las personas. Los sistemas de IA no deben socavar los procesos democráticos, las deliberaciones humanas ni los sistemas democráticos de votación», lo que constituye un grado muy bajo de ambición democrática. Algo parecido revela el *Libro Blanco sobre la inteligencia ar-*

tificial (EC 2020), cuando afirma que «el uso de sistemas de inteligencia artificial puede tener un papel importante [...] en el respaldo de los procesos democráticos y los derechos sociales». Sólo dice esto respecto a los problemas y oportunidades que la inteligencia artificial puede representar para la democracia, como si lo único relevante fuera su *utilización* para los procesos democráticos. La tecnología altera el paisaje en el que se producen las interacciones humanas; no facilita ningún resultado, pero la idea de que «la tecnología es sólo una herramienta» subestima su capacidad para estructurar las situaciones en las que se producen esas interacciones. Este planteamiento reduccionista es el que intenté superar en el informe que realicé para la UNESCO y que examina no tanto las amenazas exteriores como la condicionalidad que el nuevo entorno digital plantea a nuestras instituciones y prácticas democráticas, fundamentalmente al transformar nuestros modos de conversar y decidir (UNESCO 2024).

Venimos de unos años en los que internet era considerado un fenómeno natural y, en vez de preguntarnos qué hacer con él, hacíamos cábalas acerca de si sus inevitables efectos iban a ser positivos o negativos. Muchos de estos diagnósticos rozan el fatalismo y neutralizan el esfuerzo de pensar, más bien, en qué condiciones se puede producir una colaboración entre la tecnología y la política que fortalezca la democracia y refuerce sus valores centrales, al tiempo que inscriba estas tecnologías en un contexto humano y social, sin el cual su significado quedaría muy reducido. Internet, los algoritmos y la digitalización en general son manifestaciones de una tecnología digital generada por decisiones humanas y, por lo tanto, no deben entenderse de forma determinista (Hofmann 2019; Schröder / Schwanebeck 2017).

En lugar de un canal de transmisión neutral, estos medios crean espacios para diferentes opciones de acción en el sistema democrático.

No ayuda mucho a clarificar este debate limitarse a señalar que tiene efectos positivos y negativos (Ceron *et al.* 2017). Tampoco aporta mucho al avance del conocimiento sobre este asunto banalizar los riesgos con la cómoda distinción entre la tecnología y el uso que pueda hacerse de ella; debemos preguntarnos por la naturaleza y las potencialidades de la inteligencia artificial en sí misma por lo que se refiere a la organización democrática de la sociedad. La perspectiva interna a la tecnología o, más bien, al complejo sociotecnológico, nos obliga a enfocar las cosas de otra manera.

3. UNA IDEA DE CONTROL COMPATIBLE CON LA COMPLEJIDAD

Quizá la única certeza política que tenemos hoy en día es que la política en el futuro será muy diferente de la política en el pasado. No sabemos todavía con exactitud qué repercusión van a tener las nuevas tecnologías en nuestra forma de vida política, si mejorarán la democracia, si la modificarán o la harán imposible. Cuando superemos la fluctuación de la euforia y la decepción, puede que estemos en condiciones de emitir un juicio ponderado acerca de una transformación que todavía está en marcha. En cualquier caso, es indudable que la actual revolución tecnológica hace que nuestras democracias dependan de formas de comunicación e información que ni controlamos ni comprendemos plenamente. Desde un punto de vista estructural, esas tecnologías están alterando elementos centrales de nuestro sistema político: el control parlamentario ha dejado de ser lo que era cuando no existía Twitter; la financiarización de la economía se sustrae de la forma de regulación política que ejercían los Estados; no sabemos qué puede significar una ciudadanía crítica en un entorno poblado por basura informativa; la democracia es lenta y situada, mientras que las nuevas tecnologías se caracterizan por la aceleración y la deslocalización. Cada vez tenemos a nuestra disposición más tecnologías que apenas entendemos ni, mucho menos, controlamos. Estas tecnologías todavía son demasiado jóvenes como para saber con claridad qué impacto van a tener sobre la organización política, pero ya pueden identificarse algunas consecuencias, y se está debatiendo en torno a ellas o están siendo objeto de informes sobre las tendencias futuras y el modo más adecuado de gobernarlas. Mi contribución a este debate ha pretendido ser, mediante la reflexión acerca de los presupuestos teóricos del concepto de decisión democrática, elaborar una filosofía política de la inteligencia artificial.

Mi propuesta es que deberían existir métodos de intervención humana en las diferentes fases de implementación de los procesos de automatización que, sin poner en peligro los beneficios de la automaticidad, permitan considerar este proceso como verdaderamente democrático. En otras palabras, la dicotomía entre la eficiencia conseguida a través de decisiones algorítmicas, por un lado, y, por otro, la agencia humana como capacidad de autogobierno es una falsa dicotomía. Hay dos razones principales a favor de esta última afirmación: en primer lugar, porque la supuesta dicotomía no es coherente con el funcionamiento del sistema político democrático ni con el papel que las nuevas tecnologías algorítmicas pueden desempeñar en este sistema político;

en segundo lugar, porque tal dicotomía parte de la falsa premisa de que las tecnologías algorítmicas y el sistema político son dos hechos separados y no relacionados. Por el contrario, los sistemas políticos ya funcionan en entornos determinados por estas nuevas tecnologías.

Este es el gran debate de los años venideros, que formalmente tiene un gran parecido con las grandes controversias del pasado: cómo asegurar la vigencia de los valores democráticos en unos nuevos entornos tecnológicos que parecen, de entrada, ponerlos en riesgo y a cuyas ventajas no parece muy inteligente renunciar. Un problema inicial de estos grandes discursos –la democratización definitiva frente a la no menos definitiva desaparición completa de la política– es que ambas perspectivas dejan de percibir e interesarse por las posibilidades, límites y gobernanza que resultan viables. Considerar el desarrollo de la inteligencia artificial como inevitable invita a no hacer nada, por innecesario o por imposible. La supervisión democrática consiste en identificar las opciones disponibles en medio de una evolución dinámica en la que lo posible no será siempre lo mismo en cada fase del desarrollo.

Al mismo tiempo, no debemos idealizar la autoría popular de la democracia, como si alguna vez en el pasado los humanos hubiéramos sido plenos autores soberanos de nuestras decisiones y eso lo hubiéramos perdido en algún momento desgraciado de la historia. Como advirtió Przeworski (2010), la democracia es la segunda mejor opción (*second best*) del ideal de autogobierno. Siempre hemos tomado las decisiones colectivas teniendo que compartir esa soberanía originaria con otros humanos y, en este sentido, la autodeterminación individual o colectiva es un principio normativo y no una realidad. Desde que vivimos en sociedades complejas, las decisiones que nos afectan han estado mediadas por procedimientos, representaciones, cálculos, burocracias, que, de alguna manera, establecían una mediación y nos obligaban a ejercer nuestra soberanía con otros humanos y con sistemas institucionales. La sociedad política ha sido siempre, de algún modo, una sociedad *maquinizada*. Al igual que es ficticia la idea de unos seres humanos que eran soberanos hasta que configuraron sociedades, tampoco tiene mucho sentido contraponer una sociedad en la que los humanos decidían sin ayuda de artefactos a otra en la cual los artefactos estuvieran remplazando a los humanos. Desde este punto de vista, la automatización, la mediación y la soberanía compartida no son algo completamente inédito en la historia política de la humanidad. Mi concepto de «democracia compleja» (Innerarity 2020) proporciona un marco de referencia capaz de integrar los tipos de toma de decisiones que se dan en el ecosistema máquinas-humanos. No se trata, simplemente, de proporcionar tecnologías que faciliten la agregación de decisiones individuales ni de delegar la configuración de la voluntad popular en procedimientos automatizados. Examinar esta cuestión desde la perspectiva de la democracia compleja significa elaborar un concepto de la interacción entre humanos y máquinas más sofisticado que considerarla como dos momentos separados y dos realidades autosuficientes.

Según la célebre fórmula de Lincoln, la democracia es un sistema de gobierno en el que el pueblo tiene una presencia como titular, sujeto y destinatario de la acción política. Para estar en condiciones de responder a la pregunta acerca de si la democracia liberal está indisolublemente unida al mundo analógico, hemos de dilucidar qué tipo de subjetividad política corresponde al pueblo en el mundo de la inteligencia artificial, qué es un «demos digital», qué clase de voluntad popular se expresa en los *big data*, cómo decidimos cuando sofisticamos nuestros procesos automatizados. Necesitamos un *Discurso de Gettysburg* para la democracia en la era de la inteligencia artificial.

Bibliografía

INTRODUCCIÓN. CRÍTICA DE LA RAZÓN ALGORÍTMICA

AGAR, Jon, *The Government Machine: A Revolutionary History of the Computer*, Cambridge, MIT Press, 2003.

AGRE, Philip, *Computation and Human Experience*, Cambridge, Cambridge University Press, 1997.

BAECKER, Dirk, *4.0 oder Die Lücke die der Rechner lässt*, Leipzig, Merve, 2018.

DESROSIÈRES, Alain, *The Politics of Large Numbers: A History of Statistical Reasoning*, Cambridge, Harvard University Press, 1998.

GYULAI, Attila y UJLAKI, Anna, «The political AI: A realist account of AI regulation», *Információs Társadalom*, 2021, XXI(2), 29-42.

HACKING, Ian, *The Taming of Chance*, Cambridge, Cambridge University Press, 1990.

—, «Biopower and the Avalanche of Printed Numbers», en CISNEY, Vernon W. y MORAR, Nicolae (eds.), *Biopower: Foucault and Beyond*, Chicago, University of Chicago Press, 2015, 65-80.

HAUGELAND, John, *Artificial Intelligence: The Very Idea*, Cambridge, MIT Press, 1985.

HOBBES, Thomas, *Leviathan*, TUCK, Richard (ed.), Cambridge, Cambridge University Press, 1969.

HORKHEIMER, Max, «Traditionelle und kritische Theorie» en *Zeitschrift für Sozialforschung*, 1937, 1980, 6, 245-294.

HORKHEIMER, Max y ADORNO, Theodor W., *Dialektik der Aufklärung*, Fráncfort, Suhrkamp, 2002.

HUQ, Aziz Z., «A Right to a Human Decision», *Virginia Law Review*, 2020, 106, 611-688.

INNIS, Harold, *Empire and Communications*, Victoria, Press Porcepic, 1986.

MAU, Steffen, *Das metrische Wir. Über die Quantifizierung des Sozialen*, Berlín, Suhrkamp, 2017.

MITTELSTADT, Brent, «Principles alone cannot guarantee ethical AI», *Nature Machine Intelligence*, 2019, 1, 501-507.

NOWOTNY, Helga, «The Illusion of Control: Living with the digital Others», LEEUW, Sander van der, GALAZ, V. y VASBINDER, J.-W. (eds.), *Global Perspectives*, número especial «Illusion of Control», 2024. https://paris.pias.science/article/ai-and-the-illusion-of-control

PORTER, Theodore M., *The Rise of Statistical Thinking, 1820-1900*, Princeton, Princeton University Press, 1986.

REICHL, Peter y WELZER, Harald, «Achilles und die digitale Schildkröte: Thesen zu einer Digitalen Ökologie», HENGSTSCHLÄGER, Markus (ed.), *Digitaler Wandel und Ethik*, Elsbethen, Ecowin, 2020, 38-61.

ROUVROY, Antoinette, «Algorithmic Governmentality and the Death of Politics», *Green European Journal*, 2020. https://www.greeneuropeanjournal.eu/algorithmic-governmentality-and-the-death-of-politics/

SCHMIDT, Hermann, *Denkschrift zur Gründung eines Instituts für Regelungstechnik*, Berlín, VDI, 1941.

SPITTLER, Gerd, «Abstraktes Wissen als Herrschaftsbasis: zur Entstehungsgeschichte bürokratischer Herrschaft im Bauernstaat Preußen», *Kölner Zeitschrift für Soziologie und Sozialpsychologie*, 1980, 32, 574-604.

TOCQUEVILLE, Alexis de, *Considerations sur la Révolution (1850-1858), Oeuvres III*, París, Gallimard, 2004.

UNGER, Sebastian, «Demokratische Herrschaft und künstliche Intelligenz», UNGER, Sebastian y UNGERN-STERNBERG, Antje von (eds.), *Demokratie und künstliche Intelligenz*, Tubinga, Mohr Siebeck, 2019, 113-128.

VORMBUSCH, Uwe, *Die Herrschaft der Zahlen. Zur Kalkulation des Sozialen in der kapitalistischen Moderne*, Fráncfort y Nueva York, Campus, 2012.

I. TEORÍA DE LA RAZÓN ALGORÍTMICA

1. LA INTELIGENCIA DE LA INTELIGENCIA ARTIFICIAL

ALEXANDER, Victoria, «AI, Stereotyping on Steroids and Alan Turing's Biological Turn», SUDMANN, Andreas (ed.), *The Democratization of Artificial Intelligence. Net Politics in the Era of Learning Algorithms*, Berlín, transcript, 2019, 43-54.

ANDERSON, Chris, «The End of Theory: The Data Deluge Makes the Scientific Method Obsolete», *Wired*, 23 de junio de 2008. http://www.wired.com/2008/06/pb-theory/

ANDLER, Daniel, *Intelligence artificielle, intelligence humaine: la double énigme*, París, Gallimard, 2023.

BAECKER, Dirk, *Intelligenz, künstlich und komplex*, Leipzig, Merve, 2019.

BENDER, Emily, GEBRU, Timnit, McMILLAN-MAJOR, Angelina y SHMITCHELL, Shmargaret, «On the dangers of stochastic parrots: Can language models be too big?», en *Proceedings of the 2021 ACM conference on fairness, accountability, and transparency*, 2021, 610-623.

BENGIO, Yoshua, «Machines that Dream», BEYER, D. (ed.), *The Future of Machine Intelligence*, Sebastopol, CA, O'Reilly Media, 2016, 9-16.

BERLIN, Isaiah, *The Sense of Reality*, Londres, Chatto & Windus, 1996.

BODEI, Remo, *Dominio e sottomissione*, Bolonia, Il Mulino, 2019.

BOSTROM, Nick, *Superintelligence: Paths, Dangers, Strategies*, Oxford, Oxford University Press, 2014.

BRACHMAN, Ronald J. y LEVESQUE, Hector J., *Machines like Us: Toward AI with Common Sense*, Cambridge, MIT Press, 2022.

BRADSHAW, Leslie, «Beyond Data Science: Advancing Data Literacy», *Medium* (blog), 17 de diciembre de 2014. https://medium.com/the-many/moving-from-data-science-to-data-literacyasf181ba4167#.bwiz7hc1g

BROOKS, Rodney A., «Elephants don't play chess», *Robotics and Autonomous Systems*, 1990, 6(1), 3-15.

BROUSSARD, Meredith, *Artificial Unintelligence: How Computers Misunderstand the World*, Cambridge, MIT Press, 2018.

BRYNJOLFSSON, Erik y MCAFEE, Andrew, *Race against the Machine*, Lexington, Digital Frontiers Press, 2011.

CAMPOLO, Alexander y CRAWFORD, Kate, «Enchanted Determinism: Power without Responsibility in Artificial Intelligence», *Engaging Science, Technology, and Society*, 2020, 6, 1-19.

CARR, Nicholas, *Glass Cage. Automation and Us*, Nueva York, Norton & Company, 2014.

CHAITIN, Gregory, *Grenzen und Grenzüberschreitungen*, Berlín, Akademie Verlag, 2004.

CHOI, Yejin, «Why is common sense so trivial for humans but so hard for machines?», *Daedalus*, 2022, 151 (2), 139-155.

COPELAND, Jack, *Artificial Intelligence. A Philosophical Introduction*, Oxford, Blackwell, 1993.

—, «Hilbert and his famous problem», *The Turing Guide*; 2017, https://doi.org/10.1093/oso/9780198747826.003.0014

CUBITT, Sean, «Decolonizing ecomedia», *Cultural Politics*, 2014, 10(3), 275-286.

DESSALLES, Jean-Louis, *L'ordinateur génetique*, París, Hérmes Science, 1996.

—, *Des intelligences TRÈS artificielles*, París, Odile Jacob, 2019.

DOTZLER, Bernhard, «Down-to-earth-resolutions. Erinnerungen an die KI als eine 'häretische Theorie'», ENGEMANN, C. y SUDMANN, A. (eds.), *Machine Learning. Medien, Infrastrukturen und Technologien der Künstlichen Intelligenz*, Bielefeld, transcript, 2018, 93-113.

DOMINGOS, Pedro, *The Master Algorithm: How the Quest for the Ultimate Learning Machine Will Remake Our World*, Nueva York, Basic Books, 2015.

DOWNS, Anthony, *An Economic Theory of Democracy*, Nueva York, Harper & Bros, 1957.

DREYFUS, Hubert L., «Alchemy and Artificial Intelligence», Santa Mónica, RAND, 1965. http://www.rand.org/pubs/papers/P3244.html

—, *What Computers Can't Do: A Critique of Artificial Reason*, Nueva York, Harper & Row, 1972.

—, «Why Heideggerian AI failed and how fixing it would require making it more Heideggerian», *Artificial Intelligence*, 2007, 171, 1137-1160.

ERNST, Christoph, «Künstliche Intelligenz und pragmatisches Metavokabular. Vorbemerkungen zu einer medienphilosophischen Rezeption von Robert B. Brandom», *Internationales Jahrbuch für Medienphilosophie*, 2019, 5, 131-152.

FLORIDI, Luciano, *The Fourth Revolution: How the Infosphere Is Reshaping Human Reality*, Oxford, Oxford University Press, 2014.

GABRYS, Jennifer, *Program Earth: Environmental Sensing Technology and the Making of a Computational Planet*, Mineápolis, University of Minnesota Press, 2016.

GAZZANIGA, Michael, *Who's in Charge? Free Will and the Science of the Brain. The Gifford 2009*, Nueva York, HarperCollins, 2011.

GIGERENZER, Gerd y GOLDSTEIN, Daniel, «Reasoning the Fast and the Frugal Way: Models of Bounded Rationality», *Psychological Review*, 1996, 103(4), 650-669.

GOODFELLOW, Ian J., SHLENS, Jonathon y SZEGEDY, Christian, «Explaining and Harnessing Adversarial Examples». arXiv:1412.6572, 2014.

GUNNING, David, «Machine Common Sense Concept Paper». arXiv:1810.07528, 2018.

HARTLEY, Scott, *The fuzzy and the techie. Why the Liberal Arts Will Rule the Digital World*, Boston / Nueva York, Mariner, 2017.

HAUGELAND, John, *Having Thought: Essays in the Metaphysics of Mind*, Cambridge, Harvard University Press, 1988.

HEIDEGGER, Martin, *Sein und Zeit*, Tubinga, Niemayer, 1967.

HAYLES, Katherine, «RFID: Human Agency and Meaning in Information-Intensive Environments», *Theory, Culture, Society*, 2009, 2-3, 47-72.

HOFMAN, Michel, «Energy Metabolism, Brain Size and Longevity in Mammals», *The Quarterly Review of Biology*, 1983, 58(4), 495-512.

HOFSTADTER, Douglas, *Gödel, Escher, Bach: an Eternal Golden Braid*, Nueva York, Basic Books, 1980.

HUMPHREYS, Paul W., *Extending ourselves: Computational science, empiricism, and scientific method*, Oxford, Oxford University Press, 2004, 156.

INNERARITY, Daniel, *La democracia del conocimiento*, Barcelona, Paidós, 2011.

JULIA, Luc, *L'Intelligence Artificielle n'existe pas*, París, First, 2019.

KAHNEMAN, Daniel, «Maps of Bounded Rationality: Psychology for Behavioral Economics», *The American Economic Review*, 2003, diciembre, 1449-1475.

KARPATHY, Andrej, «The state of Computer Vision and AI: we are really, really far away», 2012. http://karpathy.github.io/2012/10/22/state-of-computer-vision/

KARPIK, Lucien, *L'économie de la singularité*, París, Gallimard, 2007.

KIRSH, David, «Today the earwig, tomorrow man?», *Artificial Intelligence*, 1991, 47(1), 161-184.

KOETSIER, John, «*AI Assistants Ranked: Google's Smartest, Alexa's Catching Up, Cortana Surprises, Siri Falls Behind*», *Forbes*, 24 de abril de 2018. https://www.forbes.com/sites/johnkoetsier/2018/04/24/ai-assistants-ranked-googles-smartest-alexas-catching-up-cortana-surprises-siri-falls-behind/

KURZWEIL, Ray, «Response to Mitchell Kapor's "Why I Think I will Win"», The Kurzweil Library + collections, 2001. http://www.kurzweilai.net/response-to-mitchell-kapor-s-why-i-think-i-will-win

LARSON, Erik J., *The Myth of Artificial Intelligence: Why Computers Can't Think the Way We Do*, Cambridge, Harvard University Press, 2021.

LeCun, Yann, BENGIO, Yoshua y HINTON, Geoffrey, «Deep learning», *Nature*, 2015, 521, 436-444.

LEIBNIZ, Gottfried Wilhelm, *De arte combinatoria: Die philosophische Schriften*, vol. 4, Berlín, Weidmann, 1950.

LOCKE, John, *An Essay Concerning Human Understanding*, NIDDITCH, P. H. (ed.), Oxford, Clarendon Press, 1984.

MADSBJERG, Christian, *Sensemaking. The Power of the Humanities in the Age of Algorithm*, Nueva York, Hachette, 2017.

MALIK, Om, «Uber, Data Darwinism and the Future of Work», *Gigaom*, 17 de marzo de 2013. https://om.co/gigaom/uber-data-darwinism-and-the-future-of-work/

MANOVICH, Lev, «Can We Think Without Categories?», *Digital Culture & Society*, 2018, 4(1), 17-28.

MARCUS, Gary y DAVIS, Ernest, *Rebooting AI. Building Artificial Intelligence. We Can Trust*, Nueva York, Pantheon, 2019.

MERCIER, Hugo y SPERBER, Dan, *The Enigma of Reason*, Cambridge, Harvard University Press, 2017.

MOOR, James H., «The Status and Future of the Turing Test», *Minds and Machines*, 2001, 11 (1), 77-93.

MORAVEC, Hans, *Mind Children*, Cambridge, Harvard University Press, 1988.

NASSEHI, Armin, *Muster. Theorie der digitalen Gesellschaft*, Múnich, Beck, 2019.

NIETZSCHE, Friedrich, «Die fröhliche Wissenschaft», *Kritische Studienausgabe* III, COLLI, G. y MONTINARI, M. (eds.), Berlín / Nueva York, Walter de Gruyter, 1988.

NOWOTNY, Helga, *In AI we trust. Power, illusion and control of predictive algorithms*, Cambridge, Polity Press, 2021.

PARIKKA, Jussi, *A Geology of Media*, Mineápolis, Minnesota University Press, 2015.

PARSONS, Talcott, *Societies. Evolutionary and Comparative Perspectives*, Englewood Cliffs, Prentice Hall, 1966.

PINKER, Steven, «Tech prophecy and the underappreciated causal power of ideas», BROCKMAN, John (ed.), *Possible Minds. 25 Ways of Looking at AI*, Nueva York, Penguin, 2019, 100-112.

POPKIN, Samuel, *The Reasoning Voter: Communication and Persuasion in Presidential Campaigns*, Chicago, University of Chicago Press, 1991.

PUTNAM, Hilary, *Reason, Truth and History*, Cambridge, Cambridge University Press, 1981.

—, *Renewing Philosophy*, Cambridge, Harvard University Press, 1992.

ROBERTS, Russ, *Wild Problems: A Guide to the Decisions That Define Us*, Nueva York, Portfolio, 2022.

ROITBLAT, Herbert L., *Algorithms Are Not Enough. Creating General Artificial Intelligence*, Cambridge, MIT Press, 2020.

RUSSELL, Stuart, «Artificial Intelligence. A Binary Approach», LIAO, Matthew, *Ethics of Artificial Intelligence*, Oxford, Oxford University Press, 2020, 327-341.

SADIN, Éric, *L'intelligence artificielle ou l'enjeu du siècle. Anatomie d'un antihumanisme radical*, París, L'Échappée, 2018.

SEARLE, John, «Minds, Brains, and Programs», *The Behavioral and Brain Sciences*, 1980, 3, 417-457.

SNOW, Charles Percy, *The Two Cultures and the Scientific Revolution*, Cambridge, Cambridge University Press, 1959.

STIEGLER, Bernard, *The Automatic Society. The Future of Work*, Hoboken, Wiley, 2017.

TURING, Alan, «Systems of Logic Based on Ordinals», *Proceedings of the London Mathematical Society*, 1938, 45(2239), 161-228.

THOMPSON, Clive, *Smarter than you think: How technology is changing our minds for the better*, Londres, William Collins, 2013.

THYLSTRUP, Nanna Bonde, «Data out of place: Toxic traces and the politics of recycling», *Big Data & Society*, julio-diciembre 2019, 1-9.

VARELA, Francisco, THOMPSON, Evan y ROSCH, Eleanor, *The Embodied Mind: Cognitive Sciences and Human Experience*, Cambridge, MIT Press, 1991.

WEIZENBAUM, Joseph, *Computer Power and Human Reason*, San Francisco, Freeman, 1976.

WIENER, Norbert, *God & Golem, Inc. A Comment on Certain Points Where Cybernetics Impinges on Religion*, Cambridge, MIT Press, 1964.

WILCZEK, Frank, «The unity of intelligence», BROCKMAN, John (ed.), *Possible Minds. 25 Ways of Looking at AI*, Nueva York, Penguin, 2019, 64-75.

WIRTH, Werner y MATTHES, Jörg, «Eine wundervolle Utopie? Möglichkeiten und Grenzen einer normativen Theorie der (medienbezogenen) Partizipation im Lichte der neueren Forschung zum Entscheidungs- und Informationshandeln», IMHOF, Kurt, BLUM, Roger, BONFADELLI, Heinz y JARREN, Otfried (eds.), *Demokratie in der Mediengesellschaft*, Wiesbaden, VS Verlag für Sozialwissenschaften, 2006, 341-361.

WITTGENSTEIN, Ludwig, *Philosophische Untersuchungen*, Fráncfort, Suhrkamp, 1971.

2. ARTE. EL SUEÑO DE LA MÁQUINA CREATIVA

ADORNO, Theodor W., «Spätstil Beethovens», *Gesammelte Schriften*, XVII, Fráncfort, Suhrkamp, 1982, 13-17.

AJANI, Gianmaria, «Contemporary Artificial Art and the Law. Searching for an Author», *Art and Law*, 2019, 3(4), 1-84.

ARIELLI, Emanuele, «Even an AI could do that», MANOVICH, Lev y ARIELLI, Emanuele, *Artificial Aesthetics: Generative AI, art and visual media*, 2021. http://manovich.net/index.php/projects/artificial-aesthetics

BAUDELAIRE, Charles, «Salon de 1859», *Œuvres complètes 2*, París, Gallimard, 1976.

BENJAMIN, Walter, *Das Kunstwerk im Zeitalter seiner technischen Reproduzierbarkeit* [1939], *Gesammelte Schriften. Band I*, Fráncfort, Suhrkamp, 1980.

BODEN, Margaret A., «The Turing Test and artistic creativity», *Kybernetes*, 2010, 39 (3), 409-413.

CELIS BUENO, Claudio, CHOW, Pei-Sze y POPOWICZ, Ada, «Not 'what', but 'where is creativity?': towards a relationalmaterialist approach to generative AI», *AI & Society*, 2024. https://doi.org/10.1007/s00146-024-01921-3

DARLING, Kate, *The New Breed. How to Think About Robots*, Nueva York, Henry Holt and Company, 2021.

DESCARTES, René, *Les Principes de la Philosophie, Oeuvres* IX(2), ADAM, Charles y TANNERY, Paul (eds.), París, Cerf, 1978.

EDWARDS, Michael, «Algorithmic Composition: Computational Thinking in Music», *Communications of the ACM*, 2011, 54, 7, 58-67.

GUNKEL, David, «Computational creativity: algorithms, art, and artistry», en NAVAS, Eduardo, GALLAGHER, Owen y BURROUGH, Xtine (eds.), *The Routledge handbook of remix studies and digital humanities*, Nueva York, Routledge, 2021, 385-395.

INNERARITY, Daniel, «Figuras del fracaso en el último Beethoven», *Anuario Filosófico*, 1996, XXIX(1), 71-87.

—, *La democracia del conocimiento*, Barcelona, Paidós, 2011.

—, *La sociedad del desconocimiento*, Barcelona, Galaxia Gutenberg, 2022.

KALYANARAMAN, Karthik, «AI Art: a New Photography Moment», *Medium*, 1 de septiembre de 2018. https://medium.com/@info_12534/ai-art-a-new-photography moment-8d7009bfb696

LANGMEAD, Alison, «Can Computers Do Research?», «What Is Research», Berlín, MPIWG, 12-13 de junio, 2019.

LUBART, Todd, «How can computers be partners in the creative process: Classification and commentary on the Special Issue», *International Journal of Human-Computer Studies*, 2005, 63, 365-369.

MERSCH, Dieter, «(Un)creative Artificial Intelligence: A Critique of 'Artificial Art'», 2020. http://dx.doi.org/10.13140/RG.2.2.20353.07529

MUSSER, George, «Artificial Imagination: How Machines Could Learn Creativity and Common Sense, among other Human Qualities», *Scientific American*, 2019, 5, 58-63.

NEUTRES, Jérôme, «De l'imagination artificielle», BERTRAND DORLÉAC, Laurence y NEUTRES, Jérôme (eds.), *Artistes & Robots*, París, Réunion des musées nationaux – Grand Palais, 2018, 10-13.

RAUTERBERG, Hanno, *Die Kunst der Zukunft. Über den Traum der kreativen Maschine*, Berlín, Suhrkamp, 2021.

WARNKE, Martin, «Wissen und Wahrnehmen im Digitalen. Zur Simulation des Blicks und zu einer Ästhetik in Zeiten des Computers», *Zeitschrift für Ästhetik und Allgemeine Kunstwissenschaft*, 2014, 59(2), 278-286.

ZYLINSKA, Joanna, *AI Art. Machine Vision and warped Dreams*, Londres, Open Humanities Press, 2020.

3. DATOS. LA SOCIEDAD DE LOS *BIG DATA*

ANDERSON, Chris, «The End of Theory: The Data Deluge Makes the Scientific Method Obsolete», *Wired*, 2008, http://www.wired.com/science/discoveries/magazine/16-07/pb_theory

ANDREJEVIC, Mark, *Infoglut: How Too Much Information is Changing the Way We Think and Know*, Nueva York, Routledge, 2013.

BASDEVANT, Adrien y MIGNARD, Jean-Pierre, *L'empire des données. Essai sur la société. les algorithmes et la loi*, París, Seuil, 2018.

BERGER, Peter L. y LUCKMANN, Thomas, *The Social Construction of Reality: A Treatise in the Sociology of Knowledge*, Londres, Penguin, 1966.

BOELLSTORFF, Tom, «Making big data, in theory», *First Monday*, 18 (10), 2013. https://doi.org/10.5210/fm.v18i10.4869

BOWKER, Geoffrey, «Data flakes», en Gitelman, Lisa (ed.), *'Raw Data' is an Oxymoron*, Cambridge, MIT Press, 2013, 167-172.

BOWKER, Geoffrey y STAR, Susan Leigh, *Sorting Things Out: Classification and Its Consequences*, Cambridge, MIT Press, 1999.

BOYD, Danah y CRAWFORD, Kate, «Critical question for Big Data. Provocations for a cultural, technological, and scholarly phenomenon», *Information, Communication & Society*, 2012, 15(5), 662-679.

BRAMAN, Sandra, *Change of State: Information, Policy and Power*, Cambridge, MIT Press, 2009.

DASTON, Lorraine y GALISON, Peter, «The Image of Objectivity», *Representations*, 1992, 40, 81-128.

EBELING, Mary F. E., *Healthcare and Big Data: Digital Specters and Phantom Objects*, Nueva York, Palgrave Macmillan, 2016.

EUROPEAN COMMISSION - EC, «From Crisis of Trust to Open Governing», 2012. http://europa.eu/rapid/press-release_SPEECH-12-149_en.htm

—, «Towards a Thriving Data-Driven», 2014. http://europa.eu/information_society/newsroom/cf/dae/document.cfm?doc_id=6210

—, «Data for Policy: When the Haystack Is Made of Needles», 2015a. https://digital-strategy.ec.europa.eu/en/consultations/data-policy-when-haystack-made-needles-call-contributions

—, «Better Regulation: guidelines and toolbox», 2015b. http//ec.europa.eu/info/sites/info/files/file_import/better-regulation-toolbox-4_en_0.pdf

—, «Making Big Data Work for Europe», 2015c. https://ec.europa.eu/digital-agenda/en/big-data

GILLESPIE, Tarleton, «The Relevance of Algorithms», GILLESPIE, Tarleton, BOCZKOWSKI, Pablo J. y FOOT, Kirsten A. (eds.), *Media Technologies: Essays on Communication, Materiality, and Society*, Cambridge, MIT Press, 2014, 167-193.

GITELMAN, Lisa y JACKSON, Virginia, «Introduction», GITELMAN, Lisa (ed.), *'Raw Data' is an Oxymoron*, Cambridge, MIT Press, 2013, 1-14.

HACKING, Ian, «*How should we do the history of statistics?*», en BURCHILL, Graham, GORDON, Colin y MILLER, Peter (eds.), *The Foucault Effect*, Chicago, University of Chicago Press, 1991, 181-195.

KITCHIN, Rob, *The Data Revolution*, Londres, Sage, 2014.

COHEN, Bernard, *Triumph of Numbers: How Counting Shaped Modern Life*, Nueva York, W. W. Norton & Company, 2005.

MACKENZIE, Adrian, «The production of prediction: What does machine learning want?», *European Journal of Cultural Studies*, 2015, 18 (4-5), 429-445.

MAYER-SCHÖNBERGER, Viktor y CUKIER, Kenneth, *Big Data. A Revolution That Will Transform How We Live, Work, and Think*, Nueva York, Houghton, 2013.

MANOVICH, Lev, «Trending: The promises and the challenges of big social data», REICHERT, Ramón (ed.), *Big Data. Analysen zum digitalen Wandel von Wissen, Macht und Ökonomie*, Bielefeld, transcript, 2014, 65-83.

MATZNER, Tobias, «Grasping the ethics and politics of algorithms», SÆTNAN, Ann Rudinow, SCHNEIDER, Ingrid y GREEN, Nicola (2018), *The Politics of Big Data. Big Data, Big Brother*, Oxford-Nueva York, Routledge, 2018, 30-45.

McFARLAND, Daniel y McFARLAND, Richard, «Big Data and the danger of being precisely inaccurate», *Big Data & Society*, diciembre, 2015. https://doi.org/10.1177/2053951715602495

NOWOTNY, Helga, SCOTT, Peter y GIBBONS, Michael, *Rethinking Science: Knowledge and the Public in an Age of Uncertainty*, Cambridge, Polity Press, 2001.

NAGEL, Thomas, *The View from Nowhere*, Oxford, Oxford University Press, 1986.

PENTLAND, Alex «Sandy», «Reinventing Society in the Wake of Big Data», *Edge*, 20 de octubre de 2012. https://www.edge.org/conversation/alex_sandy_pentland-reinventing society-in-the-wake-of-big-data

PORTER, Theodore M., *Trust in Numbers. The Pursuit of Objectivity in Science and Public Life*, Princeton, Princeton University Press, 1995.

RIEDER, Gernot y SIMON, Judith, «Datatrust: Or, the Political Quest for Numerical Evidence and the Epistemologies of Big Data, *Big Data & Society*, 2016, 3(1), 1-6.

SADOWSKI, Jathan (2018), «What Is the Internet? 13 Questions Answered», *The Guardian*, 22 de octubre de 2018.

SÆTNAN, Ann Rudinow, «The haystack fallacy, or why Big Data provides Little security», SÆTNAN, Ann Rudinow, SCHNEIDER, Ingrid y GREEN, Nicola (2018), *The Politics of Big Data. Big Data, Big Brother*, Oxford-Nueva York, Routledge, 2018, 21-38.

SCHNEIDER, Ingrid, «Bringing the state back in. Big Data-based capitalism, disruption, and novel regulatory approaches in Europe», SÆTNAN, Ann Rudinow, SCHNEIDER, Ingrid y GREEN, Nicola (2018), *The Politics of Big Data. Big Data, Big Brother*, 2018, Oxford-Nueva York, Routledge, 129-175.

SCOTT, James C., *Seeing Like a State. How Certain Schemes to Improve the Human Condition Have Failed*, New Haven, Yale University Press, 1998.

SIEGEL, Eric, *Predictive Analytics*, Hoboken, Wiley, 2013.

SILVER, Nate, *The Signal and the Noise: Why So Many Predictions Fail – But Some Don't*, Londres, Penguin, 2012.

STARK, Luke y LAUREN, Anna, «Data Is the New What? Popular Metaphors and Professional Ethics in Emerging Data Culture», *Journal of Cultural Analytics*, 2019, 1(1). https://doi.org/10.22148/16.036

VAN DIJCK, José, «Datafication, dataism and dataveillance: Big Data between scientific paradigm and ideology», *Surveillance & Society*, 2014, 12(2), 197-208.

EXCURSO 1: NADA PERSONAL. LA PRIVACIDAD COMO BIEN PÚBLICO

ARENDT, Hannah, *The Human Condition*, Chicago, University of Chicago Press, 1958.

BARUH, Lemi y POPESCU, Mihaela, «Big data analytics and the limits of privacy self-management», *New Media & Society*, noviembre, 2015, 1(18).

BERLIN, Isaiah, *For Essays on Liberty*, Oxford, Oxford University Press, 1969.

DAVENPORT, Thomas H. y HARRIS, Jeanne, *Competing on Analytics: The New Science of Winning*, Cambridge, Harvard University Press, 2007.

DEWEY, John, *The Public and Its Problems*, Pennsylvania State University Press, 2012.

HABERMAS, Jürgen, *Faktizität und Geltung*, Fráncfort, Suhrkamp, 1992.

HARTZOG, Woodrow, *Privacy's Blueprint – The Battle to Control the Design of New Technologies*, Cambridge, Harvard University Press, 2018.

HELM, Paula y SEUBERT, Sandra, «Normative Paradoxien der Privatheit in datenökonomischen Zeiten. Eine sozialkritische Perspektive auf eine digitale 'Krise' der Privatheit», BORUCKI, Isabelle y SCHÜNEMANN, Wolf Jürgen (eds.), *Internet und Staat*, Baden-Baden, Nomos, 2019.

PETTIT, Philip, *Republicanism: A Theory of Freedom and Government*, Oxford, Oxford University Press, 2001.

REGAN, Priscilla, *Legislating Privacy: Technology, Social Values and Public Policy*, Chapel Hill, University of North Carolina Press, 1995.

RÖSSLER, Beate y MOKROSINSKA, Dorota (eds.), *Social dimensions of privacy*, Cambridge, Cambridge University Press, 2015.

SOLOVE, Daniel J., «Privacy self-management and the consent dilemma», *Harvard Law Review*, 2013, 126 (7), 1880-1902.

SPIVACK, Nova, «The post-privacy world», *Wired*, 26 de julio de 2013. www.wired.com/insights/2013/07/the-post-privacy-world/

VAN OTTERLO, Martijn, «A Machine Learning Perspective on Profiling», HILDEBRANDT, Mireille y DE VRIES, Katja (eds.), *Privacy, Due Process and the Computational Turn*, Londres, Routledge, 2013.

VÉLIZ, Carissa, *Privacy is power. Why and how you should take back control of your data*, Londres, Bantam Press, 2020.

ZUBOFF, Shoshana, *The Age of Surveillance Capitalism: The Fight for a Human Future at the New Frontier of Power*, Nueva York, Public Affairs, 2018.

EXCURSO 2: LA PANDEMIA DE LOS DATOS

AMOORE, Louise, «Doubt and the algorithm: On the partial accounts of machine learning», *Theory, Culture & Society*, 2019, 36(6), 147-169.

DAVIS, Kevin, FISHER, Angelina, KINGSBURY, Benedict y MERRY, Sally Engle (eds.), *Governance by Indicators. Global Power through Quantification and Rankings*, Oxford, Oxford University Press, 2012.

EPSTEIN, Steven, «Beyond the Standard Human», LAMPLAND, Martha y STAR, Susan Leigh (eds.), *Standards and Their Stories. How Quantifying, Classifying, and Formalizing Practices Shape Everyday Life*, Ithaca y Londres, Cornell University Press, 2009, 35-53.

HAO, Karen, «Nearly half of Twitter accounts pushing to reopen America may be bots», *MIT Technology Review*, 21 de mayo de 2020. https://www.technologyreview.com/2020/05/21/1002105/covid-bot-twitter-accounts-push-to-reopen-america/

MERRY, Sally Engle, *The Seductions of Quantification: Measuring Human Rights, Gender Violence, and Sex Trafficking*, Chicago y Londres, University of Chicago Press, 2016.

SHELTON, Taylor, «A post-truth pandemic?», *Big Data & Society*, 2020, 1(6), 1-10.

TAYLOR, Linnet, «The price of certainty: How the politics of pandemic data demand an ethics of care», *Big Data & Society*, 2020, 1(7), 1-10.

UNITED NATIONS DEPARTMENT OF GLOBAL COMMUNICATIONS, «UN tackles 'infodemic' of misinformation and cybercrime in COVID-19 crisis», 31 de marzo de 2020. https://www.un.org/ en/un-coronavirus-communications-team/un-tackling-%E2%80%98infodemic%E2%80%99-misinformation-and-cybercrime-covid-19

VAN DIJCK, José, «Datafication, dataism and dataveillance: Big Data between scientific paradigm and ideology», *Surveillance & Society*, 2014, 12(2), 197-208.

VÉRAN, Jean-François, VIOT, Marianne, MOLLO, Bastien y VINCENT, Charline, «PréCARES. Précarités et Covid-19 : Évolution de l'Accès et du Recours à la Santé», marzo-junio, París, Médecins Sans Frontières, 2020. https://www.msf.fr/sites/default/files/2020-12/2020_12_17_PreCARES-MSF_Covid-Precarit%C3%A9_HD.pdf

ZUBOFF, Shoshana, *The Age of Surveillance Capitalism: The Fight for a Human Future at the New Frontier of Power*, Nueva York, Public Affairs, 2018.

4. PREDICCIÓN. CRÍTICA DE LA ANALÍTICA PREDICTIVA

ABEBE, Rediet y KASY, Maximilian, «The means of prediction», en Acemoglu, Daron, *Redesigning AI. Work, democracy, and justice in the age of automation*, Cambridge, Boston Review, 2021, 87-91.

ADAMS, Vincanne, MURPHY, Michelle y CLARKE, Adele, «Anticipation: Technoscience, life, affect, temporality», *Subjectivity*, 2009, 28 (1), 246-265.

ADORNO, Theodor W. y HORKHEIMER, Max, *Dialektik der Aufklärung*, Berlín, Fischer, 1988.

AMOORE, Louise y PIOTUKH, Volha, «Life beyond big data: governing with little analytics», *Economy and Society*, 2015, 44(3), 314-366.

ANDREJEVIC, Mark, *Infoglut: How Too Much Information Is Changing the Way We Think and Know*, Nueva York, Routledge, 2013.

ANGWIN, Julia y LARSON, Jeff, «Bias in Criminal Risk Scores is Mathematically Inevitable, Researchers Say», *ProPublica*, 30 de diciembre de 2016. https://www.propublica.org/article/bias-in-criminal-risk-scores-is-mathematical-inevitable-researches-say

AGRAWAL, Ajay, GANS, Joshua y GOLDFARB, Avi, *Prediction Machines. The Simple Economics of Artificial Intelligence*, Cambridge, Harvard University Press, 2018.

ACCOTO, Cosimo, *Il mondo ex machina. Cinque brevi lezioni di filosofia dell'automazione*, Milán, Egea, 2019.

ARENDT, Hannah, *Mensch und Politik*, Stuttgart, Reclam, 2017.

BISHOP, Michael y TROUT, James, «50 Years of Successful Predictive Modeling Should be Enough: Lessons for Philosophy of Science», *Philosophy of Science*, 2002, 69, 197-208.

BOELLSTORFF, Tom, «Making big data, in theory», *First Monday*, 2013, 18 (10), https://doi.org/10.5210/fm.v18i 10.4869

BOWKER, Geoffrey C. y STAR, Susan Leigh, *Sorting Things Out: Classification and Its Consequences*, Cambridge, MIT Press, 2000.

BRAYNE, Sarah, *Predict and Surveil: Data, Discretion, and the Future of Policing*, Oxford, Oxford University Press, 2020.

BROUSSARD, Meredith, *Artificial Unintelligence: How Computers Misunderstand the World*, Cambridge, MIT Press, 2018.

DERRIDA, Jacques, «Nietzsche and Machine», *Journal of Nietzsche Studies*, 1994, 7, 7-65.

EUROPEAN COMMISSION - EC, «Better Regulation: guidelines and toolbox», 2015b. http//ec.europa.eu/info/sites/info/files/file_import/better-regulation-toolbox-4_en_0.pdf

ESPOSITO, Elena, *The Future of Futures: The Time of Money in Financing and Society*, Cheltenham, Edward Elgar, 2011.

—, *Artificial Communication: How Algorithms Produce Social Intelligence*, Cambridge, MIT Press, 2021.

FEDERAL TRADE COMMISSION, «Big Data. A tool of Inclusion or Exclusion? Understanding the issues», enero de 2016.

HILDEBRANDT, Mireille, «Privacy and identity», CLAES, Erik, DUFF, Antony y GURTWITH, Serge (eds.), *Privacy and the Criminal Law*, Amberes y Oxford, Intersentia, 2006, 43-57.

MACKENZIE, Adrian, «The production of prediction: What does machine learning want?», *European Journal of Cultural Studies*, 2015, 18 (4-5), 429-445.

MASSUMI, Brian, «Potential politics and the primacy of preemption», *Theory & Event*, 2007, 10 (2). http://dhdebates.gc.cuny.edu/debates/text/15

MATZNER, Tobias, «Grasping the ethics and politics of algorithms», SÆTNAN, Ann Rudinow, SCHNEIDER, Ingrid y GREEN, Nicola (2018), *The Politics of Big Data. Big Data, Big Brother*, Oxford-Nueva York, Routledge, 2018, 30-45.

MAYER-SCHÖNBERGER, Viktor y CUKIER, Kenneth, *Big Data. A Revolution That Will Transform How We Live, Work, and Think*, Nueva York, Houghton, 2013.

MERTON, Robert, «The self-fulfilling prophecy», *The Antioch Review*, 1948, 8(2), 193-210.

NOWOTNY, Helga, *In AI we trust. Power, illusion and control of predictive algorithms*, Cambridge, Polity Press, 2021.

SCHNEIDER, Ingrid, «Bringing the state back in. Big Data-based capitalism, disruption, and novel regulatory approaches in Europe», SÆTNAN, Ann Rudinow, SCHNEIDER, Ingrid y GREEN, Nicola (2018), *The Politics of Big Data. Big Data, Big Brother*, Oxford y Nueva York, Routledge, 2018, 129-175.

STRAUSS, Stefan, «Datafication and the Seductive Power of Uncertainty –A Critical Exploration of Big Data», *Information*, 2015, 6, 836-847.

TYLER, Imogen, «Classificatory Struggles: Class, Culture and Inequality in Neoliberal Times», *The Sociological Review*, 2015, 63(2), 493-511.

VON FOERSTER, Heinz, *Understanding Understanding: Essays on Cybernetics and Cognition*, Nueva York, Springer, 2003.

II. PRAGMÁTICA DE LA RAZÓN ALGORÍTMICA

5. TECNOLOGÍA. LA INFRAESTRUCTURA TECNOLÓGICA DE LA SOCIEDAD DIGITAL

ADORNO, Theodor W., *Philosophische Elemente einer Theorie der Gesellschaft*, Fráncfort, Suhrkamp, 2008.

ADORNO, Theodor W. y GEHLEN, Arnold, «Ist die Soziologie eine Wissenschaft vom Menschen? Ein Streitgespräch», GRENZ, Friedemann (ed.), *Adornos Philosophie in Grundbegriffen: Auflösung einiger Deutungsprobleme*, Fráncfort, Suhrkamp, 1975, 225-251.

ANANNY, Mike, «Toward an Ethics of Algorithms», *Science, Technology & Human Values*, 2016, 41(1), 93-117.

ARENDT, Hannah, *Eichmann in Jerusalem: A Report on the Banality of Evil*, Nueva York, Penguin Classics, 2006.

ARKOUDAS, Konstantine y BRINGSJORD, Selmer, «Philosophical Foundations», FRANKISH, Keith y RAMSEY, William M. (eds.), *The Cambridge Handbook of Artificial Intelligence*, Cambridge, Cambridge University Press, 2014, 34-63.

BAILEY, Frederick George, «Dimensions of Rethoric in Conditions of Uncertainty», PAINE, Robert (ed.), *Politically Speaking: Cross-Cultural Studies of Rhetoric*, Filadelfia, ISHI Press, 1981.

BAREIS, Jascha y KATZENBACH, Christian, «Talking AI into being: The narratives and imaginaries of national AI strategies and their performative politics», *Science, Technology, & Human Values*, 2021, 1-27.

BERG, Paul, «Meetings That Changed the World: Asilomar 1975: DNA Modification Secured», *Nature*, 2008, 455, 290-291.

BERG, Sebastian y STAEMMLER, Daniel, «Zur Konstitution der digitalen Gesellschaft. Alternative Infrastrukturen als Element demokratischer Digitalisierung», OSWALD, Michael y BORUCKI, Isabelle (eds.), *Demokratietheorie im Zeitalter der Frühdigitalisierung*, Wiesbaden, Springer, 2020, 127-147.

BIETTI, Elettra, «Consent as a Free Pass: Platform power and the Limits of Information Turn», *Pace Law Review*, 2020, 40(1), 310-398.

BIJKER, Wiebe E. y LAW, John, *Shaping technology/building society: Studies in sociotechnical change*, Cambridge, MIT Press, 1992.

BONINI, Tiziano y TRERÉ, Emiliano, *Algorithms of Resistance. The Everyday Fight against Platform Power*, Cambridge, MIT Press, 2024.

BORY, Paolo, «Deep new: The shifting narratives of artificial intelligence from Deep Blue to AlphaGo», *Convergence*, 2019, 25(4), 1-16.

BOURDIEU, Pierre, *The Logic of Practice*, Redwood City, Stanford University Press, 1990.

BROUSSARD, Meredith, *Artificial Unintelligence: How Computers Misunderstand the World*, Cambridge, MIT Press, 2018.

BUCHER, Taina, *If... then. Algorithmic Power and Politics*, Oxford, Oxford University Press, 2018.

CAMPOLO, Alexander, SANFILIPPO, Madelyn, WHITTAKER, Meredith y CRAWFORD, Kate, *AI Now 2017 Report*, SELBST, Andrew y BAROCAS, Solon (eds.), Nueva York, AI Now Institute, 2017. https://ainowinstitute.org/publi cation/ai-now-2017-report-2

CASTELLS, Manuel, *Advanced Introduction to Digital Society*, Cheltenham, Elgar, 2024.

CAVE, Steven y DIHAL, Kanta, «Hopes and Fears for Intelligent Machines in Fiction and Reality», *Nature Machine Intelligence*, 2019, 1, 74-78.

COECKELBERGH, Mark, *Introduction to Philosophy of Technology*, Nueva York, Routledge, 2019.

COLEMAN, Stephen, *Can the internet strengthen democracy?*, Cambridge, Polity, 2017.

COULDRY, Nick y HEPP, Andreas, *The mediated construction of reality*, Cambridge, Polity, 2017.

DANAHER, John, HOGAN, Michael J., NOONE, Chris, KENNEDY, Rónán, BEHAN, Anthony, DE PAOR, Aisling, FELZMANN, Heike, HAKLAY, Muki, KHOO, Su-Ming, MORISON, John, MURPHY, Maria Helen, O'BROLCHAIN, Niall, SCHAFER, Burkhard y SHANKAR, Kalpana, «Algorithmic governance: Developing a research agenda through the power of collective intelligence», *Big Data & Society*, julio-diciembre de 2017, 1-21. https://doi.org/10.1177/2053951717726554

CHUN, Wendy H. K., «On 'sourcery', or code as fetish», *Configurations*, 2008, 16(3), 299-324.

EUROPEAN COMMISSION - EC, «Draft Ethics Guidelines for Trustworthy AI», 18 de diciembre de 2018. https://ec.europa.eu/digital-single-market/en/news/draft-ethics-guidelines-trustworthy-ai

EVANS, Sandra K., PEARCE, Katy E., VITAK, Jessica y TREEM, Jeffrey W., «Explicating affordances: a conceptual framework for understanding affordances in communication research», *Journal of Computer-Mediated Communication*, 2017, 22(1), 35-52.

FLICHY, Patrice, *The internet imaginaire*, Cambridge, MIT Press, 2007.

FOUCAULT, Michel, *Histoire de la sexualité I. La volonté de savoir*, París, Gallimard, 1976.

FRANKLIN, Sarah, *Biological Relatives: IVF, Stem Cells, and the Future of Kinship*, Durham, Duke University Press, 2013.

FRIEDMAN, Batya, KAHN, Peter H., BORNING, Alan y HULDTGREN, Alina, *Value Sensitive Design and Information Systems*, Wiesbaden, Springer, 2013.

GILLESPIE, Tarleton, «The politics of 'platforms'», *New Media & Society*, 2010, 12(3), 347-364.

—, «The Relevance of Algorithms», en GILLESPIE, Tarleton, BOCZKOWSKI, Pablo J. y FOOT, Kirsten A. (eds.) (2014), *Media Technologies: Essays on Communication, Materiality, and Society*, Cambridge, MIT Press, 2014, 267-194.

GITELMAN, Lisa, *'Raw Data' Is an Oxymoron*, Cambridge, MIT Press, 2013.

GREEN, Ben, «'Fair' Risk Assessments: A Precarious Approach for Criminal Justice Reform», 5th Workshop on Fairness, Accountability, and Transparency in Machine Learning, (FAT/ML 2018), Estocolmo, 2018. https://scholar.harvard.edu/files/bgreen/files/18-fatml.pdf

GRIMMELMANN, James, «Speech Engines», University of Maryland Legal Studies Research Paper 2014-11, 2014. https://ssrn.com/abstract=2246486

HEIDEGGER, Martin, *Gelassenheit*, Pfullingen, Neske, 1959.

—, «Die Frage nach der Technik», *Die Technik und Die Kehre*, Stuttgart, Klett-Cotta, 2002, 5-36.

HIESLMAIR, Martin, «*Out of the Box – the Midlife Crisis of the Digital Revolution*», *Ars Electronica*, 11 de abril de 2019. https://ars.electronica.art/aeblog/en/2019/04/11/outofthebox/

HILDEBRANDT, Mireille, «A Vision of Ambient Law», BROWNSWIRD, Roger y YEUNG, Karen (eds.), *Regulating Technologies*, Oxford, Hart, 2008, 175-191.

—, *Smart Technologies and the End(s) of Law*, Cheltenham, Elgar, 2016.

HÖRL, Erich, *Die technologische Bedingung*, Berlín, Suhrkamp, 2011.

HUGHES, Thomas, «Technological Momentum», SMITH, Merrit Roe y MARX, Leo (eds.), *Does Technology Drive History? The Dilemma of Technological Determinism*, Cambridge, MIT Press, 1994, 101-113.

HUTCHBY, Ian, «Technologies, texts and affordances», *Sociology*, 2001, 35(2), 441-456.

ILLIES, Christian y MEIJERS, Anthonie, «Artefacts, Agency, and Action Schemes», KROES, Peter y VERBEEK, Peter-Paul (eds.), *The Moral Status of Technical Artefacts*, Dordrecht, Springer, 2014, 159-184.

INTRONA, Lucas y WOOD, David, «Picturing algorithmic surveillance: The politics of facial recognition systems», *Surveillance & Society*, 2004, 2(2/3), 177-198.

KATZENBACH, Christian, «'AI will fix this' – The Technical, Discursive, and Political Turn to AI in Governing Communication», *Big Data & Society*, julio-diciembre, 2021, 1-8.

KEANE, John, *Democracy and media decadence*, Cambridge, Cambridge University Press, 2013.

KLEIN, Hans K. y KLEINMAN, Daniel L., «The Social Construction of Technology: Structural Considerations», *Science, Technology, and Human Values*, 2002, 27(1), 28-52.

KRANZBERG, Melvin, «Technology and History: Kranzberg's Laws», *Technology and Culture*, 1986, 27(3), 544-560.

KROES, Peter y VERBEEK, Peter-Paul (eds.), *The Moral Status of Technical Artefacts*, Dordrecht, Springer, 2014.

LATOUR, Bruno, *Eine neue Soziologie für eine neue Gesellschaft*, Berlín, Suhrkamp, 2017.

LUHMANN, Niklas, *Die Gesellschaft der Gesellschaft*, Fráncfort, Suhrkamp, 1998.

MANIN, Bernard, *The Principles of Representative Government*, Cambridge, Cambridge University Press, 1997.

MARCUSE, Herbert, «Industrialization and Capitalism», *New Left Review*, 1965, 1(30), 3-18.

MARRES, Noortje, *Digital Sociology: The Reinvention of Social Research*, Hoboken, John Wiley & Sons, 2017.

MATZNER, Tobias, «Beyond data as representation: the performativity of Big Data in surveillance», *Surveillance & Society*, 2016, 14(2), 197-210.

MOORE, Martin, *Democracy Hacked. How Technology is Destabilising Global Politics*, Londres, Oneworld, 2018.

MOROZOV, Evgeny, *To Save Everything, Click Here: The Folly of Technological Solutionism*, Nueva York, Public Affairs, 2013.

MOSCO, Vincent, *To the Cloud: Big Data in a Turbulent World*, Boulder, CO, Paradigm, 2014.

NASSEHI, Armin, *Muster. Theorie der digitalen Gesellschaft*, Múnich, Beck, 2019.

NORMAN, Donald, *Turn Signals Are the Facial Expressions of Automobiles*, Nueva York, Diversion Books, 1992.

O'NEIL, Cathy, *Weapons of Math destruction: how big data increases inequality and threatens democracy*, Nueva York, Crown Publishing Group, 2016.

PAQUET, Gilles, *The New Geo-Governance*, Ottawa, University of Ottawa Press, 2005.

PITT, Joseph, «'Guns don't Kill, People Kill'; Values in and/or Around Technologies», en KROES, Peter y VERBEEK, Peter-Paul (eds.), *The Moral Status of Technical Artefacts*, Dordrecht, Springer, 2014, 89-102.

RAMMERT, Werner y SCHULZ-SCHAEFFER, Ingo (eds.), *Können Maschinen handeln? Soziologische Beiträge zum Verhältnis von Mensch und Technik*, Fráncfort, Campus, 2002.

RAMMERT, Werner, *Technik – Handeln – Wissen. Zu einer pragmatischen Technik- und Sozialtheorie*, Wiesbaden, Springer, 2016.

SHIRKY, Clay, *Here Comes Everybody: The Power of Organizing Without Organizations*, Londres, Penguin, 2008.

SEETHARAMAN, Deepa, «Facebook looks to harness artificial intelligence to weed out fake news. Company executives say the social network first needs a policy on how to responsibly apply such capabilities», *Wall Street Journal*,

1 de diciembre de 2016. http://www.wsj.com/articles/face book-could-develop-artificial-intelligence-to-weed-out-fake-news-1480608004?reflink=desktopwebshare_per malink

SEIBEL, Benjamin, *Cybernetic Government: Informationstechnologie und Regierungsrationalität von 1943-1970*, Wiesbaden, Springer, 2016.

STAR, Susan Leigh, «The Structure of Ill-Structured Solutions: Boundary Objects and Heterogeneous Problem Solving», GASSER, Les y HUHNS, Michael (eds.), *Distributed Artificial Intelligence*, vol. 2, London, Morgan Kaufmann, 1989, 37-54.

THALER, Richard y SUNSTEIN, Cass, *Nudge: Improving Decisions About Health, Wealth, and Happiness*, Nueva York, Penguin, 2009.

THRIFT, Nigel, «Remembering the Technological Unconscious by Foregrounding the Knowledges of Position», *Environment and Planning D: Society and Space*, 2004, 22, 175-190.

VERBEEK, Peter-Paul, *What Things Do. Philosophical Reflections on Technology, Agency and Design*, Pennsylvania State University Press, 2005.

—, «Subject to technology. On automatic computing and human autonomy», HILDEBRANDT, Mireille y ROUVROY, Antoinette (eds.), *Law, human agency, and autonomic computing: the philosophy of law meets the philosophy of technology*, Nueva York, Routledge, 2011, 27-45.

VESTING, Thomas, *Die Medien des Rechts: Computernetzwerke*, Weilerswist, Velbrück Wissenschaft, 2015.

VOLTI, Rudi, *Society and Technological Change*, Nueva York, Worth Publishers, 2014.

WEISER, Mark, «The computer for the 21st century», *Scientific American*, 1991, 265(3), 94-104.

WINNER, Langdon, *Autonomous Technology. Technics-out-of-Control as a Theme in Political Thought*, Cambridge, MIT Press, 1977.

—, «Do Artifacts have Politics?», WAJCMAN, Judy y MAC-KENZIE, Donald (eds.), *The Social Shaping of Technology*, Milton Keynes, Open University Press, 1985, 26-38.

ZENG, Jing, CHAN, Chung-Hong y SCHÄFER, Mike, «Contested Chinese dreams of AI? Public discourse about artificial intelligence on WeChat and People's Daily online», *Information, Communication & Society*, 2020, 1-22.

ZIMMERMANN, Annette, DI ROSA, Elena y KIM, Hochan, «Technology Can't Fix Algorithmic Injustice», *Boston Review*, 9 de enero de 2020. https://www.bostonre view.net/articles/annette-zimmermann-algorithmic-po litical/

ZUBOFF, Shoshana, *The Age of Surveillance Capitalism: The Fight for a Human Future at the New Frontier of Power*, Nueva York, Public Affairs, 2018.

6. AUTOMATIZACIÓN. EL SENTIDO DE LO QUE FUNCIONA SIN NOSOTROS

ANEESH, Aneesh, *Virtual Migration*, Durham, Duke University Press, 2006.

ARENDT, Hannah, *The Human Condition*, Chicago, University of Chicago Press, 1958.

ASHBY, William Ross, *Design for a brain*, Nueva York, Wiley, 1954.

BARGH, John A. y FERGUSON, Melissa J., «Beyond behaviorism: On the automaticity of higher mental processes», *Psychological Bulletin*, 2000, 126(6), 925-945.

BARGH, John A., SCHWADER, Kay L., HAILEY, Sarah E., DYER, Rebecca L. y BOOTHBY, Erica J., «Automaticity in social-cognitive processes», *Trends in Cognitive Sciences*, 2012, 16(12), 593-605.

BAUMER, Eric PS, «Toward human-centered algorithm design», *Big Data & Society*, 2017, julio-diciembre, 1-12.

BERALDO, Davide y MILAN, Stefania, «From data politics to the contentious politics of data», *Big Data & Society*, 2019, julio-diciembre, 1-11.

BHIDÉ, Amar, «The Judgment Deficit», *Harvard Business Review*, 2010, 88(9), 44-53.

BRACHMAN, Ronald J. y LEVESQUE, Hector J., *Machines like Us: Toward AI with Common Sense*, Cambridge, MIT Press, 2022.

CARR, Nicholas, *The Glass Cage. Who needs Humans Anyway?*, Londres, Vintage, 2015.

CRAWFORD, Kate, «Between Dystopia and Utopia», ACEMOGLU, Daron, *Redesigning AI. Work, democracy, and justice in the age of automation*, Cambridge, Boston Review, 2021, 76-81.

CRAWFORD, Kate y JOLER, Vladan, «Anatomy of an AI System: The Amazon Echo As An Anatomical Map of Human Labor, Data and Planetary Resources», AI Now Institute y SHARE Lab, 2018. https://anatomyof.ai/

DANAHER, John, «The threat of algocracy: Reality, resistance and accommodation», *Philosophy and Technology*, 2016, 29(3), 245-268.

DI NUCCI, Ezio, *Mindlessness*, Newcastle, Cambridge Scholars Publishing, 2013.

DOMINGOS, Pedro, *The Master Algorithm. How the Quest for the Ultimate Learning Machine Will Remake Our World*, Nueva York, Basic Books, 2015.

DONOHUE, Andrew «Using Artificial Intelligence to Expand Fact-Checking», Duke Reporters' Lab, 2019. https://

reporterslab.org/using-artificial-intelligence-to-expand-fact-checking/

DYSON, George, «The third law», BROCKMAN, John (ed.), *Possible Minds. 25 Ways of Looking at AI*, Nueva York, Penguin, 2019, 31-40.

ELISH, Madeleine, «Moral Crumple Zones: Cautionary Tales in Human-Robot Interaction», *Engaging Science, Technology, and Society*, 2019, 5, 40-60.

EUROPEAN COMMISSION - EC, «General Data Protection Regulation», 2016. https://gdpr-info.eu/

—, «Draft Ethics Guidelines for Trustworthy AI», 18 de diciembre de 2018. https://digital-strategy.ec.europa.eu/en/library/draft-ethics-guidelines-trustworthy-ai

—, «On Artificial Intelligence – A European approach to excellence and trust», 2020. https://commission.europa.eu/publications/white-paper-artificial-intelligence-european-approach-excellence-and-trust_en

FORD, Richard T., «Save the Robots: Cyber Profiling and Your So-Called Life», *Stanford Law Review*, 2000, 52(5), 1573-1584.

FRANKENSTEIN, Julia, «Is GPS All in Our Heads?», *The New York Times*, 2 de febrero de 2012.

GIGERENZER, Gerd, *Good Feelings. The Intelligence of the Unconscious*, Nueva York, Penguin, 2007.

GILLESPIE, Tarleton, «Algorithms, Clickworkers, and the Befuddled Fury Around Facebook Trends», *Social Media Collective*, 2016. https://socialmediacollective.org/2016/05/18/facebook-trends/

GOLDBERG, Elkhonon, *The Wisdom Paradox. How Your Mind Can Grow Stronger As Your Brain Grows Older*, Nueva York, Gotham, 2006.

GRAY, Mary y SURY, Siddharth, *Ghost Work: How to Stop Silicon Valley from Building a New Global Underclass*, Boston, Houghton Mifflin Harcourt, 2019.

HADFIELD-MENELL, Dylan, MILLI, Smitha, ABBEEL, Pieter, RUSSELL, Stuart y DRAGAN, Anca, «Inverse Reward Design», 2020. https://arxiv.org/abs/1711.02827

HELBING, Dirk, FREY, Bruno S., GIGERENZER, Gerd, HAFEN, Ernst, HAGNER, Michael, HOFSTETER, Yvonne, HOVEN, Jeroen van den, ZICARI, Roberto V. y ZWITTER, Andrej, «Eine Strategie für das digitale Zeitalter», KÖNNEKER, Carsten (ed.), *Unsere digitale Zukunft. In welcher Welt wollen wir leben?*, Berlín, Springer, 2017, 23-28.

HILDEBRANDT, Mireille, *Smart Technologies and the End(s) of Law*, Cheltenham, Elgar, 2016.

HUWS, Ursula, «The Hassle of Housework: Digitalisation and the Commodification of Domestic Labour», *Feminist Review*, 2019, 123(1), 8-23. https://doi.org/10.1177/0141778919879725

INNERARITY, Daniel, *Una teoría de la democracia compleja. Gobernar en el siglo XXI*, Barcelona, Galaxia Gutenberg, 2020.

IRANI, Lilly, «The Hidden Faces of Automation», *XRDS: Crossroads*, 2016, 23(2), 34-37.

JAMES, William, *The Principles of Psychology*, Nueva York, Henry Holt, 1918.

KAHNEMAN, Daniel, *Thinking, Fast and Slow*, Nueva York, Penguin, 2011.

LATOUR, Bruno, *Der Berliner Schlüssel*, Berlín, Akademie, 1996.

LEE, Edward A., *The Coevolution: The Entwined Futures of Humans and Machines*, Cambridge, MIT Press, 2020.

LESHED, Gilly, VELDEN, Theresa, KOT, Blazej y SENGERS, Phoebe, «In-Car GPS Navigation: Engagement with and Disengagement from the Environment», Conference on Human Factors in Computing Systems – Proceedings (Florencia), 2008, 1675-1684. http://dx.doi.org/10.1145/1357054.1357316

McEwan, Ian, *Machines Like Me*, Londres, Random House, 2019.

Meadow, William y Sunstein, Cass R., «Statistics, Not Experts», *Duke Law Journal*, 2001, 51(2), 629-646.

Orlikowski, Wanda y Scott, Susan, «Sociomateriality: Challenging the separation of technology, work and organization», *The Academy of Management Annals*, 2008, 2(1), 433-474.

Pasquale, Frank, *The Black Box Society: The Secret Algorithms that Control Money and Information*, Cambridge, Harvard University Press, 2015.

—, «The Automated Public Sphere», University of Maryland, Francis King Carey School of Law Legal Studies Research Paper No. 2017-31, 2017.

Renda, Andrea, *Artificial Intelligence. Ethics, governance and policy challenges. Report of a CEPS Task Force*, Bruselas, Centre for European Policy Studies, 2019.

Rieder, Gernot y Simon, Judith, «Vertrauen in Daten oder: Die politische Suche nach numerischen Beweisen und die Erkenntnisversprechen von Big Data», Mohabbat Kar, Resa, Thapa, Basanta E.P. y Parycek, Peter (eds.), *(Un)Berechenbar? Algorithmen und Automatisierung in Staat und Gesellschaft*, Berlín, Kompetenzzentrum Öffentliche IT, 2018.

Rubel, Alan, Castro, Clinton y Pham, Adam, *Algorithms and autonomy: the ethics of automated decision systems*, Cambridge, Cambridge University Press, 2021.

Ruppert, Evelyn, Isin, Engin y Bigo, Didier, «Data politics», *Big Data & Society*, 2017, julio-diciembre, 1-7.

Sadowski, Jathan, «Potemkin AI», *Real Life*, 6 de agosto de 2018. https://reallifemag.com/potemkin-ai/

Seaver, Nick, «What Should an Anthropology of Algorithms Do?», *Cultural Anthropology*, 2018, 33(3), 375-385.

Select Committee on Artificial Intelligence - SCAI, «AI in the UK: ready, willing and able?», Informe de la

Sesión 2017-2019, Londres, HL 100, House of Lords, 2019. https://publications.parliament.uk/pa/ld201719/ldselect/ldai/100/10002.htm

Sparrow, Betsy, «Can machines be people? reflections on the Turing triage test», Lin, Patrick, Abney, Keith y Bekey, George, (eds.), *Robot ethics: The ethical and social implications of robotics*, Cambridge, MIT Press, 2012, 301-315.

Sunstein, Cass, *Choosing Not to Choose*, Oxford, Oxford University Press, 2015.

Taylor, Astra, «The Automation Charade», *Logic(s)*, 5, 1 de agosto de 2018. https://logicmag.io/failure/the-automation-charade/

Varela, Francisco, Thompson, Evan y Rosch, Eleanor, *The Embodied Mind. Cognitive Science and Human Experience*, Cambridge, MIT Press, 1991.

Veal, Robert y Tsimplis, Michael, «The Integration of Unmanned Ships into the *Lex Maritima*», *Lloyd's Maritime and Commercial Law Quarterly*, 2017, 303, 308-314.

Verbeek, Peter-Paul, «Subject to technology. On automatic computing and human autonomy», Hildebrandt, Mireille y Rouvroy, Antoinette (eds.), *Law, human agency, and autonomic computing: the philosophy of law meets the philosophy of technology*, Nueva York, Routledge, 2011, 27-45.

Von Foerster, Heinz, *Wissen und Gewissen*, Fráncfort, Suhrkamp, 1993.

Wagner, Ben, «Liable, but Not in Control? Ensuring Meaningful Human Agency in Automated-Decision-Systems», *Policy & Internet*, 2019, 11(1), 104-122.

Weizenbaum, Joseph, *Computer Power and Human Reason. From Judgment to Calculation*, San Francisco, Freeman, 1976.

Whitehead, Alfred N., *An Introduction to Mathematics*, Nueva York, Henry Holt, 1911.

WIENER, Norbert, *The Human Use of Human Beings*, Londres, Free Association Books, 1950.

YOUNG, Liam (ed.), *Machine Landscapes: Architectures of the Post Anthropocene*, Oxford, Wiley, 2019.

ZARSKY, Tal, «The trouble with algorithmic decisions: An analytic road map to examine efficiency and fairness in automated and opaque decision making», *Science, Technology and Human Values*, 2016, 41(1), 118-132.

7. MÁQUINAS. EL NUEVO CONTRATO SOCIAL TECNOLÓGICO

AHA, David y COMAN, Alexandra, «The AI Rebellion: Changing the Narrative», *Proceedings of the AAAI Conference on Artificial Intelligence*, 2017, 31(1). https://doi.org/10.1609/aaai.v31i1.11141

ANEESH, Aneesh, *Virtual Migration*, Durham, Duke University Press, 2006.

ARKOUDAS, Konstantine y BRINGSJORD, Selmer, «Philosophical Foundations», FRANKISH, Keith (ed.), *The Cambridge Handbook of Artificial Intelligence*, Cambridge, Cambridge University Press, 2014, 34-63.

ARENDT, Hannah, *The Human Condition*, Chicago, University of Chicago Press, 1958.

ASHBY, William Ross, *Design for a brain*, Nueva York, Wiley, 1954.

BAECKER, Dirk, *4.0 oder Die Lücke die der Rechner lässt*, Leipzig, Merve, 2018.

—, *Intelligenz, künstlich und komplex*, Leipzig, Merve, 2019.

BAUMER, Eric, «Toward human-centered algorithm design», *Big Data & Society*, 2017, julio-diciembre, 1-12.

BERALDO, Davide y MILAN, Stefania, «From data politics to the contentious politics of data», *Big Data & Society*, 2019, julio-diciembre, 1-11.

BHIDÉ, Amar, «The Judgment Deficit», *Harvard Business Review*, 2010, 88(9), 44-53.

BOIVIN, Nicole, *Material cultures, material minds. The impact of things on human thought, society and evolution*, Cambridge, Cambridge University Press, 2008.

BRONCANO, Fernando, *La melancolía del ciborg*, Barcelona, Herder, 2009.

BROOKS, Rodney, «Intelligence without Representation», *Artificial Intelligence*, 1991, 47, 139-159.

BRYNJOLFSSON, Erik, «The Turing Trap: The Promise & Peril of Human-Like Artificial Intelligence», *Daedalus*, 2022, 151(2), 272-287.

CARR, Nicholas, *The Glass Cage. Who needs Humans Anyway*, Londres, Vintage, 2015.

CHRISTIAN, Brian, *The Alignment Problem: Machine Learning and Human Values*, Nueva York, Norton, 2020.

CRAWFORD, Kate y JOLER, Vladan, «Anatomy of an AI System: The Amazon Echo As An Anatomical Map of Human Labor, Data and Planetary Resources», AI Now Institute y SHARE Lab, 2018. https://anatomyof.ai/

DANAHER, John, «The threat of algocracy: Reality, resistance and accommodation», *Philosophy and Technology*, 2016, 29(3), 245-268.

DOMINGOS, Pedro, *The Master Algorithm. How the Quest for the Ultimate Learning Machine Will Remake Our World*, Nueva York, Basic Books, 2015.

DONOHUE, Andrew «Using Artificial Intelligence to Expand Fact-Checking», Duke Reporters' Lab, 2019. https://reporterslab.org/using-artificial-intelligence-to-expand-fact-checking/

DREYFUS, Hubert, *What Computers Can't Do*, Cambridge, MIT Press, 1972.

DYSON, George, «The third law», BROCKMAN, John (ed.), *Possible Minds. 25 Ways of Looking at AI*, Nueva York, Penguin, 2019, 31-40.

EMERY, Nathan, CLAYTON, Nicola y FRITH, Chris, «Introduction. Social intelligence: from brain to culture», *Philosophical Transactions of the Royal Society*, Series B, 2007, 362(1480), 485-488.

EUROPEAN COMMISSION - EC, «Draft Ethics Guidelines for Trustworthy AI», 18 de diciembre de 2018. https://digital-strategy.ec.europa.eu/en/library/draft-ethics-guidelines-trustworthy-ai

—, «White Paper On Artificial Intelligence: a European approach to excellence and trust», Bruselas, 19 de febrero de 2020. https://commission.europa.eu/publications/white-paper-artificial-intelligence-european-approach-excellence-and-trust_en

FRANKENSTEIN, Julia, «Is GPS All in Our Heads?», *The New York Times*, 2 de febrero de 2012.

HAWKINS, Jeff, *A Thousand Brains. A New Theory of Intelligence*, Nueva York, Basic Books, 2021.

HELBING, Dirk, FREY, Bruno S., GIGERENZER, Gerd, HAFEN, Ernst, HAGNER, Michael, HOFSTETER, Yvonne, HOVEN, Jeroen van den, ZICARI, Roberto V. y ZWITTER, Andrej, «Eine Strategie für das digitale Zeitalter», KÖNNEKER, Carsten (ed.) *Unsere digitale Zukunft. In welcher Welt wollen wir leben?*, Berlín, Springer, 2017, 23-28.

HERNÁNDEZ-ORALLO, José, *The Measure of All Minds*, Cambridge, Cambridge University Press, 2017.

HODDER, Ian, *Entangled. An Archaeology of the Relationships between Humans and Things*, Londres, Wiley-Blackwell, 2012.

HUBIG, Christoph, «Der technische aufgerüstete Mensch – Auswirkungen auf unser Menschenbild», ROSSNAGEL, Alexander, SOMMERLATTE, Tom, WINAND, Udo (eds.), *Digitale Visionen. Zur Gestaltung allgegenwärtiger Informationstechnologien*, Berlín, Springer, 2008, 165-175.

IRANI, Lilly, «The Hidden Faces of Automation», *XRDS: Crossroads*, 2016, 23(2), 34-37.

JAMES, William, *The Principles of Psychology*, Nueva York, Henry Holt, 1918.

KLAUS, Georg, *Wörterbuch der Kybernetik*, Fráncfort, Fischer, 1971.

LATOUR, Bruno, *Nous n'avons jamais été modernes. Essai d'anthropologie symétrique*, París, La Découverte, 1991.

—, «Where Are the Missing Masses? The Sociology of a Few Mundane Artifacts», en BIJKER, Wiebe y LAW, John (eds.), *Shaping Technology/Building Society. Studies in Sociotechnical Change*, Cambridge, MIT Press, 1992, 225-258.

—, «On technical mediation. Philosophy, sociology, genealogy», *Common Knowledge*, 1994, 3(2), 29-64.

LEE, John D. y SEE, Katrina A., «Trust in Automation: Designing for Appropriate Reliance», *Human Factors*, 2004, 46(1), 50-80.

LEE, Edward A., *The Coevolution: The Entwined Futures of Humans and Machines*, Cambridge, MIT Press, 2020.

LESHED, Gilly, VELDEN, Theresa, KOT, Blazej y SENGERS, Phoebe, «In-Car GPS Navigation: Engagement with and Disengagement from the Environment», Conference on Human Factors in Computing Systems – Proceedings (Florencia), 2008, 1675-1684. http://dx.doi.org/10.1145/1357054.1357316

LEVESQUE, Hector J., *Common Sense, the Turing Test, and the Quest for Real AI*, Cambridge, MIT Press, 2017.

LOBEL, Orly, *The Equality Machine: Harnessing Digital Technology for a Brighter, More Inclusive Future*, Nueva York, Hachette, 2022.

LUHMANN, Niklas, *Die Gesellschaft der Gesellschaft*, Bd. 2, Fráncfort, Suhrkamp, 1988.

—, *Organisation und Entscheidung*, Opladen y Wiesbaden, Westdeutscher Verlag, 2000.

MARCUS, Gary, ROSSI, Francesca y VELOSO, Manuela, «Beyond the Turing Test», *AI Magazine*, 2016, 37(1), 3-4.

MEADOW, William y SUNSTEIN, Cass R., «Statistics, Not Experts», *Duke Law Journal*, 2001, 51(2), 629-646.

MILLi, Smith, HADFIELD-MENELL, Dylan, DRAGAN, Anca y RUSSELL, Stuart, «Should robots be obedient?», International Joint Conference on Artificial Intelligence (IJCAI), 2017, 4754-4760.

MOREL, Christian, *Les décisions absurdes III*, París, Gallimard, 2002.

NILSSON, Nils J., «Human-Level Intelligence? Be Serious!», *AI Magazine*, 2005, 26(4), 68-75.

ORLIKOWSKI, Wanda y SCOTT, Susan, «Sociomateriality: Challenging the separation of technology, work and organization», *The Academy of Management Annals*, 2008, 2(1), 433-474.

PASQUALE, Frank, *The Black Box Society: The Secret Algorithms that Control Money and Information*, Cambridge, Harvard University Press, 2015.

—, *New Laws of Robotics, Defending Human Expertise in the Age of AI*, Cambridge, Belknap, 2020.

RAMMERT, Werner, *Technik – Handeln – Wissen. Zu einer pragmatischen Technik- und Sozialtheorie*, Wiesbaden, Springer, 2016.

—, «Die Zukunft der künstlichen Intelligenz: verkörpert – verteilt – hybrid», Technical University Technology Studies (TUTS), Working Papers, 4, 2003.

SELECT COMMITTEE ON ARTIFICIAL INTELLIGENCE - SCAI, «AI in the UK: ready, willing and able?», Informe de la Sesión 2017-2019, HL 100, Londres: House of Lords, 2019. https://publications.parliament.uk/pa/ld201719/ldselect/ldai/100/10002.htm

RAMMERT, Werner y SCHULZ-SCHAEFFER, Ingo (eds.), *Können Maschinen handeln? Soziologische Beiträge zum Verhältnis von Mensch und Technik*, Fráncfort y Nueva York, Campus, 2002.

RENDA, Andrea, *Artificial Intelligence. Ethics, governance and policy challenges. Report of a CEPS Task Force*, Bruselas, Centre for European Policy Studies, 2019.

RIEDER, Gernot y SIMON, Judith, «Vertrauen in Daten oder: Die politische Suche nach numerischen Beweisen und die Erkenntnisversprechen von Big Data», MOHABBAT KAR, Resa, THAPA, Basanta E.P. y PARYCEK, Peter (eds.), *(Un) Berechenbar? Algorithmen und Automatisierung in Staat und Gesellschaft*, Berlín, Kompetenzzentrum Öffentliche IT, 2018.

ROGERS, Deborah S. y EHRLICH, Paul R., «Natural Selection and Cultural Rates of Change», *Proceedings of the National Academy of Sciences of the United States of America*, 2008, 105(9), 3416-3420.

RUPPERT, Evelyn, ISIN, Engin y BIGO, Didier (2017), «Data politics», *Big Data & Society*, 2017, julio-diciembre, 1-7.

SADIN, Éric, *L'intelligence artificielle ou l'enjeu du siècle. Anatomie d'un antihumanisme radical*, París, L'Échappée, 2018.

SEAVER, Nick, «What Should an Anthropology of Algorithms Do?», *Cultural Anthropology*, 2018, 33(3), 375-385.

SPERBER, Dan, «Seedless grapes: nature and culture», en MARGOLIS, Eric y LAURENCE, Stephen (eds.), *Creations of the mind. Theories of artifacts and their representation*, Oxford, Oxford University Press, 2007.

STAR, Susan Leigh, «The Structure of Ill-Structured Solutions: Boundary Objects and Heterogeneous Distributed Problem Solving», GASSER, Lees y HUHNS, Michael N. (eds.), *Distributed Artificial Intelligence*, Londres, Pitman, 1989, 37-54.

STEUSLOFF, Hartwig, «Roboter, soziale Wesen», KORNWACHS, Klaus (ed.), *Tagungsbericht der Gesellschaft für Systemforschung*, Karlsruhe, 2001.

VERBEEK, Peter-Paul, «Cultivating humanity: Toward a non-humanist ethics of technology», BERG OLSEN, Jan Kyrre. SELINGER, Evan y RIIS, Søren (eds.), *New waves in philosophy of technology*, Houndmills, Palgrave Macmillan, 2009, 241-263.

—, «Subject to technology. On automatic computing and human autonomy», HILDEBRANDT, Mireille y ROUVROY, Antoinette (eds.), *Law, human agency, and autonomic computing: the philosophy of law meets the philosophy of technology*, Nueva York, Routledge, 2011, 27-45.

—, «Some Misunderstandings About the Moral Significance of Technology», KROES, Peter y VERBEEK, Peter-Paul (eds.), *The Moral Status of Technical Artefacts*, Dordrecht, Springer, 2014, 75-88.

VON FOERSTER, Heinz, *Wissen und Gewissen*, Fráncfort, Suhrkamp, 1993.

WEIZENBAUM, Joseph, *Computer Power and Human Reason. From Judgment to Calculation*, San Francisco, Freeman, 1976.

WHITEHEAD, Alfred N., *An Introduction to Mathematics*, Nueva York, Henry Holt, 1911.

WIENER, Norbert, *The Human Use of Human Beings*, Londres, Free Association Books, 1950.

YOUNG, Liam (ed.), *Machine Landscapes: Architectures of the Post Anthropocene*, Oxford, Wiley, 2019.

ZARSKY, Tal, «The trouble with algorithmic decisions: An analytic road map to examine efficiency and fairness in automated and opaque decision making», *Science, Technology and Human Values*, 2016, 41(1), 118-132.

ZERILLI, John, KNOTT, Alistair, MACLAURIN, James y GAVAGHAN, Colin, «Algorithmic Decision-Making and the Control Problem», *Minds and Machines*, 2019, 29, 555-578.

8. TRANSPARENCIA ¿CUÁNTA OPACIDAD REQUIERE Y SOPORTA LA INTELIGENCIA ARTIFICIAL?

AMOORE, Louise, *Cloud Ethics. Algorithms and the Attributes of Ourselves and Others*, Durham y Londres, Duke University Press, 2020.

ANANNY, Mike, «Toward an ethics of algorithms: convening, observation, probability, and timeliness», *Science, Technology & Human Values*, 2016, 41(1), 93-117.

ANANNY, Mike y CRAWFORD, Kate, «Seeing without knowing: Limitations of the transparency ideal and its application to algorithmic accountability», *New Media & Society*, 2016, 20(3), 973-989.

ASHBY, William Ross, *An introduction to cybernetics*, Londres, Chapman & Hall, 1956.

BALKIN, Jack, «Information fiduciaries and the first amendment», *UC Davis Law Review*, 2016, 49 / 4, 1183-1234.

BARAD, Karen, «Posthumanist performativity: Toward an understanding of how matter comes to matter», *Signs*, 2003, 28(3), 801-831.

BAROCAS, Solon y SELBST, Andrew, «Big Data's Disparate Impact», *California Law Review*, 2016, 104, 671-732.

BEER, David, «The social power of algorithms», *Information, Communication & Society*, 2017, 20(1), 1-13.

BENJAMIN, Stuart M., «Algorithms and Speech», *University of Pennsylvania Law Review*, 2013, 161, 1445-1493.

BRAUNEIS, Robert y GOODMAN, Ellen P., «Algorithmic transparency for the smart city», *Yale Journal of Law and Technology*, 2018, 20, 103-176.

BUCHER, Taina, «Want to be on the top? Algorithmic power and the threat of invisibility on Facebook», *New Media and Society*, 2012, 11(6), 985-1002.

—, *If... then. Algorithmic Power and Politics*, Oxford, Oxford University Press, 2018.

BURRELL, Jenna, «How the machine 'thinks': Understanding opacity in machine learning algorithms», *Big Data & Society*, 2016, enero-junio, 1-12.

CALLON, Michel y LATOUR, Bruno, «Unscrewing the big Leviathan: How actors macro-structure reality and how sociologists help them to do so», KNORR-CETINA, Karin y CICOUREL, Aaron (eds.), *Advances in social theory and methodology: Toward an integration of micro-and-macro-sociologies*, Londres, Routledge, 1981, 277-303.

CENTRO COMÚN DE INVESTIGACIÓN DE LA COMISIÓN EUROPEA – JRC, 2020, https://ec.europa.eu/jrc/communities/en/node/1162/article/interpretability-ai-and-its-relation-fairness-transparency-reliability-and-trust

CHESTERMAN, Simon, *We, the Robots?: Regulating Artificial Intelligence and the Limits of the Law*, Cambridge, Cambridge University Press, 2021.

CHUN, Wendy H. K., «On 'sourcery', or code as fetish», *Configurations*, 2008, 16(3), 299-324.

—, *Programmed visions*, Cambridge, MIT Press, 2011.

CITRON, Danielle K. y PASQUALE, Frank, «The scored society: Due process for automated predictions», *Washington Law Review*, 2014, 89(1), 1-33.

CLOUGH, Patricia, *Autoaffection: Unconscious Thought in the Age of Teletechnology*, Mineápolis, University of Minnessota Press, 2000.

COHEN, Julie, «The regulatory state in the information age», *Theoretical Inquiries in Law*, 17(2), 2016, 369-414.

CRAWFORD, Kate, «Can an algorithm be agonistic?», *Science, Technology & Human Values*, 2016, 41(1), 77-92.

DANAHER, John, «The threat of algocracy: Reality, resistance and accommodation», *Philosophy and Technology*, 2016, 29(3), 245-268.

DATTA, Anupam, SEN, Shayak y ZICK, Yair, «Algorithmic Transparency via Quantitative Input Influence», CERQUITELLI, Tania, QUERCIA, Daniele y PASQUALE, Frank (eds.), *Transparent Data Mining for Big and Small Data*, Nueva York, Springer, 2017.

DE FINE LICHT, Karl y DE FINE LICHT, Jenny, «Artificial intelligence, transparency, and public decision-making. Why explanations are key when trying to produce perceived legitimacy», *AI & Society*, 2020, 35, 917-926.

DESSALLES, Jean-Louis, *Des intelligences TRÈS artificielles*, París, Odile Jacob, 2019.

DIAKOPOULOS, Nicholas, «Accountability in algorithmic decision making», *Communications of the ACM*, 2016, 59(2), 56-62.

DOSHI-VELEZ, Finale, KORTZ, Mason, BUDISH, Ryan, BAVITZ, Christopher, GERSHMAN, Samuel, O'BRIEN, David, SCOTT, Kate, SHIEBER, Stuart, WALDO, Jim, WEINBERGER, David, WELLER, Adrian y WOOD, Alexandra, «Accountability of AI under the law: The role of explanation», arXiv preprint arXiv:1711.01134, 2017

DRAPER, Nora y TUROW, Joseph, «The corporate cultivation of digital resignation», *New Media & Society*, 2019, 21(8), 1824-1839.

DYSON, George, «The Third Law», BROCKMAN, John (ed.), *Possible Minds. 25 Ways of Looking at AI*, Nueva York, Penguin, 2019, 33-40.

EDWARDS, Lilian y VEALE, Michael, «Enslaving the Algorithm: From a 'Right to an Explanation' to a 'Right to Better Decisions'?», *EEE Security & Privacy*, 2018, 16(3), 46-54.

EILAM, Eldad, *Reversing: Secrets of reverse engineering*, Indianápolis, Wiley & Sons, 2005.

EUROPEAN COMMISSION - EC, «General Data Protection Regulation», 2016. https://gdpr-info.eu/

—, «Draft Ethics Guidelines for Trustworthy AI», 18 de diciembre de 2018. https://ec.europa.eu/digital-single-market/en/news/draft-ethics-guidelines-trustworthy-ai

—, «White paper on artificial intelligence – a European approach to excellence and trust», Bruselas, 19 de febrero de 2020. https://commission.europa.eu/publications/white-paper-artificial-intelligence-european-approach-excellence-and-trust_en

EYERT, Florian y LOPEZ, Paola, «Rethinking Transparency as a Communicative Constellation», *Proceedings of the 2023 ACM Conference on Fairness, Accountability, and Transparency* (FAccT '23), 2023, 444-454.

FELZMANN, Heike, FOSCH-VILLARONGA, Eduard, LUTZ, Christoph y TAMÒ-LARRIEUX, Aurelia, «Transparency you can trust: Transparency requirements for artificial intelligence between legal norms and contextual concerns», *Big Data & Society*, 2019, enero-junio, 1-14.

FONG, Ruth y VEDALDI, Andrea, «Interpretable Explanations of Black Boxes by Meaningful Perturbation», *Proceedings of the IEEE International Conference on Computer Vision*, 2017, 3429-3437.

FRABETTI, Federica, *Software Theory. A Cultural and Philosophical Study*, Londres, Rowman & Littlefield, 2015.

GALLOWAY, Alexander R., *Gaming: Essays on algorithmic culture*, Mineápolis, University of Minnesota Press, 2006.

GILLESPIE, Tarleton, «The relevance of algorithms», GILLESPIE, Tarleton, BOCZKOWSKI, Pablo J. y FOOT, Kirsten A. (eds.), *Media technologies: Essays on communication, materiality, and society*, Cambridge, MIT Press, 2014, 167-193.

—, «Algorithmically recognizable: Santorum's Google problem, and Google's Santorum problem», *Information, Communication & Society*, 2017, 20(1), 63-80.

GOLDMAN, Eric, «Search engine bias and the demise of search engine utopianism», *Yale Journal of Law & Technology*, 2006, 8, 188-200.

HAGRAS, Hani, «Toward Human-Understandable, Explainable AI», *Computer*, 2018, 51(9), 28-36.

HARCOURT, Bernard E., *Against Prediction: Profiling, Policing, and Punishing in an Actuarial Age*, Chicago, University of Chicago Press, 2007.

HARDIN, Russell, «If it rained knowledge», *Philosophy of the Social Sciences*, 2003, 33(1), 3-44.

HEAVEN, Will Douglas, «Why asking an AI to explain itself can make things worse», *MIT Technology Review*, 29 de enero de 2020. https://www.technologyreview.com/2020/01/29/304857/why-asking-an-ai-to-explain-itself-can-make-things-worse/

HEIDEGGER, Martin, *Sein und Zeit*, Tubinga, Niemeyer, 1986.

HENIN, Clément y LE MÉTAYER, Daniel, «Beyond explainability: justifiability and contestability of Algorithmic Decision Systems», *AI & Society*, 2021, 37(4), 1397-1410.

HIRSCHMAN, Albert, *Exit, Voice and Loyalty*, Cambridge, Harvard University Press, Cambridge, 1977.

INNERARITY, Daniel, *Politics in the time of indignation: The Crisis of Representative Democracy*, Londres, Bloomsbury, 2019.

INTRONA, Lucas, «Algorithms, Governance, and Governmentality: On Governing Academic Writing Science», *Technology & Human Values*, 2016, 41(1), 17-49.

KAHNEMAN, Daniel, *Thinking, Fast and Slow*, Nueva York, Farrar, Straus and Giroux, 2011.

KANT, Immanuel [1787], «Kritik der reinen Vernunft», en *Kant's gesammelte Schriften, herausgegeben von der preußischen Akademie der Wissenschaften*, Berlín, Walter de Gruyter, 1927.

KEMPER, Jakko y KOLKMAN, Daan, «Transparent to whom? No algorithmic accountability without a critical audience», *Information, Communication & Society*, 2018, junio, 1-16.

KNIGHT, Will, «The dark secret at the heart of AI», *MIT Technology Review*, 2017, 11 de abril, 1-22.

KROLL, Joshua, HUEY, Joanna, BAROCAS, Salon, FELTEN, Edward, REIDENBERG, Joel, ROBINSON, David y YU, Harlan, «Accountable algorithms», *University of Pennsylvania Law Review*, 2016, 165, 633-706.

LATOUR, Bruno, *Reassembling the social: An introduction to actor-network-theory*, Oxford, Oxford University Press, 2005.

LEETARU, Kalev, «In Machines We Trust: Algorithms Are Getting Too Complex To Understand», *Forbes*, 4 de enero de 2016. www.forbes.com/sites/kalevleetaru/2016/01/04/in-machines-we-trust-algorithms-aregetting-too-complex-to-understand/print

LOI, Michele, FERRARIO, Andrea y VIGANÒ, Eleonora, «Transparency as design publicity: explaining and justifying inscrutable algorithms», *Ethics and Information Technology*, 2021, 23, 253-263.

LOWRIE, Ian, «Algorithmic rationality: Epistemology and efficiency in the data sciences», *Big Data & Society*, 2017, 4(1), 1-13.

LUHMANN, Niklas, *Organisation und Entscheidung*, Opladen, Westdeutscher Verlag, 2000.

—, *Die Kontrolle von Intransparenz*, Berlín, Suhrkamp, 2017.

MACKENZIE, Adrian, «The performativity of code: Software and cultures of circulation, Theory», *Culture & Society*, 2005, 22(1), 71-92.

MARQUARD, Odo, *Aesthetica und Anaesthetica. Philosophische Überlegungen*, Paderborn, Schöningh, 1989.

MATZNER, Tobias, «Opening Black Boxes Is Not Enough – Data-based Surveillance», en «Discipline and Punish and Today», *Foucault Studies*, 2017, 23, 27-45.

McGOEY, Linsey, «The logic of strategic ignorance», *The British Journal of Sociology*, 2012, 63(3), 533-576.

MEHRA, Sarah, «Antitrust and the robo-seller: Competition in the time of algorithms», *Minnessota Law Review*, 2015, 100, 1323-1375.

MILLER Tim, «Explanation in Artificial Intelligence: Insights from the Social Sciences». arXiv:1706.07269, 2018.

MITTELSTADT, Bredt, ALLO, Patrick, TADDEO, Mariarosaria, WACHTER, Sandra y FLORIDI, Luciano, «The ethics of algorithms: Mapping the debate», *Big Data & Society*, 2016, julio-diciembre, 1-21.

NEYLAND, Daniel, «Bearing Accountable Witness to the Ethical Algorithmic System», *Science, Technology & Human Values*, 2016, 4(1), 50-76.

NEYLAND, Daniel y MÖLLERS, Norma, «Algoritmic IF... THEN rules and the conditions and consequences of power», BEER, David (ed.), *The social power of algorithms*, Nueva York, Routledge, 2018, 45-62.

NISSENBAUM, Helen, «A contextual approach to privacy online», *Daedalus*, 2011, 140(4), 32-48.

OBAR, Jonathan A., «Sunlight alone is not a disinfectant: Consent and the futility of opening Big Data black boxes (without assistance)», *Big Data & Society*, 2020, enero-junio, 1-5.

O'NEILL, Onora, «Trust, trustworthiness and accountability», MORRIS, Nicholas y VINES, David (eds.), *Capital Failure: Rebuilding Trust in Financial Services*, Oxford, Oxford University Press, 2014, 172-189.

ORGANIZACIÓN PARA LA COOPERACIÓN Y EL DESARROLLO ECONÓMICO - OCDE, «Recommendation of the Council on Artificial Intelligence», 2019. https://legalinstruments. oecd.org/en/instruments/OECD-LEGAL-0449

PASQUALE, Frank, *The Black Box Society: The Secret Algorithms that Control Money and Information*, Cambridge, Harvard University Press, 2015.

SELBst, Andrew y BAROCAS, Solon, «The intuitive appeal of explainable machines», *Fordham Law Review*, 2018, 87, 1085-1139.

SELECT COMMITTEE ON ARTIFICIAL INTELLIGENCE - SCAI, «AI in the UK: ready, willing and able?», Informe de la Sesión 2017-2019, HL 100, Londres: House of Lords, 2019. https://publications.parliament.uk/pa/ld201719/ld-select/ldai/100/10002.htm

SANDVIG, Christian, HAMILTON, Kevin, KARAHALIOS, Karrie y LANGBORT, Cedric, «An Algorithm Audit», PEÑA GANGADHARAN, Seeta (ed.), *Data and Discrimination: Collected Essays*, Washington, DC, New America Foundation, 2014, 6-10.

SCHOPENHAUER, Arthur, *Parerga und Paralipomena. Kleine philosophische Schriften, II*, Darmstadt, Wissenschaftliche Buchgesellschaft, 1968.

RAHWAN, Iyad, «Society-in-the-loop: Programming the algorithmic social contract», *Ethics and Information Technology*, 2018, 20(1), 5-12.

ROBERTS, Joanne, «Organizational ignorance: Towards a managerial perspective on the unknown», *Management Learning*, 2012, 44(3), 10-26.

RUSSELL, Stuart, DEWEY, Daniel y TEGMARK, Max, «Research Priorities for Robust and Beneficial Artificial Intelligence», *The Journal of Record for the AI Community*, 2015, 36(4), 105-114.

RUSSELL, Stuart, *Human Compatible. Artificial Intelligence and the Problem of Control*, Londres, Penguin, 2019a.

SANDERSON, Conrad, DOUGLAS, David y LU, Qinghua, «Implementing Responsible AI: Tensions and Trade-Offs Between Ethics Aspects», 2023. https://arxiv.org/abs/2304.08275

SCHUBERT, Cornelius, «Distributed sleeping and breathing: On the agency of means in medical work», PASSOTH, Jan-Hendrik, PEUKER, Birgit y SCHILLMEIER, Michael, (eds.), *Agency without actors: New approaches to collective action*, Abingdon, Routledge, 2012, 113-129.

SEAVER, Nick, «Knowing Algorithms», VERTESI, Janet y RIBES, David, *digitalSTS: A Field Guide for Science & Technology Studies*, Princeton: Princeton University Press, 2019, 412-422. https://doi.org/10.1515/9780691190600-028

SELBST, Andrew y BAROCAS, Solon, «The intuitive appeal of explainable machines», *Fordham Law Review*, 2018, 87, 1085-1139. http://dx.doi.org/10.2139/ssrn.3126971

STANTON, Brian, THEOFANOS, Mary F., SPICKARD PRETTYMAN, Sandra y FURMAN, Susanne, «Security fatigue», *IT Professional*, 2016, 18(5), 26-32.

SUCHMAN, Lucy, *Human-machine reconfigurations: Plans and situated actions*, Cambridge, Cambridge University Press, 2007.

SCHULL, Natasha D., *Addiction by design*, Londres, Duckworth, 2012.

SCHÜTZ, Alfred, «The well-informed citizen: An essay on the social distribution of knowledge», *Social Research*, 1946, 13(4), 463-478.

TASHEA, Jason, «Risk assessment Algorithms Challenged in Bail, Sentencing and Parole Decisions», *ABA Journal*, marzo de 2017. http://www.abajournal.com/magazine/article/algorithm_bail_sentencing_parole/

TENE, Omer y POLONETSKY, Jules, «Big Data for All: Privacy and User Control in the Age of Analytics», *Northwestern Journal of Technology and Intellectual Property*, 2013, 11(5), 239-273.

TURKLE, Sherry, *Life on the Screen: Identity in the Age of the Internet*, Nueva York, Simon & Schuster, 1995.

UNESCO, «Recommendation on the Ethics of Artificial Inteligence», 2023. https://unesdoc.unesco.org/ark:/48223/pf0000381137.locale=es

WANG, Hao, «Transparency as Manipulation? Uncovering the Disciplinary Power of Algorithmic Transparency», *Philosophy & Technology*, 2022, 35, 69. https://doi.org/10.1007/s13347-022-00564-w

WEBER, Max, *Wissenschaft als Beruf. Politik als Beruf*, en *Gesamtausgabe*, Band I/17, Tubinga, Mohr, 1992.

WEINBERGER, David, «Our Machines Now Have Knowledge We'll Never Understand», *Wired*, 18 de abril de 2017. https://www.wired.com/story/our-machines-now-have-knowledge-well-never-understand/

WEISER, Mark y BROWN, John Seely, «The Coming Age of Calm Technology», DENNING, Peter y METCALFE, Robert (eds.), *Beyond Calculation: The Next Fifty Years of Computing*, Nueva York, Copernicus, 1998, 75-85.

WHITTLESTONE, Jess, NYRUP, Rune, ALEXANDROVA, Anna, DIHAL, Kanta y CAVE, Stephen, *Ethical and Societal Implications of Algorithms, Data, and Artificial Intelligence: A Readmap for Research*, Londres, The Nuffield Foundation, 2019.

WISCHMEYER, Thomas, «Regulierung intelligenter Systeme», EIFERT, Martin, GUCKELBERGER, Annette, HUBER, Peter M. y SCHORKOPF, Frank (eds.), *Archiv des öffentlichen Rechts*, 2018, 143(1), 1-66. https://doi.org/10.1628/aoer-2018-0002

WHITEHEAD, Alfred N. [1911], *An Introduction to Mathematics*, Oxford, Oxford University Press, 1948.

YUDKOWSKY, Eliezer, «Artificial Intelligence as a Positive and Negative Factor in Global Risk», BOSTROM, Nick y ĆIRKOVIĆ, Milan (eds.), *Global Catastrophic Risks*, Oxford, Oxford University Press, 2008, 308-345.

ZARSKY, Tal, «The trouble with algorithmic decisions: An analytic road map to examine efficiency and fairness in automated and opaque decision making», *Science, Technology and Human Values*, 2016, 41(1), 118-132.

ZIEWITZ, Malte, «A not quite random walk: Experimenting with the ethnomethods of the algorithm», *Big Data & Society*, 2017, 4(2), 1-13.

III. FILOSOFÍA POLÍTICA DE LA RAZÓN ALGORÍTMICA

9. CONTROL. LAS MÁQUINAS, LAS INSTITUCIONES Y LA DEMOCRACIA

BAXTER, Gordon, ROOKSBY, John, WANG, Yuanzhi y KHAJEH-HOSSEINI, Ali, «The ironies of automation: still going strong at 30?», ECCE Proceedings of the 30th European Conference on Cognitive Ergonomics, Edimburgo, 2012, 65-71. https://doi.org/10.1145/2448136.2448149

BRADFORD, Anu, «The Brussels effect», *Northwestern University Law Review*, 2012, 107(1), 1-68.

CEBON, David, «Responses to autonomous vehicles», *Ingenia*, 2015, 62, 8-11.

CEBON D., EPPLE W., POULIN C. y STANTON N.A., Responses to autonomous vehicles, *Ingenia*, 2015, 62, 8-11.

CHALMERS, Damian «Democratic Self-Government in Europe: Domestic Solutions to the EU Legitimacy Crisis», *Policy Network Paper*, mayo, 2013. https://policynetwork.org/wp-content/uploads/2017/09/Democratic-self-government-in-Europe.pdf

DI NUCCI, Ezio, *The Control Paradox. From AI to Populism*, Lanham, MD, Rowman & Littlefield, 2021.

HELBING, Dirk, *Thinking Ahead*, Heidelberg, Springer, 2015.

INNERARITY, Daniel, *La política en tiempos de indignación*, Barcelona, Galaxia Gutenberg, 2015.

—, *La democracia en Europa*, Barcelona, Galaxia Gutenberg, 2017.

—, *Una teoría de la democracia compleja. Gobernar en el siglo XXI*, Barcelona, Galaxia Gutenberg, 2020.

LUHMANN, Niklas, *Soziale Systeme. Grundriß einer allgemeinen Theorie*, Fráncfort, Suhrkamp, 1984.

—, *Soziologie des Risikos*, Berlín, Walter de Gruyter, 1991.

MANIN, Bernard, *The Principles of Representative Government*, Cambridge, Cambridge University Press, 1997.

MANSBRIDGE, Jane, «Rethinking representation», *American Political Science Review*, 2003, 97(4), 515-528. http://dx.doi.org/10.1017/S0003055403000856

PRZEWORSKI, Adam, MANIN, Bernard y STOKES, Susan (eds.), *Democracy, Accountability and Representation*, Cambridge, Cambridge University Press, 1999.

WIENER, Norbert, «Some Moral and Technical Consequences of Automation», *Science*, 1960, 131 (3410), 1355-1358. https://doi.org/10.1126/science.131.3410.1355

WILLKE, Helmut, *Systemtheorie entwickelter Gesellschaften. Dynamik und Riskanz moderner gesellschaftlicher Selbstorganisation*, Weinheim y Múnich, Juventa, 1989.

YAMPOLSKIY, Roman, *Artificial Intelligence Safety and Security*, Florida, CRC Press, 2018.

10. GOBERNANZA. LAS EXPECTATIVAS POLÍTICAS DE LA INTELIGENCIA ARTIFICIAL

ADORNO, Theodor W. y HORKHEIMER, Max, *Dialektik der Aufklärung*, Berlín, Fischer, 1988.

ANEESH, Aneesh, «Global Labor: Algocratic Modes of Organization», *Sociological Theory*, 2009, 27(4), 347-370.

CHEN, Min, MAO, Shiwen y LIU, Yunhao, «Big Data. A Survey», *Mobile Networks and Applications*, 2014, 19, 171-209.

CITRON, Danielle K., «Technological Due Process», *Washington University Law Review*, 2007, 85(6), 1249-1313.

DANAHER, John, «The threat of algocracy: Reality, resistance and accommodation», *Philosophy & Technology*, 2016, 29(3), 245-268.

DASTON, Lorraine y GALISON, Peter, *Objectivity*, Princeton, Princeton University Press, 2010.

DUBERRY, Jérôme, *Artificial Intelligence and Democracy. Risks and Promises of AI-Mediated Citizen–Government*, Cheltenham, Elgar, 2022.

GILLESPIE, Tarleton, «The Relevance of Algorithms», GILLESPIE, Tarleton, BOCZKOWSKI, Pablo J. y FOOT, Kirsten A. (eds.), *Media Technologies: Essays on Communication, Materiality, and Society*, Cambridge, MIT Press, 2014, 167-193.

—, «Algorithm», PETERS, Benjamin (ed.), *Digital Keywords: A Vocabulary of Information Society and Culture*, Princeton, Princeton University Press, 2016, 18-30.

MAGER, Astrid, «Algorithmic Ideology: How Capitalist Society Shapes Search Engines», *Information, Communication & Society*, 2012, 15(5), 769-787.

MCGINNIS, John O., «Accelerating Democracy: Transforming Governance Through Technology», *Democratization*, 2013, 20(7), 1354-1355.

HILDEBRANDT, Mireille, «Law as Information in the Era of Data-Driven Agency: Law as Information», *The Modern Law Review*, 2016, 79(1), 1-30.

INNERARITY, Daniel, *Una teoría de la democracia compleja. Gobernar en el siglo XXI*, Barcelona, Galaxia Gutenberg, 2020.

JUST, Natascha y LATZER, Michael, «Governance by Algorithms: Reality Construction by Algorithmic Selection on the Internet», *Media, Culture & Society*, 2017, 39(2), 238-258.

KERSTING, Norbert, «Open Data, Open Government und Online Partizipation in der Smart City. Vom Informationsobjekt über den deliberativen Turn zur Algorithmokratie?», BUHR, Lorina, HAMMER, Stefanie y SCHÖLZEL, Hagen (eds.), *Staat, Internet und digitale Gouvernementalität*, Wiesbaden, Springer, 2018, 87-104.

KÖNIG, Pascal, «Algorithmen und die Verwaltung sozialer Komplexität. Zur Neukonfigurierung der Idee der Selbstregierung des Volkes», *Zeitschrift für Politikwissenschaft*, 2018, 28, 289-312.

KÖNIG, Pascal y WENZELBURGER, Georg, «Between technochauvinism and human-centrism: Can algorithms improve decision-making in democratic politics?», *European Political Science*, 2021, 21, 132-149.

KRÜGER, Julia y LISCHKA, Konrad, «Was zu tun ist, damit Maschinen den Menschen dienen», MOHABBAT KAR, Resa, THAPA, Basanta y PARYCEK, Peter (eds.), *(Un)berechenbar? Algorithmen und Automatisierung in Staat und Gesellschaft*, Berlín, Fraunhofer-Institut für Offene Kommunikationssysteme FOKUS, 2018, 440-470.

LASH, Scott, «Power after hegemony», *Theory, Culture & Society*, 2007, 24(3), 55-78.

LEE, Min Kyung, KUSBIT, Daniel, METSKY, Evan y DABBISH, Laura, «Working with Machines: The Impact of Algorithmic and Data-Driven Management on Human Workers», BEGOLE, Bo y KIM, Jinwoo (eds.), *Proceedings of the 33rd Annual ACM Conference on Human Factors in Computing Systems*, Nueva York, ACM, 2015, 1603-1612.

LESSIG, Lawrence, *Code and other Laws of Cyberspace*, Nueva York, Basic Books, 1999.

LINDBLOM, Charles, *The Intelligence of Democracy: Decision Making Through Mutual Adjustment*, Nueva York, The Free Press, 1965.

MARTINI, Mario y NINK, David, «Wenn Maschinen entscheiden», *Neue Zeitschrift für Verwaltungsrecht*, 2017, 10, 1-14.

MISURACA, Gianluca y VAN NOORDT, Colin, «AI Watch – artificial intelligence in public services: Overview of the use and impact of AI in public services in the EU», *JRC Working Papers* (JRC120399), 2020.

NUNES, Mark, *Error: Glitch, Noise, and Jam in New Media Culture*, Nueva York, Continuum, 2011.

O'REILLY, Tim, «Government as a Platform», *Innovations: Technology, Governance, Globalization*, 2011, 6(1), 13-40.

PASQUALE, Frank, *The Black Box Society: The Secret Algorithms that Control Money and Information*, Cambridge, Harvard University Press, 2015.

PEETERS, Rik y WIDLAK, Arjan, «The digital cage: Administrative exclusion through information architecture – The case of the Dutch civil registry's master data management», *Government Information Quarterly*, 2018, 35(2), 175-183.

PORTER, Theodore M., *Trust in numbers: The pursuit of objectivity in science and public life*, Princeton, Princeton University Press, 1996.

ROUVROY, Antoinette, «The end(s) of critique: data-behaviourism vs. due process», HILDEBRANDT, Mireille y DE VRIES, Katja (eds.), *Privacy, Due Process and the Computational Turn. Philosophers of Law Meet Philosophers of Technology*, Londres, Routledge, 2013, 143-167.

—, «Algorithmic Governmentality and the Death of Politics», *Green European Journal*, 27 de marzo de 2020. https://www.greeneuropeanjournal.eu/algorithmic-governmentality-and-the-death-of-politics/

SANDVIG, Christian, «Seeing the sort: The aesthetic and industrial defense of 'the algorithm'», *Media-N: Journal of the New Media Caucus*, 2014, 10(3), 1-21.

SUCHMAN, Lucy, *Human-Machine Reconfigurations: Plans and Situated Actions*, Cambridge, Cambridge University Press, 2007.

URBINATI, Nadia, *Democracy disfigured: opinion, truth, and the people*, Cambridge, Harvard University Press, 2014.

VON NEUMANN, John, *Theory of Self-Reproducing Automata*, Urbana, University of Illinois Press, 1966.

WEIZENBAUM, Joseph, *Computer Power and Human Reason*, San Francisco, Freeman, 1976.

WOUTERS, Niels, KELLY, Ryan, VELLOSO, Eduardo, WOLF, Katrin, FERDOUS, Hasan S., NEWN, Joshua, JOUKHADAR, Zaher y VETERE, Frank, «Biometric Mirror: Exploring Values and Attitudes towards Facial Analysis and Automated Decision-Making», *Proceedings of the 2019 Designing Interactive Systems Conference*, 2019, 447-461. https://doi.org/10.1145/3322276.3322304

YEUNG, Karen, «Algorithmic Regulation: A Critical Interrogation», *Regulation & Governance*, 2017a, 12(6), 1-19.

ZARSKY, Tal, «The trouble with algorithmic decisions: An analytic road map to examine efficiency and fairness in automated and opaque decision making», *Science, Technology and Human Values*, 2016, 41(1), 118-132.

EXCURSO: PARADIGMAS DEL ESPACIO DIGITAL

KÖNIG, Pascal, «Algorithmen und die Verwaltung sozialer Komplexität. Zur Neukonfigurierung der Idee der Selbstregierung des Volkes», *Zeitschrift für Politikwissenschaft*, 2018, 28, 289-312.

PRZEWORSKI, Adam, «Minimalist conception of democracy: A defense», SHAPIRO, Ian y HACKER-CORDÓN, Casiano (eds.), *Democracy's value*, Cambridge, Cambridge University Press, 1991, 1999, 23-55.

TREIB, Oliver, BÄHR, Holger y FALKNER, Gerda, «Modes of governance: towards a conceptual clarification», *Journal of European Public Policy*, 2007, 14(1), 1-20.

VEALE, Michael y BINNS, Reuben, «Fairer machine learning in the real world: Mitigating discrimination without collecting sensitive data», *Big Data & Society*, 2017, julio-diciembre, 1-17.

WEISS, Gerhard, *Multiagent systems: a modern approach to distributed artificial intelligence*, Cambridge, MIT Press, 1999.

YEUNG, Karen, «'Hypernudge': Big Data as a mode of regulation by design», *Information, Communication& Society*, 2017b, 20(1), 118-136.

11. PREFERENCIAS E INTERESES. LA DEMOCRACIA DE LAS RECOMENDACIONES

AMOORE, Louise, *Cloud Ethics. Algorithms and the Attributes of Ourselves and Others*, Durham y Londres, Duke University Press, 2020.

ARENDT, Hannah, *The Human Condition*, Chicago, University of Chicago Press, 1998.

ARENDT, Hannah y JASPERS, Karl, *Correspondence 1926-1969*, Londres, Harvest Books, 1993.

BARTLETT, Jamie, *The People Vs Tech. How the internet is killing democracy (and how we save it)*, Londres, Ebury Press, 2018.

BRIDLE, James, *New Dark Age. Der Sieg der Technologie und das Ende der Zukunft*, Múnich, C. H. Beck, 2019.

BROUSSARD, Meredith, *More than a Glitch: Confronting Race, Gender, and Ability Bias in Tech*, Cambridge, MIT Press, 2023.

BURAWOY, Michael, *Manufacturing Consent: Changes in the Labor Process Under Monopoly Capitalism*, Chicago, University of Chicago Press, 1979.

CARDON, Dominique, *La démocratie Internet. Promesses et limites*, París, Seuil, 2010.

CHUN, Wendy H. K., *Discriminating Data: Correlation, Neighborhoods, and the New Politics of Recognition*, Cambridge, MIT Press, 2021.

COHN, Jonathan, *The Burden of Choice: Recommendations, Subversion, and Algorithmic Culture*, New Brunswick, Rutgers University Press, 2019.

CRAWFORD, Kate, *Atlas of AI*, New Haven, Londres, Yale University Press, 2021.

FISHER, Eran, «AI, critical knowledge and subjectivity», en LINDGREN, Simon (ed.), *Handbook of Critical Studies of Artificial Intelligence*, Cheltenham, Elgar, 2023, 94-107.

FOUCAULT, Michel, *Histoire de la sexualité, Tome I, La volonté de savoir*, París, Gallimard, 1976.

FUCHS, Christian, «Towards the public service internet as alternative to the commercial internet», *ORF Texte*, 2015, 20, 43-50.

GANDY, Oscar, «Engaging Rational Discrimination: Exploring Reasons for Placing Regulatory Constraints on Decision Support Systems», *Ethics and Information Technology*, 2010, 12(1), 29-42.

GELLER, Eric, «Despite Trump's assurances, states struggling to protect 2020 election», *Politico*, 27 de julio de 2018. https://www.politico.com/story/2018/07/27/trump-election-security-2020-states-714777

HACKING, Ian, «The looping effects of human kinds», PREMACK, David, SPERBER, Dan y PREMACK, Ann James (eds.),

Causal Cognition: A Multidisciplinary Debate, Oxford, Clarendon Press, 1995, 351-383.

HAGENDORFF, Thilo y WEZEL, Katharina, «15 challenges for AI: or what AI (currently) can't do», *AI & Society*, 2020, 35, 355-365.

HARCOURT, Bernard E., *Against Prediction: Profiling, Policing, and Punishing in an Actuarial Age*, Chicago, University of Chicago Press, 2006.

HEPPLE, Beth (2017), «Can Facebook data predict your political view? Yes, it can», CitizenMe, 23 de noviembre de 2017. https://medium.com/citizenme/can-facebook-data-predict-your-political-view-yes-yes-it-can-5b792346 e187

HIDALGO, César, «A Bold Idea to Replace Politicians», TED2018, abril, 2018. https://www.ted.com/talks/cesar_hidalgo_a_bold_idea_to_replace_politicians?utm_campaign=tedspread&utm_medium=referral&utm_source=tedcomshare

HORKHEIMER, Max, *Zur Kritik der instrumentellen Vernunft*, Fráncfort, Fischer Verlag, 2007.

JELLINEK, Georg, *Allgemeine Staatslehre*, Berlín, Haring, 1914.

LECHTERMAN, Theodore M., «The Perfect Politician», EDMONDS, David (ed.), *Living With AI: Moral Challenges*, Oxford, Oxford University Press, 2024.

LEIGHNINGER, Matt y MOORE-VISSING, Quixada, *Rewiring democracy: Subconscious Technologies, Conscious Engagement, and the Future of Politics*, San Francisco, Public Agenda, 2018.

LOBEL, Orly, *The Equality Machine: Harnessing Digital Technology for a Brighter, More Inclusive Future*, Nueva York, Public Affairs, 2022.

LUHMANN, Niklas, *Die Moral der Gesellschaft*, Fráncfort, Suhrkamp, 2008.

—, *Soziologische Aufklärung 4. Beiträge zur funktionallen Differenzierung der Gesellschaft*, Wiesbaden, Verlag für Sozialwissenschaften, 2018.

NIETZSCHE, Friedrich, *Nachgelassene Fragmente 1882-1884*, COLLI, Giorgio y MONTINARI, Mazzino (eds.), *Sämtliche Werke, Kritische Studienaufgabe, 10*, Berlín/Nueva York, de Gruyter, 1967.

PEARL, Judea y MACKENZIE, Dana, *The Book of Why: The New Science of Cause and Effect*, Londres, Allen Lane, 2018.

RECKWITZ, Andreas, *Die Gesellschaft der Singularitäten: Zum Strukturwandel der Moderne*, Berlín, Suhrkamp, 2017.

REVIGLIO, Urbano y AGOSTI, Claudio, «Thinking Outside Black-Box: The Case for "Algorithmic Sovereignty" in Social Media», *Social Media & Society*, 2020, 6(2), 1-12.

ROUVROY, Antoinette, «Reinventer l'art d'oublier et de se faire oublier dans la société de l'information?», LACOUR, Stéphanie, *La sécurité de l'individu numérisé. Réflexions prospectives et internationales*, París, L'Harmattan, 2008, 249-278.

—, «Technology, Virtuality, Utopia: Governmentality in an Age of Autonomic Computing», HILDEBRANDT, Mireille y ROUVROY, Antoinette (eds.), *Law, Human Agency, and Autonomic Computing: The Philosophy of Law Meets the Philosophy of Technology*, Londres, Routledge, 2011, 119-140.

—, «The End(s) of Critique: Data Behaviourism versus Due Process», en HILDEBRANDT, Mireille y DE VRIES, KATJA (eds.), *Privacy Due Process and the Computational Turn: The Philosophy of Law Meets the Philosophy of Technology*, Nueva York, Routledge, 2013, 143-167.

ROUVROY, Antoinette y BERNS, Thomas, «Algorithmic governmentality and prospects of emancipation. Disparateness as a precondition for individuation through relationships?», *Résaux*, 2013, 177(1), 163-196.

SCHAUER, Frederick, *Profiles, Probabilities, and Stereotypes*, Cambridge, Harvard University Press, 2006.

SHEAD, Sam «More than half of Europeans want to replace lawmakers with AI, survey says», CNBC, 27 de mayo de 2021. https://www.cnbc.com/2021/05/27/europeans-want-to-replace-lawmakers-with-ai.html

SUSSKIND, Jamie, *Future Politics*, Oxford, Oxford University Press, 2018.

VALLOR, Shannon, «Moral deskilling and upskilling in a new machine age», *Philosophy & Technology*, 2015, 28(1), 107-124.

ZUBOFF, Shoshana, *The Age of Surveillance Capitalism: The Fight for a Human Future at the New Frontier of Power*, Nueva York, Public Affairs, 2018.

ZÜGER, Theresa, MILAN, Stefania y TANCZER, Leonie Maria, «Sand im Getriebe der Informationsgesellschaft: Wie digitale Technologien die Paradigmen des Zivilen Ungehorsams herausfordern und verändern», JACOB, Daniel y THIEL, Thorsten (eds.), *Politische Theorie und Digitalisierung*, Baden-Baden, Nomos, 2017, 265-296.

ZUIDERVEEN BORGESIUS, Frederik J., MÖLLER, Judith, KRUIKEMEIER, Sanne, Ó FATHAIGH, Ronan, IRION, Kristina, DOBBER, Tom, BODO, Balazs y DE VREESE, Claes, «Online Political Microtargeting: Promises and Threats for Democracy», *Utrecht Law Review*, 2018, 14(1), 82-96.

12. JUSTICIA. IGUALDAD ALGORÍTMICA Y DEMOCRACIA DELIBERATIVA

AMOORE, Louise, *Cloud Ethics. Algorithms and the Attributes of Ourselves and Others*, Durham y Londres, Duke University Press, 2020.

ARENDT, Hannah, *Vita activa oder Vom tätigen Leben*, Múnich, Piper, 2008.

ARROW, Kenneth J., «A Difficulty in the Concept of Social Welfare», *Journal of Political Economy*, 1950, 58, 328-346.

BAUMER, Eric y BRUBAKER, Jed, «Post-userism», en *Proceedings of the 2017 CHI Conference on Human Factors in Computing Systems*, Nueva York, Association for Computing Machinery, 2017, 6291-6303.

BECK, Ulrich, LASH, Scott y GIDDENS, Anthony, *Reflexive Modernization*, Cambridge, Polity Press, 1994.

BERK, Richard, HEIDARI, Hoda, JABBARI, Shahin, KEARNS, Michael y ROTH, Aaron, «Fairness in criminal justice risk assessments: The state of the art», *Sociological Methods & Research*, 2018, 50(1), 3-44.

BINNS, Reuben, «Fairness in Machine Learning: Lessons from Political Philosophy», *Proceedings of Machine Learning Research*, 2018a, 81, 149-159.

—, «Algorithmic Accountability and Public Reason», *Philosophy & Technology*, 2018b, 31, 543-556.

BROOKS, Frederick P., *The Mythical Man-Month: Essays on Software Engineering*, Massachusetts, Addison-Wesley, 1975.

COGLIANESE, Cary y LAI, Alicia, «Algorithm vs. Algorithm», *Duke Law Journal*, 2022, 72, 1281-1340. https://ssrn.com/abstract=4026207

COLLINS, Patricia Hill, *Black Feminist Thought: Knowledge, Consciousness, and the Politics of Empowerment*, Nueva York, Routledge, 2002.

COYLE, Diane y WELLER, Adrian, «"Explaining" Machine Learning Reveals Policy Challenges», *Science*, 2020, 386(6498), 1433-1434.

CRENSHAW, Kimberlé (ed.), *Seeing Race Again: Countering Colorblindness across the Disciplines*, Berkeley, University of California Press, 2019.

CHRISTIAN, Brian, *The Alignment Problem: Machine Learning and Human Values*, Nueva York, Norton & Company, 2020.

DIETERICH, William, MENDOZA, Christina y BRENNAN, Tim, «COMPAS Risk Scales: Demonstrating Accuracy Equity and Predictive Parity», 2016. https://go.volarisgroup.com/rs/430-MBX-989/images/ProPublica_Commentary_Final_070616.pdf

DWORK, Cynthia, HARDT, Moritz, PITASSI, Toniann, REINGOLD, Omer y ZEMEL, Richard, «Fairness through awareness», *Proceedings of the 3rd Innovations in Theoretical Computer Science Conference*, 2012, 214-226.

FRIEDLER, Sorelle, SCHEIDEGGER, Carlos y VENKATASUBRAMANIAN, Suresh, «On the (Im)possibility of Fairness», arXiv preprint, arXiv:1609.07236, 2016.

GAL, Michal, «Algorithmic challenges to autonomous choice», *Michigan Telecommunications and Technology Law Review*, 2017, 25, 59-104.

GARCÍA Marzá, Domingo y CALVO, Patrici, *Algorithmic Democracy. A Critical Perspective Based on Deliberative Democracy*, Cham, Springer, 2024.

GREEN, Ben y HU, Lily, «The myth in the methodology: Towards a recontextualization of fairness in machine learning», *International Conference on Machine Learning*, 2018. https://econcs.seas.harvard.edu/files/econcs/files/green_icml18.pdf

HANNA, Alex, DENTON, Emily, SMART, Andrew y SMITHLOUD, Jamila, «Towards a critical race methodology in algorithmic fairness», *Proceedings of the ACM Conference on Fairness, Accountability, and Transparency*, 2020. https://doi.org/10.1145/3351095.3372826

HARDT, Moritz, «How Big Data Is Unfair: Understanding Unintended Sources of Unfairness in Data Driven Decision Making», *Medium*, 26 de septiembre de 2014. https://

medium.com/@mrtz/how-big-data-is-unfair-9aa544d7 39de

INNERARITY, Daniel, «Democratic equality: an egalitarian defense of political mediation», *Constellations. An International Journal of Critical and Democratic Theory*, 2019, 26(4), 513-524.

—, *A theory of complex democracy. Governing in the Twenty-first century*, Londres, Bloomsbury, 2023.

JOLLS, Christine, SUNSTEIN, Cass R. y THALER, Richard, «A Behavioral Approach to Law and Economics», *Stanford Law Review*, 1998, 50(5), 1471-1550.

KAHNEMAN, Daniel, *Thinking, Fast and Slow*, Nueva York, Farrar, Straus and Giroux, 2011.

KASY, Maximilian y ABEBE, Rediet, «Fairness, equality, and power in algorithmic decision-making», *Proceedings of the 2021 ACM Conference on Fairness, Accountability, and Transparency*, 2021, 576-586.

LAI, Alicia, *Brain Bait: Effects of Cognitive Biases on Scientific Evidence in Legal Decision-Making*, A. B. thesis, Princeton, Princeton University, 2018.

MARTÍ, José Luis, «New Technologies at the Service of Deliberative Democracy», AMATO, Guiliano, BARBISAN, Benedetta y PINELLI, Cesar (eds.), *Rule of Law vs Majoritarian Democracy*, Nueva York, Bloomsbury, 2021, 199-220.

MICONI, Thomas, «The Impossibility of «Fairness»: A Generalized Impossibility Result for Decisions», arXiv preprint, arXiv:1707.01195, 2017.

MITCHELL, Shira, POTASH, Eric, BAROCAS, Solon, D'AMOUR, Alexander y LUM, Kristian, «Algorithmic fairness: Choices, assumptions, and definitions», *Annual Review of Statistics and Its Application*, 2021, 8, 141-163. https://doi.org/10.1146/annurev-statistics-042720-125902

MITTELSTADT, Brent, ALLO, Patrick, TADDEO, Mariarosaria, WACHTER, Sandra y FLORIDI, Luciano, «The ethics of algorithms: Mapping the debate», *Big Data & Society*, julio-diciembre, 3(2), 2016.

OCHIGAME, Rodrigo, BARABAS, Chelsea, DINAKAR, Karthik, VIRZA, Madars e ITO, Joichi, «Beyond legitimation: Rethinking fairness, interpretability, and accuracy in machine learning», en *International Conference on Machine Learning*, 2018.

PARNAS, David Lorge, «Software Aspects of Strategic Defense Systems», *American Scientist*, septiembre-octubre, 73(5), 432-440, 1985.

PETTIGREW, Richard, *Choosing for Changing Selves*, Oxford, Oxford University Press, 2020.

ROBERTSON, Samantha y SALEHI, Niloufar (2020), «What if I don't like any of the choices? The limits of preference elicitation for participatory algorithm design», *Participatory Approaches to Machine Learning Workshop*, ICML 2020. https://arxiv.org/pdf/2007.06718.pdf

ROUVROY, Antoinette, «The end(s) of critique: data-behaviourism vs. due process», HILDEBRANDT, Mireille y DE VRIES, Katja (eds.), *Privacy, Due Process and the Computational Turn. Philosophers of Law Meet Philosophers of Technology*, Nueva York, Routledge, 2013.

RUSSELL, Stuart, «The purpose put into the machine», BROCKMAN, John (ed.), *Possible Minds. 25 Ways of Looking at AI*, Nueva York, Penguin, 2019b, 20-32.

SELBST, Andrew D., BOYD, Danah, FRIEDLER, Sorelle, VENKATASUBRAMANIAN, Suresh A. y VERTESI, Janet, «Fairness and abstraction in sociotechnical systems», *Proceedings of the ACM Conference on Fairness, Accountability, and Transparency*, 2019. https://doi.org/10.1145/3287560.3287598

THALER, Richard H., *Misbehaving: The making of behavioral economics*, Nueva York, Norton & Co, 2015.

WACHTER, Sandra, MITTELSTADT, Brent, RUSSELL, Chris, «Why fairness cannot be automated: Bridging the gap between EU non-discrimination law and AI», *Computer Law & Security Review*, 2021, 41. http://dx.doi.org/10.2139/ssrn.3547922

WALDMAN, Ari Ezra, «Power, Process, and Automated Decision-Making», *Fordham Law Review*, 2019, 88, 613. https://ir.lawnet.fordham.edu/flr/vol88/iss2/9

WANG, Annie J., «Procedural justice and risk-assessment algorithms», *SSRN Electronic Journal*, 21 de junio de 2018. https://ssrn.com/abstract=3170136

ZARSKY, Tal, «The Trouble with Algorithmic Decisions An Analytic Road Map to Examine Efficiency and Fairness in Automated and Opaque Decision Making», *Science, Technology & Human Values*, 2016, 41, 118-132.

ZÜGER, Theresa, MILAN, Stefania y TANCZER, Leonie Maria, «Sand im Getriebe der Informationsgesellschaft: Wie digitale Technologien die Paradigmen des Zivilen Ungehorsams herausfordern und verändern», en JACOB, Daniel y THIEL, Thorsten (eds.), *Politische Theorie und Digitalisierung*, Baden-Baden, Nomos, 2017, 265-296.

13. PARLAMENTO. ¿CÓMO SE REPRESENTAN POLÍTICAMENTE LOS ALGORITMOS?

ADORNO, Theodor, «Meinungsforschung und Öffentlichkeit», *Soziologische Schriften I, Gesammelte Schriften*, 8, Fráncfort, Suhrkamp, 1990.

ANANNY, Mike, «Toward an Ethics of Algorithms», *Science, Technology & Human Values*, 2016, 41(1), 93-117.

ARENDT, Hannah, *Denktagebuch. 1950 bis 1973. Erster Band*, Múnich y Zúrich, Piper, 2002.

—, *Eichmann in Jerusalem: A Report on the Banality of Evil*, Nueva York, Penguin Classics, 2006.

BAILEY, Frederick George, «Dimensions of Rethoric in Conditions of Uncertainty», PAINE, Robert (ed.), *Politically Speaking: Cross-Cultural Studies of Rhetoric*, Filadelfia, ISHI Press, 1981.

BERNSTEIN, Abraham, DE VREESE, Claes, HELBERGER, Natali, SCHULZ, Wolfgang, ZWEIG, Katharina, BADEN, Christian, BEAM, Michael, HAUER, Marc, HEITZ, Lucien, JÜRGENS, Pascal, KATZENBACH, Christian, KILLE, Benjamin, KLIMKIEWICZ, Beata, LOOSEN, Wiebke, MOELLER, Judith, RADANOVIC, Goran, SHANI, Guy, TINTAREV, Nava, TOLMEIJER, Suzanne y ZUEGER, Theresa, «Diversity in News Recommendations», *Dagstuhl Manifestos*, 2021; 9(1), 43-61. https://www.zora.uzh.ch/id/eprint/202506/

BOURDIEU, Pierre, *The Logic of Practice*, Redwood City, Stanford University Press, 1990.

BRAYNE, Sarah, *Predict and Surveil. Data, Discretion, and the Future of Politics*, Oxford, Oxford University Press, 2020.

CONDORCET, *Foundations of Social Choice and Political Theory*, MCLEAN, Iain y HEWITT, Fiona (eds.), Cheltenham, Elgar, 1994.

DUBIEL, Helmut, *Ungewissheit und Politik*, Fráncfort, Suhrkamp, 1994.

DURKHEIM, Émile [1896], *Leçons de sociologie*, París, PUF, 2015.

EICHLER, Jessica y TOPIDI, Kyriaki, *Minority Recognition and the Diversity Deficit Comparative Perspectives*, Londres, Hart, 2022.

ESPOSITO, Elena, *Die Fiktion der wahrscheinlichen Realität*, Berlín, Suhrkamp, 2007.

ESTLUND, David, *Democratic Authority: A Philosophical Framework*, Princeton, Princeton University Press, 2009.

EUROPEAN COMMISSION - EC, «Ethics Guidelines for Trustworthy AI», 2019. https://www.aepd.es/sites/default/files/2019-12/ai-ethics-guidelines.pdf

FAZELPOUR, Sina y DE-ARTEAGA, Maria, «Diversity in sociotechnical machine learning systems», *Big Data & Society*, 2022, enero-junio, 1-14.

FORO ECONÓMICO MUNDIAL - WEF, «The Global Gender Gap Report», 2018. https://www3.weforum.org/docs/WEF_GGGR_2018.pdf

HAMILTON, Alexander, MADISON, James y JAY, John, *The Federalist with Letters of "Brutus"*, Cambridge, Cambridge University Press, 2003.

HENRICH, Dieter, «Über Selbstbewustsein und Selbstdarstellung», HANS, Ebeling (ed.), *Subjektivität und Selbsterhaltung. Beiträge zur Diagnose der Moderne*, Fráncfort, Suhrkamp, 1976.

HILDEBRANDT, Mireille, *Smart Technologies and the End(s) of Law*, Cheltenham, Elgar, 2016.

—, «Privacy as Protection of the Incomputable Self: From Agnostic to Agonistic Machine Learning», *Theoretical Inquiries in Law*, 2019, 20(1), 83-121.

JASANOFF, Sheila, *Designs on Nature. Science and Democracy in Europe and the United States*, Princeton, Princeton University Press, 2007.

KELSEN, Hans, *Vom Wesen und Wert der Demokratie*, Tubinga, Mohr, 1920.

MERLER, Michel, RATHA, Nalini, FERIS, Rogerio y SMITH, John, «Diversity in Faces», 2019. https://arxiv.org/abs/1901.10436

MIJATOVIĆ, Dunja, «In the era of artificial intelligence: Safeguarding human rights», *Open Democracy*, 3 julio de 2018. https://www.opendemocracy.net/digitaliberties/dunja-mijatovi/in-era-of-artificial-intelligence-safeguarding-human-rights

MOSCO, Vincent, *To the Cloud: Big Data in a Turbulent World*, Boulder, CO, Paradigm, 2014.

PETTIT, Philip, «Deliberative democracy and the case for depoliticizing government», *University of NSW Law Journal*, 2001, 58, 724-746.

POPKIN, Samuel, *The Reasoning Voter: Communication and Persuasion in Presidential Campaigns*, Chicago, University of Chicago Press, 1991.

ROSANVALLON, Pierre, *La légitimité démocratique: Impartialité, reflexivité, proximité*, París, Seuil, 2008.

SCHEUERMAN, Morgan Klaus, DENTON, Emily y HANNA, Alex, «Do Datasets Have Politics? Disciplinary Values in Computer Vision Dataset Development», *Proceedings of the ACM Human-Computer Interaction*, 5, CSCW2, 2021, octubre, 317, 1-37. https://doi.org/10.1145/3476058

STAR, Susan Leigh, *Grenzobjekte und Medienforschung*, Bielefeld, transcript, 2017.

STRAßHEIM, Holger, *Politische Expertise im Wandel: Zur diskursiven und institutionellen Einbettung epistemischer Autorität*, KROPP, Sabine y KUHLMANN, Sabine (eds.), *Wissen und Expertise in Politik und Verwaltung*, Leverkusen, Verlag Barbara Budrich, 2013, 65-86.

THRIFT, Nigel, «Remembering the Technological Unconscious by Foregrounding the Knowledges of Position», *Environment and Planning D: Society and Space*, 2004, 22, 175-190.

UNESCO, «The Effects of AI on the Working Lives of Women», 2022. https://unesdoc.unesco.org/ark:/48223/pf0000380861

WEISER, Mark, «The computer for the 21st century», *Scientific American*, 1991, 265(3), 94-104.

WONG, Pak-Hang, «Democratizing Algorithmic Fairness», *Philosophy & Technology*, 2020, 23, 225-244.

ZEISING, Anja, DRAUDE, Claude, SCHELHOWE, Heidi y MAAS, Susanne (eds.), *Vielfalt der Informatik: Ein Beitrag zu Selbstverständnis und Aussenwirkung*, Bremen, 2014.

ZUBOFF, Shoshana, *The Age of Surveillance Capitalism: The Fight for a Human Future at the New Frontier of Power*, Nueva York, Public Affairs, 2018.

14. DEMOCRACIA. RAZONES EPISTÉMICAS DE LA RESISTENCIA DEMOCRÁTICA

BÄCHLE, Thomas Christian, *Digitales Wissen. Daten und Überwachung zur Einführung*, Hamburgo, Junius, 2016.

BECKER, Carlos y SEUBERT, Sandra, «Die Selbstgefährdung der Autonomie. Eckpunkte einer Kritischen Theorie der Privatheit im digitalen Zeitalter», KRUSE, Jan-Philipp y MÜLLER-MALL, Sabine (eds.), *Digitale Transformationen der Öffentlichkeit*, Weilerswist-Metternich, Velbrück Wissenschaft, 2020.

DENNETT, Daniel C., «Cognitive wheels. The frame problem of AI», en FORD, Kenneth M., CLARK, Glymour y HAYES, Patrick (eds.), *Thinking About Android Epistemology*, Cambridge, MIT Press, 2006, 147-169.

GIGERENZER, Gerd, *How to Stay Smart in a Smart World: Why Human Intelligence Still Beats Algorithms*, Nueva York, Penguin, 2022.

HERZOG, Lisa, «Algorithmisches Entscheiden, Ambiguitäts-toleranz und die Frage nach dem Sinn», *Deutsche Zeitschrift für Philosophie*, 2021, 69(2), 197-213.

KAHNEMAN, Daniel, SIBONY, Olivier y SUNSTEIN, Cass R., *Noise: A flaw in human judgment*, Dublín, Hachette Publishing, 2021.

KOSTER, Ann-Kathrin, «Das Ende der Politischen? Demokratische Politik und Künstliche Intelligenz», *Zeitschrift für*

Politikwissenschaft, 2021, 32, 573-594. https://doi.org/10.1007/s41358-021-00280-5

LUHMANN, Niklas, *Soziologische Aufklärung 4, Beiträge zur funktionalen Differenzierung der Gesellschaft*, Opladen, VS Verlag für Sozialwissenschaften, 1987.

MAJONE, Giandomenico, *Evidence, Argument, & Persuasion in the Policy Process*, New Haven y Londres, Yale University Press, 1989.

MAU, Steffen, *Das metrische Wir: Über die Quantifizierung des Sozialen*, Berlín, Suhrkamp, 2017.

McCARTHY, John y HAYES, Patrick J., «Some Philosophical Problems from the Standpoint of Artificial Intelligence», en MELTZER, Bernard y MICHIE, Donald, (eds.), *Machine Intelligence*, 4, Edinburgo, Edinburgh University Press, 1969, 463-502.

O'NEIL, Cathy, *Weapons of Math Destruction. How Big Data Increases Inequality and Threatens Democracy*, Nueva York, Crown Publishing Group, 2016.

PRZEWORSKI, Adam, *Democracy and the Market. Political and Economic Reforms in Eastern Europe and Latin America*, Cambridge, Cambridge University Press, 1991.

TASIOULAS, John, «Procedures, not only outcomes», *Daedalus*, 2022, 151(2), 232-243.

TOCQUEVILLE, Alexis de, *De la démocratie en Amérique, II*, 3, LÉVY, Michael (ed.), París, Libraires Éditeurs, 1835.

WANG, Pei, «On Defining Artificial Intelligence», *Journal of Artificial General Intelligence*, 2019, 10(2), 1-37.

CONCLUSIÓN: EL FUTURO DE LA DEMOCRACIA EN LA ERA DIGITAL

BAUDRILLARD, Jean, *Pourquoi tout n'a-t-il pas déjà disparu?*, París, L'Herne, 2007.

BENKLER, Yochai, *The Wealth of Networks. How Social Production Transforms Markets and Freedom*, Londres, Yale University Press, 2006.

BENKLER, Yochai, FARIS, Robert y ROBERTS, Hal, *Propaganda. Manipulation, Disinformations and Radicalization in American Politics*, Oxford, Oxford University Press, 2018.

CASTELLS, Manuel, *The Information Age*, Malden, Blackwell, 2001-2003.

CERON, Andrea, CURINI, Luigi y IACUS, Stefano Maria, *Politics and big data. Nowcasting and forecasting elections with social media*, Londres, Nueva York, Routledge, 2017.

CLARK, David, «The Contingent Internet», *Daedalus*, 2016, 145(1), 9-17.

DAHLBERG, Lincoln, «Re-constructing digital democracy: an outline of four positions, *New Media & Society*, 2011, 13(6), 855-872.

DE MUL, Jos, «Philosophical Anthropology 2.0. Reading Plessner in the Age of Converging Technologies», DE MUL, Jos (ed.), *Plessner's Philosophical Anthropology. Perspectives and Prospects*, Ámsterdam, Amsterdam University Press, 2014, 457-475.

DESSALLES, Jean-Louis, *Des intelligences TRÈS artificielles*, París, Odile Jacob, 2019.

DIAMOND, Larry, «Liberation technology», *Journal of Democracy*, 2011, 21(3), 69-83.

ENNALS, Richard, «Socially Useful Artificial Intelligence», *AI & Society*, 1987, 1, 5-15.

EUROPEAN COMMISSION - EC, «Draft Ethics guidelines for trustworthy AI», 2018. https://digital-strategy.ec.europa.eu/es/node/2236

—, «On Artificial Intelligence – A European approach to excellence and trust», Bruselas. https://commission.europa.eu/publications/white-paper-artificial-intelligence-european-approach-excellence-and-trust_ en HARARI, Yuval

Noah (2018), *21 Lessons for the 21st Century*, Nueva York, Spiegel & Grau, 2020.

HELBING, Dirk, «Machine Intelligence: Blessing or Curse? It depends on Us!», HELBING, Dirk (ed.), *Towards Digital Enlightment. Essays on the Dark and Light Sides of the Digital Revolution*, Cham, Springer, 2019, 25-39.

HOFMANN, Jeanette, «Mediatisierte Demokratie in Zeiten der Digitalisierung – Eine Forschungsperspektive», HOFMANN, Jeanette, KERSTING, Norbert, RITZI, Claudia y SCHÜNEMANN, Wolf J. (eds.), *Politik in der digitalen Gesellschaft. Zentrale Problemfelder und Forschungsperspektiven*, Bielefeld, transcript, 2019, 27-45.

HOFSTETTER, Yvonne, *Das Ende der Demokratie: Wie die künstliche Intelligenz die Politik übernimmt und uns entmündigt*, Múnich, Bertelsmann, 2016.

HOWARD, Philip N., *Pax Technica: How the Internet of Things May Set Up Free or Lock Us Up*, New Haven, Yale University Press, 2015.

INNERARITY, Daniel, *Una teoría de la democracia compleja. Gobernar en el siglo XXI*, Barcelona, Galaxia Gutenberg, 2020.

KAPLAN, Fred, *Dark Territory. The Secret History of Cyber War*, Simon & Schuster, Nueva York, 2016.

LIPPMANN, Walter [1922], *Public Opinion*, Nueva York, Simon & Schuster, 1997.

MARRES, Noortje, *Digital Sociology: The Reinvention of Social Research*, Hoboken, John Wiley & Sons, 2017.

MERSCH, Dieter, «Digital Disrupture – Digital Criticism. Für eine Kritik ›algorithmischer‹ Vernunft», *Diaphanes*, 17 de diciembre de 2017. https://www.diaphanes.de/titel/digital-criticism-5312

MILLER, Michael L. y VACCARI, Cristian, «Digital threats to democracy: comparative lessons and possible remedies», *International Journal of Press/Politics*, 2020, 25(3), 333-356. https://doi.org/10.1177/1940161220922323

MOLINA, Brett, «Hawking: AI could be 'worst event in the history of our civilization'», *USA Today*, 7 de noviembre de 2017. http://www.usatoday.com/story/tech/talkingtech/2017/11/07/hawking-ai-could-be-worst-event-history-our-civilization/839298001/

MOROZOV, Evgeny, *The Net Delusion: The Dark Side of Internet*, Nueva York, Public Affairs, 2011.

NEGROPONTE, Nicholas, *Being digital*, Nueva York, Knopf, 1995.

O'NEIL, Cathy, *Weapons of math destruction: how big data increases inequality and threatens democracy*, Nueva York, Crown Publishing Group, 2016.

PRZEWORSKI, Adam, *Democracy and the limits of Self-Government*, Cambridge, Cambridge University Press, 2010.

RHEINGOLD, Howard, *Virtual community: homesteading on the electronic frontier*, Reading, Addison-Wesley, 1993.

ROUVROY, Antoinette, «The end(s) of critique: data behaviorism versus due process», HILDEBRANDT, Mireille y DE VRIES, Katja (eds.), *Privacy, due process and the computational turn: The philosophy of law meets the philosophy of technology*, Milton Park, Routledge, 2013, 143-167.

SHIRKY, Clay, *Here Comes Everybody: The power of Organizing Without Organizations*, Nueva York, Penguin, 2008.

SCHRÖDER, Michael y SCHWANEBECK, Axel (eds.), *Big Data – In den Fängen der Datenkraken*, Baden-Baden, Nomos, 2017.

SPIEKERMANN, Sarah, *Digitale Ethik: ein Wertesystem für das 21. Jahrhundert*, Múnich, Droemer, 2019.

THAA, Winfried y VOLK, Christian (eds.), *Formwandel der Demokratie*, Baden-Baden, Nomos, 2018.

UNESCO, «Artificial Intelligence and democracy», 2024. https://unesdoc.unesco.org/ark:/48223/pf0000389736

WAGNER, Thomas, *Robokratie – Google, das Silicon Valley und der Mensch als Auslaufmodell*, Colonia, PapyRossa, 2015.

WELZER, Harald, *Die smarte Diktatur – der Angriff auf unsere Freiheit*, Fráncfort, Fischer, 2016.

WIENER, Norbert, *The Human Use of Human Beings: Cybernetics and Society*, Nueva York, Da Capo, 1954.

ZUBOFF, Shoshana, *The Age of Surveillance Capitalism: The Fight for a Human Future at the New Frontier of Power*, Nueva York, Public Affairs, 2018.